지속가능한 국토와 환경

곽결호 | 이정식 | 양병이
박양호 | 최영국 | 변병설

法 文 社

머 리 말

국토는 국민, 주권(主權)과 함께 국가성립의 기본요소로서 국민경제활동의 물리적 공간이자 민족고유의 문화 · 역사적 터전이며, 다양한 환경 · 생태적 공간이다. 지난 반세기에 걸쳐 이룩한 급속한 산업화와 경제발전은 우리나라의 국력을 최빈국(最貧國)에서 선진국의 문턱까지 올려놓았다. 시간적 압축성장과 공간적 거점개발, 그리고 공업화 중심의 경제개발정책과 국토개발정책이 이를 뒷받침하였다.

지난 2010년 무역규모 세계 9위의 수출주도형 경제성장을 뒷받침한 산업단지 건설, 도시화율 90%를 상회하는 도시개발, 토지의 고도이용과 안락한 주거환경을 제공하는 고층아파트의 건설, 전국을 반나절 생활권으로 탈바꿈시킨 교통시설의 확충, 풍족한 용수공급과 홍수피해를 예방하는 수자원 개발 등 우리 국토는 그야말로 상전벽해(桑田碧海)의 공간적 변화를 경험하였다. 전 국토가 경제 공간으로, 그리고 도시적 공간으로 바뀐 것이다.

빛이 있는 곳에는 그림자가 생기기 마련이다. 눈부신 경제발전과 그에 따른 물질적 풍요와 편리한 삶의 이면에는 효율성 중심의 국토개발정책에서 기인한 갖가지 부작용이 수반되어 왔다. 무질서한 도시의 평면적 확산과 난개발(亂開發)로 산지와 농경지는 지속적으로 훼손되고 사라져 가고 있다. 1980년대 정치적 민주화와 함께 불어 닥친 지방자치시대의 지역개발 우선시책, 그리고 공급위주의 토지정책과 자연경관에 대한 고려가 미흡한 토지이용제도와 건축허가제도가 결합된 기형적인 국토개발로 경이롭고 심미로운 우리의 금수강산 곳곳에 자연경관이 훼손된 모습이 너무나 쉽게 눈에 뜨인다.

경제성장을 뒷받침한 국토개발은 필연적으로 환경문제를 유발하였다. 국토의 환경용량(environmental capacity)을 초과한 개발로 인한 과도한 환경부하(環境負荷)는 대기, 수질오염과 폐기물 문제 등 생활환경의 악화, 그리고 자연 생태계의 단절과 파괴를 초래하였다. 또한 한정된 물적 · 재정적 자원의 효율성 위주의 투입과 투자로 인하여 수도권의 집중과 과밀현상이 가속화되었으며, 상대적으로 수도권 이외의 지역은 인구유출이 지속되고 경제적 낙후로 연결되면서 수도권과 비수도권간의 불균형 발전은 정치

사회적 갈등요인으로 작용하고 있다. 뿐만 아니라 소득수준의 향상으로 자연환경과 생태계 등 환경가치에 대한 인식이 높아지고, 환경이 삶의 질을 좌우하는 핵심요소로 부각되면서 개발과 보전을 둘러싼 사회적 갈등이 국가적 과제로 등장하고 있다.

우리나라의 산업과 경제는 분명 더 발전되고 성장되어야 하므로 국토에 대한 개발수요를 부인할 수도 외면할 수도 없다. 좁은 국토와 많은 인구, 부족한 자원과 에너지, 유난히 성취욕구가 강한 국민성이 함께 작용과 반작용을 거듭 하면서 우리나라는 경제도 더욱 발전시켜야 하고, 환경도 더욱 철저하게 보전하여야 한다.

경제성장에 필요한 개발을 반생태적인 토건사업이라고 비판하는 것도, 살아있는 모든 생물체의 삶의 터전인 환경을 보호하고자 하는 활동을 폄훼하는 것도 이성적이지 못하다. 개발은 경제성장을 위한 현실적인 요구인 반면 환경은 미래지향적이자 이상을 추구하는 가치이기 때문에 서로 충돌하는 현상은 불가피한 측면이 있다. 그러나 이는 반드시 극복되어야 할 과제이다. 개발편익과 환경보전을 주장함에 있어 개발우위론과 환경보전 우선논리로는 경제를 발전시키지도, 환경을 지키지도 못한다.

국토는 현세대뿐 아니라 미래세대가 함께 살아가야 할 공간으로서 자연이자 환경이다. 그러므로 현세대뿐 아니라 미래세대에게도 한정되고 유한한 국토자원을 지혜롭게 이용할 수 있도록 국토개발은 자연환경의 훼손을 최소화하고, 인간과 자연이 조화롭게 공존할 수 있는 국토환경, 그리고 전 국토에 걸쳐 고르게 잘사는 경쟁력 있는 국토공간의 창조에 그 목표가 두어져야 한다.

이른바 21세기 지구촌의 새로운 이념인 지속가능한 발전의 패러다임이 우리나라의 국토개발과 국토환경관리의 기본으로 정립되어야 한다. 지속가능한 국토개발은 사람과 자연과의 관계, 곧 경제발전과 환경보전 간에 상생과 통합의 관계를 추구함에 있어 물질적 풍요를 위하여 이용과 착취의 대상이 되어온 환경의 가치를 인류의 생존과 번영의 기본요소로 새롭게 인식하는 데서 출발한다. 지구온난화, 환경오염, 생태계 파괴 등의 지구촌 환경문제는 인류의 미래조차 어둡게 하고 있다. 이제는 국가 성장의 논리로, 기업의 이윤추구를 위하여, 그리고 개인의 물질적 욕구충족을 위하여 자연과 사람, 생태계와 온갖 생물들 간의 상호의존성을 무너뜨리는 개발은 지양되어야 한다.

최근에는 이른바 '저탄소 녹색성장'이 정부정책의 기조로 자리 잡고 있다. 국토는 녹색성장이 전개되는 터전이며 그 대상이기도 하므로 국토와 환경정책이 경쟁력 있는 국토공간의 창조뿐 아니라 쾌적한 국토공간과 건강한 생태계의 확보를 동시에 요구하고 있다. 생물의 종(種) 다양성, 생태계의 안정성, 물질의 순환성에 끊임없는 교란을 유발하는 동적이고 인위적인 국토개발에 정적이고 자연적인 환경적 · 생태적 요소를 더 이상 간과할 수는 없다.

국토개발에 환경성을 고려해야 한다는 당위성과 필요성에 관한 총론적 관점에서의 주장과 관점을 담은 입문적(入門的) 성격의 논고와 문헌은 많이 접할 수 있다. 그러나 지속가능한 국토개발은 무엇을 어떻게 해야 하는지에 대한 이론적, 실무적, 구체적 내용을 체계적으로 담은 단행본은 아직 찾아볼 수 없다. 이에 저자들은 행정부와 관련국책연구기관, 그리고 대학에서 우리나라의 국토정책과 환경정책의 입안과 집행과정에 참여하면서 직접 경험한 바를 토대로 지속가능한 국토와 환경을 창조하기 위한 국토개발과 관리의 지침서이자 교재로서의 성격을 갖는 이 책을 출간하게 되었다.

이 책은 대학이나 대학원에서는 물론 국토개발과 환경분야의 정책과 계획 및 설계를 주관하는 정부기관과 공공기관뿐 아니라 엔지니어링업계와 건설업계 전문인들에게도 실질적이고도 실무적인 도움을 주는 내용을 담기 위하여 노력하였다. 특히 건설관련공학과 환경관련공학을 전공하는 대학생들에게, 나아가서 경제와 경영, 인문사회분야를 공부하는 대학생들에게 이르기까지 인간과 자연의 공생, 개발과 보전의 조화, 국토정책과 환경정책의 통합에 기반을 둔 지속가능한 국토관리의 당위성과 필요성, 정책논리, 계획기법과 설계기법 등에 관한 전문적 식견과 통합적 사고능력을 갖추도록 하는 데 초점을 두었다. 왜냐하면 국토환경에 변화를 초래하는 국토개발을 관련 공공부문과 민간부문에서, 그리고 관련 학문과 직역(職域)에서 직 · 간접적으로 담당할 미래의 주역은 바로 면학에 전념하고 있는 현재의 대학생들이기 때문이다.

이 책의 저자들은 각 장(章)별로 분담하여 초안을 작성한 후, 그 내용을 토대로 깊이 있는 검토와 논의를 거쳐 수정과 보완을 거듭한 후 출간하게 되었는바 이에 3년여의 세월이 소요되었다.

제1장은 대립과 갈등의 관계로 맞설 수 있는 국토개발과 환경보전을 상생과 통합의 관계, 즉 지속가능한 발전의 출발점이 되는 국토와 환경에 대한 기본개념과 그 상관관계를 소개하고 있다. 이 장은 개발과 보전부처인 국토해양부와 환경부에서 30여 년간 정부정책의 입안과 집행을 담당해 왔으며, 환경부장관과 대한토목학회장을 지낸 곽결호(郭決鎬) 교수가 집필을 담당하였다.

제2장은 선진국형 산업부국과 경제대국으로의 성장을 가능케 한 국토개발정책을 연혁적으로 고찰하고, 특히 경제발전에 기여한 성과를 살펴보는 한편, 국토개발에 수반된 부작용을 포함한 국토개발의 한계에 대하여 평가하고 있다. 이 장은 국토연구원에서 20

여 년에 걸쳐 2차에서 4차에 걸쳐 수립된 국토종합계획 입안에 주도적으로 참여한데 이어 국토연구원장을 지낸 이정식(李廷植) 교수가 집필하였다.

제3장은 개발우위시대에서부터 환경의 세기로 불리우는 오늘날에 이르기까지의 환경정책과 계획, 제도를 소개하면서 경제성장 모델국가에서 환경보전의 모범국가로 발돋움하려는 우리나라 환경관리의 성과를 분석하고, 그 한계에 대하여 평가하고 있다. 이 장은 한국환경정책 · 평가연구원의 연구위원으로서, 그리고 국토환경관련 정책자문위원으로서 활발한 활동을 해오고 있는 변병설(邊秉卨) 교수가 집필을 담당하였다.

제4장은 종래 이원적으로 추진 되어온 국토정책과 환경정책의 문제점을 분석하고, 지속가능성을 기조로 국토관리와 환경보전을 통합적으로 고려하기 위한 과제와 전략을 제시하는 한편, 공간계획과 환경계획을 연계하여 미래의 새로운 국토가치를 창출하기 위한 전략을 모색하고 있다. 이 장은 국토연구원에서 친환경적 국토관리 전략의 구상과 입안에 핵심적인 역할을 담당하고 있는 최영국(崔榮國) 박사가 집필하였다.

제5장은 개발과 보전, 경제와 환경을 통합적으로 고려하는 지속가능한 국토관리 계획의 필요성과 당위성, 그리고 그 기법과 절차 등에 관하여 구체적으로 기술하고 있는 바 환경용량이 부족한 우리나라의 국토관리 방안에 대하여 유용한 내용을 담고 있다. 이 장은 이 분야의 다양한 공공프로젝트에 직접 참여해온 서울대학교 환경대학원장을 지낸 양병이(楊秉彝) 교수가 집필을 담당하였다.

제6장은 환경에 영향을 미치는 관련 행정계획과 개발사업을 수립 · 시행하기 전에 환경적 측면에서 입지의 타당성과 적정성을 검토하고, 환경적으로 건전하고 지속가능한 개발이 이루어지도록 하는 환경평가기법을 소개하고 있다. 이 장은 제1장과 제3장을 각각 집필한 곽결호 교수와 변병설 교수가 공동으로 집필하였다.

제7장은 자연상태의 국토에 물리적인 변모를 수반하는 도로, 댐 등의 주요 사회기반시설과 건물, 공원 등 주거 및 여가공간에 대하여 자연생태계의 보전과 복원에 초점을 둔 친환경적인 설계기법을 소개하는 한편, 사람과 자연, 인공구조물과 자연경관을 조화롭게 모색하는 방안을 제시하고 있다. 이 장은 제5장을 집필한 양병이 교수가 담당하였다.

제8장은 지구온난화로 대표되는 인류의 생존이 걸린 지구촌의 환경문제를 토대로 지구환경보전을 위한 국제사회의 동향과 지속가능한 발전전략을 소개하고, 우리나라의 대응방안을 제시하고 있다. 이 장은 제2장과 제1장을 각각 집필한 이정식 교수와 곽결호 교수가 공동으로 집필하였다.

제9장은 선진한국으로 나아가기 위한 국토의 미래상을 제시하고, 이를 추구하고 달성하기 위한 방안을 체계적으로 설명하고 있다. 또한 국가경쟁력을 높이기 위한 새로운 국토정책의 기조인 저탄소 녹색성장정책을 소개하고 있다. 이 장은 현재 국토연구원장으로서 새로운 시대를 여는 국토정책의 입안을 주도하고 있는 박양호(朴良浩) 원장이 집필을 담당하였다.

아무쪼록 이 책이 지속가능한 국토환경을 구현하는데 있어 추상적 · 개념적 차원을 넘어 구체적, 실천적 도움을 줄 수 있기를 기대하면서 이 책이 출간되기까지 원고정리에 열과 성을 다하여 애써준 윤정원 양에게 진심어린 고마움을 전하며 이 책의 출간을 흔쾌히 허락해 주신 법문사 배효선 사장님과 편집 및 교정작업에 최선을 다해주신 김제원 부장님께 특별한 감사의 뜻을 표한다.

2011년 1월

저자 일동

차 례

제7장 지속가능한 국토설계기법 283

제 1 장

국토와 환경

제 1 절　국토의 이해

제 2 절　환경의 이해

제 3 절　지속가능한 발전의 개념

제 4 절　지속가능한 국토와 환경

제 1 절 국토의 이해

1. 국토의 개념

국토란 한 나라의 통치권이 미치는 배타적(排他的)인 영토(領土)와 영해(領海) 및 영공(領空)으로 정의되며, 국민의 생활공간과 삶의 터전으로 국가 구성의 기본요소가 된다. 국토는 지형 · 기후 · 생물 등의 자연적 요소와 역사 · 문화 · 산업 등의 인문적 요소로 구성된다. 국토는 민족의 존립기반으로서 조상으로부터 물려받아 후손에게 물려주는 귀중한 재산이며, 민족의 고유문화와 역사, 생활양식을 형성 · 발전시켜 온 바탕이다. 또한 국토는 민족의 얼과 뜻이 담긴 소중하고 의미있는 공간일 뿐 아니라, 열린 미래로의 산실로, 지방화의 산실이자 세계화의 수용 무대이며, 나아가 통일 국가의 터전으로서의 의의를 갖는다.[1]

경제적 개념으로서의 국토는 국민의 생활공간과 주거공간이자 생산기지로서의 역할을 담당하고 있다. 국토의 영역은 한번 결정되면 확장이 거의 불가능하다. 다만, 특수한 경우로서 어떠한 주권에도 복종하지 않는 영토, 즉 무주지(無主地)를 선점하거나 장기간 계속된 평화적 점유에 의하여 영토를 취득하기도 한다. 이외에도 할양(割讓)이나 정복에 의하여 영토를 취득하거나 상실하기도 한다.

국가성립의 기본인 국토는 국민의 생존기반으로서 불변의 국가적, 민족적 유산이다. 국토의 지정학적 위치, 기후대(氣候帶), 지형 · 지세, 크기 등에 따라 나라마다 특유의 정치와 경제, 역사와 문화, 그리고 전통적인 생활양식을 갖게 되는데, 이 가운데 지정학적 위치, 즉 위치인자는 가장 절대적인 영향을 미친다.

우리나라는 인구규모에 비하여 국토의 규모가 다른 나라보다 상대적으로 작기는 하나 이것이 국가 발전의 제한적 요소는 아니다. 국토의 규모는 클수록 이용 가능한 토지자원과 자연자원이 풍부하므로 국가운영상 유리한 점도 있으나 이질적인 역사와 문화를 가진 다민족으로 구성되기 때문에 민족공동체로서의 결속력을 갖는데 어려움을 겪게 되며, 넓은 국토를 포괄하는 사회간접자본의 구축과 관리에 재정적 부담을 안게 되기도 한다. 이른바 선진국 중 강소국이 많은 것은 국토의 규모가 국가발전에 절대적 영향을 주지 않음을 시사한다. 국토는 가능한 한 보존하여 미래세대에게 물려주어야 하나

1) 국토해양부, 국토포털, 국토의 의의 참조.

국가경제의 발전과 국민의 복리후생을 위하여 시대적 필요에 따라 인위적으로 개발될 수밖에 없다. 그러나 국토는 그 공간이 한정되어 있고, 공간의 조건이 지역적으로 균등하지 않으면서 다양한 특성을 가지고 있을 뿐 아니라 다른 재화와 달리 이동시킬 수 없으므로 국토개발은 현세대뿐 아니라 미래세대의 수요와 요구를 고려하여 신중히 이루어져야 한다.

2. 국토의 여건

(1) 자연적 여건

우리나라는 아시아대륙 동북단에 위치한 국가로서 중국, 러시아, 일본과 접하고 있는 동북아 교류의 요충지이자 환태평양 진출의 거점이다. 반도국가로서 우리나라는 국력이 쇠퇴하면 대륙과 해양세력으로부터 위협을 받으며, 국력이 강해지면 반대로 양쪽으로 무한히 진출할 수 있는 지정학적 특수성을 갖고 있다.

한반도의 총면적은 22.1만㎢이며, 이 중 남한의 면적은 약 44.8%인 10.6만㎢이다. 그러나 국토의 65.3%가 산지이며, 백두산에서 지리산까지 이어지는 백두대간(白頭大幹)이 북에서 남으로 뻗어있어 동쪽은 급경사, 서쪽은 완경사를 이루고 있다. 한편 농경지는 대부분 한반도의 서남부에 잘 발달되어 있다. 우리나라의 산지는 특별한 광물자원이 매장되어 있지도 않거니와 유용한 목재자원을 생산하지도 못하고 있어 경제발전에는 별 도움을 주지 못하고 있으나 한반도 고유의 식생(植生)생태계를 유지하고 있다.

우리나라 기후의 특징은 겨울은 한랭건조(寒冷乾燥)하고, 여름은 고온다습(高溫多濕)한 온대계절풍 기후로서 계절적 변화도 뚜렷하여 인간 활동에 역동성을 주고 있다. 연평균 강수량은 1,245mm로서 세계평균(880mm)의 1.4배이나 높은 인구밀도로 인하여 1인당 강수량(2,591㎥/년)은 세계평균(19,635㎥/년)의 1/8수준이다. 한반도는 장마와 태풍의 영향을 많이 받으면서 연 강수량의 2/3가 6월부터 9월까지 홍수기에 집중되면서 홍수피해에 취약한 한편 비가 적게 내리는 늦봄과 초여름에는 가뭄에 시달리기도 한다.

우리나라의 하천은 동해안 쪽에는 유로(流路)가 짧고, 급경사를 보이고 있으며 상대적으로 완경사인 남서해안쪽 하천의 중상류부에서도 급경사인 곳이 많아 국지성 집중호우가 발생할 경우, 하천범람과 함께 다량의 토사가 하상에 퇴적된다. 이러한 유역의 유출여건 때문에 유량변동이 매우 커서 하천의 최대유량과 최소유량의 비(比), 즉 하천

유황(流況)의 변동정도를 나타내는 지표인 하상계수(河狀係數)[2]가 대단히 크다

해안의 경우, 동해안은 수심이 깊고 해안선이 단조로우나 서 · 남해안은 수심이 얕고 복잡하며, 근해에는 많은 섬이 분포되어 있다. 국토의 3면이 바다에 둘러싸여 있어 연안해역과 해양의 잠재력은 대단히 풍부하다. 동해안의 포항, 울산, 부산항으로부터 남해안의 광양항, 서해안의 목포 · 군산 · 아산, 평택항, 그리고 인천항은 수출주도형 국가경제의 발전을 뒷받침하는 물류와 수출입기지로서 그 위치적, 입지적 역할을 훌륭히 담당하고 있다.

자연식생의 경우, 중부지방에는 우리나라 자연산림의 식생을 대표하는 낙엽활엽수림이, 남부지방과 동 · 서해안지방에는 상록활엽수림이 분포되어 있고, 화강암과 화강편마암이 노출된 산비탈 계곡부에는 서어나무림이, 최남단 지역 및 남부 도서지역에는 난온대 상록수림(常綠樹林)이 발달해 있다. 우리나라에 존재하는 생물종(生物種)의 수는 약 10만 종으로 추정되고 있으며, 현재까지 문헌조사에 의하여 밝혀진 생물종수는 동물 21,168종, 식물 6,280종, 균류 · 원생생물류 5,877종 등 총 33,253종에 달한다.[3]

(2) 인문적 고찰

국토는 다양한 자연현상이 일어나는 자연환경이자 사람들의 일상적인 삶이 영위되는 생활공간이다. 국토는 또한 민족고유의 정신과 얼이 계승되는 가치공간이면서 특유의 생활양식과 풍습이 형성되는 문화공간이기도 하다. 국토의 위치 · 지형 · 기후는 자연환경 · 역사 · 문화 · 산업에 큰 영향을 미치고, 민족성의 형성에도 관련성을 갖는다.

우리나라 국토가 보유하고 있는 자연적 조건은 우리민족의 의식주 생활에 직접적인 영향을 주어 왔으며, 역사와 문화적 동질성을 갖는 단일민족국가로서의 터전이 되어왔다. 먼저 의복문화로서 겨울철에는 두꺼운 솜옷을 지어입고 대님을 매어 체온의 발산을 최소화하여 추위를 이겨내었고, 여름철에는 통풍이 잘되는 삼베, 모시 등 마직물 옷감을 주로 사용하였다. 식(食)생활은 고온다우의 여름철에 잘 자라는 벼농사에 주식을 의존하면서 추위와 더위를 이겨내기 위하여 김장, 젓갈류와 같은 염장(鹽藏)식품이 발달하였다. 주거문화는 대부분의 가옥과 촌락, 도읍지가 산자락의 남쪽 경사면에 입지함으로써 북서계절풍을 막고, 일사량(日射量)을 최대한 많이 받을 수 있도록 발전해 왔다. 전통

2) 5대강의 하상계수는 한강(한강대교) 90, 낙동강(진동) 360, 금강(공주) 190, 섬진강(송정) 270, 영산강(나주) 130으로서 테임즈강 8, 세느강 34, 라인강 18, 나일강 30, 미시시피강 3에 비하여 유량변동이 매우 심하다.

3) 환경부, 2010 환경통계연감, p. 21.

가옥의 경우, 목재를 위주로 돌과 흙을 건축재료로 사용하면서 겨울의 추위 때문에 온돌이 발달하였으며, 단열효과가 크고 장마철 습기를 잘 흡수해 주는 흙벽이 사용되었다.

한민족은 아름다운 산과 맑은 물이 어디서나 자연스럽게 조화를 이루고 있는 노년기의 평화롭고 친근감이 느껴지는 자연경관 속에서 어질고 인정이 많으며, 노래와 춤을 좋아하는 민족성을 보이고 있다. 이는 이민족으로부터 수없이 침략을 받아 왔으나 역사상 한 번도 침략전쟁을 일으키지 않은 사실과도 일맥상통한다.

한국인들이 인내심과 근면성이 강한 것은 사계의 구별이 뚜렷한 기후에 적응해야하는 기후인자와 백두산에서 지리산으로 산의 맥이 끊기지 아니하고 국토의 종단부를 관통하는 백두대간을 비롯한 우리나라의 산과 맥이 그 연원으로 풀이되기도 한다. 또한 뚜렷한 사계절은 다양한 세시풍속(歲時風俗)을 낳았다. 국토의 약 2/3가 크고 작은 산으로 구성되어 산과 그곳에서 발원하는 내(川)와 그 주변에 발달한 들판을 생활터전으로 하는 한반도의 지리적 조건에서 오는 지모(地母)사상과 주역(周易)의 이론, 그리고 음양오행설이 결합하여 풍수지리가 발달한 것도 우리국토의 자연적 여건이 배태한 사회현상이라고 할 수 있다. 우리나라가 농경사회에서 산업국가로 발전하면서 국토의 모습이 상전벽해로 변화한데서 보는 바와 같이 국토는 특히 정부의 정책에 의해서 그 공간적 모습이 끊임없이 변모한다. 국토의 모습이 변화하면서 그에 따라 사람들의 의식주의 형태가 바뀌고, 의식구조와 행동양태 및 문화와 민족성도 달라진다. 따라서 국토는 인문지리학의 주요 연구대상이 되기도 한다.

3. 국토환경과 인구

인구와 그 지역적 분포는 국토환경을 지배하는 핵심인자이다. 1960년 우리나라의 인구는 24,989천명에서 1980년에는 38,124천명으로 늘어났으며, 2000년에는 47,008천명, 그리고 2011년에는 48,989천명에 이르고 있다. 우리나라의 인구는 1970년을 고비로 인구증가율이 둔화되기 시작하였는데, 이는 출산율의 저하와 인구의 고령화에 기인한다(표 1-1).

우리나라는 현재 세계 최저수준의 출산율과 가장 빠른 고령화를 경험하고 있다. 2010년도 우리나라의 합계출산율[4]은 인구대체수준의 절반정도인 1.22명에 불과하여

4) 여성 한명이 평생 동안 낳을 수 있는 평균자녀의 수, 즉 출산가능한 여성의 나이인 15세부터 49세까지를 기준으로 한 여성이 평생 동안 낳을 수 있는 자녀의 수를 말한다.

표 1-1 연도별 인구추이

구 분	1960	1970	1980	1990	2000	2010
총인구(천명)	24,989	32,241	38,124	42,869	47,008	48,875
인구증가율(%)	2.6	2.21	1.57	0.99	0.84	0.26
출산율(단위: 명)	6.0	4.53	2.83	1.59	1.47	1.22
노인인구비율(1)(%)	2.9	3.1	1.57	5.1	7.2	11.0
도시화율(2)(%)	35.4	49.8	66.4	81.9	87.6	90.9
수도권인구(%)	20.8	28.2	35.5	42.8	46.3	50.1

주: (1) 65세 이상의 노인인구비율.
(2) 2003년 이전의 도시인구는 도시계획구역 내 인구이었으나 국토이용체계의 개편으로 2003년부터는 도시지역(인구 2만 이상의 시 · 읍)내 거주인구로 산정함.
자료: 통계청, 보건복지가족부, 국토해양부 통계자료에서 재정리.

세계적으로 유례없이 낮은 수준이며, 고령화 사회에서 고령사회로 진입하는데 불과 18년이 걸릴 것으로 예측되고 있다. 즉, 저출산 및 평균수명 연장 등에 따라 2000년에 고령화 사회(노인인구비율 7%)에 진입한 이래 2018년에 고령사회(노인인구비율 14%), 2026년에는 초고령 사회(노인인구비율 20%)에 진입할 것으로 예측되고 있다. 고령화 사회에서 고령사회 및 초고령 사회로의 진입소요연수가 각각 프랑스 115년/39년, 미국 73년/21년, 일본 24년/12년이라는 점을 감안할 때 우리나라의 18년/8년은 세계 최고수준이다(표 1-2).

현재의 저출산 추세가 지속될 경우, 생산년령인구(15~64세)는 2016년부터 줄어들고, 총인구는 2018년 4,934만 명에 도달한 후 점차 감소될 것으로 추정된다. 이러한 저

표 1-2 고령화 추이전망

구 분	도 달 년 도			소 요 년 수	
	고령화사회(7%)	고령사회(14%)	초고령사회(20%)	고령사회	초고령사회
한 국	2000	2018	2026	18	8
일 본	1970	1994	2006	24	12
미 국	1942	2015	2036	73	21
독 일	1932	1972	2009	40	37
프랑스	1864	1979	2018	115	39

자료: 통계청, 전국장래인구추계, 2006.

출산 · 고령화 현상은 지속적인 국가발전을 저해할 뿐만 아니라 사회내부의 세대 간 갈등요인으로 작용할 것으로 예상된다.

한편 인구의 도시집중으로 도시화율은 1970년 49.8%에서 1990년에는 81.9%로, 그리고 2000년에는 87.6%에 이르렀으며, 2010년에는 90.9%로 증가하였다. 또한 인구의 지역적 분포는 전 국토 면적의 11.8%에 불과한 서울, 인천, 그리고 경기도를 포함하는 수도권 지역에 과도하게 집중되어 있다. 수도권 인구의 공간적 집중도는 1970년의 28.2%에서 1990년에는 42.8%로, 2010년에는 50.1%에 이르고 있다. 총인구의 절반에 달하는 인구가 수도권 지역에 집중되고 있는데 이는 일본의 수도권 인구비중 31.9%와 프랑스 18.5%, 영국의 11.8% 등과 비교해 볼 때 대단히 높은 수준이다.

4. 국토환경과 토지이용

우리나라의 국토는 「국토의 계획 및 이용에 관한 법률」에 근거하여 도시지역 · 관리지역 · 농림지역 · 자연환경보전지역 등 4개의 용도지역으로 지정되어 있다. 2010년 말 현재 용도지역으로 결정된 면적은 육지부와 해수면 일부를 포함하여 105,522㎢이며, 이 중 도시지역은 17,492㎢(16.6%), 관리지역은 25,824㎢(24.5%), 농림지역은 50,481㎢(47.8%), 그리고 자연환경보전지역은 11,725㎢(11.1%)이다.[5] 도시지역은 도시계획기법을 도입하여 계획적 · 체계적으로 개발 · 관리되며, 관리지역은 이를 다시 보전관리지역 · 생산관리지역 · 계획관리지역으로 구분하여 관리되고 있으나 보전용도지역인 보전관리지역은 462㎢, 일정요건 밑에서 전용이 가능한 생산관리지역은 153㎢에 불과하고, 대부분인 24,988㎢은 상대적으로 개발이 용이한 계획관리지역으로 지정되어 있다.

한편 2010년 말 현재 지목(地目)으로 등록된 면적은 100,033㎢로서 농경지(전 · 답 · 과수원 · 목장용지)는 20,197㎢, 임야는 64,504㎢, 대지는 2,744㎢, 공장용지는 749㎢, 공공용지(학교용지 · 도로 · 철도용지)는 3,269㎢, 하천은 2,833㎢, 기타 5,736㎢이다.[6] 산업화와 도시화가 진행되면서 공장용지, 도시용지, 공공용지의 수요가 증가하게 되고, 이에 소요되는 토지의 공급원은 농경지와 산림지이다. 통계에 의하면 2005년부터 2009년까지 5년간 평균 농지전용면적은 194.87㎢로서, 여의도 면적(2.95㎢)의 약 66배에 해당된다. 이는 맑은 공기, 깨끗한 물의 공급, 생물서식공간의 제공, 우수저류기능 등 다양

5) 국토해양부, 2011 국토의 계획 및 이용에 관한 연차보고서, p. 24.
6) 상게서, pp. 618-619.

한 국토환경보전기능을 담당하고 있는 자연환경용지가 지속적으로 감소되고 있음을 의미한다.

도시의 무질서한 확산을 방지하고 도시주변의 자연환경을 보전하여 도시민의 건전한 생활환경을 확보하기 위한 개발제한구역(greenbelt)은 1971년 7월부터 1977년 4월까지 8차례에 걸쳐 5,397㎢가 지정되었다. 그러나 이후 1,502㎢가 해제되어 택지조성과 공공시설용지 등으로 전용되었으며, 2010년 현재 3,895㎢가 남아 있으나[7] 이 또한 앞으로도 계속해서 개발용도로 해제될 것이다.

우리나라의 공원은 2010년 12월 현재 총 78개소(총면적 7,869㎢)로서 전체 국토 면적의 7.8%를 차지하고 있으며, 국립공원이 20개소(6,581㎢), 도립공원이 31개소(1,041㎢), 군립공원이 27개소(239㎢)이다. 공원으로 지정된 면적 가운데 육지부는 4,170㎢, 해상부는 2,754㎢로 구성되어 있다. 공원은 자연생태계와 수려한 자연경관, 문화유적 등을 보호함으로써 국민들의 정서함양에 지속적으로 이용하는 것을 목적으로 지정 · 관리되고 있으며, 그 보호가치의 우선순위에 따라 국립 · 도립 · 군립공원으로 구분된다.

5. 국토개발과 경제성장

국토개발은 주권이 미치는 영토를 체계적으로 이용하고 보전함으로써 국가의 경쟁력과 국민의 복리를 증진시키는 계획적 활동을 말한다. 특히 개발은 양적 성장과 동시에 질적 변화를 의미한다. 양적 성장은 인구증가나 경제규모의 증가와 같은 의미로 받아들여지며, 질적 변화는 사회 · 경제구조의 변화, 의식구조의 변화, 행동양식의 변화로 이해된다. 따라서 개발은 목표가 되는 대상체로 하여금 바람직한 방향으로 성장과 변화가 일어나도록 유도하는 개념이다.

개발에는 지역개발, 국토개발, 지역사회개발 등과 같이 개발의 목표가 되는 대상을 반드시 지정하고 있다. 즉, 국토개발은 국가가 주도하는 개발로, 개발대상은 국토가 되며, "국토의 생산성을 높이고, 주민의 생활수준을 증진시키며 발전 잠재력을 효율적으로 개발"하기 위한 것이다.[8] 국토개발은 국가와 지역의 경쟁력을 높이는 것 못지않게 국토를 균형있게 발전시키는 것도 중요하다. 그동안 도시화와 산업화 과정에서 수도권으로 인구와 경제활동이 집중되면서 이로 인한 지방의 침체현상이 심화되고 있음을 고

---

7) 상게서, pp. 184-185, p. 616, pp. 660-662.
8) 김인, 지속가능한 국토의 개발과 삶의 질, 한울아카데미, 2007, p. 335.

려할 때 모든 지역이 성장의 성과를 공유할 수 있도록 국토개발이 이루어져야 함은 시대적 과제가 되고 있다.

국토개발과 관련된 국가의 최상위 국토계획은 헌법 제120조 2항과[9] 2002년에 제정된 「국토기본법」 제6조[10]에 따라 수립되는 국토종합계획이다. 이 계획은 국토의 이용 · 개발 및 보전을 위하여 지향해야 할 장기발전방향을 설정하고 달성하기 위한 최상위 법정계획이다. 국토종합계획의 내용은 우리 국토의 미래상과 공간구조, 국토균형발전을 달성하기 위한 정책방향, 기간시설 확충과 자원의 이용, 국민생활여건의 개선 및 지속가능한 국토관리 방안 등 국토와 관련된 종합적인 사항을 담고 있다.

과거의 국토정책은 경제성장을 지원하는데 중점이 두어져 왔다. 산업발전을 뒷받침하기 위하여 산업단지를 개발 · 공급하고 사회간접자본을 확충하는 한편, 인구의 도시집중에 대응하여 주택과 교통시설 및 상하수도시설을 확대 공급한 것 등이 그것이다. 급속한 경제성장과 함께 산업구조의 변화는 국토정책과 국토개발의 방향과 그 궤를 같이 하여 왔다.

한편 우리나라의 국내총생산(GDP)은 1953년의 13억 달러에서 1972년에 107억 달러, 2010년에는 10,143억 달러[11]로 1953년에 비하여 무려 780배나 증가하였다. 1인당 국민소득(GNI)도 1953년 67달러에서 1977년에 1,034달러, 2010년에는 20,759달러로 1953년에 비하여 310배가 증가하였다. 이러한 급속한 경제성장을 가능하게 한 것은 산업단지, 교통 · 물류, 용수공급 등 사회간접자본(SOC)의 확충이 큰 역할을 담당하였다. 1970년대와 2000년대의 산업구조를 비교해 보면 농업의 비중이 29%에서 3%로 줄어들고, 광업 · 제조업과 3차 산업의 비중이 크게 증가하였다. 이러한 산업구조의 변화에 따라 3차 산업 중심의 국가경쟁력을 높일 수 있는 국토정책이 요구되고 있다(표 1-3).

지난 약 40년간에 걸친 국토개발정책은 국토의 개발과 이용의 기반을 구축하고, 산업의 적정한 배치를 도모하는 등 긍정적인 결과를 거두었음에도 불구하고, 경제성장 위주의 개발정책추진, 환경정책과의 연계성 미흡, 토지이용의 왜곡 등 여러 가지 부작용이 수반되었다. 그 대표적인 예를 열거하면 다음과 같다.[12]

첫째, 그 동안의 국토개발정책은 환경용량을 감안하지 않은 채 양적 성장을 추구한

---

9) 우리나라의 헌법(제120조 2항)에서 "국토와 자원은 국가의 보호를 받으며, 국가는 그 균형 있는 개발과 이용을 위하여 필요한 계획을 수립한다."라고 규정하고 있다.

10) 국토기본법 제6조에서 "국토계획이라 함은 국가 또는 지방자치단체가 실시할 사업의 입지와 시설규모에 관한 목표 및 지침이 될 종합적이면서 기본적인 장기계획을 말한다."라고 규정하고 있다.

11) 한국은행, 2010년 국민계정(잠정)의 주요내용.

12) 환경부, 환경친화적인 국토관리방안에 관한 연구, 2001, pp. 400-401.

표 1-3 경제발전과 산업구조의 변화

(단위: 10억 원, %)

산업 \ 연도	1970	1980	1990	1995	2000	2005	2008
총부가가치	2,519 (100)	34,490 (100)	167,713 (100)	359,582 (100)	514,054 (100)	718,032 (100)	920,331 (100)
농림어업	737 (29)	5,576 (16)	14,998 (9)	22,829 (6)	25,030 (5)	24,036 (3)	23,441 (3)
광업 · 제조업	492 (20)	9,102 (26)	47,124 (28)	101,500 (28)	153,280 (30)	206,688 (29)	260,824 (28)
3차 산업	1,290 (51)	19,811 (57)	105,591 (63)	235,253 (65)	335,744 (65)	487,308 (68)	636,066 (69)

주: 산업별 부가가치를 기준으로 한 것임.
자료: 한국은행, 2008년 국민계정, 산업별 비중 자료; 통계청 kosis.nso.go.kr

반면에 환경보전정책은 상대적으로 소홀히 다루어져 왔다. 이에 따라 국토환경에 과도한 오염부하가 가해짐으로써 환경오염이 전국적으로 심화 · 확산되는 결과를 가져왔다.

둘째, 그 동안의 국토개발정책은 공급위주의 정책으로서 자원과 에너지의 낭비를 초래하였으며, 특히 협소한 국토면적에 비하여 토지의 무질서한 이용과 저밀도 개발로 개발면적의 외연적 확산을 가져왔고, 국토의 자연환경과 녹지공간이 손상되었다.

셋째, 국토개발사업의 시행과정에서 환경영향평가 등 환경성에 대한 사전검토가 충분히 이루어지지 못하였으며, 자연자원과 생태계의 훼손이 수반되었다. 오염배출업체의 상류 입지에 따른 하류 하천의 수질오염, 간척지 매립에 따른 해안 생태계의 훼손이 그 대표적인 예라고 할 수 있다.

넷째, 국토개발정책은 도시중심으로 진행되었고, 농촌에 대한 토지이용정책 및 제도는 상대적으로 매우 취약하였다. 이는 도시와 농촌의 괴리를 초래하였으며, 특히 농촌지역의 무질서한 개발을 방치하게 되어 결국 농촌지역의 환경문제를 악화시켰다. 문민정부가 들어서면서 토지규제 완화조치로 농촌지역을 농림지역과 준농림지역으로 나누어 개발행위를 쉽게 허용함에 따라 농촌지역에서 심각한 난개발을 경험하였다.

다섯째, 그동안 우리나라의 급속한 경제성장과 산업발전은 수도권이 주도적인 역할을 담당해 왔다고 볼 수 있으나 이에 따라 수도권은 심각한 과밀문제로 시달리고 있으며, 지방은 정체상태에서 성장활력을 잃은 채 자생적 발전동력을 찾지 못하고 있다.

제 2 절 환경의 이해

1. 환경과 생태계의 개념

오늘날 환경이란 용어는 매우 다양하게, 그리고 아주 보편적으로 사용되고 있다. 좁게는 우리가 살고 있는 주변을, 넓게는 지구와 우주를 포함한다. 환경의 사전적 의미는 생물을 둘러싸고 있는 외위(外圍)로서 생물의 생활에 영향을 미치는 모든 것으로 정의하고 있는데 이는 대단히 포괄적이다. 그러므로 환경의 개념과 분류는 관점에 따라 다소 차이를 보일 수 있다. 어떤 학자는 환경을 물리적 환경, 생물학적 환경, 문화적 환경으로 구분하기도 하고, 또 다른 경우에는 사회적 · 경제적 환경까지도 포함시키는가 하면 자연환경만으로 한정하는 경우도 있다.

세계보건기구(World Health Organization: WHO)는 환경을 생활환경과 사회환경으로 나누고, 생활환경을 다시 물리 · 화학적 환경과 생물학적 환경으로 구분하고 있다. 물리 · 화학적 환경은 공기, 기체, 토양, 광선, 광물질 등이 포함되고, 생물학적 환경은 동 · 식물, 위생곤충, 미생물 등이 포함된다. 한편 사회환경은 인위적 환경(유형환경)과 문화적 환경(무형환경)으로 구분된다. 인위적 환경은 주로 산업시설, 식생활 요인 등이 포함되고, 문화적 환경은 문화, 예술, 정치, 경제, 행정, 종교, 교육요인 등을 포함시키고 있다. 한편 유엔환경계획(United Nations Environmental Programme: UNEP)은 환경을 자연환경과 인간환경으로 구분하고, 자연환경에는 대기권(大氣圈), 수권(水圈), 지권(地圈) 및 생물적 환경(생산자 · 소비자 · 분해자)을, 그리고 인간환경에는 인구, 주거, 생물계, 산업, 에너지, 운송, 관광, 평화와 안전 등을 포함시키고 있다.

우리나라 「환경정책기본법」에서는 환경을 자연환경과 생활환경으로 구분하고 있다. 자연환경은 지하, 지표(해양포함) 및 지상의 모든 생물과 이들을 둘러싸고 있는 비생물적인 것을 포함한 자연의 상태를 의미하며, 생활환경은 대기, 물, 폐기물, 소음 · 진동, 악취, 일조(日照) 등 인간의 일상생활과 관계되는 환경으로 정의되고 있다.

한편 시계열적인 측면에서 환경은 계속해서 변화하며, 이는 자연적 변화와 인위적 변화로 구분될 수 있다. 환경의 변화는 인간에게 이로울 수도 있거니와 해로울 수도 있다. 본래상태의 환경에 위해를 가하는 인위적인 환경이용행위는 환경용량(環境容量)의 범위 안에서 이루어져야 한다. 환경용량은 생태학적 측면에서 첫째, 자원의 지속가능생산량, 둘째, 지역의 수용용량, 셋째, 환경의 자정능력 등 세 가지로 살펴볼 수 있다.[13)]

자원의 지속가능생산량은 어떤 자연자원의 최대지속가능생산량(maximum sustainable yield)이라는 개념이다. 어업, 산림, 농작물 등의 재생가능 자연자원은 어떤 수준을 초과하여 생산하지 않는다면 지속적으로 그 자원을 활용할 수 있다. 이 최대치를 최대지속가능생산량이라고 한다. 만약 이 수준을 넘어서는 생산을 하게 되면 이 자원의 생산기반이 급격히 무너지게 되므로 이 한도 내에서의 자원이용을 지속가능한 것이라 할 수 있다.

지역의 수용용량(carrying capacity)은 어떤 지역의 생태계가 일정 수준의 인구, 야생동물, 가축만의 생존을 지지할 수 있는 개념이다. 그러므로 어떤 지역의 수용용량을 정확하게 계산할 수 있다면 이 지역에 살 수 있는 동물이나 사람의 수효에 대한 한계를 정할 수 있다. 오덤(Odum)[14)]은 수용용량의 개념을 최대수용용량과 적정수용용량으로 구분하고, 후자가 환경상의 충격에 덜 취약하다고 설명한다. 그러나 인간환경의 수용용량은 삶의 질 수준과 생활환경에 대한 외부로부터의 에너지 보조에 의하여 결정된다는 점 때문에 계산하기 어렵다는 문제가 있다.

생태계의 자정능력(assimilative capacity)은 특정지역의 생태계 환경에 위해나 변화가 발생할 때 그 변화에 적응하고 균형을 유지하여 영향을 줄일 수 있는 능력이다. 수계, 대기, 토양에 환경오염물질을 배출할 때 규정된 환경기준을 위반하지 않는 범위 이내라면 받아들일 수 있다는 것이다. 자정능력은 희석 · 침전 · 분해 등 물리적 · 화학적 작용을 통하여 이루어진다. 생태계의 자정 능력에는 일정한 한계가 있다. 이 한계를 초과하는 영향이나 충격을 가하면 생태계는 파괴된다. 즉, 환경파괴와 오염물질 배출 정도가 자정능력 범위 내에 있을 때만 생태계는 안정을 유지할 수 있다.[15)] 수송, 확산, 화학반응, 화학적 분해 등 다양한 자연적 과정은 환경의 자정능력에 공헌한다. 지역의 자정능력은 공간과 시간에 따라 크게 변한다. 예를 들면, 어떤 수계의 자정능력은 수온 · 유속 등에, 어떤 대기의 자정능력은 풍속 · 혼합고 · 온도 등에 의존하는데 이것은 위치와 시간에 따라 변한다.

---

13) 정회성 · 변병설, 환경정책의 이해, 서울: 박영사, 2003, p. 51.

14) E.P. Odum, *Basic Ecology*, New York: Saunders College Publisher, 1983.

15) R.E. Munn, "Toward Sustainable Development: An Environmental Perspective," F. Archibugi and P. Nijkamp(eds.), *Economy and Ecology: Towards Sustainable Development*, Dordrecht: Kluwer Academic Publishers, 1989, pp. 49-72.

한편 환경과 밀접한 관계를 가지고 있으면서 환경보다 더 포괄적인 개념으로 이해되고 있는 생태계의 개념을 살펴볼 필요가 있다. 생태계(ecosystem)란 어떤 지역 안에 사는 생물군(生物群), 즉 사람을 포함한 동 · 식물과 이들을 제어하는 무기적 환경과의 유기적 관계를 형성하는 복합체계를 말한다. 따라서 '생태계'란 개념은 '환경'과 마찬가지로 생명과 관계되므로 두 개념은 밀접한 관계를 가지면서 때로 같은 의미로 혼동해서 사용되기도 하나 두 개념 사이에는 다음과 같은 점에서 분명한 차이가 있다.[16]

첫째, '환경'이 인간중심적 개념인 데 반해 '생태계'는 생물중심적 개념이다. 환경과 생태계 둘 다 생명과 관련되나 환경은 인간의 생명이 주된 관심사가 되는 반면 생태계는 모든 종류의 생명체에 관심을 갖는다.

둘째, '환경'의 개념이 구심적(centripetal)/원심적(centrifugal)인 중심주의적 세계관을 나타내는 반면, '생태계'의 개념은 '관계적'이라고 할 수 있는 세계관을 반영한다. 그리스어에서 유래한 영어의 'environment'가 삶의 조건과 둘러쌈을 뜻하는 개념이라면, 'ecosystem'은 삶의 장소로서 거주지의 체계성을 의미한다.

셋째, '환경'이 원자적 · 단편적 세계인식 양식을 반영하는 개념인 반면, '생태계'는 유기적 · 총체적 세계인식 양식을 나타내는 개념이다. 즉, 환경의 개념이 인간과 자연의 형이상학적 구별을 인정하는 세계관을 반영하는 것이라면, 생태계의 개념은 그러한 구별을 부정하는 세계관을 반영하는 것이라고 볼 수 있다.

넷째, '환경'의 개념이 자연과 인간을 구분하여 설정하는 이원론적 형이상학(dualism)을 함의한다면, '생태계'의 개념은 모든 생명체의 뗄 수 없는 상호의존성을 강조하는 일원론적 형이상학(monism)을 의미한다.

그렇다면 '생태계'는 어떻게 구성되어 있으며, 어떠한 법칙에 의하여 움직이는가? 생태계는 생산자(producer), 소비자(consumer), 분해자(decomposer)간의 상호 유기적 관계에 의하여 균형을 이루는 생물적 요소와 생물 주위의 환경을 구성하고 있는 물질들과 에너지가 포함되는 비생물적 요소로 구성되어 있다. 생태계는 다음과 같이 네 가지의 생태학적 법칙에 의하여 움직이고 있다.[17]

생태계의 제1법칙은 '모든 것은 상호 연관되어 있다'는 것이다. 이는 사이버네틱스(cybernetics)의 개념으로 설명될 수 있다. 즉, 생태계 내에 존재하는 모든 것은 상호 밀접한 순환적 인과관계의 그물 속에 존재하며, 이들 스스로가 전체적으로 안정적인 관계

16) 박이문 외, 녹색한국의 구상, 1998, pp. 23–24.
17) Barry Commomer, *The Closing Circle*, New York: Alfred A. Knopf, 1971, pp. 29–44.

를 구축하려는 힘을 갖고 있다는 것이다.

생태계의 제2법칙은 '모든 것은 어디론가 가기 마련이다'는 것이다. 이는 폐기물의 개념과 관련되는 것으로서 자연계에 존재하는 물질은 영원히 없어지지 않고 어디론가 이동할 따름이라는 것이다.

생태계의 제3법칙은 '자연이 가장 잘 알고 있다'는 것이다. 이는 자연결정론(natural determinism)을 함축적으로 나타내는 것으로서 자연계에 대한 인위적 변화는 어떤 것이라도 자연계에 해롭다는 뜻이다.

생태계의 제4법칙은 '세상에 공짜란 없다'는 것이다. 이는 사회적 비용의 개념을 함축하는 것으로서 지구의 생태계는 연결된 하나의 전체이므로 그 속에서 그저 얻어지는 것도 잃는 것도 없으며, 모든 이득은 반드시 어떤 대가를 지불하고서야 얻어진다는 뜻이다.

환경과 생태계의 기능을 살펴보면 첫째, 인간이 생명을 유지하고 생활하는데 필수적인 요소인 햇빛, 공기, 물 등을 공급하며, 둘째, 산업과 생산활동에 필요한 자원과 에너지를 공급하며, 셋째, 자연환경계의 고유한 먹이사슬체계를 통하여 자연환경과 생태계 그 자체가 유지된다.[18]

2. 환경문제의 특성

환경문제는 경제성장, 도시화, 공업화를 위한 자연환경에 대한 개발행위와 이같이 개발된 환경에서의 지속적인 경제행위에 따른 것이다. 사람의 건강과 환경에 피해를 주는 환경오염과 자연환경의 본래적 기능에 중대한 손상을 주는 환경훼손을 환경문제라고 할 때 이의 발생요인을 살펴보면 다음과 같다.[19]

첫째, 인구증가가 환경문제 발생의 근원이다. 인구가 증가할수록 자원과 에너지 소비량은 늘어나게 되고, 동시에 각종 오염물질 배출을 증대시킴으로써 환경문제를 유발한다. 지구의 부양능력과 자정능력을 넘어서는 인구증가는 환경문제를 심화시켜 궁극적으로는 인류의 생존을 위협할 수도 있다. 서기 1800년 10억이던 인구가 20억이 되는데 120년(1930년)이 걸렸으나 30억이 되는 데는 30년(1960년), 40억이 되는 데는 15년(1975년), 50억이 되는 데는 10년(1985년)밖에 걸리지 않았다.[20] 현재 68억인 인구는 출

18) 김성봉, 습지와 환경자원, 월인출판사, 2008, p. 29.
19) 김병완, 환경정책의 논리와 실제, 나남출판, 2001, pp. 58-60.

산율의 감소로 인구증가속도가 줄어 2050년에는 90억에 이를 것으로 전망된다.[21]

둘째, 18세기부터 본격화된 산업화는 자원의 착취와 생산 및 소비과정에서 다량의 오염물질을 배출하는 직접적인 요인이 되었다. 오늘날 환경문제가 범지구적 차원으로 심화된 것은 20세기에 들어와 선진국은 물론 개발도상국에 이르기까지 급속히 확산된 산업화에 기인한다고 볼 수 있다.

셋째, 도시화에 따른 인구집중은 한정된 공간에서의 환경용량을 초과하는 토지개발과 오염물질의 배출을 초래하므로 자연생태계의 파괴와 환경오염의 직접적인 원인이 되고 있다. 도시화는 생태계의 파괴와 수질·대기오염 및 폐기물처리 등의 환경문제 뿐 아니라 교통, 주택, 빈부격차 등 심각한 사회문제도 야기한다.

넷째, 경제성장은 소득의 증대와 함께 생활수준을 향상시키는 한편, 자원의 고갈, 에너지의 과다사용, 오염물질의 대량배출 등을 초래함으로써 환경문제를 심화시키는 주요 원인으로 작용한다.

다섯째, 과학기술의 발달은 산업구조를 농업위주에서 공업위주의 생산구조로 변화시키고, 경공업 중심에서 중화학공업으로, 오늘날에는 이른바 IT, BT 등 첨단산업으로의 변화를 촉진시키고 있다. 이러한 산업구조의 변화는 끊임없이 새로운 환경문제를 유발시킨다.

한편 환경문제가 안고 있는 본질적이고 구조적인 특징은 오염요인의 다양성, 영향의 광역성, 인과관계의 시차성 및 상승작용, 문제의 자기증식성(自己增殖性) 등을 들 수 있다.[22]

첫째, 환경문제는 인간의 모든 활동, 즉 개발·생산·소비과정에서 다양하게 발생한다. 개발과정에서는 자연환경훼손과 생태계의 파괴 등이 따르고, 생산과정에서는 매연·폐수·폐기물·소음·진동 등의 공해를 유발하게 되며, 소비과정에서는 난방연소·생활하수·쓰레기 등 다양한 오염물질이 발생하게 된다. 이러한 오염요인의 다양성은 복합적이고 학제적(學際的)인 해결책을 필요로 한다.

둘째, 환경문제는 환경의 개방체제적 특성으로 인하여 공간적으로 매우 넓은 영향권을 형성한다. 즉, 오염물질은 대기와 수계의 이동과정을 통하여 광범위한 지역으로 확산되는 특성을 가지고 있다. 따라서 환경문제는 전국토적 내지 전지구적 차원에서의

---

20) K. Tischler, *Umweltökonomie*, München/Wien: Oldenbourg, 1994, p. 16.

21) U.S. Census Bureau, *U.S. & World Population Clocks*, 2009.

22) 안기희, 환경과학론, 서울: 안국출판사, 1991, pp. 319-320; 이두호 외, 인간환경론, 서울: 나남, 1993, pp. 78-83.

해결을 요구하고 있다.

셋째, 환경문제는 시간적으로 문제발생으로부터 영향의 발현 사이에 상당한 시차가 존재한다. 이처럼 환경오염과 자연파괴의 영향이 오랜 시차를 두고 나타나기 때문에 원인과 결과 사이에 존재하는 인과관계를 확인하는데 어려움이 따른다. 따라서 환경문제는 사후규제보다는 사전예방적인 대책으로 대응하는 것이 보다 바람직하다.

넷째, 환경문제는 상호작용하는 여러 요인들에 의하여 화학반응을 통한 상승작용(synergism)을 일으켜 문제를 더욱 악화시키기도 한다. 예를 들면, 대기오염물질인 아황산가스는 그 자체만으로도 인간에게 악영향을 미치는 물질이나 이것이 대기 중에서 질소산화물 · 수증기 · 분진 등과 혼합하여 산성비를 만들어 더욱 심각한 피해를 일으킨다.

다섯째, 대기 · 물 · 토양 등 자연환경은 어느 정도의 오염물질을 스스로 정화할 수 있는 자정능력이 있으나 그 능력 이상으로 오염물질이 부하되면 자정작용이 불가능하게 되어 오염현상이 더욱 가중적으로 심화된다. 적조(赤潮)현상과 온실효과 등이 대표적인 사례이다. 따라서 환경문제를 해결하기 위해서는 단편적 · 부분적 접근만으로는 어렵기 때문에 종합적 대책수립과 여러 학문 간의 포괄적 연계가 필요하다.

3. 환경과 경제

한 사회의 경제체제는 환경에 영향을 미치고, 또한 환경의 질은 그 경제체제에 다시 영향을 미치는 상호의존관계가 성립한다.[23] 환경과 경제성장의 상호관계를 어떻게 보아야 하는가? 1970년대의 논리는 경제성장과 환경 간에는 일반적으로 상충관계(trade-off)가 존재한다고 인식하였다. 즉, 보다 나은 환경의 질을 달성하기 위해서는 경제성장을 낮추어야 하고, 그 반대의 경우도 물론 성립한다는 견해가 지배적이었다. 1972년 「성장의 한계」라는 로마클럽 보고서는 바로 이 견해를 뒷받침하는 것이었다. 그러나 최근에는 '지속가능한 발전'이라는 새로운 사고의 틀이 정착되면서 환경과 경제성장은 상호보완성을 유지할 수 있다는 방향으로 그 관점이 변하고 있다.

현실적으로 경제성장과 환경의 관계가 어떻게 나타나고 있는가? 선진국의 경험으로 보아 이 둘의 관계는 경제발전단계에 따라 그 형태가 다르게 나타나고 있다. 즉, 경제발전의 초기단계에서는 상충관계를 보이는 것이 일반적 추세이나 경제발전이 어느 정도 수준에 도달한 시점부터는 상호보완관계로 변하고 있다. 그러나 경제성장을 통한

---

23) 김인환 · 이덕길, 신환경정책론, 서울: 박영사, 1998, pp. 164-166.

소득수준의 향상이 환경개선을 위한 하나의 필요조건이 될 수는 있어도 충분조건은 아니다. 환경개선을 위하여 지속적인 환경투자와 환경친화적인 사업으로의 구조개편이 수반되어야 한다. 만약 이러한 노력이 없으면 환경의 질이 경제성장과 함께 계속 악화되어 결국에는 경제성장의 한계에 봉착할 것이다.

경제성장에서 얻은 재원의 뒷받침으로 지속적인 환경투자가 이루어지면서 대기오염, 수질오염, 폐기물 등 기초적인 환경오염 분야에서는 상당한 개선을 나타내고 있다. 그러나 재정지출만으로 해결하기 어려운 온실가스제어, 호소 및 연안해역에서의 부영양화와 적조현상, 유해폐기물 및 유해화학물질관리, 야생동식물보호 등의 분야에서는 그 개선이 답보상태를 보이고 있다.[24)]

환경은 생산과 소비활동에 필요한 자원과 에너지를 공급하는 동시에 경제활동의 일정부분에 제약을 가하며, 경제활동에 의하여 발생된 잔재물을 일정부분 흡수하여 정화하는 역할을 담당한다. 뿐만 아니라 환경은 깨끗한 공기와 물, 평화로운 전원과 수려한 자연경관, 그리고 야생 동식물을 통하여 사람들에게 즐거움과 심미적 안정감을 제공하기도 한다. 반면에 경제는 생산과 소비과정에서 환경오염 문제를 야기시키고, 대규모 개발사업의 추진 등으로 자연경관과 녹지를 훼손하는 환경파괴 현상을 초래한다. 이처럼 환경과 경제는 상호 영향을 주고받으며, 서로 순환하는 구조를 가지고 있다.

따라서 경제활동 과정에서 환경오염 문제가 야기되기 때문에 경제정책과 환경정책은 서로 조화를 이루어야 정책의 실효성을 거둘 수 있으며, 환경과 경제는 대립적 관계가 아닌 상생 · 보완적 관계로 승화시켜 국가 전체적인 복지와 삶의 질을 제고시켜야 할 것이다. 환경은 여러 경제활동의 주요 투입요소인 동시에 경제활동은 환경의 질을 결정하는 중요한 변수라는 측면에서 환경변수와 경제변수는 상호배타적이 아니라 상호의존적이다. 여기에서 우리가 도전하여야 할 문제는 '환경 또는 경제'(either the environment or the economy)의 문제가 아니라 '환경과 경제'(both the environment and the economy)의 문제이다.[25)] 이와 같은 시각에서 경제와 환경이 상생하는 정책을 기조로 하는 환경과 경제정책의 통합 필요성이 크게 대두되기 시작하였다.

최근에는 기존의 환경정책의 근간이었던 사후관리(end of pipe), 그리고 명령과 규제에 의한 직접적인 규제 방식이 아닌 경제정책이나 경제활동과 연계한 여러 가지 수단이 강구되기 시작하였다. 경제학적인 관점에서 환경오염문제는 시장과 자원배분이 최

---

24) OECD, *Environmental Performance: Reviews of Korea*, 2006, pp. 15-33.

25) 김인환 · 이덕길, 전게서, 1998, p. 181.

적상태를 이루지 못하는 시장실패에서 야기되고 있다고 보는 것이다. 재화의 생산과 소비과정에서 가격을 통한 경제적인 대가를 반영하지 못하는 이른바 외부효과의 발생 즉, 사적인 비용과 사회적인 비용 간에 괴리가 발생하게 되어 시장이 왜곡된다.

또한 공기와 물 등 환경자원은 어느 한사람이 어떤 재화를 소비하고 있더라도 다른 사람이 동일한 재화를 함께 소비할 수 있는 소비상의 비경합성(非競合性)과 어떤 사람이 그 재화를 소비하지 못하도록 막을 수 없는 소비상의 배제불가능성(排除不可能性)을 포함하고 있는 대표적인 공공재이기 때문에 시장에서 형성되는 가격이 그 재화가 지니고 있는 가치를 제대로 반영하지 못하는 것이다. 결국 시장실패 현상이 일어나고 이로 인하여 환경오염, 자원고갈, 생태계 파괴 등 환경문제가 발생되고 있다고 보는 것이다.

따라서 이러한 환경문제를 해결하기 위한 방법을 제시하면 다음과 같다.[26]

첫째, 환경정책과 재정정책의 통합수단으로서 환경오염을 유발시키는 재화와 서비스의 상대가격에 인위적인 변화를 가하여 시장의 가격기능을 활용하는 경제적 유인수단을 도입하거나 또는 환경오염이 적은 재화와 서비스에 대하여 조세를 감면하는 환경친화적인 조세체계의 도입 등이 필요하다.

둘째, 환경정책과 산업, 무역정책의 통합수단으로서 환경친화기업 지정제도 도입, 제품에 대한 환경라벨링(labelling) 제도 도입, 기업의 자율적인 환경관리제 도입 등 환경친화적인 생산체계를 구축하고, 이러한 친환경 상품에 대한 소비확산 정책의 도입 등 환경친화적인 소비체계를 구축해야 할 것이다.

셋째, 환경정책과 경제정보의 통합수단으로서 기업의 환경보고서 작성, 환경회계시스템 도입, 환경리스크 평가제 도입, Green GNP개발 · 도입 등 친환경기업경영지원과 환경정보의 경제성 평가 · 분석기법의 도입 등을 추진해야 할 것이다.

4. 생활환경현황[27]

우리나라는 지난 반세기에 걸쳐 환경을 고려하지 못한 성장위주의 개발정책추진으로 국토에 대한 환경부하(環境負荷)가 급속도로 가중되어 대기오염, 수질오염, 폐기물문제 등 생활환경의 질적 저하를 경험하였다. 또한 안전한 식수공급과 위생적인 오폐수처리문제도 환경정책의 현안이 되어 왔다. 우리나라는 1990년대에 들어와 환경개선이 많

26) 환경부, 환경30년사 - 제2편 부문사, 누리환경, 2009, pp. 6-7.
27) 환경부, 2010 환경백서, 관련부문 발췌정리.

이 이루어졌으며, 특히 2000년대에는 대기, 수질, 폐기물관리와 상하수도 보급 등의 분야에서 상당한 진전을 이룩하였다.

(1) 대기질 현황

청정연료의 사용, 저유황유 공급, 저공해자동차 보급 등 각종 대기오염 저감정책으로 인하여 아황산가스(SO_2)의 오염도는 크게 개선되었으나 자동차의 급속한 증가와 산업 활동의 증가에 따라 이산화질소(NO_2), 오존(O_3) 등의 오염도는 증가추세에 있다.

아황산가스는 연료에 함유된 황(黃) 성분이 연소과정에서 산소와 결합하여 발생하며, 기관지염을 일으키고, 미량이라도 장시간 흡입하면 만성기관지염을 일으킨다. 2000년 이후 서울시를 포함한 모든 도시에서 지속적으로 연간 기준치(0.02ppm 이하)를 달성하고 있으나 대규모 배출업체가 밀집되어있는 울산지역은 다른 지역에 비하여 상대적으로 다소 높은 오염도를 나타내고 있다.

이산화질소는 자동차 배기가스에 포함되어 있기도 하고, 연료의 고온 연소 시에 공기 중의 질소와 산소가 결합하여 생성되기도 하는데 코와 목을 자극하며 호흡기에 나쁜 영향을 미치는 한편, 탄화수소와 함께 광화학(光化學) 스모그를 발생시키기도 한다. 주요 도시의 2010년도의 이산화질소 농도는 서울(0.034)과 수도권 일부도시(0.034~0.038)를 제외하고는 2007년부터 강화된 기준치(0.05→0.03ppm/년) 내에 머물고 있다.

오존은 이산화질소와 자동차 배기가스 등에 포함되어 있는 탄화수소가 강한 햇빛과 반응하여 생성되는 2차 오염물질로 대기 중 농도가 높아지면 눈을 자극하고 호흡기 장애를 일으킨다. 주요 도시의 오존 농도는 환경기준치(8시간 평균치 0.06ppm)의 1/3수준에 머물고 있다. 오존은 단기간에 고농도로 노출될 경우, 인체에 나쁜 영향을 미치기 때문에 그 농도가 0.12ppm/시간을 초과할 경우, 오존주의보를 발령하게 된다.

먼지는 대기 중의 아황산가스와 복합적으로 작용하여 호흡기질환을 유발할 수 있으며, 빛의 흡수와 산란을 통하여 시정거리(視程距離)를 감소시키는 것으로 알려져 있다. 인체에 미치는 영향이 큰 미세먼지(PM-10)는 2002년을 고비로 감소하는 경향을 보이고 있으나 대체적으로 수도권 도시에서 2007년부터 정부가 적용하고 있는 강화된 환경기준치(연평균 70→50㎎/㎥)수준을 다소 상회하고 있다.

(2) 물환경 현황

도시화와 산업화 과정에서 발생한 환경문제의 심각성을 극명하게 보여준 사례는 주요 도시의 상수원으로 이용되고 있는 낙동강 및 영산강의 오염사고와 팔당호의 수질악화라고 할 수 있다.[28] 1990년대에 들어와 정부의 핵심적 환경정책인 1996년의 물관리 종합대책(1993~1997)[29] 및 4대강 물관리종합대책(1998~2005)[30]의 추진으로 공공수역의 생화학적 산소요구량(Biochemical Oxygen Demand: BOD)농도는 감소하고 있으나 화학적 산소요구량(Chemical Oxygen Demand: COD)농도는 화학물질의 사용증가와 비점오염원(非點汚染源) 등 난분해성(難分解性) 오염물질 유입으로 다소 증가하거나 BOD에 비하여 적게 감소하였다. 한편 조류(藻類)발생 및 유기물질 자체생산의 제한 인자인 총인(總燐)의 오염도는 증가하였다.

2010년도 주요 하천의 수질평가에 의하면[31] 전국 114개 중권역(中圈域) 중 97개 중권역이 '좋은 물'에 해당되었다. 이는 전체 중권역의 85%에 해당하는 것으로 2015년 좋은 물 목표기준인 85% 를 앞당겨 달성하고 있다. 한편 2009년 호소 수질평가결과, 전국 주요 호소 49개 중 30개 호소가 '좋은 물'에 해당(61.2%)되어 2015년 좋은 물 목표(94%) 대비 약 65%의 목표달성도를 나타내었다.

(3) 폐기물 관리현황

소득수준의 향상과 산업화의 진전으로 폐기물 발생량이 지속적으로 늘어남에 따라 이의 처리문제는 심각한 환경문제로서 뿐 아니라 폐기물 처리시설의 입지를 둘러싸고 발생하는 이른바 님비(Not In My Back Yard: NIMBY)현상으로 일컬어지는 사회적 갈등문제를 촉발하여 왔다. 폐기물의 발생원에 따라 발생량추이를 살펴보면 일상생활과 경제활동에서 발생하는 생활폐기물은 1995년 쓰레기 종량제가 도입된 이후 줄어들었으나

28) 1991년 3월 14일, 두산전자공장에서 페놀원액 30톤이 낙동강으로 흘러들어가 정수장의 염소소독과정에서 클로로페놀(chloro-phenol)로 변하면서 대구시 수돗물에서 악취가 발생하여 수돗물공급이 중단되었다. 1994년 4월에는 영산강에서 물고기가 집단적으로 폐사하였고, 수도권의 상수원인 팔당호의 수질은 1990년대 중반까지도 수질이 BOD 3mg/수준까지 악화되면서 국민들이 수돗물을 불신하는 현상으로 이어지기도 하였다.

29) 이 대책은 1993년 수질보전, 수자원, 상수도 공급 등 물관리 정책을 종합적으로 추진하기 위하여 5개년계획으로 수립되었으며, 총 사업비는 15조 9천억 원이 소요되었다.

30) 이 대책은 모든 상수원의 수질을 Ⅱ급수 이상으로 개선하고, 용수예비율을 9%까지 확대하며, 광역상수도 공급비율을 65%까지 제고하는 것을 목표로 하였으며, 수질개선은 2005년까지 하수처리장 등 환경기초시설을 확충하여 하수도 보급률 80%를 목표로 하였다.

31) 2006년까지 우리나라의 수질환경기준은 하천, 호소 및 지하수로 나누어 기준을 정하였다. 그러나 수질환경기준은 물리 · 화학적인 지표만으로는 사람이나 생태계에 미치는 영향을 충분히 고려하기에는 적합하지 못하였다. 따라서 환경부는 "수질환경기준"을 "수질 및 수생태계 환경기준"으로 변경하고, 수질을 "좋음", "나쁨" 등과 같은 서술형 등급명칭으로 변경(수치형 등급도 부가적으로 사용)하였다. 동시에 체계적이고 효과적인 관리가 가능하도록 등급을 5단계에서 7단계(매우 좋음 · 좋음 · 약간 좋음 · 보통 · 약간 나쁨 · 나쁨 · 매우 나쁨)로 세분화하여 2007년 1월 1일부터 시행하고 있다.

2000년 이후부터는 점차적으로 발생량이 증가하고 있다. 사업장에서 발생하는 사업장폐기물은 산업활동의 증가와 함께 지속적으로 늘어나고 있으며, 건설공사현장과 재건축으로 발생되는 건설폐기물은 재건축이 활성화된 2000년 이후 급증하는 추세를 보이고 있다.

정부가 강력히 추진하고 있는 생산, 유통, 소비단계에서의 폐기물 감량화와 자원화 정책에 힘입어 폐기물의 재활용이 증가하면서 매립은 감소하고 있다. 2010년 현재 생활폐기물과 건설폐기물을 포함한 사업장폐기물의 총발생량(364,267톤/일) 중 재활용은 83.5%인데 비하여 매립은 9.4%, 소각은 5.3%에 불과하고, 나머지는 해역으로 배출되었다. 사업장폐기물 중 폐유와 폐산 등 주변 환경을 오염시키거나 인체에 위해를 줄 수 있는 지정폐기물은 발생량(9,060톤/일) 중 재활용 56.9%, 매립 20.7%, 소각 17.1%, 기타 5.3% 순으로 처리되고 있다.

(4) 상하수도 보급현황

2010년 말 현재 우리나라 전체 인구의 97.7%가 상수도를 공급받고 있으며, 상수도 시설용량은 30,936천㎥/일이다. 1일1인당 급수량은 333ℓ로 2004년 이후 감소하는 추세인데, 이는 절수기 설치와 물 절약 운동의 전개 및 하수처리수의 재이용 등으로 물 사용량이 줄고, 유수율(有收率)제고사업의 지속적인 추진으로 누수율(漏水率)이 감소하고 있기 때문이다. 지역별 상수도 보급 수준은 7개 특별시 · 광역시의 상수도 보급률이 99.5%, 시지역이 98.7%, 읍지역이 89.8%, 면단위 농어촌지역이 55.9%로 농어촌지역으로 갈수록 보급률이 낮다. 한편 2009년 말 현재 하수도 보급률은 90.1%이며, 전국에 가동 중인 3,064개(500㎥/일 이상 470개, 500㎥/일 미만 2,594개) 공공하수처리시설의 시설용량은 24,754천㎥/일이다.

5. 연안역(沿岸域) 환경현황

우리나라는 국토면적의 4.5배에 달하는 200해리 배타적 경제수역 · 영해 · 내수(內水) 등의 광활한 관리해역(443천㎢)과 국토면적의 3.5배에 달하는 대륙붕(345천㎢)을 보유하고 있다. 우리나라의 연안역에는 어장이 잘 발달되어 있으며, 다양한 해양자원을 보유하고 있을 뿐만 아니라 세계 5대 갯벌의 하나가 서해안과 남해안 일원에 총 2,550㎢의 규모로 펼쳐져 있다.

해역별 특성을 살펴보면 서해는 평균수심이 44m의 천해(淺海)로서 대륙붕과 갯벌이 잘 발달되어 있기 때문에 생산성이 높은 어장으로 활용되고 있다. 그러나 서해는 한반도와 중국대륙으로 둘러싸인 반폐쇄성(半閉鎖性) 해역으로 오염부하량 증가에 따라 해양오염에 취약한 지형적 특성을 가지고 있으며, 연안 매립을 통한 각종 개발사업이 지속적으로 추진되면서 해양환경의 보전이 어려워지고 있다.

남해는 평균수심이 101m로 서해와 같이 대륙붕이 발달되어 있을 뿐 아니라 도서가 많고 해안선이 복잡한 리아스식 해안으로 생산성이 높은 어장을 형성하고 있다. 그러나 반폐쇄성 해역으로 임해산업단지의 조성, 배후도시 개발, 양식어장 밀집 등으로 해양오염에 취약하고, 적조(赤潮)발생과 유류오염사고 등의 가능성이 매우 높은 해역이다.

동해는 평균수심이 1,684m로 깊고, 해안선이 단조로워 해류의 흐름이 비교적 원활할 뿐 아니라 오염에 대한 취약도가 다른 해역에 비해 가장 낮다. 또한 동해는 한류와 난류의 교차로 해양생물자원이 풍부한 해역이다.

우리나라의 연안역은 경제발전 속도에 비례하여 해양환경에 미치는 오염물질의 부하량이 크게 증가하였고, 오염원의 종류도 다양하게 나타나고 있다. 우리나라의 인구 및 산업의 40% 이상이 연안에 집중되어 있기 때문에 급속한 산업화와 도시화로 연안 및 해양에 유입되는 오염물질의 부하량은 엄청나게 증가하고 있으며, 해양에 유입되는 오염물질도 다양화되고 있다. 그 결과 해양수질환경의 악화, 해양생물의 서식지 및 산란지의 파괴, 해양생물종의 변이 및 특정종의 우점종화(優占種化) 등 해양생태계의 급속한 훼손이 야기되고 있다.

해양생태계는 오염원 유입에 따라 지속적으로 악화되어 왔음에도 불구하고 국민의 관심사에서 벗어나 있었으며, 정부 또한 뒤늦게 대응하여 왔다. 해양생태계로서 특이한 환경을 갖고 있는 갯벌생태계는 조류의 영향을 직접적으로 받는 감조수역(感潮水域)에서 육상으로부터 유입되는 퇴적물이 주로 물리적 요인에 의하여 발달하는 갯벌에서 발견된다. 갯벌은 해양생물에게 먹이와 서식 공간을 제공하여 해양생태계를 유지함은 물론 오염물질 정화, 자연재해 저감 및 해안침식의 완화뿐만 아니라 인간에게 중요한 단백질원인 수산물을 공급하고, 생태관광과 같은 새로운 서비스를 제공하는 등 최근 이용가치가 크게 상승하고 있는 소중한 자연의 산물이다. 그러나 무분별한 개발정책과 매립으로 인하여 1987년 이후 전체면적의 20% 이상이 상실되었다.

제3절 지속가능한 발전의 개념

1. 지속가능한 발전개념의 시원(始源)

지속가능한 발전(sustainable development)이라는 개념의 기원은 지속가능성(sustainability)에서 찾을 수 있다. 지속가능성은 수산자원의 남획경쟁이 심각했던 19세기부터 20세기 초 사이에 수산자원을 보호하려는 목적으로 '최대 지속가능 어획량(maximum sustainable yield)'이라는 용어에서 출발한다. 따라서 지속가능성은 유한한 보유자원의 총량에서 산출되는 재생산량 이상으로 자원을 이용하면 총량자체가 감소하게 되어 결국 자원이 고갈될 것이므로 자원의 개발, 생산, 소비에 대한 최대 또는 최적의 한계를 의미한다.

한편 생태학적 관점에서 지속가능성의 개념을 살펴보면 Vogt는 일정한 지역공간 내에서 인간생활을 창조적으로 이끌며 보호할 수 있는 가용토지의 수용능력으로 정의하였으며, Wantrup은 최적의 경제(economic optimum)를 달성하면서 무절제한 성장으로 인한 환경파괴와 자원고갈을 회피할 수 있는 자연보전의 최소안전기준으로 규정하기도 하였다.[32)]

1970년 미국의 MIT(Massachusetts Institute of Technology) 대학에서 국제연구팀을 구성하여 지속적인 세계의 성장이 초래할 수 있는 정책적 시사점을 분석한 바에 의하면 지구의 성장에 한계를 가져올 수 있는 다섯 가지 요인으로 인구증가, 농업생산, 비재활용 자원의 고갈, 산업생산, 오염배출 등을 제시하였다. MIT 연구팀은 이 다섯 가지 요인과 관련된 각종 자료를 토대로 컴퓨터 모델을 구축한 후 인류의 미래에 대한 여러 가지 대안을 결정하기 위한 모델을 검증하였다. 이 연구결과를 수록한 것이 1972년의 로마클럽 보고서 「성장의 한계(The Limits to Growth)」이다.[33)] 인류가 성장의 한계를 극복하기 위해서는 인구와 물질적 생산량의 지구적 균형상태를 유지해야 한다고 이 보고서는 주장하고 있다.

---

32) 노융희, "환경친화적 국토관리방향," 2001년도 새국토정책 고위과정, 국토연구원 · 21세기 국토포럼, 2001, p. 90; Sam Romaya & Carole Rakodi(eds.), *Building Sustainable Urban Settlements*, London: ITDG Publishing, 2002, pp. 1-3; 소진광, 지방자치와 지역발전, 서울: 박영사, 2005, pp. 222-229 참조.

33) Donella H. Meadows, et al. *The Limits to Growth* (2nd ed.), New York: Universe Book, 1977.

1972년 6월 스웨덴의 스톡홀름에서 열린 '유엔인간환경회의(United Nations Conference on the Human Environment)'에서는 인간과 환경의 밀접한 관련성이 강조되었다. 이 회의에서 채택된 "인간환경선언"은 '지구의 자연자원이 현세대와 미래세대의 이익을 위하여 보호되어야 한다.' 라고 선언하면서 각 나라가 자국 내의 경제활동이 다른 나라의 환경을 해치지 않도록 노력할 책임이 있음을 명시함으로써 오염원인자(汚染原因者) 부담의 원칙에 입각한 국제 환경문제 해결의 실마리를 제공하였다. 한편 이 회의에서는 환경문제가 경제발전 때문에 발생하기도 하나 경제성장이 너무 느리기 때문에 환경문제가 나타날 수도 있다고 결론지었다. 이는 이 회의에 참석한 인도의 총리 Gandhi의 연설 중 '빈곤이 가장 큰 환경 오염원'이라는 표현에서도 잘 나타나고 있다.[34]

스톡홀름의 유엔인간환경회의 이후 1982년에 유엔총회는 「세계자연헌장」을 채택하였고, 환경문제에 대한 지구적 차원의 대책을 마련하기 위하여 1983년에 "환경과 개발에 관한 세계위원회(World Commission on Environment and Development: WCED)"를 구성하여 보고서를 작성하도록 하였다. 지속가능한 발전이라는 용어는 이 위원회가 1987년에 발간한 보고서 「우리의 공동미래(Our Common Future)」[35]를 통하여 전 세계에 알려지게 되었다. 이 보고서는 위원회 위원장을 맡았던 노르웨이 전 수상인 Brundtland의 이름을 따서 브룬트란트 보고서라고도 한다.

이 보고서에서 지속가능한 발전을 '미래세대가 그들의 충족시킬 수 있는 능력을 저해하지 않으면서 현세대의 필요를 충족시키는 발전'이라고 정의하고 있다.[36] 특히 Brundtland는 지속가능한 발전의 핵심이 다음 네 가지 차원에서 고려되어야 한다고 설명하였다.[37] 첫째, 빈곤의 추방과 기본생활의 향상을 도모한다. 둘째, 빈곤을 궁극적으로 추방하기 위하여 자원의 보전과 생활을 윤택하게 하는 자원의 사용가능성을 확대한다. 셋째, 성장의 개념을 확대하여 경제적 성장뿐 아니라 사회적 · 문화적 발전도 성장의 범주에 함께 고려하여야 한다. 넷째, 성장을 위한 정책결정의 단계에서 항상 경제학과 생태학의 통일을 이루어야 한다.

「우리의 공동미래」는 여덟 가지의 지구적 문제를 제시하고 있다.[38] ① 인구와 인적

34) 김귀곤 외, 지속가능발전의 전략과 실행, 서울: 아카데미서적, 2003, p. 26.

35) WCED, *Our Common Future*, Oxford: Oxford University Press, 1987.

36) 지속가능한 발전의 정의를 원어로 표현하면 다음과 같다. "...development that meets the needs of the present without compromising the ability of future generations to meet their own needs." 김귀곤 외, 전게서, 2003, pp. 26-27 참조.

37) 김용웅 외, 지역발전론, 서울: 한울아카데미, 2003, p. 261.

38) 김귀곤 외, 전게서, 2003, p. 27.

자원: 개발도상국의 높은 인구 증가율과 인적 자원의 남북격차, ② 산업: 산업화 · 도시화에 따른 환경오염과 사회적 문제, ③ 식량 안보: 식량증산과 기아 확산의 불균형 문제, 농업의 환경파괴 등, ④ 생물종과 생태계: 생물종의 개체 수 감소 문제, ⑤ 도시문제: 도시로의 인구집중에 따른 사회적 문제, ⑥ 공공자산 관리: 대양(大洋), 남극, 우주 등 인류 공공자산의 선진국 오용(誤用) 문제, ⑦ 에너지: 에너지 소비 증가와 에너지 고갈, 재생가능 에너지 사용 문제, ⑧ 분쟁과 환경문제: 분쟁에 의한 환경파괴 위협, 군비 증가 문제 등이다.

지속가능한 발전을 지속성(sustainability), 형평성(equity), 효율성(efficiency) 측면에서 접근하는 시각도 있다. 지속성은 환경이 우리 인류에게 자연자원을 공급할 수 있는 능력과 환경오염물질의 자정능력 범위 내에서 발전을 추구해야 한다는 의미이다. 이는 Brundtland 보고서에서 제시한 지속가능한 발전의 개념과 유사한 해석이다. 형평성은 시간적으로는 미래세대의 발전가능성, 그리고 공간적으로는 국가 내 및 국가 간의 빈부격차 등을 완화할 수 있는 발전을 의미한다. 효율성은 각종 자원을 최대한 효율적으로 이용하고, 공급위주가 아닌 수요관리정책으로의 전환을 촉구하는 것을 뜻한다. 따라서 지속가능한 발전을 추구하기 위해서는 경제 시스템이나 도시 시스템, 그리고 우리의 생산 및 소비양식 전체가 환경친화적으로 전환되지 않으면 안 된다는 포괄적인 정책적 시사점을 제시하고 있다.[39]

UNESCO와 여러 학자들에 의하면,[40] 일반적으로 지속가능한 발전에는 세 가지 핵심영역이 있다고 한다. 즉, 경제성장과 평등, 자연자원과 환경보전, 사회발전이 그것이다.

첫째, 경제성장과 평등은 오늘날 상호 연결된 글로벌 경제 시스템의 통합적인 접근을 요구한다. 어떤 국가나 지역사회도 뒤떨어지지 않도록 보장하면서 책임있는 장기적 성장을 촉진할 수 있어야 한다.

둘째, 자연자원과 환경보전은 미래 세대를 위하여 환경유산과 자연자원을 보호하기 위한 경제적 해법을 개발하여야 한다. 그렇게 함으로써 자원의 소비절감, 오염의 중지, 자연서식지의 보존을 달성할 수 있다.

셋째, 사회적 발전은 전 세계의 모든 사람들에게 직장, 식량, 교육, 에너지, 보건, 물

39) 이정식, "21세기의 지역경영전략," 이정식 · 김용웅(엮음), 세계화와 지역발전, 서울: 한울아카데미, 2001, p. 553.

40) 김귀곤 외, 전게서, 2003, pp. 30-31.

과 위생이 필요하다. 이러한 필요를 충족시키는 한편, 세계 공동체는 풍요로운 문화적 · 사회적 다양성과 근로자들의 권리를 보장하고, 모든 사회 구성원들이 그들의 미래를 향해 역할을 다 하도록 보장하여야 한다.

2. 지속가능한 발전개념의 확산

(1) 유엔환경개발회의

지속가능한 발전에 대한 논의가 유엔을 중심으로 지속적으로 이루어져 오다가 유엔결의로 1992년 브라질(Brazil)의 리우 데 자네이루(Rio de Janeiro)에서 '유엔환경개발회의(United Nations Conference on Environment and Development: UNCED)'를 개최하여 환경과 개발의 조화를 추구하기 위한 종합적 규범체계를 마련하게 된다. '지구정상회의(Earth Summit)'라고도 불리 우는 이 회의에서 "환경적으로 건전하고 지속가능한 발전(Environmentally Sound and Sustainable Development: ESSD)"의 행동계획으로 「의제 21(Agenda 21)」을 마련하고 국가별, 부문별 대처방안의 마련을 강조하는 이른바 '리우(Rio) 선언'이 채택되었다.

「의제 21」은 지구환경 문제의 원인이 되는 각종 사회적 · 경제적 요인에 대한 해결방안, 대기 · 해양 · 폐기물 · 토지 등 각종 환경문제에 대한 해결방안, 이의 해결을 위한 사회 각 계층의 역할과 법 · 제도, 기술이전 및 재정지원 등의 광범위하고 포괄적인 이행체계를 담고 있다. 특히 「의제 21」에서는 지속가능한 발전을 실천하기 위하여 주요 9개 그룹의 노력과 역할을 강조하고 있다. 이들 그룹은 여성계, 청소년, 농민, 비정부기구, 지방정부, 근로자와 노동조합, 기업 및 산업계, 과학기술계, 그리고 원주민 등을 포함하고 있다.[41)]

UNCED회의에서는 「의제 21」과 함께 네 개의 국제조약, 즉 기후변화협약, 생물다양성협약, 사막화방지협약, 공해(公海)상 어획에 관한 조약 등이 서명되었다. 이와 같은 국제적인 약속들의 이행과정을 관찰하고, 이를 UN에 보고하며, 동시에 국제적인 정책교섭을 위한 포럼을 제공하기 위하여 '유엔지속가능발전위원회(United Nations Commission on Sustainable Development: UNCSD)'가 설립되었다. UNCSD는 지속가능한 발전을 성취하기 위한 활동과 정책방향을 제시하고, 다양한 환경문제에 대한 각국 정부

---

41) 대통령자문 지속가능발전위원회, "2002 세계지속가능발전정상회의," (mimeo.), 2002. 8. 16.

및 국제사회의 주요단체들 간의 협력과 대화를 증진시키기 위한 네트워킹 작업을 추진하고 있다.

「의제 21」은 많은 국가와 지방정부의 지속가능한 발전에 대한 활동의 준거(準據)가 되고 있다. 예를 들면 우리나라를 포함하여 150개 이상의 국가들이 정부와 환경단체, 민간기업, 지역사회간의 대화를 촉진하기 위하여 국가자문위원회를 설립하였다. 또한 미국과 영국 등 많은 국가들이 국가 차원에서 지속가능한 발전의 지표를 관찰하기 위한 프로그램을 제정하였으며, 지방정부 차원에서는 전 세계 약 2천개 도시들이 자체적인 「지방의제 21(Local Agenda 21)」 계획을 수립하고 이를 지역사회계획으로 발전시켜 나가고 있다.[42]

리우 지구정상회의 이후 UN은 지속가능한 발전과 관련하여 인권, 인구, 사회발전, 여성, 주택과 정주(定住), 식량안보 등의 주제를 지속적으로 논의하였다. 특히 1996년 6월 터키의 이스탄불(Istanbul)에서 개최된 '제2차 유엔인간정주회의(The Second United Nations Conference on Human Settlements: Habitat II)'는 「지구적 행동계획(The Global Plan of Action/Habitat Agenda)」 보고서를 통하여 지속가능한 정주지역(定住地域)의 개발을 보다 구체적으로 제시하였다.

이 보고서에서 지속가능한 정주지역의 개발은 사회적 통합, 빈곤의 근절, 역사적·문화적 유산의 보존과 복원을 통하여 사회적인 지속성을 유지하고, 생산적인 고용창출과 농촌경제의 유지 및 발전을 통하여 경제의 지속성을 확보하며, 지속가능한 토지이용 및 교통체계의 구축, 지속가능한 에너지 이용, 건전한 생태환경 조성 등을 통하여 환경적 지속성을 높이는 등 사회·경제·환경적 측면을 총체적으로 고려하는 것이어야 한다고 선언하였다.[43]

(2) 지속가능발전 세계정상회의

1997년 6월 제19차 UN 환경특별총회(일명 리우+5)의 의결을 거쳐 리우 지구정상회의 10주년이 되는 2002년 8월에 남아프리카(South Africa) 공화국의 요하네스버그에서 일명 '지속가능한 발전을 위한 세계정상회의(World Summit on Sustainable Development: WSSD)'가 개최되었다. WSSD 회의는 다섯 가지 주요 과제, 즉 물, 에너지, 보건, 농업,

42) 김귀곤 외, 전게서, 2003, p. 28.

43) 이규인, "지속가능한 국토관리를 위한 주거지 평가 및 계획방향," 우리나라 국토관리정책의 나아갈 길, 새국토연구협의회 결성기념 공개토론회, 프레스센터 국제회의장, 2000. 9. 20, p. 275.

생물다양성(Water, Energy, Health, Agriculture, Bio-diversity: WEHAB)에 중점을 두고, Kofi Annan 유엔사무총장, Mbeki 남아공 대통령, Koizumi 일본 수상, Colin Powell 미국 국무장관, Zhu Rongji 중국 총리, 김명자 한국 환경부 장관 등 세계 각국의 지도자와 NGO, 여성, 기업, 지방정부, 과학자, 농민 등이 참석하여 범지구적 문제들을 논의하였다. 이 회의는 정상급, 각료급, NGO별로 관련 회의와 포럼, 세미나 등을 열어 기상이변과 자원고갈, 빈곤 등 지구적인 문제의 해결방안을 모색하였다.

WSSD회의에서는 세 가지의 공식문서가 채택되었다. 정치적 선언문(Political Declaration), 이행계획(Plan of Implementation), 그리고 파트너십/이니셔티브(Partnership/Initiative)가 그것이다. WSSD 회의에서 채택된 정치적 선언문인 이른바 '요하네스버그 선언문'은 2002년 5월 인도네시아 발리(Bali)에서 개최된 WSSD 제4차 각료급 준비회의에서 각국이 제시한 의견을 토대로 전 세계 시민들과 이 지구를 물려받게 될 차세대들에게 지속가능한 발전을 도모할 수 있는 공동의 희망을 실현시키기 위한 결의를 진지하게 알리기 위하여 마련되었다.

이 선언문에는 지난 10년간 더욱 악화된 빈부격차와 환경문제, 그리고 현재 진행되고 있는 세계화의 추세에 대한 대처 등 앞으로 해결해야 할 과제를 포함하고 있으며, WSSD 회의의 이행계획 목표달성을 위한 의지가 담겨있다.[44)]

두 번째 공식문서인 이행계획은 리우회의에서 채택한 「의제 21」의 기본 골격을 바탕으로 향후 10~15년간에 걸쳐 국가 · 지역 · 국제적 차원에서 달성해야 할 실천사항을 규정하고 있다. 이 문서의 구성은 빈곤퇴치, 지속가능한 소비 · 생산패턴의 변화, 경제 · 사회개발을 위한 자연자원 보호 및 관리, 세계화 시대의 지속가능한 발전, 이행수단, 지속가능한 발전을 위한 제도적인 체제 등 10개의 장으로 구성되어 있다.

세 번째 공식문서인 파트너십/이니셔티브는 정부 간 협상을 통한 외교문서 형태의 합의에 의하여 이루어지는 기존의 협력방식에서 탈피하여 각국의 민간단체, 기업, 정부기관 등 각 이해당사자 그룹이 자발적이며 자주적인 조직을 구성하여 협력사업을 추진해 나가는 방식을 담고 있다.

3. 지속가능한 발전개념의 정착

오늘날 환경문제는 특정국가나 특정지역의 범위를 넘어 범지구적 차원의 과제로 등

44) 김귀곤 외, 전게서, 2003, pp. 32-47.

장하고 있다. 인류는 대량생산, 대량소비, 대량폐기로 상징되는 역사상 물질적으로 가장 풍요로운 시대를 구가하고 있으나 그 이면에는 이러한 풍요로운 사회를 지탱해주는 자원의 남용, 에너지의 과다사용, 새로운 화학물질의 개발, 도시화 및 산업화로 인하여 인간을 낳고 길러준 소중한 자연이 무참히 파괴되고 있다. 지속가능한 발전의 개념이 지구촌 환경보전을 위하여 세계 각국이 필연적으로 채택해야 할 새로운 패러다임으로 정착되고 있는 것은 지속가능한 발전이 인류의 보편적 공통과제로 인식되고 있음을 보여주고 있다. 지속가능한 발전은 우선 현재 및 미래세대를 위하여 자연자원이 보존되어야 함을 뜻한다. 여기서 자연자원은 '육지와 바다를 포함한 지구의 모든 영역'을 의미한다. 독특한 지역과 대표적인 생태계 및 희귀 동·식물과 멸종위기에 처한 동·식물의 서식지는 특별히 보호되어야 하고, 생태계와 육지, 대기 및 해양자원은 다른 생태계와 동·식물을 위험에 빠뜨리지 않으면서 '최적의 지속가능한 생산'을 달성할 수 있도록 관리되어야 할 것이다. 생물자원은 이들의 재생능력을 초과하여 이용되어서는 아니 되며, 자연에 대한 회복 불가능한 피해를 방지하여야 함을 뜻한다.

다른 한편 지속가능한 발전이라 함은 지속가능한 자원의 이용을 의미하므로 장기적으로 이러한 자원의 감소는 물론 장래의 고갈을 막을 수 있도록 자연자원의 개발이 필요하다. 지속가능한 발전은 어느 국가가 자연자원을 이용함에 있어 다른 국가나 그 주민들의 필요를 고려할 것을 함축하는 형평에 부합하는 이용을 포괄한다. 이 개념에는 다른 이용자의 필요는 물론 현재 및 미래세대의 필요까지도 고려하여야 함을 의미한다. 1992년「리우선언」원칙 3에서 "개발에 대한 권리는 현재 및 미래세대의 개발 및 환경상의 필요를 형평에 맞게 충족할 수 있도록 행사되어야 한다."는 선언이 이를 대변하고 있다.

또한 지속가능발전은 정책의 통합을 요구한다. 경제적·생태적 및 사회적 목표는 상호의존적이어서 이는 통합적인 접근방법에 의해서만 달성될 수 있다. 즉, 경제개발계획 및 사업은 환경적 고려를 포함시켜야 하고, 환경목표를 적용함에 있어 개발의 필요를 고려해야 할 것이다. 지속가능한 발전은 생태적 안정을 위하여 환경보전이 개발정책과 개발사업의 핵심부분으로 인식되어야 하며, 이는 생물·물질계의 안정을 확보하는 것이 장기적인 경제 및 사회안정에 매우 중요하기 때문이다. 그리고 사회개발과 관련해서는 인구증가, 빈곤 및 환경악화의 악순환을 타파하고, 문화적 다양성을 유지하는 것이 지속가능한 발전을 달성하는 열쇠이다. 또한 지속가능한 발전에는 생물다양성의 보호가 포함되어 있다. 국내 및 국제개발전략을 수립할 때 생물다양성의 보호가 인간이

만든 환경을 포함하여 생물권 전체를 의미하는 지구생태계의 안정에 있어 가장 중요하다는 사고가 전제되어야 할 것이다.

제 4 절 지속가능한 국토와 환경

1. 국토개발과 환경문제

국토공간은 소비와 생산활동의 효용을 증진시키기 위하여 필요에 따라 개발되고 관리된다. 그러나 국토개발과 관리행위는 필연적으로 야생동식물의 서식지 파괴와 생태계 질서의 교란, 그리고 자연환경의 훼손과 표토(表土)의 유실 등을 수반한다. 즉, 정도의 문제는 있으나 언제나 환경은 파괴되는 것이며, 경우에 따라서는 국토개발로 인하여 특정한 환경자원이 소멸되기도 한다. 예컨대 간척사업으로 인하여 우리는 새로운 국토공간을 확보하게 되나 반대로 갯벌이라는 환경자원과 갯벌에서 살아가고 있는 생태자원을 영원히 잃어버릴 수도 있다.

국토개발과 환경보전은 서로 양립하기 어려운 속성을 가지고 있으므로 국토공간을 효율적으로 개발 · 이용하고, 이로 인하여 야기되는 환경훼손의 문제를 최소화하는 전략이 요구된다. 인간의 삶의 질을 제고하기 위한 개발의 성과는 극대화하는 동시에 의도하지 않는 부정적 결과 즉, 환경훼손을 최소화하는 최대-최소전략(maxi-min strategy)을 선택하여야 한다. 나아가서 개발과 환경을 조화시키고 최적화 시킬 수 있는 방안이 모색되어야 할 것이다.

지난 반세기 동안 우리의 국토는 늘어나는 인구와 팽창하는 개발 수요에 대처하기 위하여 공급에 초점을 맞춘 토지이용정책의 추진으로 난개발(亂開發)과 생태계 훼손 등의 환경문제를 경험하였다. 난개발은 개발사업의 외부 불경제 효과로서 도시개발에 따라 발생하는 부정적 측면을 총칭하는 개념이다. 이는 크게 두 가지 기준으로 구분되는데 하나는 사전계획의 유무이고, 다른 하나는 계획의 질이다. 첫 번째 기준에 의하면 사전계획 없이 무계획적으로 이루어진 개발을 난개발이라 하고, 두 번째 기준에 의하면 사전계획의 존재 여부와는 관계없이 환경친화적이지 못한 개발을 모두 난개발로 정의한다. 현실적으로 나타나는 난개발의 모습은 위의 두 가지를 모두 포함하고 있다.

그러므로 난개발이란 무계획적인 개발로 인하여 녹지공간과 우량농지의 훼손뿐만 아니라 기반시설 및 공공시설 공급부담의 가중, 토지이용의 효율성 저하 등을 초래하는 개발행위를 의미한다고 할 수 있다.[45] 국토의 난개발은 부족한 주택과 토지의 공급을 목적으로 1993년 개정된 「국토이용관리법」에서 무절제한 개발이 허용되는 준농림지역(準農林地域)의 도입에 기인한다고 볼 수 있다. 농경지 한 가운데 한두 동의 고층아파트가 들어서고, 소규모 공장이 산발적이고 무계획적으로 입지하고, 도로와 하천주변에는 숙박업소와 음식점 등이 무질서하게 난립하고 있다. 이로 인하여 자연환경 훼손, 우량농지잠식, 환경오염 유발, 기반시설 및 공공시설의 부족 등의 현상이 만연함으로써 오늘날 심각한 국토환경 문제로 대두되고 있다. 난개발은 전국적인 현상으로 나타나고 있으나 수도권 지역에서 가장 심각하게 나타나고 있다. 최근 들어 자연환경과 생태계에 대한 관심과 가치가 높아지고 환경이 삶의 질을 좌우하는 중요한 요소로 부각되면서 자연환경의 훼손을 수반하는 대형 개발사업 추진과정에서 개발과 보전을 둘러싼 사회적 갈등 또한 빈발하고 있다.

한정된 국토공간에서 급속히 진행된 도시로의 인구집중과 환경을 고려하지 않은 성장위주의 개발정책으로 인하여 국토에 대한 환경부하는 급속도로 가중되어 왔다. 환경문제가 사회적 이슈로 부각되고, 국토환경보전의 중요성에 대한 인식이 높아지고 있음에도 불구하고 각종 개발계획과 사업의 집행은 환경과 개발의 조화를 모색하는 환경친화적 개념이 아직도 정착되지 못하고 있다.

우리나라의 국토개발에 따른 환경문제가 발생한 배경을 살펴보면 다음과 같다.

첫째, 인구와 경제규모, 그리고 에너지 소비량의 지속적인 증가로 국토환경에 미치는 환경부하가 급격히 증가해 왔다. 2010년 기준으로 1980년 대비 전국인구는 26.5%로 증가하고, GDP는 2.5배, 자동차보유대수는 31.7배로 급증하였으며, 특히 도시화율은 2010년 말 현재 90.9%에 이르고 있어 사실상 국토전역이 도시화의 양태를 보이고 있다.

둘째, 도시확장, 산업단지건설, 사회간접자본 확충 등을 위하여 농지, 산림, 도시녹지가 급격히 줄어들어 국토의 자연정화기능이 현저히 약화되어 왔으며, 농지와 산림면적은 지속적으로 감소하였다. 백두대간과 연안갯벌 등 생태적으로 보전가치가 높은 지역이 개발사업과 대규모 간척 및 매립사업으로 훼손되고, 생태적 기능이 저하되었다. 한반도 야생동식물의 핵심서식처이며 생태계 연결고리인 백두대간 지역은 72개의 도로가 평균 9㎞ 간격으로 관통하고 있으며, 갯벌면적은 1980년에 비하여 7.8㎢가 상실되어

45) 환경부, 친환경적 국토관리방안에 관한 연구, 2001, pp. 11-12.

2010년 현재 2,550㎢가 남아있다.

셋째, 토지이용의 생태효율성이 저하되어 왔다. 국토면적이 제한된 우리나라 실정에 비추어 토지수요는 급격하게 증가하여 왔으나 이에 대비하여 환경용량을 고려한 계획적, 효율적인 토지이용이 이루어지지 못함으로써 난개발과 자연환경 훼손 등이 가중되었다. 또한 도시의 외연적 확산, 자동차 의존형 토지이용 형태로 인하여 에너지의 비효율적 사용과 대기오염 유발 등의 생태효율성이 낮은 국토공간구조가 형성되었다.

넷째, 국토이용, 도시개발, 자원관리 등 국토계획의 모든 분야에 있어서 지속가능한 국토환경관리를 위한 구체적인 실천전략과 추진방안의 도입이 미흡하였다. 환경용량 및 토지의 자연생태적 특성에 기초한 환경계획을 토대로 국토계획 및 개발을 추진하는 '선 환경계획-후 국토개발' 이라는 논리는 뒷전으로 밀려났다. 따라서 양호한 환경의 질을 유지하고 환경부하에 스스로 수용, 정화, 복원할 수 있도록 국토환경용량의 보전 및 창출을 위한 국토계획과 개발체계의 구축이 절실하다.

그동안 우리나라의 국토정책은 대전제가 개발이었음을 부인할 수 없다. 환경적 고려가 소홀했던 국토개발정책의 집행과정에서 환경파괴와 오염이라는 심각한 환경문제가 표출되었다. 환경용량을 초과하여 발생한 환경오염과 파괴된 환경은 원래의 상태로 회복하는 데 막대한 시간과 자원이 소요되거나 그 회복이 물리적, 경제적으로 불가능한 경우가 많다. 그러므로 환경오염과 파괴를 사전에 방지하는 것은 회복할 수 없는 환경을 보전함은 물론 물리적, 경제적인 측면에서도 효과적이고 효율적이다. 이제는 국토개발과 환경보전을 균형 있게 고려하는 정책전환이 모색되어야 할 것이다.

2. 지속가능한 국토관리

제3절에서 살펴본 바와 같이 지속가능한 발전의 이념은 인류의 생존기반인 하나뿐인 지구를 환경문제로부터 보호하기 위한 21세기의 새로운 패러다임으로 자리잡고 있다. 지속가능한 발전의 개념이 국토관리영역에서 갖는 함의(含意)는 경제활동과 환경보전간의 상호연계성의 강조에서 찾을 수 있다. 국토는 생산과 소비활동을 지원하기 위하여 부단히 개발행위가 이루어지면서 변모되는 것이며, 다른 한편 다양한 환경 · 생태적 공간으로서 현세대뿐 아니라 미래세대를 위하여 적극적으로 보전되어야 할 양면성을 갖고 있기 때문이다. 앞으로 국토정책의 기조는 환경적으로 건전하고 지속가능한 국토관리에 두어져야 할 것이다.

(1) 국토개발과 환경관리의 통합

도시 및 지역개발, 산업입지, 도로 · 철도 · 공항, 수자원 · 댐 등 사회간접자본건설, 관광, 자원관리 등 국토계획의 모든 부문에서 환경과 조화된 지속가능한 발전의 개념이 반영되어야 한다. 각종 국토, 지역 및 도시계획에 자연과의 조화, 쾌적한 환경의 창조, 지구환경보전 등을 내부목적화하여 공급위주의 개발에서 수요관리 · 생태순환형 개발로 국토관리의 기본목표와 전략이 바뀌어야 한다. 이를 위하여 구체적으로 각종 개발사업의 경제적 타당성 분석을 수행할 때 환경성 요소인 환경오염, 산림감소, 갯벌파괴 등을 환경비용에 포함시키는 종합비용편익분석(Extended Cost/Benefit Analysis)[46]을 실시하고, 지역주민과 시민단체의 참여를 확대하여 개발사업의 환경성을 강화하는 토대가 마련되어야 할 것이다.

이와 함께 친환경적 개발지침을 마련하여 중앙정부뿐만 아니라 지방정부의 개발계획, 설계, 유지관리 등 개발사업의 전 과정에 이 지침이 적용되도록 노력하여야 한다. 또한 환경영향평가의 기능과 역할 등을 재정립하여 환경과 보전의 조화를 도모하는 실질적인 수단이 될 수 있도록 협의내용 등이 준수되어야 할 것이다.

(2) 국토 생태통합네트워크의 구축

국토 생태통합네트워크는 주요 산맥과 10대 강, 3대 연안역 등을 통합적으로 연계하여 야생동식물의 이동성과 다양성, 물 순환의 건전성, 녹지의 연속성을 확보하기 위한 한반도의 생태골격이자 자연생태계의 보전수단이다. 이는 생태적으로 보전가치가 높은 백두대간, 비무장지대와 접경지역, 습지 및 갯벌, 하천과 계곡, 대규모 호소(湖沼), 상수원 보호구역 등 환경보전지역을 연계하여 산 · 하천 · 연안의 생태계 복원과 보전을 도모하고, 각종 개발사업의 무분별한 개발을 규제하여 환경친화적인 개발을 유도함으로써 환경오염의 사전예방과 국토관리를 추진하는 전략이다.

이러한 생태통합네트워크는 유역권(流域圈)을 중심으로 구축되어야 할 것이다. 왜냐하면 유역권은 산림, 물(하천, 호소, 해양), 토양 및 각종 생태계를 포함하는 통합된 생태권이며, 각기 고유한 기능과 특성을 가지면서 유기적으로 연계되어 있기 때문이다. 따라서 우리나라의 유역권을 중심으로 산림생태계의 보전과 복원, 수(水)생태계의 보전과

46) 종합비용편익분석 기법은 기존의 B/C 분석기법에 환경성을 고려하여 종합적으로 사업의 타당성 분석이 이루어질 수 있도록 선진국과 국제기구에서 권장하고 있으며, 새만금 간척사업의 재평가에서 이 기법을 시도하였다.

수변공간(waterfront)의 관리, 연안환경 및 갯벌의 보전, 그리고 멸종위기의 한반도 토종 동 · 식물 보전을 위한 생태복원사업[47] 등이 적극적으로 추진되어야 산 · 하천 · 연안 자연생태계의 보전과 복원이 가능해 질 것이다.

(3) 깨끗하고 건강한 생활환경의 관리

우리나라는 부존자원이 많지 않은 자원빈국임에도 불구하고 경제규모에 비하여 자원과 에너지 소비가 비교적 큰 나라이다. 따라서 국민 1인당 소비압력지수 및 국토환경부하가 높아 환경과 생태계에 미치는 영향이 커지고 있다. 그러므로 국토환경오염의 사전예방을 위해서는 무엇보다 녹색생산 · 유통 · 소비체계의 정착을 통하여 소비압력을 최소화하는 것이 중요하다. 이를 위해서는 환경산업을 지식기반사업으로 확대하고, 환경친화기업을 적극 육성하여 제품의 생산 · 유통 등 모든 과정에서 환경오염배출을 최소화해야 할 것이다.

한편 맑고 깨끗한 대기질(大氣質)을 확보하기 위해서는 교통수단에 의한 대기오염 방지대책을 시급히 추진할 필요가 있다. 이와 함께 청정연료 사용지역 및 지역난방을 지속적으로 확대하고, 도시림 조성, 공원 · 녹지 확충사업 등을 적극적으로 추진하여 자연의 대기정화기능을 제고해야 할 것이다.

또한 건강하고 쾌적한 생활환경을 조성하기 위해서는 강, 호수, 바다의 수질개선이 필수적이다. 미래의 수자원인 지하수가 보전되어야 하며, 지하수의 오염을 사전에 예방하고 차단하기 위한 대책, 그리고 축산폐수 등의 이른바 비점오염원의 차집(遮集)과 정화도 매우 시급한 과제이다.

우리의 생활, 생산 및 위락활동의 근간이 되는 토지의 지속가능한 관리를 위해서는 폐기물 발생의 최소화와 재활용 · 자원화를 촉진하여 폐기물의 배출밀도를 줄여야 한다. 폐기물 발생을 최소화하기 위하여 4R(Reduce, Reuse, Recycle, Recover) 운동을 적극적으로 전개하고, 폐기물처리시설의 원활한 입지선정과 철저한 관리도 병행되어야 할 것이다. 토양오염 지역의 복구와 안전한 토양관리를 위한 농약 · 비료 등의 사용을 줄이는 대책도 필요하다. 노후 불량주택의 재건축과 재개발 과정에서 발생하는 건설폐기물의 재활용과 적절한 처리를 위한 대책도 시급하다. 건설폐기물의 재활용을 위한 기술개

47) 국토생태네트워크의 구축 사례를 살펴보면 일본은 세끼료 산맥(脊梁山脈)을 중심으로 생물서식공간(biotope)의 유지와 형성에 관한 계획도(eco · net · map)를 작성하였으며, 네덜란드는 국토생태네트워크(National Ecological Network: NEN)를 실현하기 위하여 도로, 철도, 운하의 건설과 개량, 정비 등을 통한 생태적 인프라를 대대적으로 정비하고 있다.

발과 건설폐기물의 용도확대 등의 합리적 기준이 마련되어야 하며, 건설현장 간에 건설폐기물을 상호 재활용할 수 있는 정보시스템의 구축도 중요한 과제이다.

(4) 수요관리기능의 강화

국토환경의 훼손은 에너지, 물 등 자원의 무절제한 사용에서 비롯된다. 그 동안의 경제 및 국토개발정책은 우리의 부존자원과 환경용량을 고려할 때 공급위주의 자원 낭비적이며, 또한 비효율적으로 추진되어 왔다. 지속가능하고 친환경적인 국토환경의 구현은 자원과 에너지의 효율적 이용을 전제로 실현되어야 하며, 이를 위해서는 자원절약적 국토이용과 수요관리 기능이 한층 더 강화되어야 할 것이다.

특히 에너지 절약과 이용의 효율화를 위해서는 에너지 소비와 환경부하를 최소화할 수 있는 도시 및 산업기능의 배치가 필요하다. 예를 들면, 교통수요의 발생을 최소화하는 에너지 절약적 도시구조와 분포는 자원절약적 개발이면서 동시에 환경친화적 개발인 셈이다. 이러한 의미에서 토지이용계획을 포함한 모든 부문별 계획에서 환경계획이 접목되어야 할 것이다.

한편 수자원은 그동안 수요관리 방안이 거의 고려되지 않은 채 과거의 연장선상에서 수요분석에 대한 충분한 검증없이 용수공급시설의 확대에 치중하여 왔다. 따라서 수자원의 절약적, 효율적 이용을 유도하기 위해서는 물값의 현실화, 중수도(中水道) 및 절수형 기기의 보급 확대, 기존 수자원의 공급능력 제고, 수자원의 다목적 이용 등과 같은 정책수단이 적극 활용되어야 한다. 특히 11.4%에 달하는 누수율(漏水率)을 줄이기 위한 노후수도관 교체 및 갱생사업의 대대적인 추진이 절실하다.

(5) 친환경적 계획기법의 활용

'개발사업은 환경파괴적이다' 라고 하는 일반 국민들의 부정적인 인식을 불식시키고, 개발사업에 대한 사회적 신뢰를 회복하기 위해서는 환경요소를 충분히 반영한 국토관리 및 설계를 위한 계획기법이 적극 활용되어야 할 것이다. 예를 들면, 친환경적 국토관리를 위한 계획기법은 생태도시, 친환경 주거단지, 생태산업단지, 생태관광, 그린 네트워크, 연안관리 등의 분야에 적용될 수 있다. 또한 친환경적 국토설계기법은 친환경적 도로설계, 생태건축, 환경복원, 생태공원, 친환경 댐 설계 등의 분야에 적극적으로 적용되어야 지속가능한 국토관리의 골격을 마련할 수 있다.

이러한 계획기법을 토대로 우리나라의 지형과 기술에 알맞은 한국형 환경선도기술을 실용화하여 전국적으로 보급하고, 아울러 환경시범사업에 대한 기술적 · 행정적 · 재정적 지원을 통하여 시범사업의 추진을 확대하는 것도 필요하다. 환경시범사업에는 환경도시(eco-city) · 생태마을(eco-town) · 그린빌딩, 친환경 산업단지(eco-industrial park), 친환경 고속도로(eco-highway) 및 그린 휴게소, 친환경 댐(eco-dam), 생태공원(eco-park), 자연하천복원사업 등이 포함될 수 있다.

참고문헌

곽결호, "친환경 국토정책론," 서울대 환경대학원 특강자료, 2006. 6.

국토해양부, 2011년도 국토의 계획 및 이용에 관한 연차보고서, 2011. 8.

김귀곤, "국토계획과 환경관리의 통합을 위한 지속가능한 개발전략," pp. 189-232, 우리나라 국토관리정책의 나아갈 길, 새국토연구협의회 결성기념 공개토론회, 서울 프레스센터 국제회의장, 2000. 9. 20.

김귀곤 외, 지속가능발전의 전략과 실행, 서울: 아카데미서적, 2003.

김병완, 환경정책의 논리와 실제, 서울: 나남출판, 2001.

김성봉, 습지와 환경자원, 서울: 월인출판사, 2008.

김용웅 외, 지역발전론, 서울: 한울아카데미, 2003.

김 인, 지속가능한 국토의 개발과 삶의 질, 서울: 한울아카데미. 2007.

김인환 · 이덕길, 신환경정책론, 서울: 박영사, 1998.

노융희, "환경친화적 국토관리방향," pp. 77-107, 2001년도 새국토정책 고위과정, 국토연구원 · 21세기 국토포럼, 2001.

대통령자문 지속가능발전위원회, 2002 세계지속가능발전정상회의, (mimeo.), 2002. 8. 16.

박이문 외, 녹색한국의 구상, 숲과 나무, 1998.

소진광, 지방자치와 지역발전, 서울: 박영사, 2005.

안기희, 환경과학론, 서울: 안국출판사, 1991.

이규인, "지속가능한 국토관리를 위한 주거지 평가 및 계획방향," pp. 271-297, 우리나라 국토관리정책의 나아갈 길, 새국토연구협의회 결성기념 공개토론회, 프레스 센터 국제회의장, 2000. 9. 20.

이두호 외, 인간환경론, 서울: 나남, 1993.

이정식, "21세기의 지역경영전략," pp. 541-560, 이정식 · 김용웅(엮음), 세계화와 지역발전, 서울: 한울아카데미, 2001.

정회성 · 변병설, 환경정책의 이해, 서울: 박영사, 2003.

한국은행, 2010년 국민계정(잠정)의 주요내용.

환경부, 2010 환경백서.

환경부, 친환경적 국토관리방안에 관한 연구, 2001.

환경부, 환경친화적인 국토관리방안에 관한 연구, 2001.

환경부, 환경30년사, 제2편부문사, 누리환경, 2009.

환경부, 2010 환경통계연감, 2010.

Commomer, Barry, *The Closing Circle*, New York: Alfred A.Knopf, 1971.

Meadows, Donella H. et al. *The Limits to Growth*, (2nd ed.), New York: Universe Book, 1977.

Munn, R.E. "Toward Sustainable Development: An Environmental Perspective," pp.

49-72, F. Archibugi and P. Nijkamp(eds.), *Economy and Ecology: Towards Sustainable Development*, Dordrecht: Kluwer Academic Publishers, 1989.

Odum, E.P. *Basic Ecology*, New York: Saunders College Pub., 1983.

OECD, *Environmental Performonce Reviews of Korea*, 2006.

Royama, Sam & Carole Rakodi(eds.), *Building Sustainable Urban Settlements*, London: ITDG Publishing, 2002.

Tischler, K. *Umweltölonomie*, München/Wien: Oldenbourg, 1994.

U.S. Census Bureau, *U.S. & World Population Clocks*, 2009.

WECD, *Our Common Future*, Oxford: Oxford University Press, 1987.

제 2 장

국토개발의 성과와 한계

제 1 절 국토개발의 배경과 국토계획

1. 국토개발의 필요성

국토개발은 한 나라가 보유하고 있는 인적, 자연적, 문화 · 역사적, 그리고 경제적인 국토자원을 지역 간에 합리적으로 입지시키고, 이를 효율적으로 이용함으로써 나라를 부강하게 할 뿐만 아니라 국민의 생활을 더욱 편리하고 풍요롭게 만들어 가는 창조적 행위를 의미한다. 근대적 의미에서의 국토개발은 제2차 세계대전 이후 각국이 국내 경제수준의 지역 간 격차를 정치적으로 해소하기 위한 정책적인 필요에서 추진되었다. 개발도상국에서는 민족주의(nationalism)의 대두와 함께 이에 따른 국가경제의 확대와 균형발전을 바라는 흐름 속에서 국토개발의 필요성이 강조되었고, 약소국가에서는 공업개발의 필요성에서 국토개발이 대두되었다고 볼 수 있다.

우리나라는 국토개발의 필요성을 다른 이유에서 찾을 수 있다. 한국전쟁으로 인한 국토의 분단으로 단일국가의 경제체제가 붕괴되고, 남한의 농업중심 구조와 북한의 공업중심 구조로 분리되는 이른바 「남농북공(南農北工)」의 왜곡된 산업구조의 재편을 위한 필요성에서 출발하였다. 이러한 산업구조는 남북 간 부존자원의 차이뿐만 아니라 일본의 수탈적 산업입지정책에서 비롯되었다. 일본의 대륙침략을 위한 병참선(兵站線)의 확보전략에 따라 북한지역에 공업이 집중적으로 배치되었고, 이 결과 부산-서울-평양-신의주와 부산-서울-원산-청진으로 이어지는 철도와 도로를 따라 Y자형의 국토이용 구조가 구축되었다. 우리나라가 3면이 바다에 둘러싸인 반도국가임에도 불구하고 해양을 활용한 발전을 이루지 못한 근본적인 원인도 여기에서 찾을 수 있다.[1)]

그 이후 산업화가 진행되면서 국토개발의 필요성은 다양한 측면에서 부각되었다. 산업화에 따른 급격한 체제변화를 수용하고, 대외의존적인 경제체제로부터 자립적 경제체제로 변신을 추구하면서 산업구조의 다양화와 고도화를 통한 산업의 질적 수준을 제고하기 위하여 국토개발의 중요성이 대두되었다. 이와 함께 국토이용의 효율성을 제고하고, 국토의 전반적인 생산성을 높이는 물리적 수단으로서 전략적인 국토개발이 요구되기도 하였다. 특히 1961년 5 · 16 군사혁명 이후 정부는 빈곤의 악순환을 제거하기 위하여 자원개발과 국가기간산업의 육성을 중심으로 경제성장을 위한 국토의 종합적

1) 국토개발연구원(편), 국토 50년: 21세기를 향한 회고와 전망, 서울: 서울프레스, 1996, pp. 3-4.

개발을 추진하는 계기를 마련하였다.

이처럼 국토정책은 개발의 여러 요소를 합리적으로 수용하기 위한 현실 문제의 해결과 더불어 우리가 지향해야 할 미래의 비전을 제시하는 시책이다. 또한 국토정책은 우리 세대뿐만 아니라 우리의 후손에게도 자랑스럽게 물려주어야 할 지속가능한 국토의 발전을 추구하는 것이다. 지속가능한 국토는 한정된 국토의 종합적이고 환경친화적인 장단기 계획을 바탕으로 한 국토의 체계적인 관리를 통하여 그 실현이 가능하다. 그러므로 국토개발은 국토라는 유한한 자원을 공간적, 시간적으로 국토의 생산성과 환경성 측면에서 접근해야 하며, 사람이 살아가야 하는 정주공간(定住空間)체계로서 종합적이고 과학적이며 합리적인 계획의 수립과 집행이 필요하다.

2. 국토계획의 배경과 개요

(1) 국토계획의 추진배경

국토는 자연적 기능으로서 순환적 자원의 공급원이며, 인간정주지로서 환경적인 쾌적성을 가져야 하고, 치산치수(治山治水)를 통한 국토보전적인 기능으로서의 역할을 수행해야 하며, 생산의 장(場)으로서 산업입지의 기능을 가지고 있다. 국토계획은 이렇게 다양한 기능을 이상적으로, 효율적으로, 그리고 총괄적으로 조합하여 국토의 미래상을 제시하는 것이다. 따라서 국토에 관한 장기구상은 그에 대한 실천력도 중요하나 국토라는 공간을 어떻게 개발할 것인가에 대한 국민의 합의가 무엇보다도 중요하다. 국토계획은 이러한 측면에서 국토에 대한 정책수렴을 위한 국민의 합의를 도출하는 과정이라고 할 수 있다.

정부차원의 공식적인 국토계획 체계가 갖추어지기 전에 추진된 국토개발은 1960년대에 그 골격이 구축되었다. 그 특징은 첫째, 과학적이고 체계적인 계획과 개발을 위한 준비단계로서 60년대는 과도기라고 할 수 있다. 이 시기의 국토개발은 제도적 장치와 계획능력 등 여건이 미비하였기 때문에 개발의 효과가 크거나 자원개발 및 공업단지 조성과 같이 시급하고 전략적 개발이 요구되는 지역을 특정지역으로 지정하여 개발하는 수준에 머물렀다. 둘째, 지역개발의 측면보다는 경제개발에 우선순위가 주어짐으로써 국토개발도 산업단지의 조성과 사회간접자본의 확충 등에 투자가 집중되었다. 셋째, 국토개발 방식은 중앙정부 주도의 이른바 하향식(下向式) 체계로 이루어졌다. 넷째, 「국토건설종합계획법」이 제정되어 국토계획의 골격이 체계화되었다. 다섯째, 대도시로의 인구집중문제가 국토개발의 중요한 정책변수로 등장하기 시작하였다.[2)]

우리나라 공간계획의 체계는 1963년에 제정된 「국토건설종합계획법」에 의하여 처음으로 정립되었다. 이 법에 의하면 국토계획은 전국계획, 특정지역계획, 도계획, 시 · 군계획 등 네 가지로 구분된다. 이 중 전국계획에 해당되는 국토계획의 특징은 다음과 같이 정리될 수 있다.[3)] 첫째, 국토계획의 공간적 범위는 전 국토를 대상으로 한다(territorial plan). 둘째, 국토계획의 수립과 집행 주체는 국가이다(national plan). 셋째, 국토계획은 국토에서 일어나는 여러 가지 인간활동의 공간적 배분문제를 다루는 공간계획이다(spatial plan). 넷째, 국토계획은 국토의 공간구성과 관련되는 경제, 사회, 문화 등 모든 분야를 망라한 종합계획이다(comprehensive plan). 다섯째, 국토계획은 특정지역계획, 도계획, 시 · 군계획 등 하위계획의 지침이 되는 계획이다(indicative plan). 따라서 국토계획은 "국토의 경제적 · 사회적 · 문화적 발전을 이룩하여 국민의 복리향상에 기여하고, 국가 또는 지방자치단체가 실시할 사업의 입지와 시설규모에 관한 목표 및 지침이 될 사항을 종합적이고 장기적으로 계획하는 것"이라고 「국토건설종합계획법」 제1조 및 제2조에서 정의하고 있다. 이 법에 근거하여 우리나라는 그동안 1972년부터 2020년까지를 계획기간으로 하는 제1, 2, 3, 4차 국토종합계획을 수립하였다.[4)]

(2) 지속가능한 국토계획

21세기의 지식정보화 시대, 무한경쟁시대, 지구환경시대, 문화우위시대, 그리고 지방화 시대로 요약될 수 있는 세계화(globalization) 추세에 부응한 국내외 경제, 사회적 여건변화는 기존의 국토계획 체계와 내용을 수정하도록 새로운 계기를 제공하였다. 이에 따라 정부는 「국토건설종합계획법」이 제정된 지 40년 만에 이를 폐지하고, 2003년에 「국토기본법」을 새로 제정 공포하여 현재 시행 중에 있다. 이 법 제2조에서 국토관리의 기본이념을 "국토는 모든 국민의 삶의 터전이며 후세에 물려줄 민족의 자산이므로, 국토에 관한 계획 및 정책은 개발과 환경의 조화를 바탕으로, 국토를 균형있게 발전시키고 국가의 경쟁력을 높이며, 국민의 삶의 질을 개선함으로써 국토의 지속가능한 발전을 도모할 수 있도록 이를 수립 · 집행하여야 한다."라고 규정하고 있다. 또한 이 법은 제5

2) 상게서, pp. 10-11.
3) 상게서, p. 35; 대한국토 · 도시계획학회(편저), 도시계획론(개정판), 서울: 보성각, 2000, pp. 154-159 참조.
4) 제4차 국토종합계획의 계획기간은 원래 2000년부터 2020년까지이나 제4차 국토종합계획수정계획은 2006년부터 2020년까지로 조정되었으며, 현재 재수정계획(2011-2020)이 수립 중에 있다.

조에서 환경 친화적 국토관리에 관한 실천적 내용을 담고 있으며, 특히 '지속가능한 국토관리의 평가지표 및 기준'을 설정하여 국토에 관한 계획 및 정책수립에 이를 고려하여야 한다고 규정하고 있다. 이처럼 앞으로 각종 국토계획은 과거의 개발일변도 방식에서 벗어나 환경친화적인 국토의 발전을 도모할 수 있는 패러다임(paradigm)으로 전환될 수밖에 없는 여건에 직면하고 있다.

새롭게 정의된 국토계획은 법 제6조에서 국토종합계획, 도종합계획, 시 · 군 종합계획, 지역계획, 부문별 계획 등 5가지로 구분하고 있다.[5] 국토종합계획은 국토해양부 장관이 수립한 후 국토정책위원회와 국무회의의 심의를 거쳐 대통령의 승인을 받아야 한다. 국토종합계획의 내용은 국토의 현황 및 여건변화 전망, 국토발전의 기본이념 및 국토의 미래상, 국토 공간구조의 정비 및 지역별 기능분담 방향, 국토의 균형발전을 위한 시책 및 지역산업육성, 국가경쟁력 제고 및 국민생활의 기반이 되는 국토기간시설의 확충, 토지 · 수자원 · 산림자원 · 해양자원 등 국토자원의 효율적 이용 및 관리, 주택 · 상하수도 등 생활여건의 조성 및 삶의 질 개선, 수해 · 풍해 그 밖의 재해의 방제, 지하공간의 합리적 이용 및 관리, 지속가능한 국토발전을 위한 국토환경의 보전 및 개선에 관한 사항 등을 포함하고 있다.

현재 시행되고 있는 제4차 국토종합계획은 원래 계획기간이 2000년부터 2020년까지이었으나 「국토기본법」 제19조에[6] 근거하여 재검토를 거친 후 2006년부터 2020년까지의 수정계획이다. 따라서 제4차 국토종합계획수정계획은 「국토기본법」에서 제시하고 있는 내용을 모두 포함한 국가 상위의 법정계획으로서 우리 국토의 건전한 발전과 국민의 복리향상을 위한 장기계획이다. 이 중 지속가능한 국토관리계획은 사전예방적 관리체계, 국토생태망 구축, 자원절약적 국토이용 및 개발, 삶의 질 향상, 그리고 분권화 및 글로벌 시대의 국토관리체계의 마련 등을 포함하고 있어 국토의 지속가능성에 대한 중요성을 강조하고 있다.

---

5) 국토종합계획은 국토전역을, 도종합계획은 도의 관할구역을, 시군종합계획은 특별시 · 광역시 · 시 또는 군(광역시의 군을 제외함)의 관할구역을 대상으로 수립되는 것이며, 지역계획은 특정한 지역을 대상으로 특별한 정책목적을 달성하기 위한 계획이고, 부문별 계획은 국토전역을 대상으로 하는 특정부문에 대한 장기계획이다.

6) 「국토기본법」 제19조에 의하면 국토해양부장관은 국토종합계획 성과에 대한 평가결과와 사회적 · 경제적 여건변화를 고려하여 5년마다 국토종합계획을 전반적으로 재검토하고, 필요한 경우 이를 정비하도록 규정하고 있다.

제2절 국토개발의 시대별 추이와 특성

이제 21세기에 진입한 우리는 세계화 시대에 살고 있다. 세계화 시대에 우리가 살아남을 수 있는 생존전략은 각종 인프라와 산업시설 등 유형(有形)의 자산뿐만 아니라 지식 · 정보 · 환경 · 문화 등 무형(無形)의 자산가치를 새롭게 인식하고, 낡은 제도와 관행을 과감히 털어내는 노력위에서 실현 가능하다. 근대문명은 우리에게 물질적 풍요를 위한 토대를 제공하였으나 인간생존의 근원적 기반인 자연을 도구화하고, 황폐화시키는 우(愚)를 범하였다. 지구온난화(global warming), 오존층의 파괴, 대기와 수질의 악화, 토양의 오염, 생물종(生物種)의 감소, 열대우림(熱帶雨林)의 파괴, 이상기후의 만연 등이 지구환경의 위기를 더욱 심화시키는 요인들이다.[7] 전 지구적 환경위기의 극복은 더 이상 미룰 수 없는 시대적 과제가 되었다. 이제는 개발과 환경을 배타적인 개념으로 보지 말고, 환경자체가 경제발전과 국토개발의 중요한 전제이자 요인이라는 인식이 자리 잡아야 한다. '환경적으로 건전하고 지속가능한 발전'이 곧 세계화 시대의 과제가 되고 있다. 그동안 추진되어 왔던 국토정책의 패러다임이 전환되어야 할 이유가 여기에 있다.

1. 경제개발과 산업화의 태동: 1960년대

(1) 한국전쟁과 전후복구

일제(日帝)시대(1910–1945)의 한국경제는 각종 산업의 입지적 우위성에 토대를 둔 지역 간 분업구조에 의하여 추진되어 왔다. 다시 말하면 한반도의 북쪽은 비교적 풍부한 광물자원과 수력발전 위주의 에너지자원을 바탕으로 중공업이 발달된 반면에 남쪽은 북쪽보다 많은 인구와 비옥한 토지자원을 활용한 경공업과 농업이 발전되어 왔다. 그러나 제2차 세계대전 이후 남과 북으로 분단된 한반도는 이러한 상호의존성이 단절되는 결과를 가져왔다. 남한은 한반도 절반이하의 국토면적에 전체인구의 60%이상을 수용해야 했고, 산업은 농어업 위주의 1차 산업구조를 유지할 수밖에 없었다.[8] 이는 결국

7) 이정식, "21세기의 지역경영전략," 이정식 · 김용웅(엮음), 세계화와 지역발전, 서울: 한울아카데미, 2001, p. 553.

8) Sang Chul Suh, *Growth and Structural Changes in the Korean Economy*: 1910–1940, Cambridge:

남과 북의 지역 간 불균형 발전을 초래하는 최초의 요인으로 작용한 셈이다.

해방이후 발발(勃發)한 한국전쟁(1950-1953)은 농지의 60%를 황폐화시켰고, 동시에 빈약한 산업시설마저 대부분 파괴되면서 국가재정의 파탄과 함께 국민들의 생활여건은 더욱 악화되었다. 전쟁으로 인한 민간인의 인명피해는 거의 백만 명에 달했으며,[9] 한국전쟁으로 인한 총 피해는 약 30억 달러로 추산되었는데 이 액수는 우리나라 1965년의 국민총생산(Gross National Product: GNP)과 맞먹는 규모이었다.[10] 전쟁직후 약 천만 명이 집을 잃었고, 국민들 대부분은 식량부족과 의료혜택을 받을 수 없었으며, 약 5백만 명이 구호대상 이었다. 중립국감독위원회(The Neutral Nations Inspection Committee)는 "한국은 쓰러졌다. … 모든 활동이 정지되었다. … 도시들은 모두 파괴되었다."라고 UN에 보고하였다.[11]

이처럼 막대한 전쟁의 후유증에서 벗어나기 위하여 정부는 전후복구의 목표를 첫째, 인프라와 산업생산능력의 재건, 둘째, 국가안보의 강화, 그리고 셋째, 민간소비의 증대에 두었다. 이러한 목표를 달성하기 위하여 정부는 외국원조, 특히 미국의 원조에 주로 의존하였다. UN한국재건처(The United Nations Korea Reconstruction Agency: UNKRA)는 1953년부터 1960년까지 1억2천만 달러를 우리에게 제공하였으며, 같은 기간 중 미국의 원조는 식량을 포함하여 17억4천5백만 달러에 달하였다. 뿐만 아니라 이 기간 중 우리나라 총수입의 약 70%와 전체 투자액의 74% 역시 해외원조에 의존하였다.[12] 또한 우리나라의 재화(財貨)와 서비스 수출액은 GNP의 1.1~2.4%에 불과하였으며, 수출품목은 대부분 광물과 농산품이었다. 반면에 재화와 서비스의 수입은 주로 식량과 공산품으로 GNP의 8.8~14.3%에 달하여 수출액의 약 7배에 해당되었다. 그럼에도 불구하고 1950년대의 사회 및 산업구조는 우리에게 물적 · 인적자본을 축적하는 계기를 제공하였다.

Harvard University Press, 1978, pp. 131-142.

9) 한국전쟁 기간 중 UN군의 사상자는 약 42만 명이며, 이 중 3/4이 한국군이었다.

10) Youngil Lim, "Foreign Influence on the Economic Change in Korea: A Survey," *The Journal of Asian Studies*, vol. 28, no. 1(1968), p. 83.

11) Parvez Hasan, *Korea: Problems and Issues in a Rapidly Growing Economy*, Baltimore: The Johns Hopkins University Press, 1976, p. 27.

12) Charles R. Jr. Frank, et al. *Foreign Trade Regimes and Economic Development: South Korea*, New York: National Bureau of Economic Research, 1975, p. 12.

(2) 경제개발계획의 추진과 특정지역의 지정

1961년 5.16혁명에 의하여 출범한 군사정부는 빈곤의 악순환을 시정하고, 자립경제 기반을 구축하기 위한 경제정책에 최우선순위를 두고, 여러 가지 개혁을 추진하였다. 예를 들면, 예산, 조세, 외환관리 및 화폐개혁 등이 추진되었으며, 이러한 개혁을 토대로 정부는 「제1차 경제개발5개년계획(1962-66)」을 수립하였다. 제1차 계획은 군사정부의 기본적인 경제정책을 반영한 것으로서 그 목표를 첫째, 전력과 석탄을 포함한 에너지 공급의 확대, 둘째, 농업생산량과 농민소득 증대, 셋째, 주요 산업과 사회간접자본의 확대, 넷째, 국토보전과 인력양성, 다섯째, 수출증대, 여섯째, 기술개발 등으로 설정하였다. 그러나 이러한 의욕적인 정책목표는 제대로 추진되지도 못한 채 수출위주의 산업정책으로 바뀌고 말았다.[13]

이를 위하여 추진된 사업이 바로 1963년 울산의 석유 · 화학공업단지 착공이었으며, 이는 우리나라 공업단지개발의 효시라고 할 수 있다. 이어서 1964년에 서울 구로동과 인천의 부평지역에 원료 및 중간재 수입제품의 관세가 면제된 최초의 수출산업단지가 조성되었다. 정부는 국공유지의 불하와 시장가격 이하의 저가로 토지를 공급하였고, 공업용수와 진입도로 등 산업단지개발에 필요한 기본적인 인프라를 제공하였다. 이 당시에는 수출산업의 육성을 위하여 재정적인 유인책보다는 댐과 발전소, 항만, 고속도로 등 기반시설 건설에 중점을 두었다.

한편 정부는 부존자원의 효율적 이용을 도모하고, 경제성장의 촉진에 필요한 대도시의 발전 잠재력을 활용하기 위하여 1965년부터 1967년까지 서울 · 인천, 울산, 영산강 등 6개 지역을 특정지역으로 지정하였다. 그러나 이러한 정책구상은 투자재원의 부족과 관계부처 간의 조정미흡 등으로 시행이 미루어지다가 결국 1982년에 4개의 특정지역, 즉 88올림픽고속도로 주변지역, 태백지역, 다도해 지역, 제주도 등으로 재조정되었다. 이처럼 1960년대의 국토정책은 산업단지개발과 함께 토지, 에너지, 수자원 등 부존자원의 효율적 이용을 도모하기 위한 정지작업에 치중해 왔다고 할 수 있다.

---

13) 경제개발5개년계획은 제1차 계획부터 제6차 계획(1987-91)이후 신경제5개년계획(1992-96)까지 추진되었다.

2. 국토개발기반의 구축: 1970년대

(1) 국토종합계획의 수립

전국적인 차원의 공간계획이 수립되기 이전에는 공업단지와 자원개발 위주의 국토개발이 단편적으로 이루어졌으며, 동시에 경부고속도로와 울산, 포항 등 대규모 산업단지 개발을 토대로 산업화의 기반을 구축하기 시작하였다. 그러나 경제성장과 국토개발을 체계적으로 추진하기 위한 공간계획의 수립은 1971년에서야 그 모습을 드러내게 된다. 「국토건설종합계획법」을 토대로 국가 상위의 법정계획인 「제1차 국토종합개발계획(1972-81)」이 처음으로 수립되었다. 제1차 국토계획의 기본목표는 첫째, 국토이용관리의 효율화, 둘째, 개발기반의 확충, 셋째, 국토포장(包藏)자원개발과 자연의 보호보전, 넷째, 국민생활환경의 개선 등으로 설정하고, 개발정책은 대규모 공업기지의 구축정비, 교통통신 · 수자원 및 에너지 공급망 정비, 부진지역개발을 위한 지역기능강화 등 세 가지 전략을 제안하였으나 기본적으로는 성장거점 위주의 정책이 추진되었다.

제1차 국토계획의 가장 큰 특징은 권역별 거점개발방식을 도입한 것이라고 할 수 있다. 전국을 한강, 금강, 낙동강, 영산강유역의 4대 유역권으로 크게 나누고, 행정구역을 중심으로 전국을 수도(首都), 태백, 충청, 전주, 대구, 부산, 광주, 제주 등의 8중권(中圈)으로 구분하였다. 그리고 다시 8중권의 하위체계로서 생활권 중심의 서울, 춘천, 천안, 청주, 전주, 대구, 포항, 부산, 진주, 순천, 제주 등 17소권(小圈)으로 구분하였다.[14] 이는 이들 성장거점도시에 국가재원을 집중 투자함으로써 규모의 경제성을 도모하고, 동시에 거점도시의 개발효과를 주변지역으로 확산시키고자 하는 전략이었다. 그러나 이 전략 역시 경제성장 우선이라는 국가목표에 떠밀리어 본래의 계획의도를 달성하지는 못 하였다.

이와 함께 제1차 국토계획은 토지이용의 효율성을 제고하고, 경제개발에 필요한 인프라를 확충하기 위하여 대규모 공업단지 건설, 교통 및 통신망의 확충, 수자원과 에너지 공급확대 등에 정책의 우선순위를 부여하였다. 경제적 효율성에 중점을 두고 추진된 1970년대의 국토개발은 급격한 경제성장을 가져 왔으나 한편으로는 대도시의 과도한 집중과 지역격차의 발생 등 부작용도 함께 초래하였다.

---

14) 대한민국정부, 국토종합개발계획(1972-1981), 1971, pp. 112-115.

(2) 제조업 기반의 확충

서울을 포함한 수도권의 과밀을 완화하고, 부진지역에 취업기회를 제공함으로써 지역개발을 촉진시키기 위한 방안으로 정부는 지방의 제조업 육성을 위하여 1970년에 「지방공업개발법」을 제정하였다. 이 법의 핵심적인 내용은 서울 및 주변지역과 부산, 대구 등 대도시 지역에서 지방으로 이전하는 기업과 지방공업단지에 새로이 입주하는 기업에게 법인세를 비롯하여 취득세, 등록세, 재산세 등 각종 세제혜택을 제공하는 것이었다. 그러나 이들 공업단지는 기업유치의 어려움과 지방정부의 재정여건 때문에 기대했던 만큼의 성공을 거두지는 못하였다.

한편 수출 위주의 산업화가 진행되면서 우리의 경제규모는 확대되고, 농어업 위주의 산업구조는 제조업 중심으로 바뀌기 시작하였다. 비내구성(非耐久性) 소비재 제품 생산에 중점을 둔 경공업의 발전은 공업생산의 확대와 수출증대에 기여하였으나 원료와 중간재의 대외 의존도가 커지면서 여러 가지 문제가 나타나기 시작하였다. 특히 1973년의 제1차 유가(油價)파동은 국민경제에 커다란 부담으로 작용하였을 뿐만 아니라 저임(低賃)의 노동력을 토대로 한 우리의 국제적 비교우위는 후발개도국으로부터 위협을 받게 되었다.

따라서 정부는 산업구조의 고도화를 도모하기 위하여 철강, 수송 및 산업용 기계, 전자기기, 조선, 석유화학 콤비나트 등 중화학 공업 육성에 정책의 초점을 맞추었다. 이를 위하여 정부는 1973년에 「산업기지개발촉진법」을 제정하여 동남해안공업지역 일대에 신공업도시의 건설을 본격적으로 추진하였다. 예를 들면, 구미, 포항, 울산 등이 대규모 산업단지와 배후도시로 개발되었다. 이외에도 이리(현 익산)와 마산의 수출자유지역, 그리고 원주, 목포, 천안, 김천, 진주 등 지방공업단지의 개발이 본격화 되었으며, 1970년대에 조성된 각종 공업단지의 공업용지 총 면적은 약 137.5㎢에 이르렀다.

중화학공업단지와 지방공업단지의 개발을 촉진시키기 위하여 정부는 공시지가(公示地價) 제도를 도입하여 공업단지 주변의 부동산 투기를 억제하고, 동시에 고속도로와 항만 등 인프라 건설 및 금융지원을 시행하였다. 그러나 이러한 대규모 공업단지의 개발은 여러 가지 경제 · 사회적 문제점을 야기하였다. 신공업도시의 개발은 공공부문의 한정된 재원배분에 왜곡을 초래하였으며, 공업단지에 종사하는 근로자들은 이주에 따른 각종 사회적 비용까지 부담하게 되었다.[15)]

15) 1970년대 대규모 공업단지개발의 특징을 People-to-Job 방식으로 설명하기도 하는데 이는 신공업도시를

(3) 인프라 기반의 구축

1) 도로 및 철도

중화학공업의 육성으로 인한 경제규모의 확대와 산업생산의 급속한 증가는 수송부문에 대한 급격한 수요를 유발시켰다. 그 동안 철도편중의 수송체계는 물류난을 더욱 가중시켜 왔으며, 점차 늘어나는 자동차의 보급은 도로부문의 획기적인 정비와 확충을 위한 대책이 불가피하게 되었다. 이에 따라 1960년대 후반부터 '전국의 도로망과 교량의 정비강화'를 목표로 자동차 전용도로인 고속도로의 건설이 추진되었다. 우리나라 최초의 서울-인천 간 고속도로 29.5㎞가 1968년 12월에 개통되었으며, 1971년 7월에는 428㎞의 경부고속도로가 개통되어 서울과 인천, 부산, 대구, 대전 등과의 접근성이 획기적으로 개선되었다. 이어서 대전-순천(261㎞)간 호남고속도로, 신갈-강릉(201㎞)간 영동고속도로, 부산-순천(176.5㎞)간 남해고속도로, 대구-마산(84.2㎞)간 구마고속도로 등이 1970년대에 건설되었다. 이 결과 1980년 말 당시 우리나라 고속도로의 총 연장은 1,224.6㎞에 달하여 총 여객수송량의 17.3%를 차지하였으며,[16] 또한 3,250㎞의 국도가 확장되고 포장되었다.

그러나 철도건설에 대한 투자는 고속도로에 비하여 극히 부진을 면치 못하였다. 철도 역시 화물수송을 위한 산업선 건설에 주력하여 태백선, 경인복선, 경전선, 포항제철선 등을 비롯하여 1970년대에 중앙선 전철(155.2㎞), 영동선 전철(85.5㎞), 수도권 전철(96.6㎞), 서울지하철(25.3㎞) 등 전철화 사업과 지하철 건설이 추진되었다. 이 결과 1981년 말 당시 철도의 유형별 연장을 살펴보면 단선 2,407.8㎞, 복선 713.5㎞로 단선철도가 전체 연장의 77%를 차지하고 있으며, 전철의 총 연장은 428.7㎞로 철도 총연장의 13.7%에 그쳤다. 이처럼 철도는 공로(公路) · 해운 · 항공의 다른 교통수단과 비교할 때 투자가 상대적으로 저조하여 선로개량 및 전철화, 시설현대화 노력 등이 미미한 수준에 불과하였다. 오히려 철도의 여객수송 분담률은 1961년의 53%에서 1981년에는 25%로 감소하였으며, 화물수송 분담률은 같은 기간 중 88.2%에서 45.8%로 절반 가까이 줄어들었다.

먼저 개발하여 취업기회(job)를 창출한 후 근로자를 포함한 인구(people)를 이들 도시로 유입시킨다는 뜻으로 볼 수 있다.

16) 국토개발연구원(편), 국토 50년: 21세기를 향한 회고와 전망, 서울: 서울프레스, 1996, pp. 529-541.

2) 항만 및 공항

경제성장과 함께 수출입 물동량이 증가하면서 항만의 중요성 또한 간과할 수 없는 부문이다. 수출입항으로서 부산항과 서울의 관문인 인천항, 마산항 등이 1960년대 이후 계속 확장되었고, 우리나라 최초의 공업항인 울산항, 포항항, 광양항 등이 건설되기 시작하였다. 1970년대에는 컨테이너화를 비롯한 선박의 대형화 및 전용선화의 추세에 따라 항만시설을 국제규모로 확충함과 동시에 하역장비의 현대화가 진행되었다.

한편 공항은 국제항공 수요가 지속적으로 증가하기 시작한 1980년대 이후 김포, 김해, 제주 국제공항 등을 중심으로 집중적인 투자가 이루어졌으며, 청주와 인천 국제공항이 추가로 건설되었다. 국내항공 수요에 대비한 국내공항은 광주, 대구, 사천, 울산, 포항, 목포 등 11개에 이르고 있으나 2004년 서울-대구 간 고속철도의 개통 이후 국내 여객항공 수요는 점차 감소하고 있다.

3) 댐

도시화와 산업화의 진전으로 생활용수, 공업용수, 수력발전 등에 대한 수요가 늘어남에 따라 수자원의 종합적인 개발 즉, 다목적댐 건설이 중요한 정책과제로 대두되었다. 우리나라 최초의 다목적댐인 섬진강댐은 1965년에 완공되었으며, 이듬해인 1966년에 총저수량 29억 톤의 소양강댐, 12.5억 톤의 안동댐, 14.9억 톤의 대청댐 등이 차례로 건설되었다. 이외에도 농업용 댐으로 장성댐, 담양댐, 나주댐 등이 1970년대에 건설되었으며, 공업용 댐인 영천댐, 그리고 영산강 하구둑과 남양, 아산, 삽교천 등의 방조제가 완공됨으로써 1980년 당시 총 용수수요량 169억 톤을 공급할 수 있었다.

이처럼 수자원 개발사업이 대부분 주요 하천의 본류(本流)에 다목적댐을 건설하여 치수와 이수(利水)에는 크게 기여하였으나 대규모 댐의 건설로 인한 방대한 수몰지역의 발생과 이주대책의 미흡, 막대한 투자재원의 소요 등의 문제점이 제기되었고, 하천의 중상류와 지류 유역의 용수 및 홍수조절능력의 부족에는 직접적인 도움을 주지 못하였다. 이러한 문제점을 해결하기 위하여 대하천 중상류부의 중소유역에 수몰보상을 크게 하지 않는 중규모 다목적댐 건설로 수자원 정책의 기조가 바뀌었으나 이마저 최근에는 댐 건설로 인한 생태계의 파괴와 주변 환경피해 등의 문제제기로 댐 건설에 한계를 나타내고 있다.

3. 국토공간의 다핵화 형성: 1980년대

(1) 제2차 국토종합계획의 수립

1) 기본목표 및 전략

1980년대에 들어서면서 국가정책의 주요 목표는 민주적 복지사회의 구현으로 방향이 선회되었다. 왜냐하면 지금까지의 총량적 경제성장만으로는 국민들의 변화하는 가치관과 더불어 점증하는 생활수준의 향상에 대한 기대를 만족시킬 수 없었기 때문이다. 뿐만 아니라 1970년대의 고도 경제성장은 도시와 농어촌간의 불균형 발전, 토지이용의 무질서와 부동산 투기, 도시 시가지의 무계획적인 평면확산(urban sprawl), 농경지의 지나친 잠식과 자연자원의 훼손 등의 부작용을 수반하였다. 특히 지역 간에 경제성장의 과실을 적절히 배분하기 위해서는 지난 20여 년 동안 정부가 추구해 왔던 경제적 효율성 위주의 정책은 성장과 복지의 조화를 중시하는 방향으로 정책적 전환이 필요하게 되었다. 이에 따라 정부는 과거 경제개발5개년계획의 명칭을 제5차 계획(1982-86)부터 「경제사회발전계획」으로 바꾸고, 경제성장보다는 안정과 능률, 그리고 균형을 중시하기 시작하였다.

이러한 국가정책에 따라 수립된 「제2차 국토종합개발계획(1982-91)」은 네 가지 기본목표를 설정하였다.[17] 첫째, 지역 간 균형개발과 안보적 차원에서 서울의 인구집중을 계속 억제하는 한편, 지방에서도 고용기회의 증대를 통한 소득향상과 도시적 생활환경 편익을 향수(享受)할 수 있게 하여 인구의 지방정착을 유도한다. 둘째, 대규모의 공업단지 개발을 지양하는 한편, 적정규모의 공업을 지방도시에 분산하여 배치하고, 도시와 농촌의 연계 및 지역 간 통합을 촉진하기 위한 교통망 구축으로 개발 가능성을 전국적으로 확대한다. 셋째, 생활수준의 향상에 부응한 주택, 상하수도 등 국민생활환경의 종합적인 정비로 복지사회건설의 기반을 형성한다. 넷째, 토지, 에너지, 물 등 주요 국토자원을 절약할 수 있는 산업구조와 국토이용구조로 유도하고, 개발에 따른 국토환경의 오염과 자연훼손을 최소화한다.

인구의 지방정착을 위한 전략은 국토의 다핵구조(多核構造) 형성과 서울, 부산 등 양대 도시의 성장억제 및 관리에 중점을 두었다. 국토의 다핵구조를 형성하기 위하여 지역생활권 개념이 도입되었는데 이는 도시와 주변 농촌지역 주민들에게 취업기회와 함

17) 대한민국정부, 제2차 국토종합개발계획(1982-1991), 1982, pp. 16-18.

께 교육, 의료, 복지 등 적절한 도시서비스를 제공할 수 있는 권역을 의미한다. 이 권역은 전국을 행정구역, 지리적 특성, 그리고 중심도시와 주변지역간의 기능적 연계 및 사회 · 경제적 의존성을 토대로 28개 지역생활권으로 구분하고, 그 성격과 규모에 따라 대도시생활권, 지방도시생활권, 농촌도시생활권으로 유형화하였다.

국토의 균형발전과 인구의 지방정착을 위한 또 다른 정책수단은 성장거점도시의 지정이었다. 이는 서울과 부산지향형 인구를 수용하는 이른바 구제거점(relief poles)의 역할을 담당하면서 동시에 지역개발을 촉진시키기 위한 목적이었다. 이를 위하여 대전, 광주, 대구를 제1차 성장거점도시로 선정하고, 춘천, 청주, 전주, 목포, 안동, 진주, 제주 등 12개 도시를 제2차 성장거점도시로 선정하였다. 그러나 이러한 정부의 노력은 투자재원의 한계와 관련 부처 간의 이해관계 때문에 입법화 추진 등 제도적인 장치를 마련하지 못한 채 무위로 끝나고 말았다.

2) 국토계획의 수정

이와 함께 1980년대 초반 국내외 경제 · 사회 환경의 변화로 말미암아 제2차 국토계획의 수정이 불가피하게 되었다. 대내적인 여건변화는 '88서울올림픽' 개최로 인하여 서울과 주변지역에 막대한 투자수요가 발생하였고, 대외적으로는 이른바 3저(三低) 현상-유가(油價)하락, 국제금리의 하락, 미국달러가치의 하락-으로 인하여 국내 경제에 매우 유리한 환경이 조성되었다. 이에 따라 「제2차 국토종합개발계획 수정계획(1987-91)」은 「제6차 경제사회발전5개년계획(1987-91)」과 계획기간을 같이 하면서 제2차 국토계획의 개발전략을 약간 수정하였다.

수정계획은 지역생활권과 성장거점도시 육성전략 대신에 수도권 중심의 공간구조를 개편하고, 국토의 다핵적 이용을 유도하기 위하여 수도권에 대응하는 견제거점(counter-magnets)으로서 대전, 광주, 부산 및 대구 중심의 중부권, 서남권, 동남권 등의 지역경제권을 설정하였다. 이들 중심도시와 주변지역에 국제교역, 금융 및 보험, 연구개발(R&D), 물류 등의 중추관리기능을 적절히 수용할 수 있도록 지역경제 클러스터(regional economic clusters)의 형성을 유도하고, 동시에 교통 · 통신망의 확충을 도모하는 전략이었다. 그러나 이 전략 역시 세 권역별 개발계획이 1987년에 수립되었으나 행정구역과의 불일치와 제도적인 실천수단 등의 미흡으로 구체적인 집행은 이루어지지 못하였다.

3) 서해안개발계획

지역경제권의 개발이 지지부진해 지면서 서해안 지역의 낙후문제가 정치 · 사회적인 문제로 부각되기 시작하였다. 결국 정부는 인천과 경기도의 서해안 일부지역, 그리고 충청도와 전라도의 해안지역[18]을 포함한 「서해안 종합개발사업계획」을 1989년에 수립하였다. 이 계획은 서해안 지역에 국가산업단지, 교통망, 에너지 및 수자원 등 126개의 대규모 개발사업이 포함된 일종의 사업계획(action program)이었다. 서해안고속도로를 비롯하여 군장(群長), 대불, 광주첨단산업단지 등이 추진되었으나 투자재원의 제약으로 대부분의 사업들은 서해안 신산업지대로 그 명칭이 바뀌어 1990년대에 아산만, 군장, 목포 · 대불, 광양만 지역 등이 서남해안의 산업기지로 개발되기 시작하였다.

(2) 제1차 수도권정비계획의 수립

1) 수도권의 설정

정부의 수도권 집중억제 노력에도 불구하고 수도권의 비대화는 계속되고 있었다. 특히 서울의 연평균 인구증가율은 1966년 이후 꾸준히 감소하고 있으나 전국인구에서 차지하는 비중은 오히려 1966년의 13.0%에서 1980년에는 22.3%, 1990년에는 24.4%로 늘어나 정부의 의지와는 다른 결과를 초래하였다. 수도권의 집중은 여러 가지 이유에서 그 원인을 찾을 수 있으나 무엇보다도 풍부한 취업기회[19]와 교육환경의 수월성, 각종 정보통신산업과 문화 및 레저시설의 집적 등으로 설명될 수 있다. 다시 말하면, 수도권의 집중은 우리의 정치 · 경제 · 사회 · 문화적 요인이 복합적으로 작용한 결과라고 볼 수 있다.

수도권 집중문제가 계속되자 정부는 대도시 집중억제보다는 지역균형발전을 촉진하고, 동시에 수도권의 보다 효율적인 관리를 위하여 수도권의 공간적 범위를 서울, 인천, 경기도의 전역으로 확대하여 1982년에 「수도권정비계획법」을 제정하였다. 이 법의 주요 내용은 인구집중유발시설, 대규모 개발사업 및 제조업의 입지규제, 그리고 수도권의 공간적 정비의 틀과 내용을 담고 있다. 이 법에 따라 1984년 「제1차 수도권정비계획(1984-96)」이 수립되었는데 계획의 목표는 인구와 산업의 적정배치를 통한 수도권의 과밀 완화, 한강이남 지역으로 인구의 계획적 분산 유도, 수도권 내의 도 · 농간 생활환경

---

18) 서해안 계획의 공간적 범위는 최종적으로 인천, 경기도 서해안 일부, 대전과 충남, 전북, 광주와 전남을 포함한 초광역계획의 성격을 띠고 있었다.

19) 수도권, 특히 서울의 취업기회는 공식부문(formal sector)뿐만 아니라 비숙련 노동력이 쉽게 생계를 꾸려갈 수 있는 이른바 비공식 부문(informal sector)의 기여도를 무시할 수 없다.

격차 해소 등으로 설정하였으며, 추진전략은 광역적 토지이용규제, 교통 · 용수 등 광역적 시설의 정비, 산업입지와 환경보전의 병행 등을 포함하였다. 그동안 산업화와 도시화 과정에서 발생한 환경문제를 정부가 인식하기 시작한 것은 특기할 만한 사항이다.

2) 수도권의 권역구분

수도권정비계획에서 처음으로 수도권을 이전촉진권역, 제한정비권역, 개발유보권역, 개발유도권역, 자연보전권역 등 5개 권역[20]으로 구분하고, 권역별로 차등적인 규제시책을 도입하였다. 규제의 주요 대상은 인구집중유발시설로 규정된 일정규모 이상의 학교, 공장, 공공청사, 업무용 건축물, 판매용 건축물, 연수시설, 택지개발사업 등의 입지와 규모를 제한하였으며, 한편으로는 수도권 내의 공공기관과 기업체 본사 등의 지방이전을 강조하였다. 특히 지역균형발전 차원에서 국제적 기능과 전국적 중추기능을 제외한 행정, 업무, 금융, 교육기능의 장기적인 지방 분산을 추진하고, 지방으로 이전하는 기업에게는 법인세, 소득세, 등록세, 취득세, 재산세 감면 등의 세제 · 금융지원을 확대하였다. 또한 지방대학 육성차원에서 수도권 내 대학정원의 지속적인 규제를 강조하였다.[21]

「제1차 수도권정비계획」에서 담고 있는 목표와 전략은 이 당시 우리 국토가 안고 있는 여러 가지 문제점을 비교적 정확히 진단하고, 그 해결을 위한 종합적이고 규범적인 내용을 망라하고 있다. 그러나 수도권 집중억제시책이 지역균형발전을 목표로 하고 있음에도 불구하고 수도권 억제와 지방 육성을 연계시킬 수 있는 추진체계를 갖추지 못하였다. 특히 지방의 육성정책은 무역, 산업, 통화(通貨), 교육, 주택 등 거시경제와 인프라 정책에 비하여 대부분 그 우선순위가 낮았으며, 비효율적인 하향식 위주의 지역계획과 개발시스템 역시 지역정책의 효과를 반감시킨 주요 원인으로 지적되고 있다.

(3) 국가 및 지방공업단지의 확충

1970년대 중화학공업 육성을 위한 거점개발방식의 대규모 공업단지 조성은 과도한 사회비용의 지출과 함께 지역 간 격차를 야기하는 결과를 초래하였다. 뿐만 아니라 1980년대 초 중화학공업에 대한 투자조정으로 대규모 공업단지의 유휴면적이 증가하면

20) 수도권 5개 권역의 특징을 살펴보면 이전촉진권역은 집중규제, 제한정비권역은 과밀억제, 개발유보권역은 특수개발, 개발유도권역은 이전수용, 자연보전권역은 한강보전 등으로 볼 수 있다.

21) 김용웅 외, 지역발전론, 서울: 한울아카데미, 2003, pp. 478-489.

서 공장용지의 미분양 사태가 나타나기 시작하였다. 이러한 부작용을 완화하고, 국토의 균형발전을 위하여 정부는 중소규모의 공업단지를 전국에 분산 배치하도록 산업입지 정책을 전환하였다.[22] 수도권의 집중을 억제하고, 동시에 지역균형발전을 추진하는 공간정책의 핵심은 한편으로는 수도권의 인구와 산업의 집중을 규제하고, 다른 한편으로는 지방에 제조업을 유치하여 인구의 지방정착을 도모하는 것이었다.

이에 따라 광주의 하남과 소촌을 비롯하여 충남의 아산, 전주 및 군산의 제2공업단지, 진해 마천 등이 지방공업단지로 지정되었고, 1980년대 후반에는 제조업의 낙후지역인 서남권을 집중 개발하기 위하여 군장 및 대불공업단지가 조성되기 시작되었다. 그러나 이들 공업단지 중 일부는 기반시설의 미비 등으로 공장의 입주가 이루어지지 못하여 공급위주의 산업입지정책에 한계를 가져왔다. 그럼에도 불구하고 대도시에서 이전하여 지방공업단지에 입주하는 중소기업과 농어촌 지역에서 창업한 소기업, 그리고 수도권 이외의 지역에서 창업한 기술집약형 중소기업에 대해서는 국세를 감면해 주는 등 중소기업의 육성과 지방유치를 위한 정부의 노력은 계속되었다. 이와 함께 산업구조의 고도화를 위하여 기술집약적 산업인 이른바 첨단산업을 적극 육성할 목적으로 대전, 대구, 전주, 춘천 등 지방도시에 첨단기술 산업단지의 조성이 추진되기도 하였다.

한편 농어촌 지역에 공업 및 서비스산업을 유치하여 농어촌 소득원의 창출을 촉진하고, 농어촌의 소득구조를 고도화하여 농어촌 경제의 균형 있는 발전을 목적으로 「농어촌 소득원 개발촉진법」이 1983년에 제정되어 농어촌 지역에 소규모 농공단지 조성사업이 적극적으로 추진되었다. 이에 따라 대도시와 제주도를 제외한 각 도(道)별로 1개소씩 모두 7개의 농공단지가 지정되었다. 시범사업 이후 농공단지의 본격적인 개발은 1986년부터 시작되었으며, 1980년대에 지정된 농공단지는 217개소에 달하였다. 그러나 기반시설의 미비, 숙련 및 비숙련 노동력 공급의 부족, 제품의 시장개척 부진 등의 문제점이 나타나면서 1990년대에는 농공단지의 개발이 급속히 감소되어 원래의 정책목표를 달성하지는 못하였다.

22) 1980년대 지방공업단지개발의 특징을 Job-to-People 방식으로 설명하기도 하는데 이는 기존 중소도시의 거주자(people)에게 취업기회(job)를 제공하여 인구의 지방정착과 불필요한 사회비용의 지출을 억제한다는 의미라고 볼 수 있다.

4. 지방분산형 국토기반의 구축: 1990년대

(1) 제3차 국토종합계획의 수립

1) 기본목표 및 전략

수도권 집중억제와 지역균형발전을 위한 정부의 다양한 정책적 노력에도 불구하고 수도권의 집중은 계속되었으며, 수도권과 비수도권, 도시와 농어촌간의 격차는 여전히 좁혀지지 않은 채 지역 간의 갈등을 초래하고 있었다. 뿐만 아니라 그동안 국토개발과정에서 나타난 문제점으로 지적되었던 국토기반시설의 부족, 생활기반시설의 상대적 낙후, 환경오염의 심화 등은 1990년대 우리가 해결해야 할 정책과제로 부상하였다. 이러한 국토공간의 문제점을 토대로 수립된 「제3차 국토종합개발계획(1992-2001)」[23]의 기본목표는 첫째, 지방분산형 국토골격의 형성, 둘째, 생산적, 자원절약적 국토이용체계의 구축, 셋째, 국민복지 향상과 국토환경의 보전, 넷째, 남북통일에 대비한 국토기반의 조성 등이다. 그러나 이 계획에서 묵시적으로 강조하고 있는 목표는 지역균형발전과 환경보전이라고 할 수 있다.

이러한 목표를 달성하기 위한 전략은 지방의 육성과 수도권집중의 억제, 신산업지대의 조성과 산업구조의 고도화, 통합적 고속 교류망의 구축, 국민생활과 환경부문의 투자확대, 국토계획의 집행력 강화 및 국토이용 관련제도의 정비, 남북교류지역의 개발 · 관리 등 여섯 가지를 포함하고 있다. 특히 지방의 육성은 수도권의 집중억제에 의한 소극적 균형개발방식에서 벗어나 지방개발 중심의 적극적 방식으로 전환하기 위하여 지방도시와 농어촌의 육성에 중점을 두었다.

2) 산업입지 및 교통망계획

산업입지 전략은 환경보전을 도모하면서 지역 간 균형배치에 초점을 두고, 상대적으로 낙후되어 있는 서남권의 산업유치를 위한 신산업지대의 조성을 강조하였다. 특히 이들 신산업지대는 단순한 기업의 유치뿐 아니라 국제공항과 육로 및 해운 교통망을 비롯하여 교육, 문화, R&D 기능까지 갖춘 복합적 산업지대로 개발하는 전략이 처음 제시되었다. 또한 강원도와 경북 북부의 낙후지역에도 소규모 산업단지와 메카트로닉스(mechatronics), 생물산업 등의 경쟁력 강화를 위한 첨단과학산업단지의 조성을 제안하

23) 대한민국정부, 제3차 국토종합개발계획(1992-2001), 1992, pp. 33-35.

였다.

한편 경제성장과 지역개발에 중요한 역할을 담당하고 있는 교통망의 구축은 분산형 구조로의 개편을 제시하였다. 그러나 교통망 확충을 위한 1970년대의 활발한 투자에 비하여 1980년대에는 사회복지부문의 투자 증대로 교통망에 대한 투자가 감소하였다. 그러나 제3차 국토계획은 이른바 '7×9'간선교통망을 구축하여 지역균형발전의 촉진과 대도시의 교통혼잡을 완화하도록 구상하였다. 이외에도 서울–부산 간 고속철도와 국제화에 대비한 인천국제공항의 건설 등이 이 계획에 포함되었다.

그러나 1993년 문민정부 출범이후 경제의 세계화 등 국가경쟁력이 중요한 정책과제로 등장하면서 공간정책의 목표도 형평성 제고와 지역균형발전보다는 경쟁력을 갖춘 지역기반의 구축을 더욱 중요시하게 되었다. 특히 지방자치제의 도입과 함께 수도권에 대한 일방적인 규제보다는 권역내의 균형발전과 과밀 및 혼잡해소 등을 위한 수도권의 성장관리에 중점을 두게 되었고, 이는 결과적으로 지역 간 균형발전을 위한 노력에 장애요소로 작용하였다.

(2) 제2차 수도권정비계획의 수립

1) 수도권 권역의 재조정

수도권의 집중억제를 위한 정부의 다양한 노력에도 불구하고 수도권의 집중은 계속되었다. 그러나 1990년대 초부터 시작된 세계화 · 정보화 · 지방화의 물결은 우리에게 피할 수 없는 도전과 기회를 제공하였다. 세계화 시대의 핵심인 무한경쟁에서 살아남을 수 있는 국가적 과제가 등장한 셈이다. 국내외의 이러한 경제 · 사회여건변화에 능동적으로 대응하기 위해서는 국토정책의 변화도 불가피할 수밖에 없었다. 지금까지 물리적 규제에 의존하였던 수도권 정책 역시 예외는 아니었다.

이에 따라 정부는 1994년에 「수도권정비계획법」을 개정하였고, 이 법을 토대로 장기계획의 성격을 띤 「제2차 수도권정비계획(1997–2011)」이 수립되었다.[24] 새롭게 개정된 수도권 정비의 주요 내용은 과거의 5개 권역을 과밀억제권역, 성장관리권역, 자연보전권역 등 3개로 통폐합하여 수도권의 중복되는 규제를 완화하였다(그림 2–1). 과밀억제권역은 서울과 그 인접지역으로서 인구와 산업의 이전을 촉진시켜야 할 지역이며, 성장관리권역은 수도권의 남부와 북부 지역에 산업입지와 도시의 적절한 개발이 필요한 곳

24) 제2차 수도권정비계획은 2006년에 수립된 제3차 수도권정비계획(2006–2020)으로 대체되었다.

그림 2-1 수도권의 권역 구분도

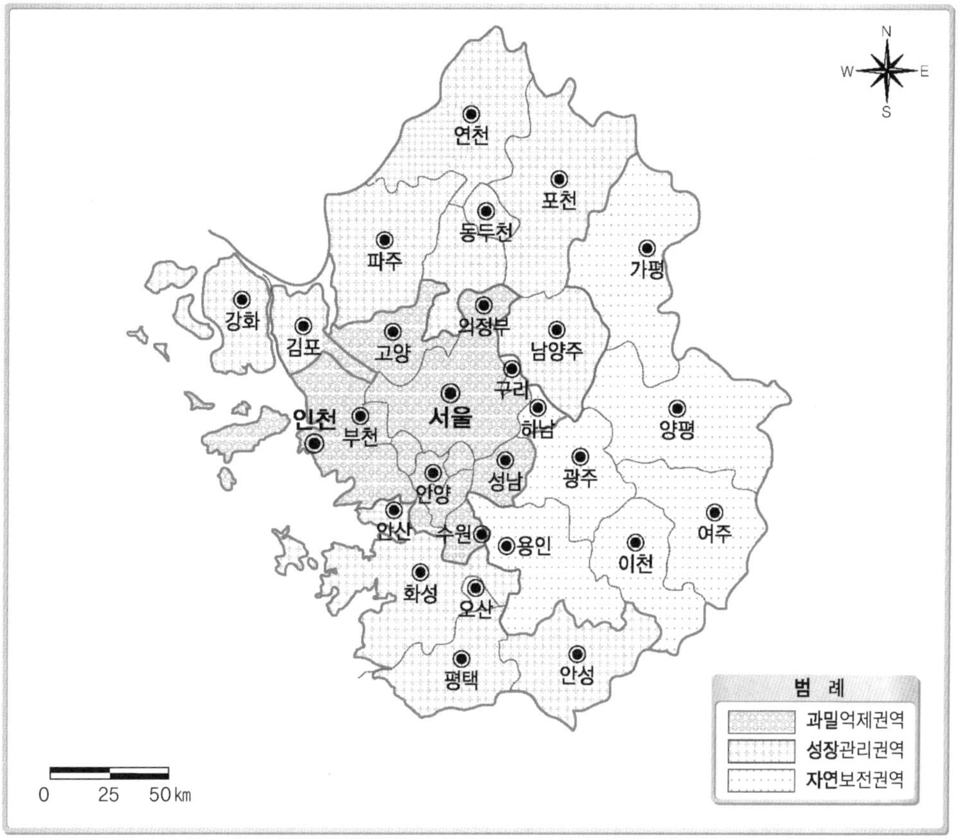

이다. 반면에 자연보전권역은 한강수계를 포함하는 지역으로서 한강의 수질과 녹지 등 자연환경의 보전을 위한 곳이다.

2) 수도권 규제내용의 조정

제2차 수도권정비계획은 수도권, 특히 서울에 입지하는 대형 건축물의 신·증축 규제방식을 직접적인 물리적 규제에서 간접적인 경제적 규제로 전환하였다. 과거 대형건축물의 허가에 필요한 심의과정을 폐지하는 대신 일정규모 이상의 대형건축물을 신·증축할 때에는 과밀부담금을 부과토록 하였다. 이는 연면적 25,000㎡ 이상인 업무용 건축물 및 업무·판매 복합형 건축물, 연면적 15,000㎡ 이상인 판매용 건축물, 그리고 연면적 1,000㎡ 이상인 공공청사 등은 과밀부담금을 건설교통부가 관리하는 '토지관리 및 지역균형발전특별회계'와 서울시 일반회계에 반반씩 납부하는 제도이다.[25] 2010년 한

해에 징수된 과밀부담금은 64건으로 약 784억 원에 달한다.[26] 그러나 과밀억제권역에 부과되어야할 부담금이 서울시로 한정되는 바람에 본래의 취지를 살리지 못한 아쉬움이 있다.

한편 공장과 학교 등이 수도권에 과도하게 집중되는 것을 방지하기 위하여 이들의 신·증설에 대한 총 허용량을 결정하는 총량규제제도가 도입되었다. 건설교통부는 서울, 인천, 경기도의 공장 신·증축 또는 용도변경의 총 허용량을 매년 결정하고, 시·도지사는 이 허용량을 시·군별로 배분하였다.[27] 그러나 수도권 시·도지사의 계속된 공장총량규제의 철폐요구를 수용하는 대신에 정부는 공장총량 설정주기를 1년에서 2004년부터 3년으로 변경하여 시·도지사에게 융통성을 부여하였다. 한편 대학의 총량규제는 수도권 대학입지규제와 입학정원 총량규제로 구분된다. 수도권에서는 4년제 대학의 신설이 금지되어 있으나 개방대, 전문대 및 입학정원 50인 이하의 소규모 대학은 권역에 따라 그 입지를 허용하고 있다. 대학의 입학정원 총량규제는 대학, 교육대학, 사범대학의 입학정원 증원 등을 수도권정비위원회의 심의를 거쳐 결정토록 하였다.[28]

공장과 학교 등 인구집중유발시설의 신·증설에 대한 규제는 개별적인 개발행위를 규제하는데 기여하기도 하였으나 수도권의 집중을 억제하기에는 한계가 있었다. 왜냐하면 일정규모 이상의 건축물과 토지이용에 대한 규제는 상대적으로 규모가 작은 건축물과 토지분할에 의한 토지이용을 조장하는 결과를 초래하였기 때문이다. 뿐만 아니라 정부가 적극적으로 추진하였던 공공기관의 지방이전도 수도권 집중억제와 지역균형발전에 크게 기여하지 못한 것으로 평가되고 있다.

5. 자립형 지방화와 광역경제권의 개발: 2000년대

(1) 제4차 국토종합계획 및 수정계획의 수립

1) 기본목표

그동안 추진된 국토개발과 경제성장의 성과(그림 2-2)에도 불구하고 그 과정에서 나

25) 부담금 산정기준은 추가면적(또는 기준면적)의 건축비의 10/100으로 하되 지역여건에 따라 건축비의 5/100까지 조정할 수 있다. 이에 대한 자세한 내용은 김용웅 외, 전게서, 2003, pp. 497-499 참조.

26) 국토해양부, 2010 국토의 계획 및 이용에 관한 연차보고서, p. 81.

27) 2009년 수도권에 허용된 공장건축 총량 4,021천㎡ 중 집행실적은 1,465천㎡이었으며, 이중 약 90%가 경기도에서 집행되었다. 한편 2009-2011년까지 수도권의 공장건축 총 허용량은 9,564천㎡이다.

28) 대학의 총량규제에 대한 자세한 내용은 김용웅 외, 전게서, 2003, pp. 499-501 참조.

그림 2-2 산업과 기반시설의 공간적 분포 현황

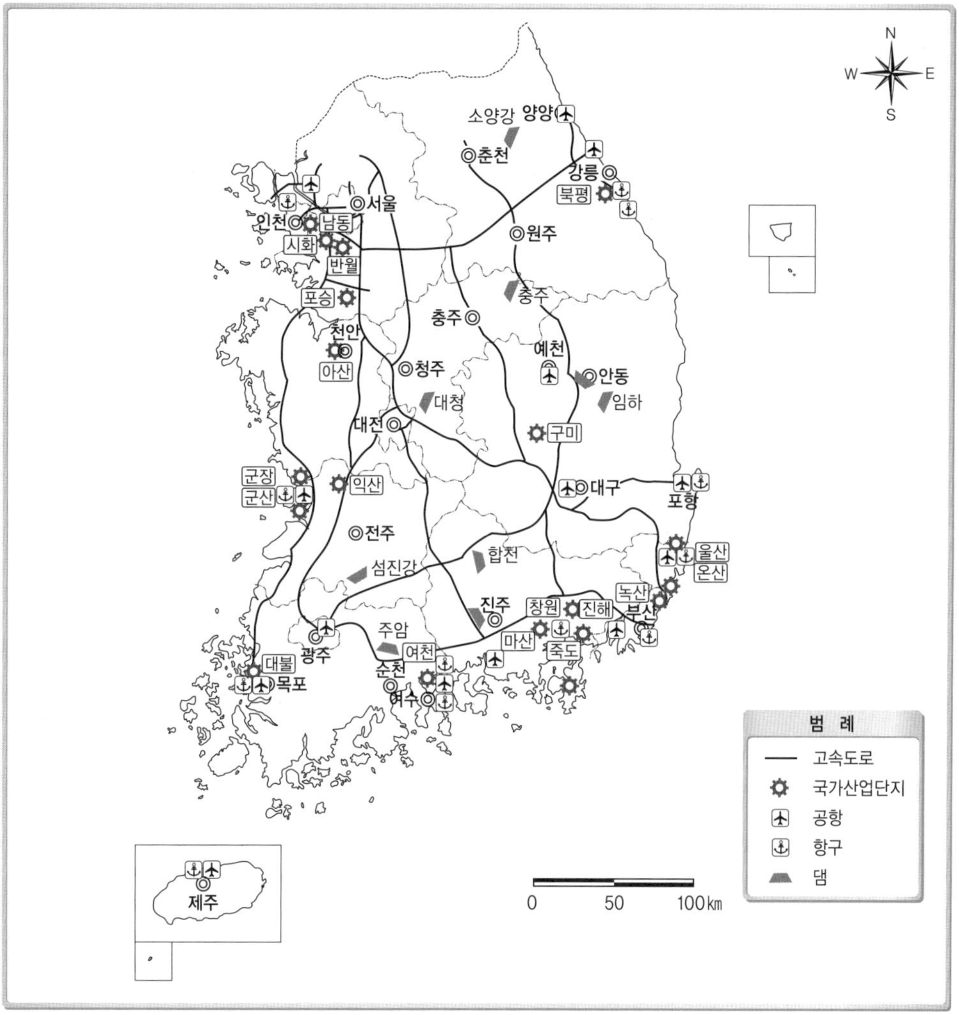

타난 국토문제는 아직도 해결해야 할 많은 과제들을 안고 있다.[29] 첫째, 경부축(京釜軸)에 인구와 산업이 집중됨으로써 교통혼잡과 환경오염 등 사회적 비용이 국가발전에 막대한 부담으로 작용하고 있으며, 특히 수도권의 토지가격 상승 및 주택부족 등으로 인한 과밀문제는 국가 안보적 측면의 취약성을 가중시키고 있다. 둘째, 무질서한 개발로 인하여 준농림지역에 음식점과 아파트 등이 난립함으로써 자연과 경관이 훼손되고 있으며, 주요 하천의 상수원수(上水源水)의 수질이 악화되는 등 환경보전에 대한 국민들의

29) 대한민국정부, 제4차 국토종합계획(2000-2020), 2000. 1, pp. 5-6.

표 2-1 주요 인프라시설 확충 현황(2001)

	단 위	2001
1인당 GNP(1985년 가격)	US$	10,179
공업지역	㎢	720.9
전력생산량	1,000㎾	50,858
고속도로 연장	km	2,637
국도 포장률	%	96.5
지하철 연장	km	401.4
전철 연장	km	667.5
항만 하역 능력	1,000ton	469,585
가구수	1,000호	10,959
1인당 상수도 공급량	ℓ /day	374
수자원 총 공급량	million ㎥	33,622

자료: 국토연구원 Data Bank에서 재정리.

요구가 증대하고 있다. 셋째, 도로 · 항만 · 물류 등 기반시설의 미비와 교통수단간 연계 부족은 국민생활의 불편을 초래하고, 동시에 국가경쟁력을 저하시키고 있다. 그동안 인프라의 꾸준한 확충(표 2-1)에도 불구하고 전체 물동량의 70%가 경부축에 집중되어 있으며, 특히 동서 간 연결 인프라가 부족하다. 넷째, 시설물 안전관리의 미흡과 자연재해 등 각종 재해에 대한 방재체계가 결여되어 있다.

이러한 문제의 인식을 토대로 수립된 「제4차 국토종합계획(2000-2020)」의 특징은 국토환경의 적극적인 보전을 중시하고, 국가 · 지방자치단체 · 주민이 함께 참여하는 상향식(上向式) 동참계획이며, 보다 장기적인 구상을 위한 20년의 장기계획으로 수립되었다. 제4차 국토계획의 기조는 21세기 통합국토의 실현에 두고, 계획의 기본목표를 첫째, 더불어 잘 사는 균형국토, 둘째, 자연과 어우러진 녹색국토, 셋째, 지구촌으로 열린 개방국토, 넷째, 민족이 화합하는 통일국토로 설정하였다. 이 계획의 기본목표를 달성하기 위한 전략은 크게 개방형 통합국토축 형성, 지역별 경쟁력 고도화, 건강하고 쾌적한 국토환경 조성, 고속 교통 · 정보망 구축, 그리고 남북한 교류협력기반 조성 등 다섯 가지로 요약될 수 있다.30)

그러나 2003년에 출범한 참여정부는 국가균형발전을 국정의 핵심과제로 설정함으

30) 대한민국정부, 전게서, 2000. 1, pp. 7-16.

로써 그동안 국가정책에서 주변적 위치에 머물렀던 국토의 균형발전이라는 의제(議題)가 국가적 의제(national agenda)로 격상되었다. 참여정부의 주요 국가발전전략은 혁신주도형 발전 패러다임을 바탕으로 세계화와 지방화 전략을 동시에 추진하여 상생과 혁신의 재도약을 달성하는 것이었다. 이를 위하여 참여정부는 과거의 경제적 효율성 위주의 '집권-집중 패러다임'에서 지역 간 형평성 위주의 '분권-분산 패러다임'으로의 전환을 시도하였다. 특히 참여정부가 핵심 국정과제로 추진하고 있는 국가균형발전을 위한 행정중심복합도시와 혁신도시 건설[31] 등은 국토공간구조의 대변화를 초래할 수 있는 공간정책이다. 따라서 새로운 국토정책의 패러다임을 수용하기 위해서는 제4차 국토계획의 수정이 불가피하게 되었다.

2) 수정계획의 기본목표 및 전략

「제4차 국토종합계획 수정계획(2006-2020)」은 '약동하는 통합국토'의 실현을 계획의 기조로 설정하고, 기본목표로는 상생하는 균형국토, 경쟁력 있는 개방국토, 살기 좋은 복지국토, 지속가능한 녹색국토, 그리고 번영하는 통일국토 등 다섯 가지를 제시하였다. 이를 추진하기 위한 전략은 크게 자립형 지역발전 기반의 구축, 동북아시대의 국토경영과 통일기반 조성, 네트워크형 인프라 구축, 아름답고 인간적인 정주환경 조성, 지속가능한 국토 및 자원관리, 분권형 국토계획 및 집행체계 구축 등 여섯 가지를 포함하고 있다.[32]

자립형 지역발전을 달성하기 위한 보다 세부적인 추진전략은 중추기능의 지방분산과 지역발전의 잠재력 확충, 지역특성을 살린 개성있는 지역발전 도모, 지역산업의 경쟁력 제고, 문화 · 관광기반 확충을 통한 지역경쟁력의 강화를 포함하고 있다. 남북교류 및 동북아 협력은 각각의 협력기반을 강화하는 전략을 제시하고 있으며, 네트워크형 인프라 구축은 종합기간(基幹)교통망 구축, 권역교통체계 구축, 국가물류체계 구축, 녹색교통체계 구축과 더불어 디지털 통합국토의 실현을 위한 국토정보화의 기반강화, 디지털국토 구축, u-국토[33] 구현 등의 과제를 제시하고 있다. 바람직한 정주환경의 조성은

31) 행정중심복합도시는 충남 연기군 남면, 금남면, 동면, 공주시 장기면, 반포면 일대 약 2,210만평의 부지에 9부, 2처, 2청 등 모두 36개 행정기관이 2014년까지 단계별로 이전할 예정이며, 혁신도시는 수도권에 밀집되어 있는 공공기관 175개를 각 광역자치단체별로 이전하되 이들을 수용하기 위하여 충남을 제외한 11개 시 · 도에 각 1개씩 혁신도시를 건설하는 계획이다. 그러나 이명박 정부 출범이후 이들 구상은 행정중심복합도시의 수정, 중앙부처의 통폐합과 공기업의 선진화 추진에 따라 이전기관 및 이전시기 등이 재조정되고 있다.

32) 건설교통부, 제4차 국토종합계획 수정계획(2006-2020) 부문별 보고서, 제1권, 2005, pp. 50-52.

33) u-국토는 ubiquitous-국토를 의미하는데 국토연구원에서는 이를 시공자재(時空自在) 국토로 표현하기도

살기 좋은 도시 만들기, '선계획(先計劃)-후개발(後開發)' 국토이용체계의 정립, 참여와 협력의 도시계획체계 구축 및 주거복지 향상과 부동산 시장의 안정기반 구축 등에 중점을 두고 있다.

(2) 제3차 수도권정비계획의 수립

1) 수도권의 관리목표 및 전략

행정중심복합도시의 건설과 세방화(世方化)의 진전 등 국내외 여건변화는 수도권 관리에도 새로운 패러다임을 요구하게 되었다. 이에 따라 정부는 이미 추진 중인 제2차 수도권정비계획(1997-2011)을 종료하고, 새로운 수도권의 비전과 발전방향을 담은 「제3차 수도권정비계획(2006-2020)」을 수립하였다. 이 계획에서 제시하고 있는 수도권의 비전은 '지방과 상생 발전하는 동북아의 경제중심'으로 정하고(그림 2-3), 수도권정비의 기본방향은 첫째, 인구 안정화를 전제로 수도권의 '질적(質的) 발전'을 추구하며, 둘째, 높은 국제경쟁력을 갖추고 지방과 상생 발전하는 수도권을 지향하도록 설정하였다.[34)]

이러한 목표를 달성하기 위한 추진전략은[35)] 첫째, 수도권의 인구 안정화(安定化)를 도모한다. 2005년 현재 전국인구의 48.0%에 달하는 수도권의 인구비중을 2020년까지 47.5%[36)] 수준으로 안정화시키기 위하여 인구집중유발시설 및 개발사업의 지속적인 모니터링을 통한 목표인구의 관리체제를 확립하고, 시 · 도별 도시기본계획의 인구지표를 수도권 목표인구와 연계하여 과잉개발이 발생하지 않도록 관리한다.

둘째, 수도권 주민의 삶의 질을 개선한다. 이를 위하여 대기질과 수질을 개선하고, 개발수요를 자연환경 및 경관을 고려하여 친환경적인 정주공간으로 조성하는 전략이다. 또한 공장, 군(軍)부대, 교정(矯正)시설 등이 이전한 종전부지(從前敷地)를 주민의 삶의 질 향상에 도움이 되는 방향으로 정비한다.

셋째, 수도권의 경쟁력을 강화한다. 이를 실현하기 위한 전략으로 서울은 세계적 경쟁력을 지닌 동북아 거점도시이자 국가혁신 창출의 중심지로 육성하고, 인천은 경제자유구역 활성화를 통하여 동북아 국제물류 중심도시로 건설하며, 반면에 경기도는 첨단 · 지식기반산업의 메카로 육성하여 한국의 '실리콘 밸리(Silicon Valley)'를 구현한다.

한다.

34) 건설교통부, 제3차 수도권정비계획 수립연구, 최종보고서, 2006. 10, pp. 53-54.

35) 상게서, pp. 53-59.

36) 현재와 같은 수도권 인구증가 추세가 지속될 경우, 수도권의 인구비중은 2020년에 52.3%까지 증가할 것으로 전망되고 있다.

그림 2-3 수도권 공간구조의 미래상

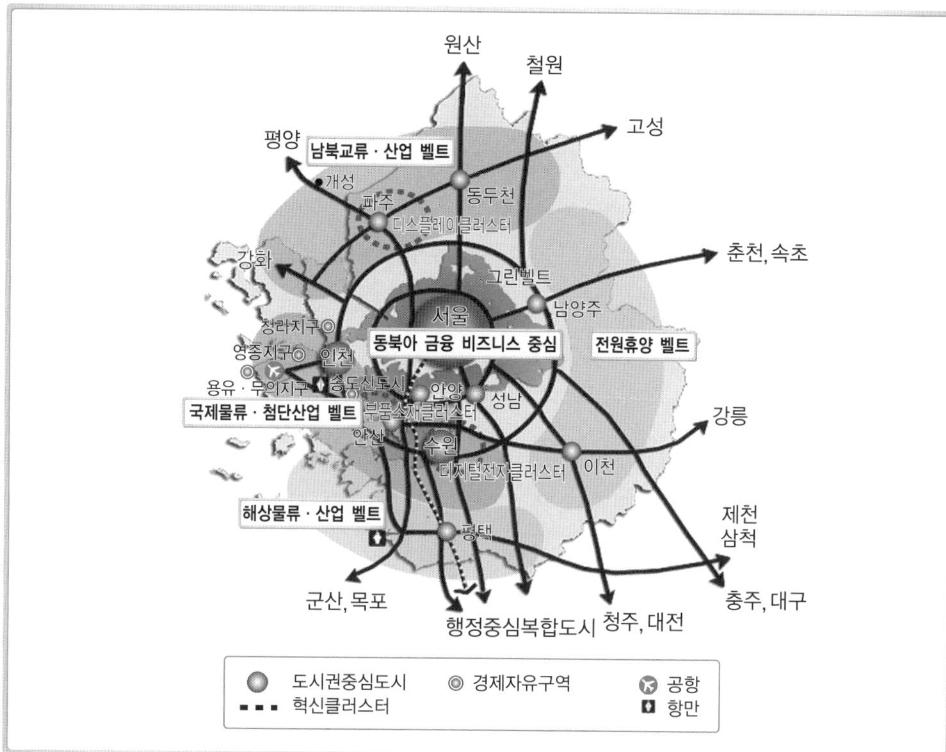

자료: 건설교통부, 제3차 수도권정비계획수립연구, 2006. 10, p. 206.

넷째, 수도권의 규제를 합리적으로 개선한다. 수도권에 대한 규제는 행정중심복합도시의 건설과 공공기관의 지방이전 효과가 가시화된 이후에 중앙정부와 지방자치단체가 협력하는 '계획관리체제'로 전환하는 전략을 포함하고 있다. 단기적으로는 '정비발전지구' 제도를 새로이 도입하여 수도권 과밀억제시책의 운용과정에서 발생하는 부작용을 최소화하는 전략이다. 이 제도는 수도권의 계획적 정비를 위하여 불가피한 지역을 대상으로 지정하되 필요한 범위 내에서 규제를 제한적으로, 그리고 선택적으로 완화하는 전략이다.

2) 수도권의 환경관리

수도권 정비를 위한 부문별 계획은 수도권의 공간구조 개편, 권역별 정비방안, 개발사업 및 인구집중유발시설의 관리, 광역시설의 정비 및 확충, 환경보전과 관리, 그리고 계획의 집행과 관리 등을 포함하고 있다. 이 중 환경보전과 관리 부문은 첫째, 대기질(大氣質)의 개선목표를 2014년까지 OECD 선진국 수준으로 개선하기 위하여 미세먼지는 2003년의 69㎍/㎥에서 2014년에 40㎍/㎥으로 감소시키고, 이산화질소(NO)는 같은 기간 중 38ppb에서 22ppb로 감소시킬 계획이다. 이를 달성하기 위한 계획적 · 체계적 개선대책으로는 대기오염물질의 총량관리 추진, 점오염원(點汚染源)에 대한 대기오염물질 저감, 교통수요관리를 통한 배출가스의 저감 등을 제시하고 있다. 둘째, 수질의 개선목표는 팔당수원의 수질을 II 등급에서 I 등급으로 제고하기 위하여 2015년까지 BOD 수준을 1.0㎎/ℓ로 낮출 계획이다. 셋째, 폐기물 관리는 폐기물의 자원화 촉진을 위한 자원순환형 폐기물 관리체계를 구축하며, 특히 건설폐기물의 재활용을 활성화하고, 지정폐기물에 대한 관리를 강화할 계획이다. 넷째, 녹지의 보전 및 관리는 지자체별 녹지관리계획체계를 구축하고, 바람의 통로와 동물의 이동통로가 확보될 수 있도록 하천 및 녹지로 연결된 광역적인 녹지축의 구축을 제안하고 있다.[37]

(3) 광역경제권의 설정과 추진전략

1) 광역경제권의 도입배경

그동안 국제통화기금(International Monetary Fund: IMF), 관세 및 무역에 관한 일반협정(General Agreement on Tariff and Trade: GATT)체제를 중심으로 한 미국, 유럽, 일본의 삼두체제(三頭體制)이었던 국제경제질서는 1995년 세계무역기구(World Trade Organization: WTO)체제의 출범과 함께 세계화와 무한경쟁시대의 체제로 전환되어가고 있다. 따라서 세계경제의 상호의존과 자유무역협정(Free Trade Agreement: FTA)의 확대 등 글로벌 경쟁에서는 자본과 기업의 자유로운 이동으로 국가의 역할이 축소되는 대신에 거대지역(mega-region) 또는 광역경제권이 새로운 공간경제 단위로 부상하고 있다. 특히 유럽의 여러 나라는 경쟁력을 갖춘 집적경제단위로서 중요시되고 있는 신지역주의(New Regionalism)[38]의 확산으로 광역경제권 중심의 분권형 국가발전체제로의 전환을 추진하고 있다.

이러한 시도는 일본의 경제평론가인 Ohmae의 '지역국가(region states)', Petrella와 Scott의 '도시지역(city-regions)', 유럽연합 집행위원회의 '슈퍼지역(super regions)',

37) 건설교통부, 전게서, 2006. 10, pp. 165-182.

38) 신지역주의는 지역의 산업경쟁력 제고를 통한 지속가능한 자립형 발전을 도모하여 세계적 경쟁거점을 구축하고자 하는 정책목표를 표방하고 있다.

Florida의 '메가지역(mega-regions)' 등의 새로운 개념에 의하여 보다 구체화되고 있다.[39] 예를 들면, 영국의 England에는 런던대도시권(Greater London Authority)을 관할하는 런던개발처(London Development Agency)를 비롯하여 8개의 지역별로 1개소씩 모두 9개의 광역적 지역개발기구가 설치되어 있는데 지역구분의 기준이 된 인구규모는 약 500만 명이었다. 프랑스는 "2020 프랑스 계획"에서 다극중심망(多極中心網)의 개념을 토대로 전국을 6개의 광역권(super-regions)으로 구분하는 전략을 제시하였으며, 광역권의 인구규모는 북부권(Pays du Nord)의 400만 명에서 파리유역권(Bassin Parisien)의 2,000만 명까지 권역별로 5배의 차이를 보이고 있다. 한편 일본은 2006년 7월에 수립된 「국토형성계획」의 일환으로 전국을 도호쿠(東北)권, 슈토(首都)권, 큐슈(九州)권 등 8개의 광역지방계획 구역을 확정하였으며, 광역권의 인구는 약 310~4,300 만 명의 분포를 나타내고 있다.[40]

2) 우리나라의 광역경제권 추진전략

국토계획 또는 지역계획을 수립할 때 일반적으로 사용되는 지역은 동질지역(homogeneous region), 기능지역(functional region), 그리고 계획지역(planning region) 등으로 구분된다. 그동안 우리나라의 국토계획에서 적용된 지역구분은 이미 설명한 바와 같이 지역생활권과 광역권 등 기존의 행정구역을 토대로 한 소규모의 계획지역 개념이라고 볼 수 있다. 그러나 국경없는 세계화와 개방화 시대에 국제경쟁력을 갖추기 위해서는 영국과 일본 등의 사례에서 나타난 바와 같이 인구규모 500만 명 내외의 거대 광역경제권 개발이 시대적 흐름임을 알 수 있다. 국가(nation states)를 대신하여 '지역국가(region states)'의 역할이 새롭게 부상하고 있다.[41] 우리나라도 예외는 아니다.

우리 정부는 지난 2008년 7월 지역발전정책 기본구상에서 「5+2 광역경제권」의 설정을 제시하였다.[42] 이 구상은 인구 500만 명 내외의 5대 광역경제권, 즉 수도권, 충청권, 호남권, 대경권, 동남권과 인구 100만 명 전후의 비교적 독립된 경제권인 강원권과 제주권을 특별광역경제권으로 구분하였다(그림 2-4). 그러나 수도권은 2006년 현재 인구가 약 2,360만 명으로 광역경제권 설정을 위한 인구 기준을 훨씬 상회한 특수성을 나

39) 이정식, "수도권과 비수도권의 상생발전전략에 관한 연구: 광역경제권을 중심으로," 수도권연구, 안양대, 제5호(2008. 10), pp. 24-26 참조.

40) 상게서, pp. 27-32.

41) 상게서, p. 32.

42) 대통령자문 국가균형발전위원회, "상생 · 도약을 위한 지역발전정책 기본구상과 전략," 2008. 7. 21 참조.

그림 2-4 우리나라의 7대(5+2) 광역경제권

타내고 있다(표 2-2).

정부는 광역경제권 전략을 효율적으로 추진하기 위하여 권역전체의 발전을 선도할 수 있는 성장거점을 적극 육성하고, 이들의 지역발전효과를 주변지역으로 파급시키기 위한 광역인프라의 구축을 제시하고 있다. 또한 정부는 광역경제권의 비전과 사업계획을 수립하고, 지방자치단체 간 광역연계사업의 협의와 조정을 위한 추진기구의 필요성도 제안하였다. 이에 따라 정부는 "수도권광역경제위원회" 등 각 광역경제권별로 위원회를 설치하여 운영하고 있으며, 이 기구의 추진성과를 토대로 영국의 지역개발기구(Regional Development Agency: RDA)와 유사한 집행기능을 보유한 기구로 확대할 것을 구상하고 있다.[43] 정부는 「국가균형발전특별법」을 개정하여 광역경제권의 추진 근거를 마련하고, 광역경제권 사업에 필요한 재정지원은 지방비 이외에 국가균형발전특별회계를 확대 개편하여[44] 우선적으로 활용하되, 국가지원이 필요한 광역사업은 국고보조와 기타 기금 등을 통하여 지원한다는 계획이다. 그러나 광역경제권의 권역 간 격차를 완화하

43) 상게서, 참조.

44) 정부는 현행 「국가균형발전특별회계」를 「지역 및 광역발전특별회계」로 확대 개편하여 특별회계의 규모를 2008년 기준 7.6조 원에서 9조 원 내외로 증액할 계획이다.

표 2-2 7대 광역경제권의 주요 경제 · 사회 지표(2010)

	면적(㎢)	인구(천명)	지역총생산 (10억 원)	수출액 (백만 $)	지방세 수입 (10억 원)
전 국	99,897 (100.0)	48,219 (100.0)	1,066,085 (100.0)	459,003 (100.0)	45,480 (100.0)
수도권	11,768 (11.8)	23,616 (49.0)	518,831 (48.7)	149,768 (32.6)	26,583 (58.4)
충청권	16,602 (16.6)	5,010 (10.4)	121,848 (11.4)	66,809 (14.6)	3,907 (8.6)
호남권	20,795 (20.8)	4,942 (10.2)	104,536 (9.8)	51,834 (11.3)	3,277 (7.2)
대경권	19,913 (19.9)	5,027 (10.4)	102,102 (9.6)	49,062 (10.7)	3,543 (7.8)
동남권	12,356 (12.4)	7,639 (15.8)	181,707 (17.0)	139,975 (30.5)	6,650 (14.6)
강원권	16,614 (16.6)	1,456 (3.0)	27,583 (2.6)	1,456 (0.3)	1,075 (2.4)
제주권	1,849 (1.9)	528 (1.1)	9,478 (0.9)	99 (0.02)	445 (1.0)

주: ( )는 전국에 대한 비율임. 지역총생산은 2009년, 지방세 수입은 2008년 자료임.
자료: 통계청, 행정자치부, 한국무역협회 자료, 2010 인구주택총조사 잠정집계 결과 등에서 재정리.

기 위해서는 인프라 건설 등 하드웨어 측면의 지원뿐만 아니라 조세와 재정지원 등 중앙정부의 권역별 차등화 지원을 위한 소프트웨어 측면의 대책도 간과해서는 안 될 것이다.

6. 국토개발의 시대별 특성

한국전쟁 이후 우리는 빈곤의 추방과 선진국으로의 진입을 위하여 그동안 1962년부터 1996년까지 일곱 차례의 경제개발5개년계획을 추진하였고, 1972년부터 현재까지 네 차례의 국토종합계획을 수립하여 시행 중에 있다(표 2-3). 경제개발을 포함한 국토개발 과정을 거쳐 우리나라의 1인당 국민총소득(GNI)은 1958년의 174달러에서 2010년에는 20,759달러로 지난 반세기 동안 무려 100배에 가까운 놀랄만한 경제성장을 이룩하였다.[45)]

표 2-3 국토개발의 시대별 특성과 주요 전략

구 분	주요 계획	1인당 GNI*	핵심 과제	배 경	목 표	전 략
1950 년대	Nathan 보고서	$174 (1958)	전후 복구	• 미국과 UNKRA 원조 • 토목사업 추진	• 인프라와 산업생산 능력의 재건 • 국가안보의 강화 • 민간소비 증대	• 인프라 확충 • 농업 및 광업 집중 투자
1960 년대	제 1, 2차 경제개발 5개년계획 (1962~71)	$155 (1960)	빈곤의 악순환 제거	• 외화획득 • 수입대체 경공업 육성	• 에너지 공급확대 • 농업생산량 증대 • 인프라 확충 • 기술개발	• 공업단지 개발 • 특정지역 지정 • 대도시 인구집중 억제
1970 년대	제 1차 국토계획 (1972~81) 제 3, 4차 경제개발 5개년 계획 (1972~81)	$278 (1970)	국토 개발 기반의 구축	• 서울의 인구집중 억제 • 중화학공업 육성 • 인프라 확충	• 국토이용관리의 효율화 • 개발기반의 확충 • 주요자원 개발 • 국민생활환경 정비	• 대규모 공업기지 구축 • 교통, 통신, 수자원, 에너지 공급확대 • 부진지역 개발
1980 년대	제 2차 국토계획 (1982~91) 제 5차 경제사회발전 5개년 계획 (1982~86)	$1,599 (1980)	국토 공간의 다핵화	• 수도권의 과밀억제 • 주요 자원에 대한 수요 증가 및 부동산 투기 • 생활환경시설의 투자 부진	• 인구의 지방정착 • 개발가능성의 전국적 확대 • 국민복지수준의 제고	• 지역생활권 조성 • 서울 · 부산의 성장 억제 • SOC확충 • 후진지역의 개발 촉진
	제 2차 국토계획 수정계획 (1987~91) 제 6차 경제사회발전 5개년 계획 (1987~91)	$2,547 (1986)	수도권의 과밀 완화	• 도시의 광역화에 대응 • 제 6차 경제사회발전 5개년계획과 연계 • 三低현상**의 대두	上 同	• 국토의 다핵구조 형성 • 통합개발방식의 도입 • 공공투자의 지역간 적정배분 • 후진지역의 개발촉진 • 지방정부 및 주민 참여의 확대

45) 그러나 최근 국제금융위기로 초래된 원화의 가치하락으로 우리나라의 1인당 국민소득은 2007년의 21,695달러에서 2010년에는 20,759달러로 줄어들었다.

구 분	주요 계획	1인당 GNI*	핵심 과제	배 경	목 표	전 략
1990년대	제 3차 국토계획 (1992~2001) 제 7차 경제사회발전 5개년 계획 (1992~96)	$5,887 (1990)	지방분산형 국토기반의 구축	• 세계화 · 지방화 시대의 도래 • 국가경쟁력 강화 • 국토통일 대비	• 지방분산형 국토골격 형성 • 자원 절약적 국토이용체계 구축 • 국민복지향상 및 환경 보전 • 통일에 대비한 기반조성	• 지방의 육성과 수도권억제 • 신산업지대 조성 • 국민생활 및 환경 부문 투자확대 • 국토계획의 집행력 강화 • 남북교류지역 개발 · 관리
2000년대	제 4차 국토계획 (2000~2020)	$10,890 (2000)	자립형 지방화의 정착	• 지역 간 불균형 완화 • 삶의 질 제고 • 국가경쟁력 강화	• 균형국토 • 녹색국토 • 개방국토 • 통일국토	• 통합 국토 축 형성 • 지역별 경쟁력 강화 • 쾌적한 국토환경 조성 • 고속교통 · 정보망 구축 • 남북한 교류협력 기반조성
	제 4차 국토계획 수정계획 (2006~2020)	$18,356 (2006)	혁신주도형 지역발전과 광역경제권 추진	• 국가균형발전 추진 • 무한 경쟁시대의 대비 • 지구환경문제 대응	• 상생하는 균형국토 • 경쟁력있는 개방국토 • 살기좋은 복지국토 • 지속가능한 녹색국토 • 번영하는 통일국토	• 자립형 지역발전 추진 • 동북아시대의 국토경영 • 네트워크형 인프라구축 • 지속가능한 국토관리 • 분권형 국토계획 및 집행 체계 구축

주: *1인당 GNI는 국민총소득(Gross National Income)으로 경상가격임.
**三低현상은 유가하락, 국제금리의 하락, 미국달러의 저평가를 의미함.
자료: 제1,2,3,4차 국토종합개발계획(수정계획포함).
대한국토 · 도시계획학회(편저), 국토 및 지역계획론, 서울: 보성각, 2000, p. 86.
국가균형발전위원회, 참여정부 국가균형발전정책으로 대한민국이 강해집니다. 2007. 2, p. 6.

국토개발의 성과를 부문별로 살펴보면 우선 산업입지는 동남해안공업벨트의 포항, 울산, 창원, 거제, 광양, 여천 등 국가산업단지를 비롯하여 서해안의 인천, 군장, 대불, 그리고 청주, 전주, 대구 등의 내륙 지방산업단지 등이 개발되어 제조업 성장의 기틀을 마련하였으며, 그 면적은 1971년의 102㎢에서 2010년에는 1,268㎢로 증가하였다. 또한 국토의 대동맥에 해당하는 고속도로는 총 연장이 1971년의 655㎞에서 2009년에는

4,773㎞로 7배 이상 늘어났으며, 서울, 부산, 대구 등의 지하철 연장은 현재 835.5㎞에 이르고 있다. 대외교역의 중추적 역할을 담당하고 있는 항만의 하역능력 역시 1971년의 1,880만 톤에서 2009년에는 8억 53만 톤으로 43배 가까이 증가하였고, 국제항공여객 수송실적은 같은 기간 중 약 40만 명에서 3,351만 명으로 84배나 증가하는 실적을 나타내고 있다.

한편 경제성장과 삶의 질 향상에 중요한 요소로 인식되고 있는 수자원은 생활용수, 공업용수, 농업용수 등을 적절히 공급하기 위하여 그동안 15개의 다목적댐과 14개의 용수전용댐을 건설하여 총 용수공급능력이 1971년의 3억 5천만㎥에서 2008년에는 115억㎥로 늘어났고, 상수도 보급률은 2009년 말 현재 93.5%이며, 1일1인 급수량은 332ℓ에 달한다. 생활하수는 2009년 현재 전국의 438개소 공공하수처리장에서 하루에 약 2,525만 톤을 처리하고 있으며, 하수도 보급률은 89.4%에 이르고 있다. 끝으로 국민주거 환경측면에서는 비록 주택의 재고가 1971년의 440만 호에서 2010년에는 1,487만 호로 증가하여 주택의 질과 양이 크게 개선되었으나 아직도 전체가구의 약 45.5%는 자기주택을 소유하지 못하고 있다.[46)]

이처럼 우리는 선진국과 개발도상국가 모두가 부러워할 정도로 급격한 경제성장과 함께 삶의 질이 크게 제고되었으나 우리 국토는 아직도 수도권의 과밀과 지역 간 불균형 발전, 환경오염과 녹지의 감소 등 국토환경의 악화, 국토의 난개발과 부동산 시장의 왜곡(歪曲), 국토개발과 관련된 이해집단 간의 갈등 야기 등 그동안의 압축성장과 개발의 후유증에서 벗어나지 못하고 있다.ℓ

우리 국토는 지난 1950년대의 전후복구, 60년대의 빈곤의 악순환 제거, 70년대의 국토개발기반의 구축, 80년대의 국토공간의 다핵화와 수도권의 과밀완화, 90년대의 지방분산형 국토기반의 구축, 2000년대의 자립형 지방화, 2010년대의 광역경제권의 추진으로 이어져 왔다. 이제 우리의 국토개발은 수도권과 지방의 상생발전을 촉진하고, 개발과 환경의 통합을 지향하며, 건강하고 아름다운 국토를 조성하여 21세기의 무한경쟁시대에 한걸음 앞서 나갈 수 있는 지혜를 필요로 하고 있다.

---

46) 국토개발의 성과에서 인용된 자료는 국토해양부의 2010 국토의 계획 및 이용에 관한 연차보고서에서 발췌 정리한 것이다.

제 3 절 국토개발의 한계

1. 수도권의 집중과 지방의 정체

(1) 수도권의 과밀

1) 수도권 억제시책

1960년대 산업화 이전단계에는 우리나라 전체인구의 60%이상이 농촌지역에 거주함으로써 인구 및 경제활동은 지역적으로 비교적 균등하게 분포되었다. 그러나 본격적인 경제개발이 시작되면서 우리나라도 서구(西歐)의 선진국들이 경험한 급속한 도시화와 산업화 과정을 걷게 되었다. 농촌인구의 도시이동으로 시작된 대도시, 특히 서울의 인구집중은 사회적인 위기의식을 불러일으켰다. 왜냐하면 이 당시 서울의 인구와 각종 중추관리기능의 집중은 군사와 안보차원에서 더욱 심각한 문제로 인식되었기 때문이다. 결국 정부는 1964년에 "대도시인구집중방지책"을 발표하여 서울의 인구집중억제를 시도하였다. 이 대책에는 각 부처별로 추진해야 할 구체적인 지침까지 포함되어 있었으나 경제성장 위주의 투자정책으로 말미암아 이 대책은 제대로 집행되지 못한 채 사장되고 말았다.

이후 1969년 4월 박정희 대통령은 수도(首都)방위를 위하여 수도권의 인구집중억제를 위한 관련 법률의 제정을 지시하였고, 같은 해 12월에는 수도권 인구집중억제방안을 청와대에서 직접 작성하도록 지시하였다. 1970년에는 안보상 취약한 한강 북쪽의 인구증가를 억제하고, 인구의 강남유치를 위하여 과감한 도시계획의 수립을 지시하였으며, 1976년에는 서울의 산업과 공공기능의 분산을 위하여 수도권 내에 신공업도시의 건설과 서울에서 남쪽으로 1시간 반 거리에 신행정수도 건설을 지시하기에 이르렀다.[47] 이에 따라 서울의 강남지역이 본격적으로 개발되기 시작하였으며, 1979년에는 "임시행정수도건설을 위한 백지계획"이 발표되었으나 무위에 그치고 말았다.

이외에도 정부는 그동안 수도권 집중과 지역 간 격차를 완화하기 위하여 다양한 시책들을 추진하였다. 예를 들면, 수도권을 포함한 대도시 주변의 개발제한구역(greenbelt)

47) 김의원, 한국국토개발사연구, 서울: 대학도서, 1982, pp. 846-847.

의 지정, 공장 및 대학의 총량규제, 주민세와 과밀부담금의 도입, 공공기관의 이전, 국가 및 지방산업단지의 조성, 지방으로의 이전 및 유치기업에 대한 각종 세제혜택 부여 등 직 · 간접 대책(stick and carrot)이 망라되어 있다. 그러나 '88올림픽' 개최, 분당과 평촌 등 수도권 5개 신도시의 건설, 세계화 시대에 대비한 수도권의 규제완화, 외환위기 극복과정에서 지역균형발전의 중요성에 대한 과소평가 등은 결과적으로 수도권의 일극집중과 지방의 정체라는 국토공간의 이중구조(dual process of polarization)를 고착화시켰다.

이 결과 현재 수도권에는 인구와 산업뿐만 아니라 중앙정부를 비롯한 민간부문의 중추관리기능이 집중된 반면에 지방은 지속적으로 정체되어 국토의 불균형 현상이 심화되고 있다. 수도권의 인구집중은 1970년의 28.3%에서 2010년에는 49.0%로 계속 증가하여 일본의 32.6%, 프랑스의 18.7%에 비하면 우리나라 수도권의 일극 집중현상이 훨씬 두드러짐을 알 수 있다.

2) 수도권 억제시책의 한계

첫째, 수도권 정비업무의 주관부처가 과거의 건설부로 한정됨에 따라 정책의 일관성을 유지할 수는 있었으나 수도권 집중억제와 지역균형발전의 종합적인 공간정책을 추진하는 데에는 건설부의 기능 차원에서 한계를 가질 수밖에 없었다. 비록 관련 정부부처의 협의 및 조정을 위하여 "수도권정비위원회"와 "수도권정비실무위원회"를 구성하여 인구집중유발시설 등의 입지규제를 추진하였으나 기대 이상의 성과를 거두지는 못하였다.

둘째, 수도권 정비의 주요 핵심인 중앙정부 권한의 지방이양과 공공기관의 지방이전 등 범부처적으로 추진되어야 할 정책이 제대로 시행되지 못하였다. 건설부의 대형건축물과 토지이용규제 등 물리적 측면의 규제는 비교적 강력히 추진되었으나 세제, 금융, 교육, 의료, 복지 등 이른바 비공간 정책(non-spatial policies)은 한계를 지닐 수밖에 없었다. 수도권 정비시책의 추진과 효과가 한계에 부딪치게 되자 정부는 1989년 2월 대통령비서실에 "지역균형발전기획단"을 설치하고, 수도권의 정비와 지역균형발전을 위한 의욕적인 종합시책을 입안하였다. 그러나 이 시책방안은 대통령의 특별지시에 의하여 수립되었음에도 불구하고 이를 추진하기 위한 아무런 입법이나 행정적 후속조치도 없이 1990년 3월에 활동이 종료되고 말았다.[48] 수도권 집중억제와 지역균형발전은 결

48) 지역균형발전기획단, 지방화시대의 지역균형발전을 위한 시책방안, 1990. 3 참조.

국 정부의 강력한 의지와는 반대로 경제성장 우선이라는 국가정책의 그늘에 묻히고 말았다.

셋째, 수도권에 대한 정부시책의 일관성이 결여되었다. 예를 들면, 수도권 내 용도지역 위반과 무허가 공장에 대한 행정조치의 미흡은 물론 인천 남동 및 시화공업단지 등 수도권 제한정비권역 내의 대규모 공장유치는 수도권의 집중억제라는 기본목표와 상반되는 시책이었다. 더구나 서울의 인구가 꾸준히 증가하면서 주택난이 심각해지자 목동과 상계동 등에 '도시내 신도시(new town in town)'를 건설하여 어느 정도 긴급한 주택수요에 대응하였다. 특히 제6공화국 정부(1988-93)는 선거공약으로 제시한 주택 200만호의 건설과 맞물려 주택수요가 급증하고 있는 수도권에 신도시 개발을 추진할 수밖에 없는 상황에 이르렀다. 서울 주변의 분당, 평촌, 중동 등 수도권 5개 신도시 개발은 1989년에 이렇게 시작되었으며, 이들 신도시의 총 면적은 약 50㎢, 계획인구는 118만명이었다. 결과적으로 '88서울올림픽' 개최와 신도시 개발은 수도권의 집중과 교통문제를 더욱 심화시켰고, 건설부문의 과다투자로 인한 자원배분의 왜곡과 토지 보상비 지급에 따른 유동자금의 급증으로 인플레 유발 등의 후유증을 초래하였다는 비판도 있었다.

(2) 지방의 정체

1) 지방인구의 감소

수도권의 인구집중 현상이 계속되는 동안 대부분의 지방은 인구비중의 상대적 감소는 물론 인구의 절대적 감소를 경험하고 있다. 특히 강원권, 전북권, 그리고 광주권은 1970년 이후 절대인구의 감소가 계속되고 있다. 강원권의 인구는 2010년에 1,456천명으로 1970년의 79.3%, 전북권과 광주권(광주 · 전남)은 같은 기간 중 각각 73.5%와 81.1%에 불과하며(표 2-4), 이 중에서도 전북의 인구감소 추세가 가장 심각한 편이다. 이처럼 지방의 인구감소가 해당 지역에 미치는 부정적 영향은 다양하게 나타나고 있다.[49]

인구가 계속 감소하면서 지방의 사회 · 경제적 활력이 저하되고 있다. 첫째는 노동력의 부족이다. 지가(地價)가 낮고, 물가와 교통비용 등 생활비를 절감할 수 있는 장점에도 불구하고 노동력의 확보가 곤란한 상태에서는 기업의 유치를 기대할 수 없다. 둘째는 소비의 감소이다. 상품 및 서비스에 대한 소비 감소로 지역경제의 침체는 물론 일자리가 줄어들고 있다. 셋째는 공공시설의 이용률 감소이다. 학생 수 및 이용자의 부족으

49) 통계청, 2010 인구주택총조사 잠정집계 결과 참조.

표 2-4 권역별 인구변화 추세

(단위: 천명, %)

권 역	시·도	1970	1980	1990	2000	2010
전국	-	30,882 (100.0)	37,436 (100.0)	43,411 (100.0)	46,136 (100.0)	48,580 (100.0)
수도권	서울, 인천, 경기	8,730 (28.3)	13,298 (35.5)	18,587 (42.8)	21,354 (46.3)	23,836 (49.1)
강원권	강원	1,837 (5.9)	1,791 (4.8)	1,580 (3.6)	1,487 (3.2)	1,472 (3.0)
충청권	대전, 충북, 충남	4,262 (13.8)	4,380 (11.7)	4,454 (10.2)	4,680 (10.2)	5,042 (10.4)
전북권	전북	2,386 (7.7)	2,288 (6.1)	2,070 (4.8)	1,891 (4.1)	1,777 (3.7)
광주권	광주, 전남	3,933 (12.7)	3,780 (10.1)	3,646 (8.4)	3,349 (7.2)	3,217 (6.6)
대구권	대구, 경북	4,476 (14.5)	4,955 (13.2)	5,090 (11.7)	5,206 (11.3)	5,046 (10.4)
부산권	부산, 울산, 경남	4,900 (15.9)	6,482 (17.3)	7,470 (17.3)	7,656 (16.6)	7,658 (15.7)
제주도	제주	358 (1.2)	463 (1.2)	515 (1.2)	513 (1.1)	532 (1.1)

주: 인구주택총조사에 의한 전국의 인구는 〈표1-1〉의 장래추계인구와 약간의 차이가 있음.
자료: 통계청, 인구주택총조사, 각년도 및 2010 인구주택총조사 전수집계 결과.

로 학교와 보건소 등의 공공서비스 공급비용이 상승하게 되며, 이는 관련시설의 통폐합을 초래하게 된다. 넷째는 인구의 고령화이다. 지방에서 유출되는 인구는 상대적으로 젊은 계층이기 때문에 인구유출지역은 고령화가 빨리 진행된다. 이러한 부정적 영향은 인구가 감소하는 지역의 경제적, 사회적 활력을 저하시키며, 이는 다시 인구감소를 유발하는 악순환으로 이어지게 된다.

2) 지방경제의 악화

수도권과 지방간의 경제력 격차가 확대되고 있다. 인구와 함께 지역총생산, 사업체수, 제조업체수 등 경제활동의 수도권 집중이 계속되면서 상대적으로 지방의 정체가 심화되고 있다. 수도권과 지방간의 격차 확대는 크게 두 가지 관점에서 논의될 수 있다.

첫째는 형평성의 문제이다. 지나친 격차는 지역 간의 갈등과 반목을 조장하고, 나아가서는 국민적 통합을 저해할 수 있다. 둘째는 효율성의 문제이다. 지역 간의 격차는 경우에 따라서 과소지역에서 과밀지역으로의 인구이동을 초래할 수 있으며, 이는 결국 국토이용의 효율성을 저하시키는 원인이 되고 있다.

3) 농촌지역의 공동화

농촌지역의 공동화(空洞化)와 고령화 현상이 가속화되고 있다. 인구주택총조사에 의하면 우리나라의 농가인구는 1970년의 14,422천명에서 2010년에는 3,063천명으로 지난 40여년 동안 무려 11,359천명이나 감소하였다. 따라서 총인구에 대한 농가인구의 비중은 1970년의 44.7%에서 2010년에는 6.3%로 급격히 줄어들었다. 농촌지역의 공동화 현상이 가속화되고 있으며, 도시의 과밀과 농촌의 과소(過疎)현상으로 인한 국토이용의 왜곡이 지속되고 있다. 반면에 농촌의 고령인구 비율 역시 1970년의 4.9%에서 2010년에는 31.8%로 증가하여 우리의 농촌은 이른바 초고령 사회로 진입하였다.

이러한 현상은 국내총생산에서 차지하는 농림업 비중의 지속적인 감소, 농가소득의 감소와 농가부채의 증가, 쌀 소비량의 감소와 육류 소비량의 증가 등 복합적인 구조적 문제에서 비롯되고 있다. 더구나 농산물 시장의 개방 확대를 포함한 미국과의 자유무역협정이 정식으로 발효되면 우리 농업환경의 불리는 물론 농촌지역의 활력이 저하되는 등 지방의 정체가 계속될 것으로 우려된다.

2. 지가의 급등과 개발이익의 사유화

(1) 지가의 급등

경제성장과 국토개발에 필요한 토지수요는 급격히 증가하였으나 토지공급의 제약은 필연적으로 수요와 공급의 불균형으로 인한 지가의 상승을 초래하였다. 부동산 가격은 1975년부터 2003년까지 네 차례 크게 상승하면서 주기적인 불안 양상을 보이고 있다. 지가 상승폭을 상승기별로 살펴보면 1978년에 전년대비 49.0%의 경이적인 급등을 기록하였으며, 이후 1989년에 31.9%, 그리고 2002년에 9.0%의 상승을 나타내었으나 2005년 이후 상승세가 계속 둔화되고 있다(그림 2-5). 지난 1980년대 이후 우리나라는 부동산투기 열풍에 휩싸여 전국의 부동산 시장이 과열상태를 보인 바 있으나 정부의 각

그림 2-5 토지 · 주택가격 변동률 추이

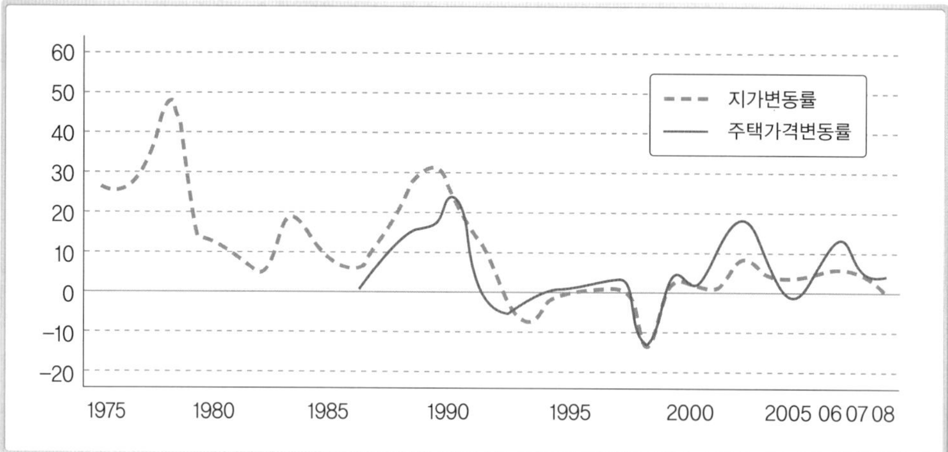

자료: 정희남, "도시용지 공급확대를 위한 규제완화의 파급효과와 토지시장 안정과제," 국토해양신성장동력 창출을 위한 전략과 과제 세미나, 국토해양연구회, 2010. 6. 3, p. 6.

종 부동산투기억제대책과 토지공개념 관련법[50]의 제정으로 1992~94년에는 부동산 가격이 하락하였다. 그러다가 외환위기로 인한 경기침체기인 1997년 말부터 다시 하락세를 경험하여 오다가 2000년대 초반부터 주택시장을 중심으로 가격이 외환위기 이전 수준으로 다시 상승하는 추이를 나타내고 있다.[51]

지가의 상승은 결과적으로 경제성장과 국토개발에 필요한 토지공급의 한계를 초래함으로써 우리 국토의 고비용 구조를 더욱 악화시키고 있다. 예를 들면, 국도확장사업은 용지비의 급격한 상승으로 인하여 연평균 단가 상승률이 1980~85년의 12.9%에서 1986~90년에는 17.8%로 높아 졌으며, 같은 기간 중 고속도로는 12.2%에서 21.6%로 상승하였다. 특히 고속도로 건설비 중 용지비의 비중이 1985년에는 약 16%이었으나 1990년에는 63%로 급격히 증가하였으며, 1970년에 완공된 경부고속도로의 1㎞당 건설비는 1억 원 이었으나 1994년에 완공된 구리-퇴계원 고속도로는 270억 원에 달하였다.[52] 너무 높은 땅값으로 인한 공공사업의 투자부진이 우리 경제성장에 또 다른 장애요인으로 작용하고 있다.

---

50) 토지공개념 관련법은 1989년 말에 제정된 「토지초과이득세법」, 「택지소유상한에 관한 법률」, 「개발이익환수에 관한 법률」을 포함하고 있으나 앞의 두 법은 헌법재판소의 헌법불합치 판정에 따라 1998년에 폐지되었다.

51) 건설교통부, 전게서, 제2권, 2005, pp. 252-255.

52) 국토개발연구원, 제3차 국토종합개발계획, 제2권, 1992, pp. 352-353.

(2) 개발이익의 사유화

개발이익은 개발사업의 시행 또는 토지이용계획의 변경, 기타 사회 · 경제적 요인에 의하여 정상지가의 상승분을 초과하여 개발사업을 시행하는 사람 또는 토지소유자에게 귀속되는 토지가액(土地價額)의 증가분을 의미한다. 따라서 지가의 급격한 상승은 토지소유자에게 막대한 자본이득(capital gain)을 가져다준다. 특히 우리나라처럼 민유지(民有地) 토지소유계층의 상위 5%가 전체 민유지의 65.2%를 소유하고 있는 경우에는[53] 자본이득의 편중이 더욱 심할 수밖에 없다. 예를 들면, 1985년 우리나라 전국의 재산세 과세대상 총 토지에서 발생한 자본이득은 모두 10조9천억 원에 이르렀다.

이러한 자본이득은 이후 지가의 지속적인 상승에 따라 1988년에는 67조9억 원으로 추산되었다. 이를 다시 개인에게 귀속되는 총 자본이득을 토지소유면적 비율로 환산하면 1988년의 경우, 토지소유자 상위 5% 계층이 40조5천억 원, 상위 10%가 47조8천억 원의 자본이득을 향유하게 된다. 만일 이러한 자본이득이 모두 개인에게 귀속된다면 토지소유자 1인당 약 7,500만원의 불로소득을 얻게 되는 셈이다.[54]

한편 도시관리계획[55]에 의하여 용도지역 · 지구 · 구역이 결정되거나 변경됨으로써 해당 토지가격이 상승하여 발생하는 우발이익(偶發利益)은 오래전부터 지적되어 온 개발이익의 일종이다. 용도지역 변경에 따라 발생하는 서울의 우발이익을 추정한 연구에 의하면 1991년에 3조2,900억 원, 그리고 1992에는 6,670억 원의 우발이익이 발생한 것으로 추정되었다. 용도지역의 변경은 공시지가(公示地價) 산정에도 영향을 미친다. 즉, 2004년의 토지가격비준표[56]에 의하면 같은 토지라도 제1종 일반주거지역과 중심상업지역이 자연녹지지역보다 각각 1.75배와 2.8배 높게 평가되고 있다.

이러한 개발이익의 사유화를 최소화하기 위하여 그동안 다양한 개발이익환수제도가 도입되고 시행되어 왔으나 현재는 「개발이익환수에 관한 법률」에 의하여 개발사업을 대상으로 사업시행자에게 부과되고 있는 개발부담금이 주된 환수제도이다. 이외에도 다른 법률에 의하여 부과되는 농지전용부담금, 산지전용부담금, 도로수익자부담금 등 개발이익환수제도가 시행되고 있으나 그 실효성이 충분하지 않은 실정이다.[57] 결국 개

53) 상게서, p. 348에서 재인용.

54) 상게서, pp. 349-352.

55) 도시관리계획은 과거의 「도시계획법」과 현재의 「국토의 계획 및 이용에 관한 법률」에 의하여 각 자치단체장이 수립하는 도시계획의 일종으로서 용도지역의 지정 및 변경과 도시계획시설사업 등을 포함한다.

56) 토지가격비준표는 「지가공시 및 토지 등의 평가에 관한 법률」에 따라 대량의 토지에 대한 지가를 간편하게 산정할 수 있도록 계량적으로 고안된 간이(簡易)지가 산정표이다.

57) 류해웅, 토지법제론, 서울: 부연사, 2000, pp. 495-536 참조.

발이익의 철저한 환수와 함께 개발손실의 보상이 균형을 이루지 못하면 부동산 투기의 열풍은 계속될 것이며, 이로 인한 부동산 시장의 왜곡은 합리적인 토지이용과 계층 간 화합을 저해하게 될 것이다.

3. 환경오염의 심화

급격한 산업화와 도시화 과정을 거치면서 세계 각국은 놀랄만한 경제성장을 이룩하였으나 반대로 대기, 수질, 폐기물 등 환경오염의 부작용을 동시에 경험하고 있다. 지구온난화, 대기와 수질의 악화, 생물종의 감소, 이상기후의 만연 등이 지구환경의 위기를 심화시키고 있다. 우리나라도 예외는 아니다. 우리 국토의 환경오염은 과거 경제성장 위주의 개발정책에 밀려 대기질, 수질, 폐기물 등 생활환경 측면에서 여러 가지 후유증을 경험하기도 하였으나 개인소득이 증가하고, 환경보전에 대한 국민의 의식수준이 높아지면서 생활환경의 개선에 많은 진전이 이루어져 왔다.[58]

4. 국토의 난개발과 자연훼손

(1) 농경지와 산림지의 감소

우리나라는 국토면적이 협소하여 만성적인 토지자원의 부족현상을 경험하고 있다. 그동안 우리는 급속한 경제성장과정을 거치면서 이른바 집중적 국토이용구조를 나타내고 있다. 우리나라의 지목(地目)별 토지이용 현황에 의한 국토면적은 2010년 말 현재 100,033㎢이며, 이중 산림지 면적이 64,504㎢로 전체의 64.5%를 차지하고 있다. 논과 밭 등을 포함한 농경지 면적은 전체의 20.2%에 해당하는 20,179㎢이다. 그러나 지속적인 산업화와 도시화의 진전으로 상대적으로 생산성이 낮은 농경지와 산림지는 도시적 용도로 꾸준히 잠식되어 왔다. 예를 들면, 농경지는 지난 1975년 이후 2010년까지 5,235㎢가 감소하였으며, 특히 지난 2000년부터 2004년까지 5년간 연평균 75.15㎢의 산림지가 도시 및 산업용지 등 다른 용도로 전용되었다.[59] 이처럼 농경지와 산림지의 지속적인 감소는 그만큼 보전용지의 감소로 이어져 국토의 자연환경을 보전하는 데 하

---

58) 이에 대한 보다 자세한 내용은 제1장 제2절 4. 생활환경현황 부문에 설명되어 있다.

59) 박기남, "산지의 계획적 관리방안," 국토, 국토연구원, 2006. 4, pp. 49-50.

나의 장애요인으로 작용하고 있다.

(2) 준농림지역의 난개발(亂開發)

우리나라의 토지이용계획체계는 협소한 국토환경에 대한 충분한 고려 없이 비교적 방만한 미국식의 토지이용규제를 도입하여 국토이용계획의 선도적 기능이 미흡하였고, 계획의 구체화와 효과적 운용이 미흡하였다. 특히 경제성장과 국토개발에 따른 개발용지의 공급부족은 부동산 투기의 열풍으로 이어졌으며, 급기야는 이의 해소를 위한 수단으로 과거의 「국토이용관리법」에서 구분했던 10개 용도지역을 1994년에 5개 용도지역으로 조정하였다. 이중 기존의 경지지역과 산림보전지역의 일부를 준농림(準農林)지역[60]으로 조정하여 택지개발 등 토지공급의 확대를 시도하였다. 그러나 준농림지역의 구체적인 토지이용기준이 마련되지 않은 상황에서 수도권을 중심으로 대규모 주택건설이 이루어졌다.

수도권의 준농림지역에서 민간부문에 의한 주택건설은 활기를 띠었으나 도로, 학교, 공원, 주민편의시설 등 기반시설의 부족으로 인하여 이 지역의 난개발이 심각한 사회문제로 등장하였다. 지난 1995년부터 2000년까지 경기도내에 건설된 주택은 총 726,126호이었으며, 이중 준농림지역에 건설된 주택은 223,478호로 전체의 30.8%를 차지하고 있다(표 2-5). 난개발의 여파로 준농림지역에 대한 토지이용규제가 강화되었으나 이미 대규모 아파트 단지 등의 건설이 착수된 이후에는 그 실효성에 한계를 가질 수밖에 없었다. 결국 정부는 기존의 「국토이용관리법」과 「도시계획법」을 폐지하고, 대신 2003년 1월부터 「국토의 계획 및 이용에 관한 법률」[61]을 새로이 제정 시행하면서 준

표 2-5 경기도 준농림지역내의 주택건설 실적

(단위: 호)

	계	1995	1996	1997	1998	1999	2000
주택건설 총수	726,126	128,844	147,782	139,253	110,633	166,741	33,873
준농림지역내 주택건설수	223,478	26,255	26,938	34,208	51,676	73,249	11,152
비율(%)	30.8	20.5	18.2	24.6	46.7	43.9	32.9

자료: 건설교통부, 제4차 국토종합개발 수정계획(2006~2020) 부문별보고서, 제2권, p. 150.

60) 1995년 말 당시 준농림지역의 면적은 27,226㎢로서 전 국토의 27.4%에 해당하였다.

61) 「국토의 계획 및 이용에 관한 법률」에서는 전국을 도시지역, 관리지역, 농림지역, 자연환경보전지역 등 4개의 용도지역으로 구분하고 있다.

농림지역도 동시에 폐지되었다.

(3) 국토의 자연훼손[62)]

국토개발의 결과로 나타나는 자연훼손은 자연환경의 고유한 성질과 능력을 감소시키거나 상실케 하는 인위적인 행위로서 개발사업에 의하여 설치되는 시설과 자연환경의 변형 행위로 나타난 현상으로 정의될 수 있다. 자연훼손의 현상에 의한 구분은 훼손형태의 관점에서 구분할 수 있는데 점(點)적, 선(線)적, 그리고 면(面)적 훼손으로 나눌 수 있다.

1) 점(點)적인 훼손

점적인 훼손은 산발적으로 여러 곳에 시설을 설치함으로써 산림지역의 생태계 훼손 및 경관을 훼손하는 경우가 대부분이다. 예를 들면, 산등성이 부분에 설치되는 송전탑, 중턱을 가로지르는 도로, 기슭을 이용한 단독형 아파트, 낮은 구릉지를 절개하고 건설되는 빌라와 주택 등 소규모의 전원주택지, 석산(石山) 개발에 의하여 노출된 산줄기 등이 대표적인 자연훼손의 형태이다.

2) 선(線)적인 훼손

도로와 철도의 건설은 생태계 및 생물서식처를 단절하고, 파편화시키는 선형 훼손의 원인이 되고 있다(그림 2-6). 도로는 직접적인 자연의 훼손뿐만 아니라 생물의 이동을 방해하고 고립화시킴으로써 생물종의 다양성에 영향을 미칠 수 있다. 또한 자연형 하천가꾸기 사업, 하천부지에 조성되는 체육공원 등은 하천생태계에 교란을 초래할 수 있다. 이외에도 계곡을 따라 건설된 단독주택과 강변을 따라 늘어선 각종 음식점 등도 선형의 자연훼손을 초래하고 있다.

3) 면(面)적인 훼손

택지개발사업과 골프장 건설 등의 면적인 훼손은 주로 개발사업 부지를 확보하기 위하여 산림의 주변부와 낮은 구릉지 또는 농지를 무분별하게 절토(切土)하거나 성토(盛土)함으로써 발생한다(그림 2-7). 이러한 과정에서 주변의 자연경관이 훼손되고, 다양한

---

62) 최영국 외, 국토의 자연훼손 진단 및 대책에 관한 연구, 국토연구원, 2006, pp. 26-29 및 p. 83의 〈그림 3-2〉를 요약 정리한 것이다.

그림 2-6 백두대간에 위치한 강원도 자병산 개발현장

자료: 환경부. 환경30년사. 2010, p. 137.

그림 2-7 백두대간에 위치한 강원도 자병산 개발현장

자료: 〈그림 2-6〉과 동일.

생물의 서식처가 파괴됨으로써 생태계의 훼손과 교란이 유발될 수 있다. 면적인 자연훼손은 이외에도 경작지를 메우고 조성되는 각종 크고 작은 산업단지, 리조트와 관광지 개발 등 다양한 사업들이 해당될 수 있다.

이러한 자연훼손의 원인은 입지선정과 사전환경성검토, 기본계획 및 설계, 환경영향평가, 시공단계별로 인과관계를 설명할 수 있다. 이는 자연훼손문제를 다루지 않은 채 수립되고 있는 각종 개발계획, 환경성 평가과정의 부실, 주변 녹지와의 연관성에 대한 고려 미흡, 개발과 보전에 대한 인식의 문제, 그리고 제도의 틈새를 이용한 무계획적 개발 등이 그것이다.

제4절 지속가능한 국토개발의 과제

1. 지역균형발전의 지속적 추진

수도권의 집중을 완화하고, 동시에 지방의 활력을 제고하여 국토공간의 '고비용-저효율' 구조를 타파함으로써 국가경쟁력을 강화하기 위해서는 국토의 균형발전이 지속적으로 추진되어야 한다.

첫째, 지역개발정책의 기조가 전환되어야 할 필요가 있다. 지금까지 규제위주의 수도권 정책과 유인책 위주의 소극적 지역정책에서 탈피하여 인구감소 지역과 지역개발 정도에 따라 중앙정부의 과감한 차등적 지원정책을 통한 적극적 지역정책으로의 전환이 요구된다. 또한 세계화 시대에 걸맞게 이제는 국내의 지역 간 경쟁에서 국제적 지역 간 경쟁이 촉진될 수 있도록 산업구조의 고도화는 물론 규모의 경제성(economy of scale)을 확보할 수 있도록 지역의 광역화 문제도 심도있게 검토할 필요가 있다.[63] 이를 위해서는 지방정부도 중앙정부에 의존하던 관행에서 과감히 탈피하여 지역특성에 맞는 자립적 발전을 도모할 수 있는 기반을 마련해야 할 것이다.

둘째, 수도권의 과밀을 해소하기 위해서는 공공 및 민간부문이 담당하고 있는 중추관리기능의 분산이 우선되어야 할 것이다. 특히 지방화 시대에 걸맞게 국가사무의 적절한 지방 이양과 세원(稅源) 조정 등을 통한 지방자치단체의 재정력 제고, 그리고 자치단체의 자치역량 강화 등을 토대로 명실상부한 지방분권이 추진되어야 할 것이다.

셋째, 지방의 활력을 제고하여 지역균형발전을 촉진시키기 위해서는 자립형 지역발전의 기반이 구축되어야 할 것이다. 이를 위해서는 우선 해당지역의 발전 잠재력을 적

---

63) 예를 들면 City Region 또는 Region State의 개념이 지역의 광역화 사례로 인용되고 있다. Kenichi Ohmae, *The End of the Nation State: The Rise of Regional Economics*, New York: McKinsey & Company, Inc., 1995, pp. 88-89 참조.

극적으로 발굴하고 체계화하여 지역경제의 활성화로 연계시키는 노력이 필요하다. 특히 산(産)·학(學)·연(硏)·관(官)·언(言)·민(民) 등으로 구성된 지역 내 혁신주체들의 아이디어와 공동학습을 통해 지역발전을 이끌 수 있는 집단 리더십(group leadership)의 발휘가 지역발전의 핵심으로 부상하고 있다. 이와 함께 지역특성을 살린 개성있는 발전전략이 추진되어야 하며, 지역의 특성과 산업기반을 고려한 전략산업의 발굴과 문화·관광기반을 확충한 지역경쟁력의 강화 등이 동시에 이루어져야 할 것이다. 낙후된 농산어촌은 "신활력사업"[64]을 보다 활성화하여 이들 지역의 자립기반을 구축하는 것이 중요하다.

2. 사전예방적 국토개발과 관리

국토개발의 모든 부문에 지속가능한 발전을 도모할 수 있는 정책수단의 도입이 필요하다.

첫째, 친환경적이며 미래지향적인 국토개발과 관리를 위해서는 전 국토를 대상으로 「국토의 계획 및 이용에 관한 법률」에 따른 토지적성평가(土地適性評價)를 확대 실시하여 전 국토를 보전지역과 개발지역으로 구분하는 것이 전제되어야 할 것이다. 예를 들면, 보전지역은 경사·지질·토양 등의 물리적 특성, 생태자연도·녹지자연도·토지피복(被覆)분류 등의 생태적 특성, 그리고 각종 토지이용규제 등을 반영하여 지역특성에 맞는 철저한 보전계획이 수립되어야 하며, 토지적성평가 결과에 따라 전용할 수 있는 농지와 산지 즉, 개발가능지역의 설정도 가능하다.[65]

둘째, 각종 개발계획과 환경계획 간의 연계가 강화되어야 할 것이다. 현재 국토종합계획, 지역개발계획, 도시계획 등 각종 공간이용 및 개발계획은 환경친화적인 내용을 반영하고는 있으나 「환경정책기본법」에서 규정하고 있는 「국토환경보전계획」과의 연계는 미흡한 실정이다. 비록 국토계획과 국토환경보전계획 수립과정의 통합과 이를 뒷받침할 수 있는 제도의 통합 등 현실적인 어려움이 있으나 두 계획 간의 연계성을 높일 수 있는 노력이 필요하다. 국토개발과 환경관리의 통합체계가 마련되기 이전이라도 상위계획에서부터 하위 개별사업에 이르기까지 환경성을 검토하여 개발과 환경이 조화를

64) 신활력사업은 참여정부에 의하여 상대적으로 낙후되어 있는 70개 시·군의 '신활력지역'을 대상으로 중앙정부의 지원과 지역혁신체계를 토대로 시행되고 있는 일종의 낙후지역 개발사업이다. 신활력지역은 현재 '성장촉진지역'으로 그 명칭이 바뀌어 상하수도, 도로 등 인프라의 확충에 중점을 두고 있다.

65) 건설교통부, 전게서, 제3권, 2005, pp. 28-29.

이룰 수 있도록 이른바 "전략환경평가제도(Strategic Environmental Assessment: SEA)"[66]가 내실 있게 추진되어야 할 것이다. 특히 특정지역에서 난개발이 진행되거나 개발사업이 연이어 집중적으로 일어나는 경우에는 단위 개발사업에 대한 통합적이고 누적적인 환경성을 검토하는 지역단위의 환경성 검토제도도 적극 도입할 필요가 있다.

셋째, 국토개발에 의한 자연훼손을 줄일 수 있는 대책이 마련되어야 할 것이다. 각종 개발계획 수립과정에서의 환경성 검토는 물론 개발대상지 주변을 함께 고려하는 환경성 검토가 정착되어야 한다. 개발대상 사업에만 국한된 환경적 영향평가를 지양하고, 주변지역까지 개발의 영향을 평가할 수 있는 체제가 마련되어야 하며, 환경성 평가결과를 점검하는 장치와 사업 이후 변화된 환경에서의 개발에 따른 영향을 평가하는 과정도 필요하다. 특히 국토개발에 의하여 예상되는 자연훼손 등의 문제점은 발생초기 단계에서 근본적인 대책을 마련할 수 있는 제도적 장치가 강구되어야 할 것이다.[67]

넷째, 환경영향평가제도에 대한 인식의 전환이 요구된다. 환경영향평가제도는 자연생태계의 파괴와 환경오염문제가 갈수록 심각해짐에 따라 오염물질의 처리 등 사후대책만으로는 환경문제에 대한 근본적인 해결이 어렵다는 인식 때문에 각종 개발계획의 추진단계에서 환경적인 측면을 미리 고려하기 위한 사전예방적 정책수단으로 도입되었다. 그러나 개발사업의 시행자는 환경영향평가를 단순한 협의과정으로만 인식하여 그 중요성을 간과(看過)하는 경우가 대부분이다. 따라서 환경영향평가 과정에 참여하는 시행자, 평가대상자, 사업승인기관, 지역주민 등 모두의 의식전환이 이루어져야 환경영향평가의 본래의 목적을 달성할 수 있다.[68]

3. 자원절약적 국토이용과 개발

소모적인 생산과 소비체계로부터 지속가능한 순환구조를 형성하여 자원절약적 국토이용과 개발의 추진이 요구된다.

첫째, 자원효율적인 국토와 도시개발은 무엇보다도 기존의 단핵집중형(單核集中型) 국토공간구조에서 '분산된 집중(decentralized concentration)' 의 다핵집중형 공간구조로

66) 전략환경평가제도는 기존의 "사전환경성 검토제도"를 개선한 것으로서 정책이나 계획의 환경영향을 미리 검토하여 불필요한 사업별 환경영향평가를 피함으로써 시간과 비용을 절약하고, 사전예방적인 환경관리를 도모하자는 제도로서 2006년 6월부터 시행되고 있다. 대통령자문 정책기획위원회, 선진복지한국의 비전과 전략, 서울: 동도원, 2006, pp. 341-343 참조.

67) 최영국 외, 전게서, 2006, pp. 195-198.

68) 환경부, 2006 환경백서, pp. 324-333.

의 개편을 통하여 이루어질 수 있다. 따라서 도시권내에서는 중심도시의 과밀화 방지, 중심도시와 주변지역 간 기능분담을 통한 균형발전, 토지 및 교통에너지의 효율적 이용, 충분한 녹지공간의 확보, 환경오염의 감소 등이 이루어질 수 있도록 직주근접(職住近接)의 환경친화적 도시공간구조가 구축되어야 할 것이다. 이를 위해서는 분산적으로 선정된 거점도시를 중심으로 개발을 집중시키되 중심도시와 거점도시, 그리고 거점도시 상호간을 녹지로 분리하여 연담화(連擔化)를 방지하고, 이 도시들을 대중교통망으로 연결하는 전략이 필요하다.[69]

둘째, 토지절약적인 순환형 개발이 이루어져야 할 것이다. 이를 위해서는 도심부의 나대지(裸垈地) 활용, 재개발과 재건축 등 내부충진식(內部充盡式) 개발을 통하여 기성시가지의 토지를 우선적으로 공급하는 것이 바람직하다. 특히 개발의 편리성이나 수익성 때문에 기성시가지 외곽에 신시가지와 대규모 택지를 조성하는 것은 가급적 지양되어야 할 것이다. 그 대신 용도가 폐지된 도로와 공장부지, 하천부지, 시설물이 이전하고 난 뒤의 종전부지, 사용이 종료된 폐기물 매립장 등 용도가 변경되거나 저밀도로 이용되고 있는 토지의 재활용은 자원절약적이며 친환경적 도시환경을 창출하는 데 기여할 수 있다.[70] 예를 들면, 미국 로스앤젤레스(Los Angeles)의 오염된 공장부지의 토지재활용 정책(Brownfield Program)은 우리에게 시사하는 바가 크다.[71]

셋째, 재생 가능한 에너지를 사용할 수 있는 공간계획이 도입되어야 할 것이다. 세종시(世宗市), 혁신도시, 기업도시 등 새로운 신도시를 계획할 때에는 재생에너지 사용을 고려한 계획을 수립하여 재생에너지 사용의 확산을 도모할 필요가 있다. 따라서 도시 및 지역계획에 재생에너지 사용계획을 포함시켜 토지이용 및 공간구조에 대한 계획수립단계에서 에너지계획이 수용되어야 할 것이다. 미국의 경우, 캘리포니아 에너지 위원회(California Energy Commission)는 지방정부가 지역계획을 수립할 때 에너지계획을 포함하도록 권고하고 있다.[72]

4. 저탄소 녹색국토의 구현

산업혁명 이후 산업화의 원동력이었던 석탄과 석유 등 화석연료에 대한 과도한 의

69) 건설교통부, 전게서, 제3권, 2005, pp. 77–78.
70) 상게서, pp. 81–83.
71) 이용우 외, 환경친화적 국토발전을 위한 전략 연구, 국토연구원, 2001, pp. 272–273.
72) 건설교통부, 전게서, 제3권, 2005, pp. 84–85.

존은 이산화탄소(CO_2), 메탄가스(CH_4), 아산화질소(N_2O) 등 이른바 온실가스의 배출량을 급격히 증가시켜 지구온난화에 심각한 영향을 미치고 있다. 세계 에너지소비 10위국인 우리나라는 2012년 이후에 적용될 새로운 기후변화협약에 의한 온실가스 감축의무를 피할 수 없는 처지에 놓여 있다. 따라서 탄소배출의 저감을 통한 이른바 녹색성장과 녹색국토의 구현은 더 이상 미룰 수 없는 국토관리의 주요 과제로 부상하고 있다.

첫째, 화석연료의 대부분을 사용하고 있는 도시지역의 탄소에너지 의존도를 낮추는 탈석유의 신재생에너지 자립이 이루어져야 할 것이다. 전 국토에 태양광 발전, 지열(地熱), 조력(潮力), 풍력, 바이오매스(biomass) 등을 이용한 에너지 공급을 지속적으로 확대하여 녹색국토의 구현을 도모하고, 동시에 석유의존도가 높은 자동차 대신에 하이브리드 카(hybrid car)와 자전거, 그리고 친환경 대중교통수단 등을 활성화시킬 수 있는 녹색교통체계의 구축이 필요하다.

둘째, 도시지역과 대규모 산업단지 등의 열섬(heat island)현상을 줄이고, 온실가스의 흡수를 위해서는 녹지공간 및 조림사업의 확대, 하천복원을 통한 수변공간의 확대와 도시 내 바람통로 등의 녹색도시기반이 구축되어야 할 것이다. 녹색도시기반시설은 광장 및 각종 공원 등 오픈 스페이스, 도시 숲, 가로수, 도시농지, 옥외정원, 녹화지붕 등을 포함한다. 따라서 녹지와 수변공간, 오픈 스페이스 등이 연결된 생태축을 형성하여 생태적 다양성을 확보하고, 나아가 여가기능과 홍수방지를 위한 수분함양 기능도 확보되어야 할 것이다.[73]

셋째, 저탄소 녹색생활을 일상화하기 위한 국민 개개인의 생활습관이 개선되어야 할 것이다. 저탄소 녹색생활을 실현하기 위해서는 1인당 에너지 소비량의 절감, 녹색 커뮤니티 활성화, 자원의 재활용 및 자원화를 통한 각종 폐기물과 쓰레기의 감량, 절수형·위생안전 수도기자재(水道器資材) 사용, 저탄소 녹색생활에 대한 교육 및 홍보 등이 요구된다.[74] 이 외에도 공공 및 민간부문에서 임대주택과 공동주택을 건설할 때 재생에너지 활용을 적극 권장하여 에너지 절약을 유도하고, 에너지 절약형 빌딩과 녹색 건물 등의 건축이 활성화될 수 있도록 여러 가지 유인책을 강구할 필요가 있다.

73) 대한주택공사, 미래를 여는 저탄소 녹색성장 이야기, 2009. 3, p. 80.

74) 상게서, p. 109.

5. 분권화 시대의 국토관리체계 구축

세계화와 지방화 시대에 걸맞는 환경관리체계의 구축과 함께 국토개발관련 갈등의 해소와 조정을 위한 협의기반이 강화되어야 할 것이다.

첫째, 지방화 시대에 대응할 수 있는 지역중심의 환경행정 추진체계가 필요하다. 지방환경행정조직의 위상과 역량을 강화하여 사후관리 중심의 소극적 행정체계로부터 사전예방 및 지속가능한 개발 중심의 적극적 행정체계로의 전환이 요구되고 있다. 이와 함께 '선계획-후개발'의 원칙이 모든 계획에서 적용될 수 있도록 환경계획의 범위를 '보전 · 이용 · 개발'로 확장시켜 환경보전계획과 토지이용계획의 연계를 강화하고, 환경보전의 개념을 '지속가능한 발전'의 개념으로 확대하여 개발에 대한 적극적인 상위계획으로서의 위상이 확보되어야 할 것이다.

둘째, 국토개발관련 갈등을 해소하고 조정할 수 있는 제도적 협의기반이 필요하다. 국토개발사업을 효과적으로 추진하기 위해서는 정부의 일방적인 결정과 집행방식을 지양하고, 국책사업의 구상과 의사결정과정에 정책참여구조를 확대하여 다양한 가치와 입장을 반영하는 참여적 의사결정과 집행방식이 요구된다. 국토 및 지역개발사업이 내포하고 있는 잠재적 갈등을 사전에 파악하고 분석하여 각 단계별로 참여적 의사결정방법을 적극적으로 도입하면 집행단계에서의 갈등을 미연에 방지하고, 비용과 시간을 절약할 수 있다. 이를 토대로 각종 개발사업에 직 · 간접적으로 관여하는 다양한 주체들이 갈등예방과 관리를 위한 사회합의형성 수단과 절차를 마련해 가야 할 것이다.[75] 국토개발과 관련된 환경갈등을 완화하고 해소하기 위해서는 우리 사회의 다양한 이해관계자들이 공동의 문제를 해결하기 위한 상호협력체계의 구축, 이른바 거버넌스(governance)의 중요성을 간과해서는 안 될 것이다.

셋째, 지구환경변화에 대응하는 국토관리체계의 구축이 필요하다. 지구온난화 방지를 위한 선진국의 온실가스 의무감축이 가시화되고 있다. 우리나라도 온실가스 감축계획과 기후변화적응대책 등에 대한 장기국가전략과 정책시행을 위한 제도적 장치를 준비해야 할 것이다. 뿐만 아니라 동북아 지역의 환경오염문제와 생태복원사업 등을 추진하기 위한 국제환경협력체계의 강화와 함께 국제환경협력에 대비할 수 있는 우리 내부의 내적 역량강화도 필수적이다.

75) 박형서 · 김선희, "품격있는 국토조성을 위한 갈등관리시스템 구축방안," 국토, 국토연구원, 2007. 1, pp. 64-65.

참고문헌

건설교통부, 제4차 국토종합계획 수정계획(2006-2020) 부문별 보고서, 제1권, 2005.
건설교통부, 제3차 수도권정비계획 수립연구, 최종보고서, 2006. 10.
국토개발연구원, 제3차 국토종합개발계획, 제2권, 1992.
국토개발연구원(편), 국토 50년: 21세기를 향한 회고와 전망, 서울: 서울프레스, 1996.
국토해양부, 2010 국토의 계획 및 이용에 관한 연차보고서, 2010. 8.
김선희, "Post-2012체제에 대비한 신국토관리전략과 과제," 국토, 국토연구원, 2008. 4.
김용웅 · 차미숙, 국토개발관련 분쟁의 발생실태와 조정방안에 관한 연구, 국토개발연구원, 1997.
김용웅 외, 지역발전론, 서울: 한울아카데미, 2003.
김의원, 한국국토개발사연구, 서울: 대학도서, 1982.
대통령자문 국가균형발전위원회, 참여정부 국가균형발전정책으로 대한민국이 강해집니다, 2007. 2.
대통령자문 정책기획위원회, 선진복지한국의 비전과 전략, 서울: 동도원, 2006.
대한국토 · 도시계획학회(편저), 도시계획론(개정판), 서울: 보성각, 2000.
대한민국정부, 국토종합개발계획(1972-1981), 1971.
대한민국정부, 제2차 국토종합개발계획(1982-1991), 1982.
대한민국정부, 제4차 국토종합계획(2000-2020), 2000. 1.
대한주택공사, 미래를 여는 저탄소 녹색성장 이야기, 2009. 3.
류해웅, 토지법제론, 서울: 부연사, 2000.
박기남, "산지의 계획적 관리방안," pp. 47-56, 국토, 국토연구원, 2006. 4.
박형서 · 김선희, "품격있는 국토조성을 위한 갈등관리시스템 구축방안," pp. 48-65, 국토, 국토연구원, 2007. 1.
이용우 외, 환경친화적 국토발전을 위한 전략 연구, 국토연구원, 2001.
이정식, "21세기의 지역경영전략," pp. 541-560, 이정식 · 김용웅(엮음), 세계화와 지역발전, 서울: 한울아카데미, 2001.
정희남, "도시용지 공급확대를 위한 규제완화의 파급효과와 토지시장 안정과제," 국토해양 신성장동력 창출을 위한 전략과 과제 세미나, 국토해양연구회, 2010. 6. 3.
지역균형발전기획단, 지방화시대의 지역균형발전을 위한 시책방안, 1990. 3.
진영환 · 김창현, 국토정책의 평가와 발전방향, 국토개발연구원, 1998.
최영국 외, 국토의 자연훼손 진단 및 대책에 관한 연구, 국토연구원, 2006.
통계청, 2010 인구주택총조사 전수집계 결과.
한국산업단지공단, 산업입지, 제25호(2007 Spring).
환경부, 2006 환경백서.
환경부, 2009 환경백서.
환경부, 환경30년사, 2010.

Florida, Richard et al. "The Rise of the Mega Region"(mimeo.). The Martin Prosperity Institute, University of Toronto, October, 2007.

Frank, Charles R. et al. *Foreign Trade Regimes and Economic Development: South Korea*, New York: National Bureau of Economic Research, 1975.

Gripaios, Peter & Terry Mangles, "An Analysis of European Super Regions," pp. 745-750, *Regional Studies*, vol. 27, no. 8, 1993.

Hasan, Parvez, *Korea: Problems and Issues in a Rapidly Growing Economy*, Baltimore: The Johns Hopkins University Press, 1976.

Lim, Youngil, "Foreign Influence on the Economic Change in Korea: A Survey," pp. 77-99, *The Journal of Asian Studies*. vol. 28, no. 1, 1968.

Ohmae, Kenichi, *The End of the Nation State: The Rise of Regional Economics*, New York: McKinsey & Company, Inc., 1995.

Petrella, Riccardo, "A Global Agora vs. Gated City-Regions," pp. 21-22, *New Perspectives Quarterly*, vol. 12(Winter), 1995.

Scott, Allen J. et al. "Global City-Regions," Paper Presented at the Global City-Regions Conference, Los Angeles, October 21-23, 1999.

Suh, Sang Chul, *Growth and Structural Changes in the Korean Economy: 1910-1940*, Cambridge: Harvard University Press, 1978.

제 3 장

환경관리의 전개와 과제

제 1 절 환경관리의 필요성

모든 재화(財貨)가 시장체제에 의하여 효율적으로 배분될 수 없다는 것은 점차 분명해지고 있다. 시장(市場)을 둘러싼 환경과 거래대상 등의 종류에 따라서는 시장이 자원을 효율적으로 배분하지 못할 뿐만 아니라 거래당사자 중 어느 한 쪽이 자신의 사익을 추구하는 과정에서 다른 사람의 이익을 침해하거나 나아가 사회 전체의 공익을 해치는 경우가 가끔 발생하고 있다. 가장 대표적인 경우가 환경문제이다. 과거에는 너무나 흔한 자유재(自由財)로 취급되었던 환경자원이 지금은 희소재로 바뀌었다. 환경재는 생산과 소비에 대량으로 투입되고 있으나 정해진 가격이 없기 때문에 시장기능에 의하여 그 사용량이 조절되지 않을 뿐더러 오히려 잘못된 정보를 제공함으로써 환경오염을 조장하고 있다.

이러한 시장실패의 논리에서 환경문제에 대한 정부개입의 근거, 또는 환경정책의 필요성을 찾을 수 있다. 특히 환경문제가 지니는 본질적인 불확실성은 정부의 적극적인 개입을 요구하고 있다. 따라서 환경문제에 대해서는 정부의 정책이 필요하다는 입장을 이제 모든 사람이 수긍하고 있다. 그러나 이러한 경제학적 논리에 의하여 처음부터 환경정책이 형성되고 발전된 것은 아니다.

나라마다 환경정책은 지리적인 여건과 자연적 · 환경적 차이, 그리고 사회 · 경제 · 역사 · 문화적 요인들에 의하여 다르게 형성되고 발전되어 왔으나 그 과정을 정책과정 측면에서 살펴보면 일반화된 현상을 발견할 수 있다. 즉, 어떤 사건 또는 사회의 환경요구에 의하여 정책이 수립되었으나 이의 효과가 미흡할 경우에는 다시 정책이 수립된다. 이러한 반복과정 속에서 새로운 사건과 사회의 환경요구가 증대하게 되면 새로운 정책과 함께 더욱 발전된 정책이 수립되고 집행된다. 여러 나라의 환경정책을 살펴보면 일반적으로 환경정책은 이러한 반복과정을 거쳐 발전해 왔음을 확인할 수 있다.

환경문제가 발생하는 원인은 경제학적 관점에서 살펴보면 크게 환경이 공공재(public goods)로서의 성격을 지닌다는 것과 환경재의 생산과 소비과정에서 외부효과(external effects)가 발생한다는 점 때문이다. 공공재는 비배제성(非排除性)과 비경합성(非競合性)으로 인한 무임승차자(free riders)가 발생함으로써 시장기구에 의하여 자발적으로 공급되지 못하는 특성을 지닌다. 따라서 깨끗한 환경은 사회적으로 반드시 필요한 재화임에도 불구하고 시장 메카니즘에 의해서는 공급되지 못하거나 과소 공급되는 문제가 발생한다. 또한 환경은 '한 개인 또는 기업의 경제활동이 직접 시장메커니즘을 통하지 않고 다른 개인의 효용이나 기업의 생산에 유리한 영향이나 불리한 영향을 주는 현상,' 즉, 외부효과를 발생시킨다. 외부효과는 외부경제(external economy)와 외부불경제(external diseconomy)로 구분되는데 외부경제를 일으키는 환경재(環境財)는 과소공급되고, 외부불경제를 일으키는 환경재는 과다공급되는 특성을 지니고 있다.

환경재가 지니고 있는 공공재적 성격과 외부효과 때문에 환경문제는 시장기능에만 의존해서는 해결될 수 없다. 그러므로 환경보전을 위해서는 정부가 각종 정책수단을 토대로 시장에 적절히 개입함으로써 환경재가 적절하게 배분되도록 유도할 필요가 있다. 즉, 환경오염의 발생을 예방하고, 이미 발생한 환경문제를 치유하기 위해서는 정부가 환경문제에 개입하거나 이를 관리해야 한다는 의미이다. 정부가 이러한 환경문제를 다루기 위하여 활용할 수 있는 수단은 매우 다양하다. 예를 들면, 정부가 직접적으로 개발행위와 오염배출행위 등을 규제할 수도 있고, 경제적인 수단을 동원하여 환경이용자의 행태변화를 유도할 수도 있다. 그러나 경제학자들은 다양한 환경문제 해결방법 중에서 경제학적 접근의 우월성을 강조하고 있다.

그러나 현대문명의 심각한 위기의 하나인 환경문제는 개별 문제들의 단순한 혼합물이 아니라 문제 간에 상호 연결된 복합체의 형태로 나타난다. 정치, 경제, 사회, 문화, 기술 등 다양한 요인들이 매우 복합하게 상호 연결되어 인과관계를 형성하면서 발생하는 것이 오늘날의 환경문제이다. 환경문제는 다음과 같은 특성을 가지고 있다.[1)]

첫째, 환경문제의 복잡성이다. 환경문제는 매우 많은 행위자와 다양한 인자가 상호작용하면서 시차를 두고 발생하기 때문에 환경문제는 매우 복잡하고, 환경오염의 인과관계를 규명하기도 어렵다.

둘째, 환경문제는 부분을 통해서 전체를 볼 수 없는 비환원성(非還元性)의 특성을 지니고 있다.

셋째, 환경문제는 생태계의 동적인 속성 때문에 시간적 · 공간적으로 가변성을 지닌다.

넷째, 환경문제는 높은 불확실성 때문에 환경문제가 장차 미래의 인간 및 자연생태계에 어떤 영향을 미칠 것인가를 정확하게 예측하는 것이 어렵다.

다섯째, 환경문제는 매우 많은 행위자들이 일정한 이해관계를 지니는 집합적인 성격을 지닌다.

---

1) 정회성 · 변병설, 환경정책의 이해, 서울: 박영사, 2003, pp. 28-30.

여섯째, 환경이 파괴되었더라도 생태계의 자정능력 이내에서 발생하면 인위적인 간섭 없이 환경 스스로 원상을 회복해 가는 특성을 지닌다.

일곱째, 환경문제는 더 이상 단일 국가에만 한정된 문제가 아니라 지역적(regional), 그리고 지구적(global)인 문제이다. 따라서 환경문제의 해결도 어느 한 국가의 노력뿐만 아니라 국제적인 연대와 협력이 필요하다.

이와 같은 환경문제의 장기성, 가변성, 불확실성, 그리고 환경관리에 관한 사전예방과 이해관계자의 참여의 중요성 등의 특성 때문에 환경문제는 대두 초기부터 계획적인 접근방식이 선호되었다.

제 2 절 환경정책의 전개과정

환경정책을 포함한 국가의 모든 정책은 일정한 절차를 거쳐 이루어진다. 일련의 환경정책은 특정 국가의 정치, 경제, 사회, 문화적인 조건을 반영한 다양한 요인에 의하여 영향을 받으면서 발전한다. 환경오염의 심화와 환경사고 등 정책적인 필요성의 증대, 진보적 정치인과 정당의 탄생 등 정치적인 역학관계, 경기변동 등 경제상황, 국민의 소득수준과 환경의식의 향상, 그리고 환경운동의 발달 등 사회적인 기반의 발달, 환경부처의 권한과 예산 확대를 위한 노력 등 다양한 원인이 환경정책의 수립과 집행에 영향을 미친다. 때로는 국제협약과 조약의 체결 또는 국제기구의 가입이 환경정책의 발전에 영향을 미칠 수도 있다. 또한 시대와 국가에 따라서, 그리고 구체적인 정책분야에 따라서 이들 요인의 중요성에 대한 인식도 각각 다를 수 있다. 이렇게 다양한 요인을 토대로 환경정책 발전과정의 시기를 구분하는 것은 쉽지 않으나 설령 시기가 세분화된다 하더라도 큰 의미를 갖지는 못할 것이다. 따라서 환경정책의 발전과정을 살펴보기 위한 시기 구분의 기준을 다음과 같이 설정하고자 한다.

일반적으로 환경정책은 경제정책과 달리 대형 오염사고 등 정책발전을 위한 특별한 사회적 계기가 있어야 되는 것으로 인식되었다. 환경정책은 경제정책과 달리 정책 수혜자가 일반대중과 미래세대로서 정책 수혜자가 그 선호를 명확하게 표현하지 못하고, 정책성과도 정확히 측정할 수 없기 때문에 가시성이 낮다. 반면에 환경개선을 위한 비용은 소수의 기업에 집중되어 강력한 저항에 직면하게 마련이다. 따라서 환경정책의 발전을 위해서는 대형 오염사고 등 특별한 계기 즉, 강력한 여론 형성이 필요하다고 인식되어 왔다. 환경오염 사고가 발생하여 환경오염의 폐해가 대중적인 관심을 크게 끌 때 완강한 기업의 힘과 이를 대변하는 정치인과 관료조직의 저항에 밀려 도입하지 못하였던 환경정책 프로그램을 도입할 수 있다고 보았기 때문이다.[2)]

이러한 논리를 뒤집어 생각하면 정책과정에 누가 참여하고, 어느 정도의 영향력을 행사하느냐에 따라서 환경정책은 크게 변할 수 있다. 즉, 환경문제에 소극적인 정부 또는 환경개선 비용지출의 주체인 기업이 주도가 되어 수립된 정책은 소극적인 정책이 될 수밖에 없으며, 반대로 환경에 대한 관심이 증대하여 다수의 국민이 참여한 정책은 강력한 정책이 될 것이다. 결국 환경정책의 발전은 환경오염사고와 같은 사회적 이슈와 정책결정과정의 참여자를 기준으로 그 시기를 구분할 수 있다. 이러한 기준을 토대로 우리나라 환경정책의 발달과정을 분석해 보고자 한다.

1. 환경정책의 태동기(1963~1976)

이 시기는 박정희 대통령 집권 이후 "경제개발 5개년 계획"을 토대로 경제개발에 온 관심과 국력을 집중시켰던 시기이다. 정부는 조국 근대화와 민족중흥이라는 정치적 슬로건 밑에서 '자립경제 달성을 위한 기반 구축과 산업근대화'를 최상위의 정책목표로 삼고 있었기 때문에 환경문제에 대한 거론 자체가 어려웠다.

이러한 과정에서 산업화의 부정적 측면을 희석시키기 위한 방편으로 1963년에 「공해방지법」이 제정되었다. 우리나라의 환경정책은 이를 계기로 시작되었다고 볼 수 있다. 그러나 보건사회부가 「공해방지법」을 발의하려고 할 당시만 해도 다른 경제부처들은 '환경보전'의 문제를 '경제개발' 문제와 상충관계로 인식하여 반대하였고, 보건사회부는 이들의 반대를 무마하기 위하여 「국가재건최고회의」에 「공해방지법」을 직접 상정하여 통과시켰다. 그러나 이 법은 제정 이후 시행을 위한 구체적인 정부조직도 구비가 되지 않은 상태이었으며, 공해방지를 위한 예산의 배정이 이루어지지 않은 상징적인 법에 불과하였다. 더구나 법을 집행할 시행령 제정이 늦어져 이 법은 사문화되다시피 하였다.[3)]

1967년 울산공업단지 내의 비료생산업체인 영남화학이 완공된 후부터 영남화학 뒤

2) 이정전 · 정회성, "한국 환경정책의 발달동인," 환경정책연구, 통권 2호, 2003, pp. 1-29.

3) 환경청, 80년대의 환경시책, 1987; 이진, 지구시대의 환경정책, 기한재, 1996,

쪽의 대나무가 말라 들어가고, 인근 주민들은 눈이 따갑고 기침을 하는 등 호흡기성 질환이 나타나는 최초의 공해피해가 발생하였다. 이어서 1969년 한국알미늄 공장이 가동되면서 삼산평야의 벼들이 누렇게 말라 들어가는 피해가 발생하였다.

이러한 사태가 발생하자 보건사회부는 실효가 거의 없었던 「공해방지법」을 개정하였으며, 개정된 이 법의 기본적인 특징은 배출기준을 설정하여 공해방지를 도모하고자 하였다. 개정된 법에 의하여 보건사회부는 공해배출업소에 대한 허가, 취소, 이전 등의 행정명령을 내릴 수 있는 권한을 가지게 되었고, 공해분쟁의 해결을 위하여 '공해문제중재위원회'를 설치하였으며, 또한 공해방지기술의 개발을 위하여 '공해방지협회'를 신설하였다.[4] 그러나 보건사회부의 개선명령을 받은 대부분의 기업들은 개선명령을 준수해야 하는 유예기간 1년을 악용하여 아무런 조치도 취하지 않는 사례가 빈번하였고, 울산공업단지내의 대부분의 대형공장들은 공해방지시설을 갖추고 있지도 않았다.

이를 요약하면, 환경정책의 태동기(胎動期)에는 환경정책의 효시라고 할 수 있는 「공해방지법」의 제정 및 개정이 중요한 정책수립이라고 볼 수 있다. 먼저 「공해방지법」의 제정은 보건사회부의 발의에 의하여 추진되었음에도 불구하고 정책을 실현시킬 수 있는 수단이 미비하였다. 정책집행의 핵심인 담당부처와 예산이 배정되지 않았을 뿐만 아니라 법을 집행하기 위한 시행령의 제정도 늦어졌다. 이에 따라 「공해방지법」의 개정이 추진되고, 울산공업단지 사태와 같은 환경오염사고가 발생하면서 공해문제가 다시 중요한 정책의제(議題)로 등장하였다. 결국 1971년 「공해방지법」의 개정과 시행령이 공포되면서 오염배출기준이 설정되었고, 아울러 환경관련 담당 행정부서인 공해과(公害課)가 신설되었다. 따라서 보건사회부는 행정명령을 내릴 수 있는 권한을 부여받으면서 정책집행이 가능하게 되었으나 예산 부족과 행정명령의 구속력 부족 등으로 그 실효를 거두지는 못 하였다.

2. 환경정책의 형성기(1977~1989)

1970년대에도 울산공업단지의 오염피해사례가 계속해서 발생하였고, 광양만의 기름유출사건, 진해만의 적조(赤潮)현상 발생 등 환경오염사건과 산업공해가 폭발적으로 증가함에 따라 공해와 오염뿐만 아니라 환경의 이용, 보전 및 피해구제까지를 포함한 입법의 필요성이 대두되었다. 특히 1977년 초 박정희 대통령이 연두기자회견에서 환경

4) 환경청, 환경보전, 1986.

문제에 대한 관심을 표명함으로써 보건사회부는 「환경보전법」의 제정을 추진하게 되었다.

1977년에 제정된 「환경보전법」은 환경오염문제가 정부의 실질적인 정책과제로 인식되었음을 의미하므로 이 법의 제정이 곧 환경정책의 출발점이라고 할 수 있다. 또한 1980년에는 대통령의 지시로 '환경청'이 설립되었으나 「환경보전법」의 제정과 환경청의 설립 등의 환경정책이 정부의 우선순위를 차지한 것은 아니었다. 따라서 이 시기의 환경정책은 합리적 국토개발을 위한 보완수단으로 인식되었을 뿐이며, 환경보전과 개발이 대립하는 갈등관계를 나타냈던 시기라고 할 수 있다. 어디까지나 개발논리가 보다 강하고 우선하였던 시기이었다. 그러므로 이 시기는 환경정책의 형성기 또는 도입기로 간주될 수 있다.

「환경보전법」은 "환경오염으로부터 발생하는 위해를 예방하고, 자연환경 및 생활환경을 적정하게 관리 · 보전하여 현재 및 장래의 모든 국민이 건강하고 쾌적한 환경에서 생활할 수 있도록" 한다고 규정하였다. 이 법에 의하여 환경기준, 환경영향평가, 정기적인 공해배출 감시, 공해문제가 심각한 지역에 대한 특별관리지역의 선정, 환경조사 등 환경과 관련된 기본적 사항이 망라됨으로써 환경정책 추진의 기본골격과 근거가 비로소 마련되었다고 할 수 있다. 이 법에 근거하여 각종 환경오염배출기준이 설정되었고, 1978년에는 수질환경기준, 1980년에는 아황산가스(SO_2)의 환경기준이 설정되었다.

그러나 환경정책의 집행권한이 여러 정부 부처로 분산되어 있었고, 환경관련 예산은 미흡한 수준이었기 때문에 많은 부분이 집행되지 못하였다. 예를 들면, 자연보호는 내무부에, 수량조절과 토지이용은 건설부에, 살충제는 농산부에, 방사성 물질은 과학기술처에 각각 그 집행권한이 분산되어 있었다. 특히 환경청이 설립되었던 1980년의 환경예산은 120억 원으로 전체 예산의 0.186%에 불과하였다.[5] 또한 환경영향평가서의 작성에 관한 세부지침을 시행령으로 정할 것을 법에 명시하고 있었으나 다른 정부 부처의 반대로 환경영향평가에 관한 아무런 시행령도 제정되지 못하였다.

이에 따라 환경청은 발족한지 1년 후인 1981년에 환경영향평가의 대상을 확대하고, 공해방지시설의 설치의무를 강화할 목적으로 「환경보전법」 개정을 추진하였다. 개정된 법은 배출부과금과 환경오염방지금 제도를 도입하였고, 기존의 아황산가스(SO_2)에 대한 환경기준이외에 일산화탄소(CO), 이산화질소(NO_2), 분진(Total Suspended Particles: TSP), 산소산화물(O_x), 탄화수소(HC) 등에 대한 대기환경기준을 설정하였다. 이외에도

5) 환경관련 예산은 1977년에 22억 원, 1978년에 25억 원, 그리고 1979년에 52억 원 수준이었다.

환경청은 국민의 건강을 보호하기 위한 대기 및 수질에 대한 환경 목표치를 제시하였으며, 이에 따른 19개의 대기오염물질과 23개의 수질오염물질의 배출허용기준을 설정하였다. 또한 이동오염원(移動汚染源)에 대한 새로운 배출허용기준도 1984년에 설정되었다.

그러나 환경청은 환경규제의 준수 여부에 대한 직접적인 처벌권한이 없었기 때문에 공해방지시설을 가동하지 않는 업체의 비율은 점차 증가하였다. 또한 정부기관과 공기업에서 추진하는 대규모 사업을 대상으로 제한된 범위 내에서 실시되었던 환경영향평가는 기본계획을 토대로 입지가 선정되기도 전에 시행되었기 때문에 올바른 평가가 이루어지지 않았다.

1985년을 전후해서는 온산의 괴질(怪疾)시비 등이 발생하여 국민들의 공해문제와 국토개발에 대한 비판의식이 고조되었다. 이러한 과정에서 「환경보전법」이 1986년에 개정되었으며, 이를 근거로 「환경보전장기종합계획」이 수립되었다. 개정된 법은 배출부과금제도를 강화하였고, 민간기업에서 시행하는 일정규모 이상의 사업에 대해서도 환경영향평가를 실시하도록 환경영향평가의 대상을 확대시켰다. 그러나 기본적으로 배출부과금의 액수는 여전히 낮게 책정되었기 때문에 실질적으로 공해방지를 위한 경제적 유인은 미흡하였다. 환경영향평가 역시 관련 정부부처의 비협조와 환경영향평가서 검토 이후의 요구사항에 대한 법적인 강제력이 없었기 때문에 효과가 미진하였다. 이상을 종합하면, 환경정책의 형성기에는 「환경보전법」의 제정과 두 번의 개정이 중요한 정책이었다고 할 수 있다.

먼저 산업단지와 공업항 등의 산업공해 피해가 급증하면서 환경문제가 결국 사회문제로 대두되었고, 당시 최고정책결정권자인 대통령이 관심을 표명하면서 「환경보전법」이 제정되었다. 「환경보전법」은 환경영향평가제도의 도입, 배출원에 대한 기준설정과 총량규제개념에 의한 오염물질 배출기준의 설정을 도입하는 등 한 단계 진보된 제도적 장치라는 평가를 받았다. 이후 1981년 「환경보전법」의 1차 개정으로 환경영향평가의 대상이 확대되었고, 1986년의 2차 개정으로 환경청의 폐기물관리국 신설과 지방환경청 설립 등 행정기구도 대폭 확대되었다. 그러나 두 번의 「환경보전법」 개정에도 불구하고 환경영향평가의 구속력 부족과 배출부과금제도의 경제적 유인 부족 등으로 정책효과는 미흡했던 것으로 평가된다.

3. 환경정책의 성숙기(1990~1999)

정부는 1990년을 환경보전 원년(元年)으로 선언하고, 기존의 환경청을 각료급의 환경처로 승격시켰다. 그리고 기존의 「환경보전법」을 대체하는 6개의 환경관련 개별법인 「환경정책기본법」, 「환경오염피해분쟁조정법」, 「대기환경보전법」, 「소음진동규제법」, 「수질환경보전법」, 「유해화학물질관리법」 등을 제정하였다.

이러한 제도적 장치는 환경문제에 대한 보다 강하고 체계적인 법적 근거를 마련해 주었다. 「환경정책기본법」은 환경영향평가서를 작성할 때 주민의 참여를 요구하고 있고, 환경처 장관으로 하여금 환경영향평가서에서 지적된 문제점에 대한 시정명령이 지켜지지 않을 때에는 필요한 조치를 관계기관에 요구할 수 있도록 하고, 환경을 오염시키는 상품을 생산하는 업체에게는 비용분담금을 부과할 수 있는 법적 근거를 마련하였다. 「대기보전법」은 자동차 생산자들로 하여금 자동차의 배기가스가 기준에 적합하다는 사실을 환경청에 확인받도록 하였고, 악취에 대한 규제를 신설하였으며, 운행 중인 차량의 배기가스 검사를 요구하고 있다. 「수질보전법」 또한 폐수처리시설에 대한 규제요건을 강화하고 있다.

한편 「환경정책기본법」에 따라 「제1차 환경개선중기종합계획」이 수립되어 1992~1996년 기간 중 총 117개 사업에 15조원의 투자를 계획하였다. 1992년에는 환경보전을 위한 국가선언문을 선포하고, 잇달아 「자연환경보전10개년계획」, 「국가폐기물종합계획」, 「자원재활용계획」 등 분야별 계획이 수립되었다. 1992년 '리우회의'가 개최된 이후에는 지구환경문제의 해결을 위한 국제협약과 관련하여 「오존층 보호를 위한 특정물질의제조, 규제 등에 관한 법률」, 「폐기물의 국가간 이동 및 그 처리에 관한 법률」 등 환경관련법이 제정 또는 개정되었고, 다수의 환경관련 계획도 수립되었다.

1994년 1월에 발생한 낙동강 페놀(phenol)사고를 계기로 건설부의 상 · 하수도업무가 환경처로 이관되었고, 1994년 12월에는 환경처가 환경부로 승격되어 종합적인 정책을 수행할 수 있도록 행정조정기능이 강화되었다. 1996년에는 2005년까지 환경정책의 방향과 미래의 환경 청사진을 내용으로 한 「환경비전21」이 수립되었다. 1998년 2월에는 내무부의 자연보호운동 및 국립공원관리 업무가 환경부로 이관되었고, 1999년 5월에는 전 중앙부처에 대한 제2차 조직개편으로 산림청 소관의 야생조수보호기능이 이관되기도 하였다.

외환위기가 발생한 1997년에는 제2차 중기종합계획 수정계획을 수립하여 1998년부터 2002년까지 5년 동안 141개 사업에 총 36조5천억 원의 투자를 계획하였다. 또한 1992년의 지방의회 구성과 1995년 지방자치의 본격적 실시 등으로 지방자치단체의 환경관리체제도 정비되기 시작하였다. 특히 1990년대 중반 이후「지방의제 21」의 도입은 지역환경관리체계를 새롭게 정비할 수 있는 여러 가지 변화를 수반하였다.

이 시기는 환경정책의 성숙기라 할 수 있을 만큼 더욱 강하고 체계적인 환경정책이 수립되었다. 환경정책기본법 등 6개 환경개별법이 제정되었고, 이를 근거로 한 종합 및 분야별 계획이 수립되었다. 정책집행기구인 환경청도 환경처(1990), 환경부(1994)로 승격되었다. 이는 국민들의 환경에 대한 관심과 요구가 증대되면서 이를 정부가 전폭적으로 수용한 셈이다. 환경관련 예산도 급증하여 환경청(1980) 설립 시 120억5천만 원(전체 예산의 0.216%)에 불과하였던 예산이 1999년에는 1조2천억 원(전체 예산의 2.09%)으로 급증하였다. 환경정책의 집행 효과도 나타나기 시작하여 대기질, 수질 등 환경의 질이 점차적으로 개선되었다. 그러나 법체계의 혼란, 매체별 중심의 환경정책으로 인한 문제 등 전체적인 정책체계에 대해서는 비판이 있었다(그림 3-1).

한편 이 시기에는 수질보전정책에 관한 급격한 변화가 나타났다. 제1, 2차 물 파동, 페놀오염 식수사건, 낙동강 식수오염사건 등이 연속적으로 발생하면서「맑은 물 공급 종합대책」,「4대강 수질관리개선대책」,「물관리 종합대책」등 보다 적극적인 정책이 수립되고 집행되었다. 특히「물관리 종합대책」을 확대 · 보완하여 수립된 수계별 물관리 종합대책은 오염총량관리제 도입, 수변구역 지정 · 관리, 물이용부담금제도의 도입 등

그림 3-1 환경정책 성숙기의 정책과정

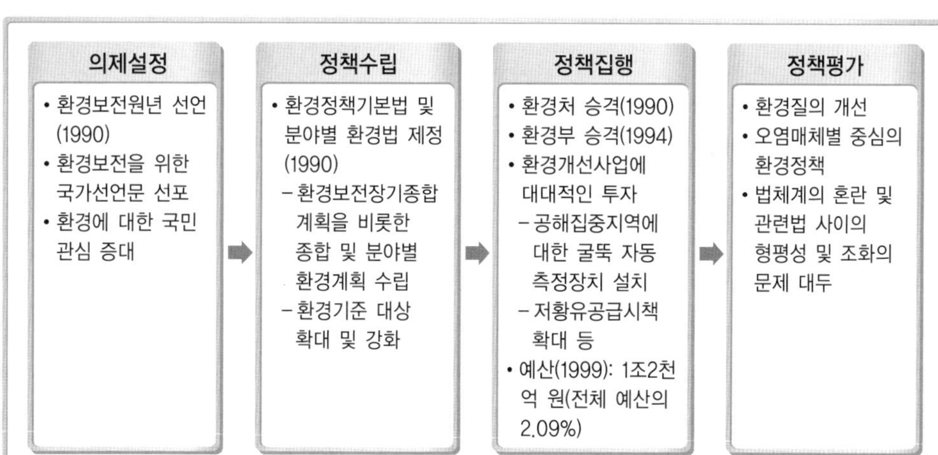

선진적인 정책수단을 도입하였다.

4. 지속가능한 발전의 모색기(2000년 이후)

정부는 2000년 6월 5일 “환경의 날”에 “새 천년 국가환경비전”을 선언하였다. 이어 8월 5일 제정 · 공포된 「지속가능발전위원회규정」에 의하여 대통령 자문기구로 정부, 산업계, 시민단체 등이 참여하는 「지속가능발전위원회」를 설치하였다. 지속가능발전위원회는 환경보전과 개발에 대한 정책의 수립과 시행과정에서 야기된 환경파괴와 사회적 갈등을 사전에 방지하고, 기후변화협약, 리우환경회의, 「의제21」의 실천 등의 지구환경문제에 보다 능동적으로 대처하는 기능을 수행하였다.

한편 정부는 온실가스를 감축하기 위하여 1999년 2월에 「기후변화협약대응종합대책」을 수립하고, 2000년 2월에는 「기후변화협약대응종합대책세부추진계획」을 수립하여 시행하고 있다. 이 계획은 산업부문에서는 자발적 협약을 추진하며, 수송부문에서는 고연비 자동차 및 경자동차 보급과 교통체계정비를, 가정 및 상업부문에서는 건축물의 열효율 증진과 지역난방의 확충 등을 주요 내용으로 담고 있다. 이외에도 정부는 에너지 절약 기술개발 등의 다양한 정책을 추진하고 있다.

수질관리를 위해서는 유역관리의 원칙에 따른 정책변화를 모색하고 있다. 1999년에 「한강수계 상수원수질개선 및 주민지원 등에 관한 법률」이 제정되었고, 2002년 1월에는 낙동강, 금강, 영산강 · 섬진강 수계의 3개 특별법이 제정되었다. 이 특별법은 각

그림 3-2 지속가능발전 모색기의 정책과정

의제설정	➡	정책수립	➡	정책집행	➡	정책평가
• 새천년 환경비전 선언 • 지구환경문제 대두 • 국제협력 증가 • 지속가능한 발전에 대한 논의 • 환경과 무역의 연계 논의		• 지속가능발전위원회 규정 제정 • 기후변화협약 대응 제1, 2차 정부종합 대책 수립 • 기후변화협약을 비롯한 다양한 지구 환경협약 가입 • 동아시아 환경협력 기본계획 수립		• 지속가능발전위원회 설치 • 기후변화협약 범정부대책기구 구성 • 자발적 협약 추진 • 고연비자동차 및 경자동차 보급과 교통체계 정비 등 • 동북아 환경협력 등 추진		• 지구환경문제에 대응하는 대책 및 계획 미흡 • 환경기준의 강화 필요 • 환경친화적인 산업 구조의 정착을 위한 대책 요구 • 보다 적극적인 협약의 이행 필요

수계별로 환경부장관, 해당 광역자치단체의 장, 수자원관련 기관의 장 등으로 구성된 '수계관리위원회'를 설치하여 중요한 의사결정을 하도록 규정하고 있다. 또한 하류지역의 주민이 부담한 물이용 부담금으로 수계관리기금을 조성하여 각종 수질개선 및 주민지원 사업을 하도록 규정하고 있다. 특히 수질보전을 위한 중요한 정책수단으로 도입된 것이 수변구역 지정제도와 오염총량제이다(그림 3-2).

5. 시사점

환경정책의 전개과정을 각 단계별로 그 특징을 분석하면 다음과 같은 시사점을 얻을 수 있다. 먼저 의제설정단계를 기준으로 살펴보면, 환경정책의 태동기 및 형성기에는 환경오염사고가 계기가 되어 정책의제로 발전한 경우가 많은 반면에 환경정책의 성숙기 및 지속가능발전 모색기에는 환경에 대한 국민들의 관심과 요구의 증대가 정책수립으로 이어진 경우가 많았다. 특히 지속가능발전 모색기에는 지구적 차원에서의 요구가 정책의제로 수용되었다. 물론 이러한 내용은 일반적인 사항은 아니다. 환경정책의 성숙기에도 수질오염사고로 인하여 수질보전정책 수립에 큰 영향을 끼친 사례가 있다. 그러나 환경정책이 형성되던 초기에 환경오염사고가 정책형성의 결정적 동인이 되었던 것은 사실이다.

정책수립단계를 기준으로 살펴보면, 환경정책의 태동기에는 정책의 목표와 수단이 뚜렷하게 제시되지 못하였다. 그리고 환경정책의 형성기에는 정책의 목표는 수립되어 있으나 이를 구체화할 수 있는 수단이 명확하지 않았다. 이는 의제설정단계와도 관계가 있는 것으로 판단되는데 단편적인 환경오염사고를 계기로 환경정책을 구체화하기에는 당시 경제 성장을 최우선으로 하는 시대적 상황이 허락하지 않았기 때문인 것으로 보인다. 반면에 국민들의 환경에 대한 관심이 증대하기 시작한 1990년대 이후에 수립된 환경정책은 그 목표와 수단이 보다 명확해졌을 뿐만 아니라 그 범위도 넓어지고 있음을 확인할 수 있다.

이러한 사실은 정책집행에도 영향을 미쳤으며, 특히 환경정책의 태동기와 형성기에 집행된 정책은 예산부족, 관련부서의 비협조, 업무분산 등의 이유로 실효를 거두지 못한 것으로 평가된다. 반면에 환경정책의 성숙기에 수립된 각종 시책은 환경의 질적 측면에서 점진적 개선으로 연결되고 있다. 그러나 이 시기에 수립된 정책목표를 달성하기 위해서는 보다 실효성 있는 정책수단이 요구되고 있다.

제 3 절 환경계획의 전개과정

1. 환경계획의 특성

환경문제를 해결하는 데에는 장기간의 시간과 노력이 필요하다. 특히 환경문제는 국토이용, 도시개발, 교통, 에너지, 산업, 농업 등 많은 부문과 관련되어 있다는 점에서 환경보전을 위한 사전적이고 종합적인 정책이 요구된다. 정부, 시민, 기업 등 각각의 행동주체에게 비전과 행동방향을 제시하고, 부문별 환경보전 노력을 조정하고 종합적으로 접근할 수 있는 방안이 필요하다. 환경문제는 사후적인 처리보다 사전적인 예방이 경제적으로 효과적이며, 사회정의의 원칙에 부합된 환경계획은 사전배려원칙의 실현에 가장 적합한 환경정책의 수단으로도 인식되고 있다.

환경계획(environmental planning)은 "환경보전을 위하여 사전에 환경을 배려하고 환경과 관련된 제반 문제와 이해관계를 종합적으로 조정하며, 환경자원의 효율적인 관리를 위하여 여러 행정수단을 결합시키는 미래 형성적인 환경정책의 수단"이라고 정의할 수 있다. 환경계획은 다음과 같은 특징을 지닌다. 첫째, 장기적으로 환경문제를 체계적 · 종합적으로 다룬다. 둘째, 사전예방적 환경관리 수단으로서 사후관리적 환경관리가 지니는 한계를 극복한다. 셋째, 정부는 물론 시민과 기업 등 환경보전과 관련된 이해관계자의 참여를 유도한다. 따라서 환경계획은 현재와 미래 특정시점에서의 사회적 복지를 최적화하는 의사결정을 위한 합리적인 인간행위로 이해되어야 한다.

일반적인 환경계획의 수립과정은 문제점의 파악, 목표의 정립, 대안의 작성과 평가, 최적의 수단(대안) 선택, 집행과 모니터링의 순서를 갖는다. 대부분의 경우, 문제가 존재하기 때문에 계획이 필요하다. 그러므로 계획은 전형적으로 문제 지향적이다. 또한 계획은 미래지향적이며, 불확실성의 문제와 관련되어 있다. 그러나 계획은 과거회고적인 요소를 지니기도 한다. 과거의 성과에 대한 성찰은 우리에게 경험상의 지식을 제공하기 때문이다. 비록 계획행위가 보편화되어 있었으나 환경계획이 법적인 지위를 가지고 보편화 된 것은 20세기 후반부터라고 할 수 있다. 20세기 후반 과학적인 문제와 인간행위 간의 불가분리성에 대한 인식이 확대되면서 전문가에 의한 단일학문적인 접근에서 학제적인 접근으로, 그리고 다양한 관련기구와 피영향집단이 참여하는 통합적인 접근으로 환경계획이 발전해 왔다.

2. 환경계획의 발전과정

(1) 개 관

환경계획은 1930년대에 대두된 '쾌적성(amenity)'의 개념, 1940년대의 '아름다움, 건강과 편의성(beauty, health and convenience)'에 대한 인식, 그리고 피터 홀(Peter Hall)의 적정도시 규모계획 즉, '수용능력(containment)' 등의 물적인 개념을 기반으로 발전하여 왔다. 1970년대에 본격적으로 대두되기 시작한 환경계획은 분절적이고 환원주의적이며, 하향적인 방법론에 입각하였다. 자연을 통제할 수 있다는 인식 때문에 기술중심적인 특성을 지니고 있었다. 1980년대의 환경계획은 보다 통합적이고 협의적인 특성을 나타낸다. 자연에의 적응이라는 관점이 강조되고, 생태적 현대화라는 철학을 지니며, 기술적으로는 환경평가와 경합관계(trade-off)에서의 최적화 기법에 의존하였다. 그러나 1990년대의 환경계획은 전체적인 성격(holistic)을 띠고 있으며, 하향식과 상향식을 통합하는 혼합형태를 지니게 되었다. 특히 이 시기의 환경계획은 자연의 생명지원체계가 부여하는 한계를 존중함으로써 지속가능성에 대한 계획을 추구한다는 특성을 지녔으며, 사회체제의 위기관리라는 점에 초점을 두었다.

그러나 환경계획은 문화의 차이, 그리고 기후적 · 물적 · 생물학적 조건의 차이 등으로 지역에 따라 상이한 양태를 보이기 마련이다. 환경계획을 수립하는 이론과 실제는 다음과 같은 네 가지의 관점을 지니고 있다.

첫째, 환경계획은 환경변화에 대한 일정한 정도의 강제성을 지닌다. 강제의 방법은 토지매입, 직접규제적 입법, 경제적인 유인과 규제, 그리고 자문과 경고 등의 다양한 내용을 포함하고 있다.

둘째, 환경계획과정은 선출된 공직자에 의한 의사결정과정 또는 공공참여의 과정을 통해서 지역의 의견이나 경험이 반영되게 마련이다. 물론 일반대중의 참여가 배제되는 경우도 있을 수 있고, 형식적인 참여에 국한될 수도 있다. 반면에 시민통제에 의하여 계획이 수립되는 경우도 있다.

셋째, 환경계획은 환경문제가 개념적으로 정의되고 실천력 있는 해법이 제시되기 위해서 일련의 기술적인 지식의 산출을 수반하게 된다. 이러한 지식은 복잡성과 장기성을 지니는 환경문제의 특성 때문에 학제통합적(interdisciplinary)인 접근과 분석을 요구하게 마련이다.

넷째, 환경문제에 대해 보다 통합적인 지배구조(environmental governance)가 형성되어야 한다는 시각이다. 이러한 문제는 단순히 주요 입법이나 제도적인 개혁에 의해서가 아니라 학제적인 분석을 용이하게 할 수 있는 파트너십의 형성을 통해서 보다 보편성 있게 수행되어야 한다는 점이다.

우리나라의 환경관리를 위한 계획은 크게 법정계획과 비법정계획으로 구분된다. 법정계획은 법규에 따라 특정기간을 정하여 계획이 수립된다. 법정계획은 포괄하는 범위에 따라 환경 전 분야를 총괄 · 조정하는 종합계획과 대기, 수질, 폐기물 등 특정매체를 다루는 분야별 계획으로 구분된다. 종합계획에는 「환경정책기본법」 제12조에 근거한 「국가환경종합계획」과 「환경보전중기종합계획」이 해당되며, 분야별 계획은 「자연환경보전법」 제7조에 근거한 「전국자연환경보전계획」과 「폐기물관리법」 제8조에 근거한 「국가폐기물관리종합계획」등을 포함하고 있다. 한편 비법정계획은 법규에 의하여 직접 요구되지는 않으나 관련법규를 토대로 행정부의 고유한 권한에 기초하여 수립되는 계획이다. 비법정계획은 특정시점의 특수한 정책문제에 대한 정책결정자의 관심에 따라, 그리고 특정문제에 대한 진단과 조속한 해결책을 강구하기 위하여 수립된다.

환경계획을 시간적, 공간적, 내용적 범위에 따라 구분하면 다음과 같다. 먼저 시간적 범위에 따라서는 전략계획으로서의 성격을 지니는 장기계획과 집행계획으로서의 성격을 지니는 중기계획, 그리고 연도별 시행계획으로 구분된다. 장기계획에는 계획기간이 10년인 「국가환경종합계획」 등이 포함되고, 중기계획에는 계획기간이 5년인 「환경보전중기종합계획」 등이 있다. 단기계획에는 매년 작성되는 연도별 시행계획이 이에 해당된다(그림 3-3).

공간적 범위는 전국을 대상으로 하는 계획과 특정지역 즉, 행정단위 또는 특정생태단위 등을 대상으로 하는 계획으로 구분된다. 전국계획은 「국가환경종합계획」, 「환경보전중기종합계획」, 「전국자연환경보전계획」, 「국가폐기물관리종합계획」 등을 들 수 있다. 행정단위를 대상으로 하는 계획은 「시 · 도환경보전계획」, 「시 · 군 · 구환경보전계획」 등이 있으며, 특정생태계를 대상으로 하는 계획은 한강, 낙동강, 영산강, 금강 등 수계를 대상으로 하는 「4대강 수질보전계획」과 최근에 수립된 「수도권 대기질 개선계획」 등을 포함하고 있다.

내용적 범위는 환경정책 전 분야를 대상으로 하는 종합계획과 특정매체나 환경정책

그림 3-3 우리나라 환경계획 수립체계

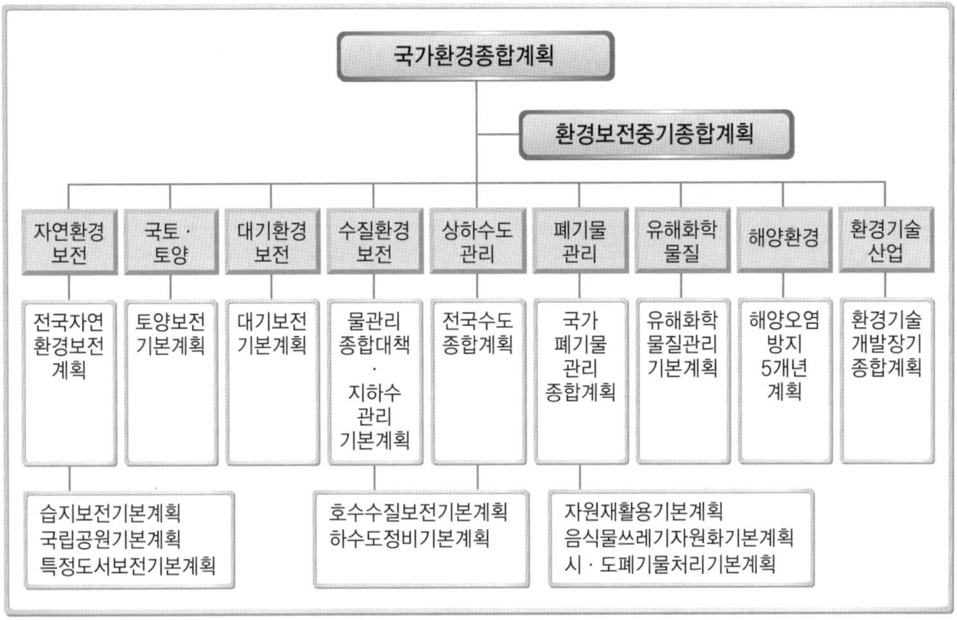

분야만을 대상으로 하는 부문별 계획으로 구분된다. 종합계획에는 「국가환경종합계획」, 「시 · 도 환경보전계획」, 「시 · 군 · 구환경보전계획」 등이 있고, 이들 종합계획에는 개별 부문계획의 내용을 포함하고 있다. 부문별 계획에는 「전국자연환경보전계획」, 「국가폐기물관리종합계획」, 「대기보전기본계획, 「토양보전기본계획」 등이 있다.

(2) 국가차원

우리나라의 환경계획은 크게 국가차원의 환경계획과 지방자치단체에서 추진하는 환경계획으로 구분될 수 있다. 국가차원은 환경부가 중심이 되어 수립하는 환경계획이다. 국가차원의 장기종합계획은 1987년의 「환경보전장기종합계획」, 1996년의 「환경비전 21」, 그리고 2005년의 「국가환경종합계획」 등을 포함하고 있다. 장기종합계획 시행계획의 성격을 띠고 있는 「환경보전중기종합계획」은 1992년 이후 모두 네 차례에 걸쳐 수립되었으며, 현재 제4차 계획(2008~2012)이 시행되고 있다.

국가차원에서 수립된 종합계획의 특성을 살펴보면 다음과 같다. 우선 1987년 「환경보전법」에 근거하여 수립된 「환경보전장기종합계획(1987-2001)」은 우리나라 최초의 국가단위의 종합환경계획이다. 이 계획은 전 국토의 환경보전목표가 달성되고, 쾌적한 환경이 조성 · 유지되어 국민생활의 질을 향상시키는 데 그 목적을 두었으며, 당시의 열악한 환경기초시설의 확충을 위한 투자계획에 치중하고 있다. 1996년 「환경정책기본법」에 의한 「환경비전21(1996–2005)」은 종합적인 환경정책 비전을 제시하고 있는 것이 특징이다. 이 계획은 21세기 우리나라가 추구해야 할 환경정책의 방향과 미래환경의 청사

표 3-1 국가환경종합계획의 핵심전략과 추진과제

핵심 전략	세부 추진전략
안전하고 자연미 넘치는 환경 (생활환경)	• 청정 하늘 만들기 • 안전하고 맛있는 물 공급 • 조용하고 쾌적한 생활환경 만들기 • 효율적인 환경기초시설의 관리
지속가능하고 활력 있는 자연생태 (생태환경)	• 국가생물자원의 생물다양성 유지 강화 • 생물서식 공간의 보전 • 살아 숨쉬는 토양생태 보전과 복원 • 보전과 개발을 조화시키는 국토관리
자연자원기반의 온전한 보전과 관리 (자연자원)	• 깨끗하고 살아있는 하천생태계 만들기 • 안전한 지하수 관리 • 환경자원 이용의 지속가능성 제고 • 자원으로 재순환하는 폐기물 관리
환경을 지키는 경제, 경제를 살리는 환경 (환경경제)	• 지속가능한 생산 및 소비체계의 구축 • 환경기술과 산업의 육성 • 경제적으로 효율적인 환경관리 • 산업별 환경관리체계의 구축
모두 함께 하는 과학적인 환경관리 (환경관리)	• 환경정책의 조정기능의 강화 • 환경이용자의 자율과 책임에 의한 환경관리 • 환경교육과 훈련의 강화 • 지역사회 환경정책 강화하기
두루 혜택이 가는 환경정의사회 (환경사회)	• 환경책임과 피해구제 제도의 강화 • 건강위해성 평가와 환경보건 관리의 강화 • 화학물질 안전관리의 강화 • 지속가능성 지표의 개발과 운용
지구 · 지역의 지속가능한 발전의 선도 (지구환경)	• 지구생태계 보전사업의 추진 • 지구환경보전 협력체계의 강화 • 동북아 지역 환경협력의 강화 • 개도국과의 환경교역 확대 • 남북 환경협력사업 추진

진을 제시한 것으로서 '모범적인 환경국가의 건설'을 목표로 설정하였다. 2005년 「환경정책기본법」에 의한 「국가환경종합계획(2006-2015)」은 7개 환경관리 핵심전략을 제시하였고, 국토를 3대 보전관리축과 5개의 대권역으로 구분하여 권역별 환경관리 추진전략을 제시하였다(표 3-1). 특히 이 계획은 환경-경제 통합모델 개발과 향후 전망을 토대로 환경여건과 환경 질의 향후 10년간 변화를 전망하였다. 또한 국가환경종합계획과 지역환경계획과의 연계성 강화를 위하여 지역환경보전계획 수립지침을 작성하여 배포하였다.

분야별 환경계획은 관련 개별법에 의하여 수립되기도 하고, 특정시점에 해당 분야의 정책운영상의 필요에 의하여 수립되기도 한다. 분야별 계획은 1990년대 중반 이후 수립되기 시작하여 2000년 이후에는 환경기술개발, 환경교육 · 홍보, 지구환경 등 새로운 분야로 확대되고 있다. 분야별 계획이 가장 활발하게 수립된 분야는 수질과 폐기물 분야이다. 수질과 폐기물 관리 분야는 환경기초시설에 대한 대규모의 투자가 요구되기 때문에 이에 대한 계획적 접근이 필요하였다.

(3) 지역 차원

지역차원의 환경계획은 지방자치단체에서 수립 · 실시하고 있는 계획으로 광역자치단체인 시 · 도, 기초자치단체인 시 · 군 · 구에서 수립하는 환경보전계획이 포함된다. 지역차원의 환경보전계획은 「환경정책기본법」 제14조의3(시 · 도환경보전계획의 수립 등), 제14조의4(시 · 군 · 구환경보전계획의 수립 등)에 근거하여 수립된다. 2011년 현재 전국의 지방자치단체 환경보전계획은 16개 광역자치단체가 모두 수립하였고, 228개 시 · 군 · 구 기초자치단체 중 184개가 수립되었으며, 26개는 수립 중, 20개는 미수립 상태로 남아있다.

3. 환경계획의 한계

우리나라는 지난 40여 년간 정부주도의 압축적 경제성장을 추진하면서 경제개발 5개년계획을 지속적으로 수립하는 등 계획적 사고(思考)가 정부부처와 일반사회에 내재화(內在化)되어 있었다고 볼 수 있다. 환경계획도 그 짧은 연륜에 비해서는 양적 · 질적 · 제도적 측면에서 괄목할만한 발전을 이루었으나 환경계획의 실효성과 관련해서는 여러 가지 문제점이 제기되고 있다. 따라서 환경보전장기종합계획에 대한 지적을 중심으로 환경계획의 한계를 살펴보면 다음과 같다.

첫째, 환경계획은 앞에서 언급한 바와 같이 문제 중심적이면서 미래지향적이다. 따라서 계획이 실효성을 지니기 위해서는 미래에 대한 가급적 정확한 예측에 기반을 두어야 한다. 기존의 장기종합계획도 현안문제가 미래에 어떤 상태로 발전할 것이며, 또한 사회 · 경제적 여건변화에 따라 어떠한 환경문제가 새롭게 발생할 것인지에 대한 전망을 포함하고 있다. 그러나 이는 정성적인 접근에 국한되어 있고, 환경과 경제와의 관계를 통합적이고 정량적으로 파악하여 정책시나리오별로 경제성과와 환경질의 변화를 제시하는 것은 미흡하였다.

둘째, 기존의 장기종합계획은 오염매체별 정책이 계획의 주요 내용을 이루고 있기 때문에 국토공간의 종합적 환경관리를 위한 계획은 근본적인 한계를 지니고 있다. 기존의 장기계획은 해당지역의 환경오염 상황, 개발상태 및 향후 발전가능성과 바람직한 방향, 그리고 토양 · 식생 · 기후 · 수질 · 대기 · 소음 · 동식물 서식처 등에 관한 환경지도의 작성을 바탕으로 한 계획이 수립되지 못하였기 때문에 국토 및 도시계획과의 통합성을 유지하는데 한계를 나타내고 있다. 즉, 환경계획과 공간계획 간의 괴리(乖離)로 인하여 구체적인 토지이용계획을 수반하는 개발계획이 환경계획을 통하여 제어될 수 없으며, 또한 국토개발에 의한 환경영향의 저감방안을 환경계획에 포함시킬 수 없는 한계를 지니고 있다.

셋째, 환경계획이 '지속가능한 발전계획'으로 진화함에 따라 계획수립 과정에서 시민참여의 문제는 계획의 실효성을 담보하는 관건으로 간주되고 있다. 그러므로 단순히 정량적인 최적화 및 예측기법 이외에 시민과 사회공동체를 계획과정에 적절히 참여시킬 수 있는 수단이 강구되어야 할 것이다. 그러나 기존의 환경계획은 주로 환경전문가 집단에 의하여 수립되었기 때문에 일반시민과 다양한 이해관계자의 참여가 부족하였다.

제 4 절 환경관리의 과제

1. 환경문제의 전망

자연자원으로 비중이 가장 높은 석유자원은 향후 10년간 여전히 그 사용량이 증가할 것이며, 에너지 소비증가율은 산업부문에서는 감소하는 반면 수송 및 상업용 소비는 빠르게 증가할 것으로 예상된다. 그리고 국민소득의 증가에 따라 청정연료인 천연가스 소비의 비중은 높아질 것으로 전망된다. 특히 신재생에너지원인 풍력 · 태양열 · 지열 등의 개발에 대한 관심과 요구가 높아질 것이나, 특단의 정책적 배려가 뒤따르지 않는다면 그 비중은 여전히 낮을 전망이다. 따라서 화석연료 위주의 에너지 이용행태에 커다란 변화가 없다면 온실가스의 배출량은 지속적으로 증가하여 에너지 수요관리의 중요성이 배가될 것이다.

한편 인구증가와 경제성장에 따라 물의 수요는 지속적으로 증가 할 것이다. 향후 물 절약 등 수요관리를 철저히 추진하지 않을 경우, 향후 물 부족 문제가 심각하게 대두될 것으로 전망되고 있다. 따라서 지하수 개발과 해수의 담수화 등 새로운 수자원의 발굴을 위한 적극적인 노력이 필요할 뿐만 아니라 수질과 수량, 그리고 수자원에 대한 수요와 공급의 통합관리에 대한 관심이 높아져야 할 것이다.

국토분야에서는 친환경적 국토이용 · 관리를 위한 대책이 지속적으로 추진될 것이며, 이와 함께 국민의식수준의 성숙과 비정부기구(NGO) 등 민간감시체계의 강화 등으로 난개발 문제는 다소 진정될 것으로 전망된다. 그러나 도시적 용지수요의 증대와 펜션 등 새로운 행태의 개발사업 등장과 개발제한구역의 조정 등으로 국토환경의 악화 요인은 여전히 상존하고 있다. 따라서 신규 토지개발 수요를 줄이고, 토지재활용을 촉진하는 국토정책이 요구된다.

특히 소득과 여가시간의 증대, 웰빙(well-being)산업의 확대 등에 따라 산림에 대한 요구는 목재생산보다 생태 · 휴양 · 문화 등 다원적이고 공익 위주로 변화될 것이다. 그러므로 산림생태계의 보전에 대한 요구는 강화될 것이나 주5일 근무, 조기은퇴, 고령화 사회 등의 요인은 산촌과 산지에 대한 개발수요를 높일 것이다. 따라서 자연경관이 수려한 지역을 중심으로 관광 · 레저 분야에 대한 다양한 개발이 예상되므로 산지경관보전에 대한 노력이 중요한 과제로 등장할 것이다.

환경분야별 오염부하를 대기 · 수질 · 폐기물 · 토양 · 지하수 · 화학물질 등으로 구분하여 전망하면 다음과 같다.

첫째, 대기환경분야는 지속적인 경제성장, 인구 및 에너지 소비 증가 등으로 대기오염 배출량은 계속 증가될 것이다. 그러나 산업구조의 개편, 고속철도망의 보급, 지하철망의 확대 등으로 대기오염물질 배출량의 증가율은 점차 줄어들 것이다. 또한 유해 대기오염물질과 휘발성 유기화합물(Volatile Organic Compounds: VOC) 등의 인체 위해성에 대한 사회적 관심이 높아질 것으로 전망하고 있다. 한편 봄철 황사에 의한 미세먼지 오염과 실내공간의 대기오염 등이 증가할 것이므로 이에 대한 대책이 요구된다.

둘째, 수질환경분야는 오염물질의 배출량이 지속적으로 증가하고 있으나 농경지와 산림지 등의 감소로 인하여 수질정화 능력이 계속 감소하고 있다. 특히 자연경관이 수려한 수변(水邊)지역의 개발수요가 증가할 것으로 예상되어 농산어촌의 비점오염원(non-point pollution source)에 의한 수질오염은 심화될 것으로 전망된다. 이외에도 해수온도의 상승, 해상활동의 증가, 연안지역 개발의 확대 등으로 해양생태계에 대한 위협도 가중될 전망이다.

셋째, 폐기물분야는 탈산업화의 추세, 정보화의 진전, 에너지와 자원이용의 효율화 등으로 폐기물의 발생량을 감축시킬 것이나 제품사용주기의 단축 등은 폐기물의 발생량 증가를 촉진시켜 생활폐기물은 매년 2~3%씩 증가될 전망이다. 한편 사업장의 폐기물은 생산자 및 배출자의 책임 확대로 제조업 중심에서 정보 · 서비스산업 중심의 구조로 전환될 것이다. 화학물질의 유통과 사용은 증가추세에 있으며, 관련 산업이 국내외 경제에서 차지하는 비중 또한 높아질 것이다. 이에 따라 화학물질관련 피해사례의 가시화, 그리고 화학물질의 안전관리에 대한 사회적 요구의 급증이 예상된다.

넷째, 토양 및 지하수분야는 토양오염원의 지속적인 증가, 토양오염물질의 다양화 및 양적 증가 등으로 토양오염지역의 면적은 증가할 것으로 전망된다. 특히 휴 · 폐광산, 유류 및 유독물 저장시설, 폐기물매립시설 등에서 유출되는 토양오염물질의 증가로 토양오염은 더욱 심화될 것으로 예상된다. 따라서 산업시설의 종전부지, 기존 폐기물의 매립지, 군부대 주둔지 등의 토양환경 복원에 대한 문제가 중요한 과제로 대두될 것이다. 또한 수자원 부족의 심화로 지하수 이용량이 대폭 늘어날 것으로 예상되나 도시적 토지이용의 확산으로 지하수 오염지역이 지속적으로 증가할 전망이다.

다섯째, 중국의 급격한 경제성장과 산업화, 그리고 무분별한 국토개발로 인한 광범위한 사막화 현상이 가속화되어 산성비 및 황사 피해, 서해의 해양오염 등의 심화가 우려된다. 특히 중국에서 생성된 암모니아 · 니트로겐 · 페놀 등을 함유한 다량의 폐수가 황허강(黃河) · 랴오허강(遼河) · 하이허강(海河) · 화이허강(淮河) 등 4대 하천을 통하여 발해만과 서해로 유입되어 서해의 해양환경오염은 더욱 가중될 것으로 예상된다(표 3-2).

표 3-2 부문별 환경문제에 대한 향후 전망

구 분	부정적 전망	긍정적인 전망	비 고
대기 관리	• 이동오염원 배출증대 (NOx) • 실내공기 및 지하공간 오염 • VOC배출량과 배출시설 증가 • 유해 대기오염물질 종류와 배출량 증가 • 미세먼지 발생증가, 황사 발생 빈도 및 강도 증가	• 재활용 · 재이용기술의 발달로 점오염원관리의 효율 증대 (SO_2, CO_2 감소) • 청정 · 지속가능대체에너지 실용화 • 고속철도 등 대안적 교통수단의 보급	황사발생 빈도 증가
수질 관리	• 수질 유해물질 배출 증대 • 지하수 고갈과 오염 및 비점오염원 배출 증대 • 기후변화로 인한 해수면 상승 및 수자원 영향 (강우량변화 등)	• 점오염원의 효율증대(BOD, COD) • 물 수요관리기술의 발달 • 수질관리 기초시설의 투자 완료	수질수량 통합관리
폐기물/ 화학물질	• 제품수명주기 단축으로 폐기물 증가 • 매립지 주변오염, 산업시설, 군부대 이전적지 증대 • 새집증후군 등 화학물질 위해성 관심 증대 • 환경호르몬(유해화학물질)의 발생량 및 종류증가	• 폐기물 처리 기초시설 투자 완료 • 재활용 · 재이용기술의 개발 • 폐기물 안전처리기술 발달	화학물질 관리 국제규범
자연 생태계	• 생물종다양성 감소와 외래종 도입 증대 • 철새도래지 등 희귀생태계 파괴 • 유전자 조작생물의 환경생태 영향 • 기후변화로 인한 생태계 교란	• 삼림 임목축적량 증대 • 환경농업 등 지속가능한 농업의 확대(녹색소비자의 증가) • 생태관광기법의 개발 (생태탐방요구의 증대)	토지이용 규제 완화
지구/ 지역환경	• 기후변화가스 배출 증대(CO_2배출) • 동북아 월경성 대기오염(산성비, 황사) • 황해의 해양오염 심화(발해만 오염, 삼협(三峽)댐 건설과 남북연결 운하의 가동, 황하고갈 등)	• 오존파괴물질 배출 감소 • 온실가스 농축기술 개발	기후변화 협약의 압력

2. 환경관리의 과제

(1) 기후변화 대응형 공간계획의 수립

전 지구적인 환경협력에 동참하고, 국내외의 환경동향을 적극적으로 반영할 수 있는 국토 및 도시계획의 수립 방안이 요구되며, 모든 계획과정에서 기후변화를 고려하면서 지속가능한 도시발전이 가능하도록 기후변화 대응형 공간계획이 수립되어야 할 것이다. 환경오염을 다루기 위한 부문별 환경 및 에너지계획은 물론, 기후변화에 대응할 수 있는 국토 및 도시를 조성하기 위하여 단기적으로는 기후변화에 '적응(adaptation)'할 수 있는 공간계획, 장기적으로는 기후변화를 '완화(mitigation)'시킬 수 있는 공간계획의 수립이 정착되어야 할 것이다.

특히 광역권 개발은 환경과 기후변화문제에 효과적이고 체계적으로 대응할 수 있는 공간구조의 설정이 요구되며, 녹색성장과 도시지역의 성장관리를 유인할 수 있도록 환경문제와 기후변화의 대응을 위한 계획요소가 반영되어야 할 것이다. 광역계획은 개발권역의 '저탄소 녹색성장'을 지원할 수 있는 광역차원의 토지이용, 환경관리 및 에너지계획 등을 포함하고, 이 계획은 하위 도시계획의 수립을 비롯한 관련 시 · 군의 정책 실현을 위한 기준과 지침으로 활용되어야 할 것이다.

한편 도시기본계획에 의한 도시개발은 각 도시가 당면하고 있는 환경문제에 효과적으로 대응하고, 온실가스 배출을 최소화하면서 해당 도시지역의 지속가능한 발전을 지원할 수 있는 토지이용, 녹색교통, 기반시설, 환경관리, 에너지 등 각 부문별 계획을 토대로 추진되어야 할 것이다. 도시관리계획은 해당 도시지역의 환경적, 경제적, 공간구조적, 도시적 특성 등을 종합적으로 분석하여 환경오염 관리방안과 기후변화 적응 및 온실가스 감축방안 등을 계획공간별로 제시하는 노력이 필요하다. 또한 지구단위계획은 사업지구, 사업단지, 개별건물 등의 차원에서 효율적인 환경관리, 에너지 절약, 신재생에너지의 이용 및 기후변화 대응에 적합한 환경계획요소를 반영해야 할 것이다.

(2) 환경성이 내재화된 공간계획의 수립

공간계획은 토지이용과 교통 등 모든 부문에서 '환경성이 내재된 계획'의 형태를 요구하고 있다. 예를 들면, 소각시설, 매립시설, 자원회수시설 등의 모든 환경기반시설과 공급 · 처리시설 및 환경부하를 유발하는 모든 시설은 환경용량이 허용하는 범위 내에서 입지, 규모, 토지(시설)이용계획 등이 수립되어야 하고, 향후 유지관리의 경제성과 환경성 등을 고려하여 건설되어야 할 것이다.

또한 공간계획은 계획과정에서 대기와 수질 등 각 환경매체별로 필수적으로 고려해야 할 계획 및 관리요소를 설정하고, 이 요소들이 계획 및 개발과정에서 어떻게 구현될 수 있는지를 계획에 포함시켜 이를 평가하고 피드백(feedback)할 수 있는 체계가 구축되어야 할 것이다. 계획요소를 설정할 때에는 해당 도시의 환경속성(屬性)과 환경분야의 최고이용기술 등을 계획과정에 반영하고, 또한 모든 개발사업은 환경성을 내재화하고 환경평가의 강화에 대비하기 위하여 인간과 자연의 공존, 생태적 계획원리의 반영, 환경오염의 최소화, 물질순환체계의 유지, 도시의 쾌적성 조성 등에 대한 내용을 계획에 반영해야 할 것이다.

(3) 사전예방적 계획체계의 구축

공간계획은 국토 및 도시환경의 변화에 대비하여 저투입 · 고효율의 국토공간을 조성할 수 있는 비전과 계획 방안을 제시하고, 환경을 사후처리방식이 아니라 에너지 및 물질투입을 중심으로 한 투입관리 위주의 '사전예방적' 방식으로 접근해야 할 것이다. 또한 공간계획은 토지이용의 녹색성장체계(Green Smart Growth)를 구축하여 집약적이고 압축적인 국토개발을 추진하고, 도시주변지역의 무질서한 개발로 인하여 자연환경이 훼손되지 않도록 유도한다.

특히 지역지구제(zoning)에 의한 토지이용계획과 연계된 오염관리정책이 현재는 미흡하므로 공장과 자동차 등에서 발생하는 대기오염, 소음, 악취, 유해화학물질 등을 저감할 수 있는 토지이용규제수단이 필요하다. 예를 들면, 환경오염관리를 위한 환경지역(Low Emission Zone: LEZ)과 통합환경지구(Integrated Environmental Zoning: IEZ) 등의 지정 및 운영과 같은 수단이 여기에 해당된다.

(4) 통합적 계획체계의 정립

공간계획은 환경기반시설뿐만 아니라 환경부하를 유발하는 주요 시설에 대하여 관련 법률에 의한 개별관리를 효율적으로 실시할 수 있도록 수립하고, 환경문제의 상호연관성을 동시에 고려할 수 있는 통합관리계획체계의 정립이 요구된다. 효율적인 환경관리를 위해서는 공간계획의 전 과정에서 수질, 대기, 폐기물, 소음진동 등을 구분 · 관리하는 환경오염의 매체별 관리가 필요하다. 또한 환경오염의 매체 간 통합체계를 구축하여 환경관리의 경제성과 효율성을 증진시키기 위한 환경오염의 통합적 관리가 이루어져야 할 것이다.

한편 점적(點的) 환경계획은 개발의 분절화로 인하여 환경과 개발의 통합적 접근을 어렵게 하고, 특정 개발지역의 환경문제를 다른 지역으로 전이시키는 상황을 초래한다. 예를 들면, 주변지역을 고려하지 않은 국토 및 도시개발은 다른 지역의 수자원 고갈, 환경오염, 교통혼잡 등을 초래한다. 또한 개발의 수혜지역과 그 개발로 인한 환경오염지역 간의 환경갈등이 초래되기 때문에 주변지역을 포함한 광역적 차원에서 면적(面的), 그리고 입체적인 환경계획의 수립이 필요하다. 따라서 공간계획은 토지이용 및 공간구조 측면에서 통합적인 직주(職住)근접형으로 개발하여 자동차 이용을 최대한 억제하고, 친환경적인 대중교통체계와 녹색교통을 활성화시켜 교통으로 인한 환경의 부정적 영향을 최소화시켜야 할 것이다.

(5) 자원순환적 도시구조의 형성

개발사업은 경우에 따라 자연환경에 대한 파급효과를 고려하여 제한되어야 할 필요도 있으며, 폐기물과 부산물 등 순환자원의 '하층흐름'(down-stream)[6]도 계획과정에 포함시켜 자원순환형 도시구조를 형성해야 할 것이다. 개발과정에서 에너지 및 물질은 환경에 해가 되지 않는 것을 사용하고, 빗물이용과 중수도 활용 등을 통하여 과도한 물 소비를 줄이며, 재이용, 재활용, 에너지회수 등에 의한 자원낭비를 방지하고, 오염물질 배출의 최소화를 도모해야 할 것이다. 자원순환형 도시구조를 형성하기 위해서는 친환경적 가로망과 건물의 설계 및 배치, 그리고 나무와 녹지의 그늘 이용, 바람과 물 등 자연에너지의 활용, 재생가능하고 환경에 부담을 덜 주는 대체에너지를 적극 개발하여 자원절약과 환경보전을 동시에 달성할 수 있는 지혜가 요구된다.

환경기반시설은 가급적 광역적으로 설치하되, 집중적으로 입지시켜 환경갈등에 대처하고, 동시에 환경기반시설의 설치와 운영의 효율성을 도모하며, 여러 환경시설에서 발생하는 에너지와 폐·부산물 등을 재활용할 수 있는 체계의 구축이 필요하다. 또한

---

6) 산업과정에는 두 가지의 흐름이 존재한다. 하나는 원료와 제품, 그리고 서비스 등으로 양성적이고 바람직한 것들의 상층흐름(up-stream)이다. 이들은 산업과정에서 흐르면서 효용을 창출한다. 다른 하나는 오염물질, 폐기물, 부산물 등 음성적이고 원치 않는 것들의 하층흐름(down-stream)이다. 이 역시 경제의 전 과정을 흐르지만 상층흐름과는 반대로 비효용과 비용을 발생시키고, 환경파괴를 유발한다. 상층흐름물질은 경제주체의 손익계산 속에 내부화되고 대체로 편익을 수반하기 때문에 정확하게 계획되고 관리된다. 그러나 하층흐름물질은 비용을 수반하거나 규제를 동반하기 때문에 감추어지거나 음성적으로 흐르는 경향이 많다.

화석연료 의존적인 공간계획을 지양하며, 피크오일(peak oil)시대와 탈석유시대에 대비한 새로운 공간계획의 필요성을 인식하고, 자원 및 환경문제를 고려한 에너지 절약, 에너지의 효율적 이용과 신재생에너지의 개발전략 등이 제시되어야 할 것이다.

(6) 자연환경의 보전과 환경자산의 창출

공간계획은 자연환경을 '보전(preservation)'하는 기능, 자연적 · 인위적인 간섭에 의하여 훼손된 자연환경을 이전 또는 유사한 상태로 되돌리는 '복원(restoration)' 기능, 그리고 각종 시설물 설치와 개발로 인하여 환경적으로 훼손되었거나 생태적으로 단절된 지역을 연결하고, 새로운 자연환경과 환경자산을 만들어내는 '창출(creation)' 기능을 담당해야 할 것이다. 우리나라의 좁은 국토면적에도 불구하고 계속 성장하고 있는 경제규모를 바탕으로 환경적으로 건전하고 지속가능한 국토공간을 조성하기 위하여 '녹색지대'는 최대한 보전하고, 토지는 적극적으로 재활용할 수 있는 방향으로 공간 및 환경계획이 수립되고 추진되어야 할 것이다.

참고문헌

고영훈, 환경법, 서울: 법문사, 2002.

권태준 외, 정책학개론, 서울: 법문사, 1985.

문태훈, "한국 환경보전정책 연구–정부와 기업간의 관계를 중심으로," 한국정책학회보, 창간호, 1992.

문태훈, 환경정책론, 형설출판사, 1997.

이정전 · 정회성, "한국 환경정책의 발달동인," 환경정책연구, 통권2호, 2003.

이 진, 지구시대의 환경정책, 기한재, 1996.

정회성 · 변병설, 환경정책의 이해, 서울: 박영사, 2003.

정회성, 지속가능한 사회를 향한 환경규제정책의 발전방안, 한국환경정책 · 평가연구원, 2002.

최영국 외, 국토계획과 환경계획체계의 연계방안, 국토연구원, 2002.

한국환경기술개발원, 한국의 환경50년사, 1996.

홍준형, 환경법, 서울: 한올, 1994.

Anderson, James E. *Public Poilcy-making*, New York: Rinehart and Winston, 1979.

Chale O. Jones, *An Introduction to the Study of Public of Policy*, North Scituate: Duxbury Process, 1977.

Hasan, Parvez, *Korea: Problems and Issues in a Rapidly Growing Economy*, Baltimore: Johns Hopkins University Press, 1976.

Kelley, Donald R. "The Politics of the Environment," *American Behavioral Scientist*, vol. 17, 1974.

Matthew A. Crenson, *The Un-Politics of Air Pollution: A Study of Non-Decisionmaking in the Cities*, Baltimore: The Johns Hopkins University Press, 1971.

Rosenbaum, W. A. *Environmental Politics and Policy*, Washington, D.C.: A Division of Congressional Quarterly Inc., 1991.

제 4 장

지속가능한 국토와 환경의 통합관리

제 1 절 국토개발과 환경갈등

1. 갈등의 원인과 주체

일반적으로 갈등(conflict)은 '특정 관심사에 대하여 둘 또는 그 이상의 개인, 집단 및 조직 간의 동의하지 않은 상태'로 정의된다.[1] 최근 국토 및 지역개발을 포함한 공공사업의 추진과정에서 발생하는 각종 갈등, 특히 환경문제와 관련된 갈등이 지속적으로 늘어나고 있다. 이러한 갈등은 사업추진에 소요되는 기간의 연장은 물론 이로 인한 사회비용의 과다지출을 초래하게 된다. 국토개발과 관련된 갈등은 크게 갈등유발의 배경이 되는 간접요인과 특정한 갈등을 유발시킨 직접요인으로 분류될 수 있다. 간접요인은 사회 전반에 걸친 민주화와 분권화, 개방화에 따른 주민의 참여 욕구 및 자치의지의 증대, 물질주의 가치관으로부터 삶의 질적 향상을 추구하는 가치관으로의 전환 등 여러 요인의 복합적인 변화에 따라 나타나고 있다.

반면에 국토개발과 환경갈등을 유발시키는 직접요인은 경제적, 기술적, 정치적, 행정 · 제도적, 심리적 · 문화적 요인으로 구분될 수 있다.[2] 경제적 요인은 다시 피해보상과 편익추구 형태로 나뉠 수 있다. 피해보상과 관련된 갈등은 환경훼손과 기피사실에 대한 님비(NIMBY: Not In My Back Yard) 현상으로 나타나며, 편익추구와 관련된 갈등은 편익이 높은 토지이용이나 시설의 입지를 지역 내에 유치하기 위한 분쟁으로서 핌피(PIMFY: Please In My Front Yard) 현상으로 불리기도 한다. 반면에 기술적 요인은 본질적으로 기술수준이 낮거나 기술적 결함으로 인하여 환경오염문제를 충분히 해결하지 못하는 경우와 기술의 적절성에 대한 신뢰성의 결여에서 나타나는 갈등이다. 정치적 원인은 정책결정 과정의 합리성 결여와 이해당사자의 참여가 미흡한 비민주적 의사결정에 의하여 나타나는 갈등이다. 행정 · 제도적 요인은 갈등을 조정하고 관리할 수 있는 행정능력과 제도적 장치의 미비가 대표적인 예이며, 심리적 · 문화적 원인은 환경오염과 생태계 파괴로 인한 잠재적 위험과 피해의 가능성에 대한 막연한 불안감에 의하여 갈등이 유발되는 경우이다.

1) 김용웅 · 차미숙, 국토개발관련 분쟁의 발생실태와 조정방안에 관한 연구. 국토개발연구원, 1997, p. 25에서 재인용.

2) 상게서, pp. 36–41.

국토개발과 관련된 여러 가지 갈등의 직·간접 원인을 요약하면 크게 이해관계 갈등과 가치관 갈등으로 재분류할 수 있다.[3] 이해관계 갈등은 주로 환경오염 피해에 따른 보상 등과 관련이 깊다. 예를 들면, 울산 및 여천산업단지 주변의 공해와 농작물 피해, 대구 위천산업단지를 둘러싼 낙동강 상·하류 간의 수질오염 문제, 새만금지구간척사업에 따르는 담수호와 연안해양의 오염문제를 둘러싼 분쟁 등은 1990년대까지 주종을 이룬 갈등사례이다. 그 이후에는 이른바 혐오시설에 대한 반대와 환경오염의 외부효과 등으로 인한 지역개발의 반대, 그리고 지가 상승에 따른 보상과 관련된 이해관계 갈등이 확대되고 있다.

최근에는 생태계 보전, 자연향유권(享有權), 생명가치, 사찰권(寺刹權) 보전 등 개발과 보전을 둘러싼 가치관 갈등으로 확대되고 있다. 특히 사업의 타당성분석과 환경영향평가에 대해서도 이해관계자의 입장과 가치관에 따라 상반된 평가로 대립하는 사례도 빈번하게 발생하고 있다. 한탄강댐으로 수몰될 절벽과 협곡(峽谷)의 가치, 서울외곽순환고속도로를 둘러싼 북한산국립공원의 가치, 경부고속철도 천성산 터널을 둘러싼 도롱뇽의 생명가치 등이 대표적인 사례에 해당된다.

한편 국토개발과 환경갈등의 주체는 중앙정부 간, 중앙정부와 지방정부 간, 지방정부 간 갈등이 있으며, 중앙정부 또는 지방정부와 주민 간 갈등, 주민과 주민 간 갈등으로 구분할 수 있다. 정부기관 간 갈등은 주로 관할권과 정책목표 등에 대한 권한갈등이 많은 반면에 정부와 주민 간의 갈등은 정책의 효율성과 개방성에 관한 갈등, 그리고 주민 간 또는 집단 간 갈등은 이해관계에 대한 갈등이 대부분을 차지하고 있다. 그러나 최근에는 갈등주체가 더욱 복잡하고 다원화되어 가고 있다. 왜냐하면 국토개발에 관여하는 이해관계자가 과거에는 중앙부처 공무원과 관련 전문가 등으로 비교적 소수에 그쳤으나 이제는 지방자치단체, 지역주민, 시민단체, 언론, 종교계 등 다자간 관계로 확대되고 있기 때문이다. 또한 갈등을 둘러싼 환경적 상황변화와 정치환경 및 행정적 구조변화와 가치관의 변화 등도 갈등의 원인에 많은 영향을 미치고 있다.

대형 국책사업을 포함한 국토개발사업의 갈등은 대부분 환경영향평가 협의와 공사단계에서 표출되기 시작한다. 갈등의 쟁점과 내용은 사업초기단계의 타당성, 입지 및 노선 선정 등 계획내용과 절차에 대한 하자(瑕疵) 등이 대부분이다. 그러나 우리는 아직 갈등이 발생하기 전에 미리 이를 예방하는 체계를 갖추지 못하고 있다. 따라서 갈등이

3) 박형서·김선희, "품격있는 국토조성을 위한 갈등관리시스템 구축방안," 국토, 국토연구원, 2007. 1, pp. 49-52.

발생하면 대개 정부 내에서 절차적 측면을 강조하는 소극적인 대응으로 일관하거나, 또는 사례별로 사업시행자가 대응하는 형식을 취하고 있다. 그러다가 시민단체와 지역주민 등이 개입하면서 갈등은 정치 · 사회문제로 확대되는 양상을 보인다. 이처럼 우리나라의 갈등관리 방법은 사후적이고 임기응변적인 측면이 강하다. 특히 환경적인 요소가 가미된 국토개발관련 공공시설의 입지에 관한 갈등은 관련범위가 넓고 모호할 뿐만 아니라 사회 및 환경단체 등 제3자 개입이 늘어나면서 더욱 복잡한 양상으로 전개되고 있다.

2. 국토개발관련 환경갈등 사례

국토개발사업은 자연환경, 생활환경, 경제 · 사회환경 등에 다양한 영향을 미친다. 특히 공사규모가 큰 개발사업의 경우, 주변에 미치는 환경영향의 범위가 크므로 여러 가지 갈등의 원인이 되기도 한다. 대표적인 대규모 국토개발사업을 둘러싸고 발생했던 환경갈등 사례를 살펴보면 다음과 같다.

(1) 새만금지구간척 종합개발사업[4)]

새만금간척사업은 전북 부안과 군산 앞바다를 연결하는 길이 33㎞의 방조제를 축조하여 28,300ha(8,490만평)의 토지조성과 11,800ha(3,540만평)의 담수호 등 총면적 40,100ha(1억2,030만평)를 개발하는 대규모 간척사업이다. 이 사업은 1986년 6월부터 환경영향평가를 거쳐 1991년 11월에 사업시행자인 현재의 한국농어촌공사가 간척공사를 착공하였으나 1996년에 발생한 시화호 수질오염사건을 계기로 환경단체들이 새만금지구의 수질문제를 제기하였다. 환경단체들은 새만금 내부의 담수호에 유입되는 동진강과 만경강의 오염 때문에 담수호의 수질악화는 물론 인근 해양수질오염까지 초래하여 방조제 내외의 생태계 교란과 갯벌이 사라진다는 문제점을 꾸준히 주장하였다.

이에 따라 국무조정실의 「수질개선기획단」은 '새만금 공동조사계획 수립 및 환경영향공동조사단'을 구성하여 1999년 5월부터 약 1년여 동안 새만금간척사업에 대한 경제성과 환경피해 관련 조사를 실시하였으며, 이 조사결과를 토대로 방조제 축조공사가 재개되었다. 그러나 2003년 6월부터 환경단체가 제기한 공사중지 가처분 신청을 포함한

---

4) 환경부, 환경 30년사, 2010, pp. 192-193.

행정소송 및 헌법소원 등으로 2년 9개월 동안 공사가 중단되었다가 2006년 3월 대법원의 사업시행에 대한 최종판결에 따라 공사가 다시 시작되어 세계에서 가장 긴 33km 방조제는 2010년 4월에 완공되었다.

이러한 과정을 거쳐 2010년 1월 정부는 '새만금 종합실천계획'을 발표하였으며, 새만금의 국제명칭을 '아리울(Areul: 물과 울타리가 합쳐진 순 우리말)'로 정하고 세계적인 명품복합도시를 건설하기로 확정하였다. 2011년부터 2030년까지 약 21조원을 투입하여 첨단산업 · 관광레저 · 농업 등이 어우러진 동북아 경제중심이자 미래성장엔진이 될 수 있는 국제도시로 조성할 계획이다. 그러나 이 사업은 막대한 규모의 재원조달문제, 국내외 기업유치, 수질문제 등의 문제를 안고 있다.

(2) 영월다목적댐 건설사업[5)]

영월다목적댐은 높이 98m, 길이 325m, 저수량 7억 톤 규모로서 한강유역의 홍수조절과 물 부족 대책의 일환으로 계획된 댐이었다. 댐을 건설하기 위하여 1997년 6월 환경영향평가서가 접수된 후 네 차례에 걸친 보완을 거쳤으나 사업자인 한국수자원공사와 환경단체, 지역주민, 전문가 등과의 갈등을 겪은 후 2000년 6월에 백지화된 사업이다. 그 이유는 환경단체 등이 댐의 안전성(석회암지반으로 인한 누수(漏水)와 댐 붕괴 위험)과 생태계 파괴(동강 유역의 천연동굴과 희귀 동식물) 등 환경문제를 지속적으로 제기함에 따라 댐 건설에 대한 반대여론이 전국적으로 확산되었기 때문이다.

이렇게 제기된 문제점을 검증하고자 국무조정실은 1999년 9월부터 약 9개월 동안 5개 분과로 구성된 '영월댐 건설타당성 종합검토를 위한 공동조사단'을 구성하여 합동평가를 실시하였다. 최종평가결과에 의하면 동강유역은 보존가치가 탁월하므로 영월댐 건설은 중단하되, 물 부족과 홍수조절에 대한 별도의 보완대책이 필요하다는 결론을 내렸다. 이에 따라 2000년 6월에 이 사업은 백지화되었다.

(3) 경부고속철도(천성산 터널공사) 건설사업[6)]

서울과 부산을 연결하는 약 412㎞의 경부고속철도건설사업은 6개 구간으로 나뉘어 환경영향평가 협의가 진행되었다. 환경영향평가서의 작성은 1991년 8월부터 약 4년 7개월이 걸렸으며, 이 평가서의 협의기간은 1992년 12월부터 3년 3개월이 소요되었다.

5) 상게서, pp. 194-195.
6) 상게서, p. 195.

이 사업의 주요 쟁점은 환경영향평가 협의가 이루어진 후 천성산 터널(부산-경남 구간)에 대하여 지율스님 등 환경단체가 지하수 고갈 및 고산늪지의 자연훼손을 이유로 단식농성 등을 통하여 노선변경을 주장함으로써 사업추진이 약 1년간 지연되었다.

정부는 국무총리실 주관으로 사업시행자인 한국철도시설공단과 종교 · 시민대책위원회 간에 대안노선 및 기존노선에 대한 재검토를 시도하였으나 합의도출에 실패하였다. 결국 이 문제는 법정 공방으로까지 비화되었는데, 특히 도롱뇽을 소송의 신청인으로 내세워 사회적 관심을 끌었다. 이 갈등은 2006년 6월 대법원이 신청인 측의 재항고를 기각함으로써 공사가 재개되었다. 경부고속철도 2단계 사업구간(대구-부산간 구간)은 2010년 11월에 개통되었다.

(4) 서울외곽순환고속도로(벽제-퇴계원) 건설사업[7]

이 사업은 서울외곽순환고속도로 중 북한산국립공원을 통과하는 4.6㎞(터널 4.0㎞ 포함)구간에 대한 갈등이었다. 환경영향평가는 1997년 2월부터 1년 10개월에 걸쳐 실시되었으며, 이후 환경영향평가서 협의는 1998년 12월부터 약 2년 8개월 동안 네 차례의 보완을 거쳤다. 그러나 도로노선이 북한산국립공원, 수락산, 불암산 등을 통과하도록 계획되어 있기 때문에 국립공원 훼손과 사찰 주변의 소음문제 등에 대한 환경피해 우려가 거세게 일어났다. 특히 불교계는 환경단체와 연대하여 의정부 외곽으로 노선을 변경하도록 요구하였다. 이에 따라 사업시행자인 한국도로공사는 우이령 통과노선, 사패산 터널노선, 의정부외곽 우회노선 등 여러 대안에 대한 협의를 진행한 후, 환경부 주관으로 환경단체, 사업자, 전문가 등과의 종합검토를 거쳐 사패산 터널 구간을 최종 노선으로 합의하였다.

그러나 이러한 합의 이후 사패산 터널공사는 종교계와 환경단체의 반대에 다시 부딪혀 2001년 9월부터 약 2년 간 공사가 중단되었다. 결국 2003년 12월 대통령이 불교계에 사패산 터널 백지화 약속을 지키지 못 한 점에 대한 양해를 구함으로써 불교계의 농성이 철회되고 공사는 재개되어 2007년 12월 전 구간이 개통되었다.

---

7) 상게서, pp. 196-197.

제 2 절 국토개발과 환경보전의 통합

1. 개발과 보전의 통합 전제

(1) 개발과 보전에 대한 사고의 전환

국토개발과 환경갈등의 장벽을 극복하고, 지속가능한 환경을 위한 국토정책과 지속가능한 개발을 위한 환경정책이 효과적으로 추진되기 위해서는 개발과 보전에 대한 인식의 전환이 이루어져야 한다. 국토개발과 환경보전이 함께 상생할 수 있는 지속가능한 국토관리를 위해서는 국토개발과 환경보전의 중요성을 대등하게 인식할 필요가 있다. 다시 말하면, 국토정책의 주요 과제인 국토의 균형발전과 국가경쟁력의 강화, 국민의 삶의 질 제고 등은 환경가치와 비교하여 열등한 것이 아니라 대등하게 중요한 문제라는 것을 함께 인식하여야 한다.

(2) 환경정책과 국토정책의 공동 목표 설정

인간은 깨끗한 공기, 맑은 물, 그리고 소음은 적은 대신 나무가 많은 환경조건을 선호한다. 또한 인간은 오염되고 불안정한 토양으로 인한 위해(危害)로부터 안전한 곳, 그리고 생물들이 함께 서식할 수 있는 쾌적한 조건을 지닌 공간에서 거주하기를 원한다. 따라서 국토정책과 환경정책은 살기 좋은 생활여건과 환경을 추구한다는 측면에서 지향하는 목표가 같다. 국토정책과 환경정책은 다루는 대상이 국토공간이라는 점, 그리고 쾌적하고 안전한 환경조건을 달성한다는 점에서 많은 부분이 함께 추진되어야 두 정책의 시너지(synergy) 효과를 제고할 수 있다(그림 4-1).

개발과 보전의 통합은 인식의 전환과 함께 두 정책에서 이를 달성하기 위한 공동의 목표를 설정하는 것이 필요하다. 국토정책은 산업화와 국토개발 과정에서 나타난 문제점을 치유하고, 새로운 기술혁신과 정보화에 능동적으로 대처하면서 향상된 국토환경을 조성하기 위한 과제를 추진하여야 할 것이다. 반면에 환경정책은 국토개발과정에서 나타난 부작용을 해소하는데 역점을 두고, 앞으로 국토이용 및 개발과정에서 발생하게 될 환경문제를 사전에 예방할 수 있는 차원에서의 정책과제를 추진하여야 할 것이다.

그림 4-1 개발과 보전이 조화를 이룬 국토정책과 환경정책

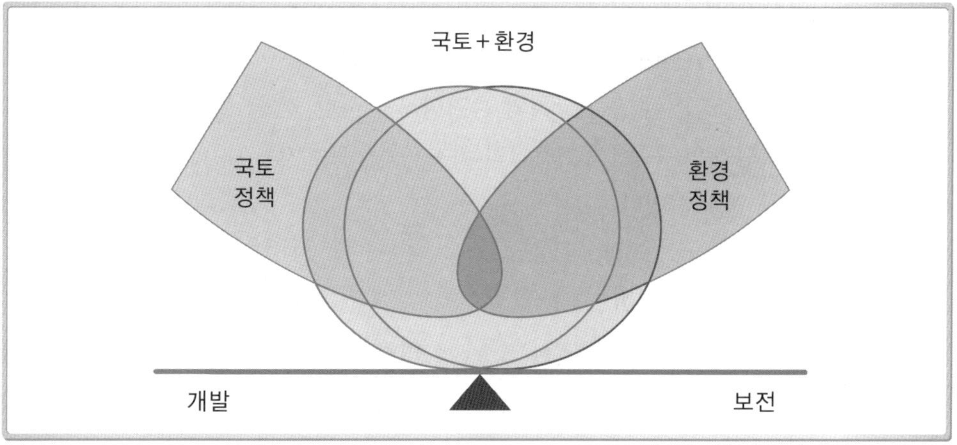

자료: 최영국, "지속가능한 발전을 위한 환경정책과 국토정책의 조화방안," OECD 환경성과 평가보고서 발간기념세미나 자료집, 2006. p. 84.

이를 통하여 국토정책과 환경정책은 지속가능한 국토관리라는 공동의 목표를 달성할 수 있을 것이며, 궁극적으로는 개발과 보전의 통합이 실현될 것이다.

2. 개발과 보전의 통합 과제

(1) 지속가능한 환경을 위한 국토정책의 추진

1) 자연환경보전지역의 체계적 관리

현재 국토 및 환경정책에서 가장 체계적인 관리가 요구되는 대상의 하나는 「국토의 계획 및 이용에 관한 법률」에 의하여 지정되는 자연환경보전지역이다. 자연환경보전지역은 성격상 대부분 산림으로 구성되어 있다. 그러나 산림 가운데 준보전(準保全)산지는 산림담당 부서에서 지정되고 있으나 이의 개발과 이용은 다른 법률에 의하여 결정되고 있다. 따라서 지정부서와 개발 및 이용부서가 서로 다르기 때문에 자연환경보전지역에 대한 국토차원의 종합적 접근이 어려운 실정이다. 개발과 보전의 조화를 추구하는 국토정책과 환경정책이 상생하기 위해서는 자연환경보전지역을 환경과 국토차원에서 함께 다루어야 할 것이다.

용적률과 건폐율 등의 규제에 의한 단순한 개발강도(開發强度)를 제시하는 수준에서 자연환경보전지역의 관리가 이루어지는 것은 아니다. 왜냐하면 상당수의 대규모 개발

이 바로 자연환경보전지역에서 개발용도로 전용되어 이루어지고 있기 때문이다. 다양한 보호지역을 설치한다고 자연환경보전지역이 모두 보전되는 것은 아니다. 아직까지 관리의 손길이 미치지 못하는 자연환경보전지역이 많으므로 이곳을 관리하기 위한 정책과 수단, 그리고 세밀한 제도적 장치의 마련이 시급하다. 예를 들면, 국토정책차원에서의 보호지역 간 규제의 중복, 보호지역의 위계(位階), 보호지역 내 및 주변의 개발강도와 내용 등을 다룰 필요가 있다.

2) 관리지역의 체계적 관리

관리지역은 토지적성평가(土地適性評價[8])에 의하여 보전, 생산, 계획관리지역으로 세분하도록 규정되어 있다. 보전관리지역은 자연환경보전지역, 생산관리지역은 농림지역, 그리고 계획관리지역은 도시지역과 유사한 용도로 관리된다. 관리지역의 구분을 위한 토지적성평가는 도시관리계획을 수립할 때 토양, 입지, 활용가능성 등 토지의 현재 특성을 종합하여 보전가치가 높은 지역을 선정하고, 동시에 보전축(保全軸)을 우선적으로 선별하여 구축한 후 개발가능지를 찾아 토지이용계획 등의 개발관련 계획을 수립하도록 유도하는 제도이다.

그러나 자연생태 관련 자료의 부족과 개발 적합성 판단 위주의 접근방법으로는 토지의 생태적 특성을 파악하는 데에는 한계가 있다. 토지의 적성을 제대로 평가하기 위해서는 토지의 자연생태적 특성에 대한 기초자료가 충분히 구비되어 있어야 함에도 불구하고 아직까지 이에 대한 준비는 매우 부족한 실정이다. 현재는 생태자연도와 국토환경성검토 자료 등을 활용할 수밖에 없으나 이 정보를 토대로 토지의 구체적 생태특성을 파악하기에는 역부족이기 때문에 토지적성평가 결과가 한계를 지닐 수밖에 없다.

따라서 부족한 정보를 보강함과 동시에 만족할 만한 기초정보가 구축될 때까지 한시적으로 토지적성평가제도를 활용하되, 명확한 구분이 어려운 곳은 유보지역으로 남겨 두는 것을 검토할 필요가 있다. 현재 토지적성평가의 내용은 개발과 보전을 구분하여 개발적성, 보전적성, 농업적성 등 토지의 이용 및 보전필요성 정도를 등급화하고 있으나 이 등급화의 기준은 여전히 토지의 경제적 이용에 중점을 두고 있다. 자연환경 본

---

8) 토지적성평가는 토지가 지닌 물리적, 입지적, 사회경제적 특성을 종합적으로 고려하여 토지의 적성을 평가하는 제도로서 도시관리계획수립의 기초정보를 제공하게 된다. 여기에서 물리적 특성은 경사도, 표고, 토양적성등급, 재해발생위험지역을 포함한다. 입지적 특징으로서는 기개발지와의 거리, 도로와의 거리, 공공편익시설과의 거리, 보전지역과의 거리 등을 포함한다. 사회경제적, 그리고 토지이용특성으로는 도시용지비율, 인근 용도 간 불부합성, 지가 변동률, 농업진흥지역비율 등을 포함한다. 이상과 같은 다양한 요소를 중심으로 토지의 적정한 보전 및 이용가능성을 평가하고 계층화하여 개발과 보전대상을 구분한다.

래의 가치를 감안하는 '적성평가'를 위해서는 2단계로 나누어 추진될 필요가 있다. 먼저 토지의 생태적 가치위주에 의하여 토지의 특성을 평가하고, 그 다음에 생산과 개발 등 필요한 용도를 판단하는 것이 바람직하다.

3) 토지의 효율적 이용

토지자원의 불가역성(不可逆性)을 고려하여 개발에 필요한 토지는 이미 개발된 곳을 최대한 활용할 필요가 있다. 이를 위하여 용도지역별 개발강도에 대한 신축적인 적용범위의 구축이 요구된다. 같은 용도지역에서 주변 여건에 따라 개발밀도와 층수 등을 조정할 수 있는 방안과 수단[9] 등은 이미 다양하게 제시되고 있다. 그러나 이러한 제도를 본격적으로 추진하기 위해서는 개발과정에서 악용될 소지를 사전에 제거할 수 있는 다양한 수단이 먼저 마련되어야 할 것이다.

국가의 경제발전과 국민의 편리하고 안전한 생활을 영위하기 위해서는 도시적 용도의 토지수요는 계속 증가할 것이다. 그러나 도시용지의 늘어나는 수요는 이미 개발된 토지의 집약적 이용을 도모하여 충당하거나 아니면 산지와 농지에서 공급될 수밖에 없다. 따라서 산지와 농지를 도시용지로 전용할 때 필요한 용지를 계획적으로 공급할 수 있는 체계가 마련되어야 하며, 전용될 토지를 조사하는 과정에서 개발과 보전의 관점이 함께 배려될 수 있는 틀이 마련되어야 할 것이다. 즉, 산지를 개발용도로 활용할 때 가능한 한 산지의 지형이 유지되도록 하고, 산지와 농지가 개발로 전용되는 면적에 상응할 정도의 광역녹지축과 녹지기반시설을 계획적으로 확보하는 노력이 필요하다. 이 과정에서 녹지축을 유지하고, 상실되는 자연적 조건을 대신할 새로운 자연자원(ecosystem services)이 계획적으로 조성되어야 할 것이다. 예를 들면, 미경작지(未耕作地)와 나대지(裸垈地) 등에 숲을 조성하고, 또는 평지에 숲을 조성하여 임업경영의 효율성과 함께 광역녹지축 형성을 위한 공간으로 활용할 수 있는 방안이 검토될 수 있다.

4) 개발대상지역의 확보 및 개발방식의 전환

현재 개발대상지역을 결정할 때에는 관련 제도에서 규정하고 있는 기준이 최대한 적용되고 있다. 따라서 각종 보호지역과 생태자연도 1등급 등 주요 보호대상 지역은 개발에서 제외되고 있으나 기타 일반지역은 비교적 쉽게 개발대상 지역으로 제공되고 있다. 이는 국토개발의 관점에서 필요한 토지를 쉽게 확보할 수 있다는 인식이 팽배하였

9) 이 수단에는 개발권양도제, 계획단위개발, 토지신탁 등이 포함된다.

던 측면도 있으나 그동안 환경보전의 관점에서 이러한 과정을 소홀히 다루어왔기 때문이기도 하다. 관련 법규에 의하여 지정된 자연환경보호대상과 보호종(種) 등을 위한 보전정책은 제대로 추진되어 왔으나 제도적으로 보호대상이 아닌 일반 자연환경을 보전할 수 있는 환경정책[10)]은 미진하였다.

특히 도시지역에서 개발가능지를 확보할 때 표고와 경사 등의 물리적 여건에 의하여 개발이 불가능하거나 지형조건에 의하여 공사비용이 과다한 지역을 제외하고, 나머지를 모두 개발가능지로 판단하고 있는 기존의 방법은 개선되어야 할 것이다. 이를 위해서는 토지생태적 특성에 관한 기초정보의 구축을 전제로 보전대상지역을 우선적으로 설정하고, 도시지역 내의 녹지체계를 구상하는 접근방법이 필요하다.

(2) 지속가능한 개발을 위한 환경정책의 추진

1) 환경정책 영역의 확대

지속가능한 환경은 국토 전체를 대상으로 환경정책을 추진할 때 가능하다. 환경정책은 환경의 질을 개선할 뿐만 아니라 국토의 관점에서 쾌적한 국토공간과 국토생태계의 건강성을 확보하는데 필요한 수단이 제시되어야 할 것이다. 따라서 환경정책은 국토개발과정에서 발생할 수도 있는 보호지역과 보호종 등의 감소를 사전에 예방하거나 오염원의 감축에 국한된 영역에서 탈피할 필요가 있다. 우리 주변에 있는 자연도 환경정책의 주요 대상이 되어야 한다. 환경정책의 영역이 한정된 지역과 대상에서 국토 전체로 확대될 경우, 도시지역의 개발에 의한 자연환경의 훼손문제도 자연스럽게 환경정책의 한 부분으로 다루어질 수 있다.

국토개발과 환경보전의 통합을 위하여 국토정책은 개발에 따른 환경훼손문제를 깊이 있게 다루어야 하고, 반면에 환경정책은 환경훼손문제를 포함한 친환경 국토정책이 추진될 수 있도록 길잡이 역할을 수행해야 할 것이다. 이를 위해서는 환경정책의 영역을 확대하고, 환경정책과 국토정책을 추진하는 과정에서 상호 보완적인 역할이 강화되어야 할 것이다.

---

10) 생태자연도 작성, 사전환경성검토 또는 환경영향평가, 그리고 최근의 생태면적률 등은 보호대상 뿐만 아니라 일반적인 자연환경을 대상으로 하고 있으나 이는 개발에 대응한 적극적인 관점이 아니라 이미 결정된 개발대상지의 자연환경을 배려하는데 소홀하였다는 의미이다.

2) 지역중심의 환경정책 추진

지금까지 환경정책은 중앙정부의 주도로 추진되어 왔다. 대기오염과 수질오염 등 대부분의 환경문제는 공간적으로 여러 지방자치단체에 걸쳐 있기 때문에 중앙정부에서 조정하고 통제하는 것이 효과적이었다. 그러나 지역마다 환경여건이 다르므로 환경기준 및 환경규제의 범위와 방법 등을 달리 규정하는 것이 더욱 효과적인 결과를 가져올 수 있다. 환경압력을 크게 받고 있는 지역은 그 지역의 특수한 여건을 반영한 추가적인 환경보전조치가 취해져야 할 것이다. 이러한 측면에서 중앙정부는 환경정책의 큰 틀과 제도적 장치를 수립하여 각 지역의 환경정책을 지원하되, 구체적이고 실질적인 정책은 지역적 특성과 주민의 의견을 수렴하여 지방자치단체에서 집행하는 것이 보다 효율적일 수 있다. 따라서 지역중심의 환경정책을 추진하기 위해서는 환경행정의 많은 부분이 지방으로 이양(移讓)[11]되어야 할 것이다. 환경정책의 거버넌스(governance)체계가 중요한 이유가 여기에 있다(그림 4-2).

그림 4-2 **중앙정부와 지방자치단체의 협력을 통한 환경행정**

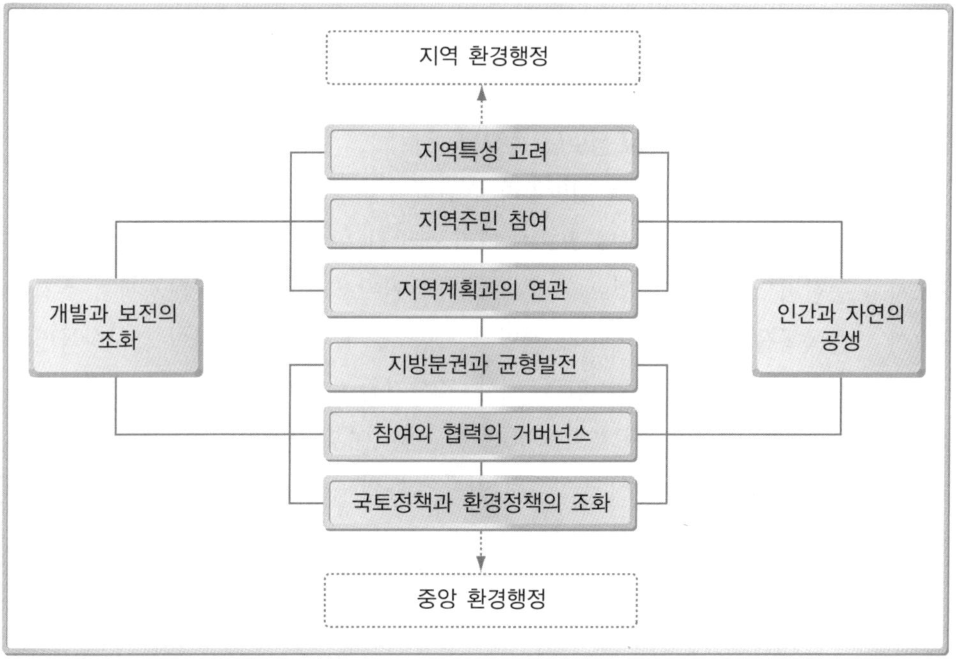

자료: 최영국, 전게서, 2006. p. 88.

11) 중앙정부는 국토차원에서 다루어야 할 분야, 지역에서 추진하는 사업 중 중앙에서 지원이 필요한 분야, 토지와 관련된 분야, 그리고 환경과 관련된 업무 등을 중심으로 환경행정을 추진하는 것이 바람직하다. 예를 들면,

3) 환경복원과 회복

지금까지 훼손된 자연환경의 복원과 회복을 위해서는 훼손된 외양만 치유하는 것이 아니라 환경에 미친 영향을 종합적으로 분석하고 평가하여 근본적인 대책을 강구하는 것이 중요하다. 환경을 복원하고 회복하는 것은 국토개발과정에서 나타난 환경훼손을 치유함으로써 생태계 구성요소 간의 연결성을 강화하고, 궁극적으로는 건강한 생태계를 유지하기 위한 수단이다. 이는 향후 개발과 보전의 조화를 달성하기 위한 초석을 마련하는 계기가 될 수 있다.

환경복원과 회복은 자연생태계의 흐름을 토대로 추진하되, 회복을 위한 또 다른 자연훼손이나 시설을 설치하는 행위가 발생하지 않도록 관련 계획의 수립과 기술개발 등 철저한 사전준비가 필요하다. 환경회복은 환경훼손의 원인을 규명함과 동시에 대상지역 주변의 토지이용, 식생, 동물서식처, 바람, 기후, 물의 흐름, 토양, 녹지체계 등에 관한 기초정보를 먼저 구축한 후에 추진되어야 할 것이다. 환경회복에 대한 계획과 방법은 대상지역의 도시계획과 연계하여 검토하되, 환경보전뿐만 아니라 토지이용과 주변지역의 개발을 고려하면서 진행하는 것이 중요하다.

(3) 국토정책과 환경정책의 협력

1) 국토와 환경에 대한 기초정보 공동작성

현재 국토정책과 환경정책을 뒷받침하기 위하여 다양한 조사[12]가 각 해당기관에서 실시되고 있다. 그러나 각 부문별 필요에 따라 산발적으로 이루어지고 있는 다양한 기초조사를 종합적으로 조정할 필요가 있다. 국가차원에서 국토정책과 환경정책 추진에 필요한 정보목록을 공통 조사항목과 개별 조사항목으로 먼저 구분하여 조사항목별로 구체적인 내용, 주체, 시기, 방법, 인력, 예산, 조사지원 행정체계 등을 포함한 공간단위별 통합조사계획의 수립이 필요하다. 기초조사 실시 이후 자료를 목록(目錄)과 도면(圖面)으로 정리함으로써 두 정책이 공동으로 이를 공유할 수 있을 것이다. 기초정보의 통

대형국책사업 관련 환경문제, 국토생태네트워크 구축, 환경복원과 회복을 위한 기술개발 및 지원, 기초정보 구축, 토양, 물, 대기 등 기초자원의 질 제고, 지구환경 및 인접국과 연관된 환경문제, 남북환경정책 협력, 생태관광과 생태하천조성의 관련 업무 등이 포함될 수 있다.

12) 국토정책 관련한 기초조사는 국토기본법 제25조에 의한 국토조사(기본조사, 토지분류조사, 자원조사, 특별조사)를 비롯하여 국토계획법에 의하여 각 계획단계별로 실시되고 있다. 환경정책 관련한 기초조사는 자연환경(자연환경보전법 제32조), 생활환경(대기환경보전법 제3조), 국토환경(환경정책기본법 제5조) 전반에 걸쳐 각 환경부문별 측정, 조사에 대한 내용규정과 조사계획 수립에 관한 사항을 법에서 규정하고 있으며, 6개 부문(자연환경, 수질, 대기질, 소음진동, 폐기물, 국토환경일반)에 걸쳐 15개 유형의 현황조사에 관한 규정을 두고 있다.

합조사와 공유는 개발과 보전을 통합하는 출발점이 될 수 있다.

2) 시각적 및 생태적 우수경관의 조성

도시계획은 부문계획의 일환으로 경관계획의 작성을 요구하고 있다. 반면에 환경정책은 보호지역과 그 주변지역의 개발에 따른 자연경관영향에 대한 심의지침을 마련하여 시행하고 있다. 경관에 대한 업무를 살펴보면 도시지역[13]은 국토정책에서, 보호지역과 주변은 환경정책에서 주로 담당하고 있다. 그러나 경관업무를 공간적으로 나누는 것보다는 경관의 내용적 범위로 구분하여 바람직한 경관조성을 위한 협력방식이 보다 효과적일 수 있다. 예를 들면, 국토정책은 개발에 의한 자연환경변형 및 시설물과의 시각적 경관(visual landscape)을 담당하고, 환경정책은 개발에 의한 자연환경변형과 시설물 설치에 따른 자연생태계에 미치는 생태적 경관(ecological landscape)을 다루는 것이 바람직하다.

3) 광역녹지체계의 구축

국토계획과 환경계획 모두 광역녹지축에 대한 계획을 수립하고 있다. 그러나 대부분의 경우, 녹지축에 대한 계획을 수립하는 것으로 그치고 있으며, 녹지축이 개발이나 보전과 어떻게 연관성을 가지고 있는지는 제시되지 못하고 있다. 이는 두 정책에서 인정할 수 있는 협의된 광역녹지축이 설정되지 못하였기 때문이며, 이를 설정할 때 그 근거와 개념이 서로 다르기 때문이다. 광역녹지축을 구축하기 위해서는 개발논리와 보전논리를 벗어나 국토생태계의 건강성 확보를 위한 녹지[14] 구축방향에 대한 논의가 필요하며, 광역녹지축에 대한 공동작업이 진행된다면 환경민감지역(environmentally sensitive area)을 함께 설정할 수도 있다.

---

13) 도시지역 내 에 보호지역이 포함되어 있을 경우, 그 부분은 자연경관영향심의 대상이 된다.

14) 여기의 녹지는 식생이나 산림만을 의미하는 것은 아니며, 하천과 경작지 등도 포함된다.

제 3 절 공간계획과 환경계획의 연계

1. 외국사례[15)]

(1) 독일

1) 공간계획체계 및 주요 내용

독일의 공간계획체계는 연방정부에서 수립하는 국토계획(Raumordnungsprogram), 연방정부의 법령 및 계획에 따라 주(州)정부에서 수립하는 주발전계획(Landesentwicklungsplan), 주정부와 지방정부의 협조에 의하여 수립되는 지역계획(Regionalplan), 그리고 상위 정부계획을 수용하여 지방자치단체에서 수립하는 건설지침계획(Bauleitplan) 등으로 구분된다. 건설지침계획은 그 역할과 성격에 따라 다시 상위의 토지이용계획(Flächennutzungsplan)과 하위의 지구상세계획(Bebauungsplan)으로 구분되며, 지자체에 따라서는 건설지침계획의 상위계획으로 도시발전계획을 수립 · 운용하기도 한다.

모든 하위계획은 상위계획을 준수해야 하는 법적 의무가 있으며, 반대로 모든 상위계획은 하위계획을 존중해야 한다. 국토계획의 종류가 많은 독일에서는 이와 같은 상 · 하위계획 간의 상호교차원칙에 따라 각 단계별로 계획 간의 일관성을 유지하고 있다.

(가) 국토계획

국토계획은 연방정부가 주관하는 계획이나 주정부와 합의하여 작성되며, 최상위 공간정책으로서의 위상을 갖는다. 이 계획은 원칙적으로 20년을 계획기간으로 하고, 5년마다 재검토 과정을 거친다. 그러나 합의과정의 어려움 등으로 인하여 1966년에 최초의 계획이 수립된 적이 있고, 통일 후 두 번째 계획이 수립된 것이 그 동안 실적의 전부다.

(나) 주(州)발전계획

주발전계획은 국토계획의 지침을 수렴 · 발전시켜서 작성하는 주(Land)의 최상위 공간계획이다. 주발전계획의 내용은 주 전체에 대한 공간구조계획 즉, 고밀개발지역, 고밀개발지역의 주변지역, 농촌지역, 농촌지역 내 고밀개발지역에 대한 계획과 주차원의

15) 최영국 외, 국토계획과 환경계획체계의 연계방안, 국토연구원, 2002, pp. 85-113, 134-137.

중심지역, 지역중심지역, 개발축, 특정개발지역에 대한 내용을 담고 있다. 주발전계획은 주의 장기적인 발전방향과 아울러 각종 하위계획에 대한 지침을 제시하며, 대개는 10개년 계획으로 수립된다.

(다) 지역계획

지역계획은 주계획을 보다 구체화한 계획으로서 주정부와 해당 지역 내의 관련 중간자치단체(Kreis, Kreisfreie Stadt)가 협의하여 수립한다. 지역계획은 지역의 발전과 공간정비를 위하여 국토계획 및 주계획의 원칙과 목표를 포함시켜야 하며, 「연방국토건설 · 계획법」 제2조에 의한 국토정비의 원칙과 주발전계획에서의 국토정비 및 주계획의 원칙, 목표 등을 포함하고 있다. 궁극적으로 지역계획은 국토계획 및 주발전계획의 목표를 실현하기 위하여 필요한 구체적 계획이다. 따라서 지역계획은 최하위의 공간계획인 지자체의 건설지침계획 및 도시발전계획의 지침역할을 수행한다.

(라) 건설지침계획

독일은 「기본법」에서 지자체(Gemeinde)는 건설지침계획을 의무적으로 수립해야 한다고 명시하고 있으며, 기본법의 정신에 따라 「건설법전」 제1조에서 지자체는 도시적 개발과 관리가 필요할 때에는 즉각 건설지침계획을 수립하도록 규정하고 있다. 건설지침계획은 두 가지 유형으로 구분된다. 하나는 지자체 발전의 골격을 제시하는 토지이용계획(Flächennutzungsplan)으로서 우리나라의 도시기본계획과 도시관리계획의 성격을 띠고 있으며, 다른 하나는 개발행위의 통제를 목적으로 수립되는 지구상세계획(Bebauungsplan)으로서 우리나라의 도시관리계획 및 지구단위계획과 유사하다(표 4-1).

2) 환경계획체계 및 주요 내용

독일에서 자연과 경관의 보호 및 관리를 위하여 수립하고 있는 경관관련계획은 주차원의 경관생태프로그램, 지역차원의 경관생태기본계획, 그리고 도시차원의 경관생태계획과 녹지정비계획 등 3단계로 구성되어 있다. 경관관련계획은 공간계획체계와 분리되어 독자적인 계획수립절차를 거치면서 공간규모별로 체계화되어 있으며, 이러한 경관관련계획은 다음의 두 가지 주요 역할을 갖고 있다. 첫째는 자연보호 및 옥외공간에서의 여가 · 휴양을 위한 부문계획으로서의 역할이고, 둘째는 종합개발계획의 성격을 갖고 있는 국토계획(특히 건설기본계획)과 다른 부문계획을 수립할 때 자연보호 및 경관관리의 목표를 포함하도록 하는 역할이다.

(가) 경관생태프로그램(Landschaftsprogramm)

경관생태프로그램은 주발전계획에 상응하는 상위계획으로서 16개 각 주(州)의 자연보호 및 경관관리를 위한 목표와 필요조건을 제시하고 있다. 보통 경관생태프로그램과 관련된 사항은 1:200,000 이상의 대축척(大縮尺) 도면상에 표현되기 때문에 계획의 공간적 구체성이 떨어지며, 목표의 실현을 위한 방향제시 정도의 계획내용으로 제한된다. 주마다 주의 여건에 따라 주자연보호법에 명시된 규정을 토대로 계획의 적용범위와 내용을 달리한다.

표 4-1 독일의 공간계획 및 정책체계

<table>
<tr><th>주 체</th><th colspan="2">정책 및 계획</th><th>특기 사항</th></tr>
<tr><td rowspan="2">연방정부</td><td colspan="2">법령제정</td><td>• 국토계획법(1965), 건설법전(1962, 1985), 건축용도령(1962, 1968), 계획표기령(1965) 등</td></tr>
<tr><td colspan="2">국토계획</td><td>• 최상위 공간계획으로 현재 제 2차 계획을 수립하여 시행 중</td></tr>
<tr><td rowspan="3">주정부</td><td colspan="2">법령제정</td><td>• 주 계획법(주마다 상이), 주 건설령(주마다 상이), 주의 최상위 공간계획</td></tr>
<tr><td colspan="2">주발전계획</td><td>• 국토계획을 수렴 발전시킴</td></tr>
<tr><td colspan="2">지역계획</td><td>• 주정부와 중간단위 자치단체(Kreis)의 공동작업에 의해 수립</td></tr>
<tr><td rowspan="3">지자체
(Gemeinde)</td><td rowspan="3">건설지침계획</td><td>도시발전계획*</td><td>• 대도시에서 주로 수립하는 장기적 종합적 계획으로서 임의적 계획</td></tr>
<tr><td>토지이용계획</td><td>• 예비적 건설지침계획, 행정구역 전역을 대상으로 수립</td></tr>
<tr><td>지구상세계획</td><td>• 구속적 건설지침계획, 행정구역내 일부지구를 대상으로 수립, 필지 단위로 대단히 상세하게 계획</td></tr>
</table>

주: *도시발전계획은 인구 규모가 비교적 큰 도시에서 당해 도시의 경제, 사회, 물적 측면을 포괄하는 종합계획이면서 거시적 계획이다. 따라서 이 계획은 건설지침계획의 상위계획으로서의 역할을 수행하고 있으나 모든 도시가 반드시 수립해야할 의무는 없다.

자료: 최영국 외, 국토계획과 환경계획체계의 연계방안 연구, 국토연구원, 2002, p. 92. 재인용.

(나) 경관생태기본계획(Landschaftsrahmenplan)

경관생태기본계획은 지역계획에 상응하는 계획으로서 주의 일부지역에 대한 경관관련계획이다. 경관생태기본계획은 1:50,000 또는 1:100,000 축척 도면상에 표현되며, 경관생태프로그램에서 설정한 목표와 원칙을 내용적, 그리고 공간적으로 구체화하는 기능을 가지고 있다. 따라서 이 계획은 지역의 자연보호, 경관관리, 휴양기능 등에 대한 내용을 다루고 있으며, 지역개발을 추진할 때 지역의 환경적 특성을 배려하도록 기본방향을 제시하고 있다. 이 계획은 비오톱(Biotope) 네트워크 시스템을 구축하기 위한 기본 조건을 공식화하고, 환경영향평가를 위한 기본적 근거로서 중요한 역할을 담당한다. 또한 이 계획은 동 · 식물 서식처 영향평가를 통해서 자연보호지역시스템 구축을 위한 대상지역의 평가에 중요한 근거자료가 될 수 있다.

(다) 경관생태계획(Landschaftspläne)

경관생태계획은 공간적 종합계획의 성격을 갖고 있으며, 건설기본계획(토지이용계획)에 상응하는 계획이다. 이 계획은 보통 건설지침의 틀 안에서 각 지자체별로 상이한 규정에 의하여 지자체의 전체구역을 대상으로 입안되며, 해당 지자체에서만 구속력을 지닌다. 또한 이 계획은 광역적 상위계획인 경관생태프로그램 및 경관생태기본계획의 내용을 토대로 축척 1:5,000~1:10,000의 도면상에 공간적 · 내용적인 측면에서 좀 더 구체적으로 표현된다.

(라) 녹지정비계획(Grünordnungsplan)

녹지정비계획은 계획체계상에서 법적 구속력을 갖는 지구상세계획에 상응하는 환경계획이다. 그러므로 이 계획은 일부 지구에 대한 경관의 변경 및 훼손에 대하여 경관생태적 차원에서 보호 · 관리하기 위한 사항을 포함하고 있다. 녹지정비계획의 주요 내용[16]은 상위계획인 경관생태계획, 토지이용계획 등의 검토, 현황조사 및 평가, 지구상세계획에서 예상되는 환경훼손 및 오염 등에 대한 침해규정 사항 등을 포함하고 있다. 이 계획은 축척 1:500~1:2,000 도면에 공원녹지시설, 정원, 공원, 놀이터 등의 오픈 스페이스계획과 도시설계에 관한 사항을 포함한다.

3) 공간계획과 경관생태계획의 연계

독일은 1960년대 이후 도시화가 확산되면서 보호해야 할 지역까지 인접하여 개발의 필요성이 제기되었으며, 보호구역 내에서도 도로를 개설해야 하는 등의 문제가 발생하면서 보호관리정책을 추진하는데 한계를 나타내었다. 이 시기에는 토지이용을 경관생태학적으로 다루고자 하는 관점이 부각되면서 자연보호와 경관에 대한 시각이 달라지기 시작하였다. 즉, 공간계획은 생태적 개념을 바탕으로 수립하는 것이 바람직하다는 인식을 갖게 되었다.

---

16) 녹지정비계획에 대한 내용은 연방자연보호법에 분명하게 명시되어 있지 않고, 국지적 · 장소적 수준의 계획수단으로서 대부분 주(州)자연보호법에서 규정하고 있다.

1976년 「연방자연보호법」이 수정 · 보완되면서 공간계획과 연계되는 환경계획으로서 경관관련계획이 출현하였다. 법 개정 이후 독일의 경관관련계획은 하나의 독립계획이면서 동시에 모든 공간계획 체계의 횡단계획(橫斷計劃, cross-section oriented planning)[17]으로서 상 · 하위의 모든 국토계획에서 일관되게 자연보호 및 경관관리의 목표를 실현할 수 있는 핵심적 역할을 수행하고 있다.

(가) 환경성 강화를 위한 제도적 근거

독일의 「연방자연보호법」, 「연방국토건설 · 계획법」, 「건설법전」 등 계획 관련법은 공간계획이 친환경적으로 수립될 수 있도록 거의 강제적 수준의 제도적 장치를 포함하고 있다. 그 내용을 살펴보면 첫째, 「건설법전」 제1조 1a는 경관관련계획과의 연계, 자연침해규정, 환경영향평가, 동식물 서식처 보호에 관한 평가 등을 규정하고 있다. 둘째, 「연방자연보호법」 제21조는 건설관련법과의 관계를 명확하게 밝힘으로써 건설지침계획에서 환경의 중요성과의 직접적인 연계를 법적으로 규정해 놓고 있다. 마지막으로 「건설법전」 제204조 1항은 건설지침계획에서 환경친화적인 계획을 유도하기 위한 제도적 장치로서 인접 지자체와의 계획의 상호조정 절차를 통한 계획내용의 일관성 유지와 상 · 하위 계획주체들의 계획과정 참여를 의무적으로 규정하고 있다.

(나) 자연침해규정(Eingriffsregelung)

이 규정은 공간계획이 환경과 조화를 이루어야 한다는 점을 원칙적 수준18)에서 제시하고 있을 뿐만 아니라 자연침해(自然侵害)를 일으키는 개발사업에 대하여 구체적인 제재를 가할 수 있는 장치이다. 이러한 장치를 「자연침해규정」이라고 부르는데, 이는 각종 개발사업으로부터 발생하는 자연환경 및 경관의 침해[19]를 지역의 특성에 적합하게 최소화하거나 복원하도록 규정하고 있다.

개발사업에 대한 자연침해규정은 「연방자연보호법」이외에도 약간의 차이는 있으나 각 주의 「자연보호법」에도 명시되어 있다. 그 내용은 주로 개발사업의 불가피성과 환경의 적합성 여부에 따라 대상지의 개발 여부를 결정하고, 개발에 따른 자연침해를 최소

17) 공간 위계상 모든 단계의 국토계획에 상응하는 경관생태계획이 존재하며, 각 수준의 경관생태계획의 내용이 국토계획을 수평적으로 가로지르며 공간계획의 바탕이 된다는 의미에서 경관생태계획을 '횡단계획'(또는 측도(測度)계획)이라 지칭하기도 한다.

18) 연방국토건설 · 계획법 제2조에서는 독일연방 전 국토에서 개발지역과 보전지역을 상호 조화로운 구조 속에서 발전시켜야 함을 강조하면서 총 15가지 원칙을 법적으로 규정하고 있다.

19) 연방자연보호법에서 자연 및 경관에의 침해는 토지의 용도와 형태를 변경하거나 건강한 토양층 형성과 관련이 있는 지하수위의 변경, 자연계의 기능이나 경관을 현저하게 침해하는 것을 말한다(제18조 1항).

화하거나 복원할 수 있는 조치로서 회피, 보상, 대체, 대체비용지불 등을 취하도록 요구하고 있다.[20] 이러한 「자연침해규정」은 공간계획 관련법에서도 언급되고 있다. 즉, 자연과 경관에 예상되는 침해에 대해서는 이에 대한 방지 및 대체 계획을 사전에 제출하여 개발에 따른 환경훼손을 계획수립단계에서부터 고려하도록 유도하고 있다.

(다) 계획체계의 통일

공간계획이 행정체계에 따라 단계별 위계를 갖고 있는 것과 같이 경관관련계획도 각 단계별 상위계획을 토대로 계획이 수립되고 있다. 특히 두 계획체계 간에 상호 내용을 연계할 수 있도록 〈그림 4-3〉과 같이 경관관련계획은 공간계획과 동일한 단계의 계획체계를 가지고 있다.

한편 도시계획과 경관관련계획에서 다루는 사항은 같은 골격을 지니고 있다. 도시계획은 주로 도시개발사업, 도시계획시설의 설치, 용도지역지정 등 세 가지로 요약할

그림 4-3 독일의 공간계획과 경관계획 연계

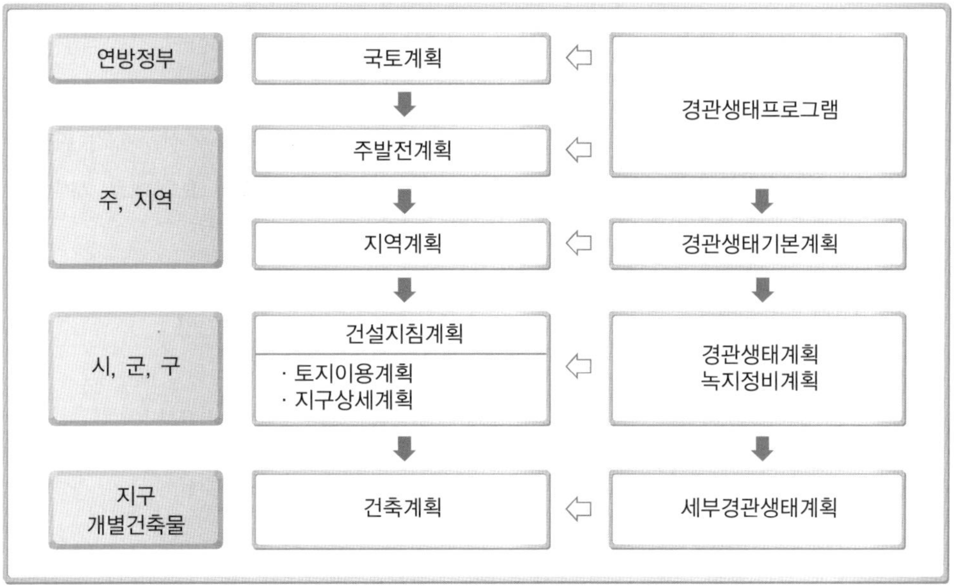

자료: 최영국 외, 전게서, 2002, p. 101.

20) 자연침해는 원칙적으로 피해야 하고(회피), 피할 수 없는 침해에 대해서는 보상, 대체, 대체비용지불 등의 조치를 취해야 한다. 보상은 자연계의 침해된 기능을 다시 재생시키거나 경관을 재생하는 조치를 말하고, 대체는 그 밖의 방법으로 자연계의 침해된 기능을 같은 방법으로 대체하거나 경관이 새롭게 창출되는 조치를 말한다. 또한 보상할 수 없거나 대체가 되지 않는 침해일 경우, 대체비용을 부가할 수 있는데 이를 대체비용지불이라 한다(연방자연보호법 19조).

수 있다. 반면에 경관관련계획은 경관보전 및 복원사업, 도시 비오톱(biotope) 설치, 보호대상구역 지정 등을 다루고 있어 개발사업, 시설설치, 지역지정 등의 측면에서 도시계획과 같은 틀로 구성되어 있기 때문에 상호 보완적인 관계를 유지할 수 있다.

(라) 협의에 의한 연계 추진

외형적으로는 비오톱 지도가 경관관련계획을 공간화 하여 토지이용계획과 연계를 가능하게 하는 기본적인 기능을 수행하고 있으나 실질적인 연계의 고리는 두 분야 간의 충분한 '협의(協議)'[21]라고 할 수 있다. 이 협의는 계획의 주체가 함께 토론하며, 주민의견을 함께 수렴하고, 기초조사도 같이 실시하며, 서로 의견이 충돌하는 문제에 대해서는 충분히 협의하는 과정을 거쳐 공간계획에 경관관련계획의 내용이 적극 반영될 수 있도록 하고 있다.

협의의 과정은 주로 보전을 요구하는 그룹이 개발에 포함하기를 요구하는 그룹에게 구체적인 보전의 근거와 당위성을 비오톱 지도와 각종 조사내용으로 제시하면, 이를 바탕으로 협의를 통하여 보전, 개발, 또는 일부 보전 등을 판단하여 비오톱 지도에 표시하게 된다. 상호 협의가 이루어지지 않은 부분은 '유보지역'으로 분류하여 지속적인 협의의 대상으로 남겨둔다. 보전을 원하는 측에서는 계속적인 자료 등을 수집하고 협의하여 다음 기회에 다시 보전대상으로 요구하거나, 아니면 보전의 필요성을 강조하기 위한 추가적인 기초정보의 확보가 어려울 경우에는 해당지역을 개발 측의 요구대로 개발계획에 포함시키게 된다.

(2) 일본

1) 국토계획체계[22]

일본은 2005년 7월 국토계획 관련법을 개정하여 국토계획체계를 전반적으로 개편하였다. 현재 일본의 국토계획체계는 전국을 대상으로 하는 국토형성계획과 광역단위

---

21) 협의의 형태는 '통합', '독립', '병행' 등 각 주마다 조금씩 다른 형태를 보이고 있다. 통합 형태는 두 개의 계획을 완전히 통합된 형태로 하나의 계획으로 수립하는 형태로서, 지자체가 경관생태계획의 수행기관이면서 동시에 건설기본계획의 수행기관이 된다. 따라서 통합된 체계에서는 경관생태계획의 내용(결과)이 토지이용계획안에 기술되며, 실제적 구속력을 갖는 지구상세계획 안에 녹지정비계획의 내용으로 확정된다. 독립 형태는 공간계획과 별도로 경관관련계획을 수립하여 공간계획에서 경관관련계획을 받아들이도록 하는 형태이다. 한편, 병행 형태는 별개의 계획을 수립하지만 내용적으로는 서로간의 협의를 통하여 조정된 형태의 계획을 제시하는 경우로서, 경관생태계획이 조례나 명령에 의한 법적 구속력을 가지며, 지구상세계획과 경합(경쟁)이 발생할 수 있다. 이러한 모델은 도시이면서 하나의 주(州)인 Berlin, Hamburg, Bremen, Nordhein-Westfalen에서 볼 수 있다.

22) 김진범, "일본 광역지방계획의 주요내용과 시사점," 국토정책 Brief, 제245호, 국토연구원, 2009.

그림 4-4 일본의 국토계획체계 개편

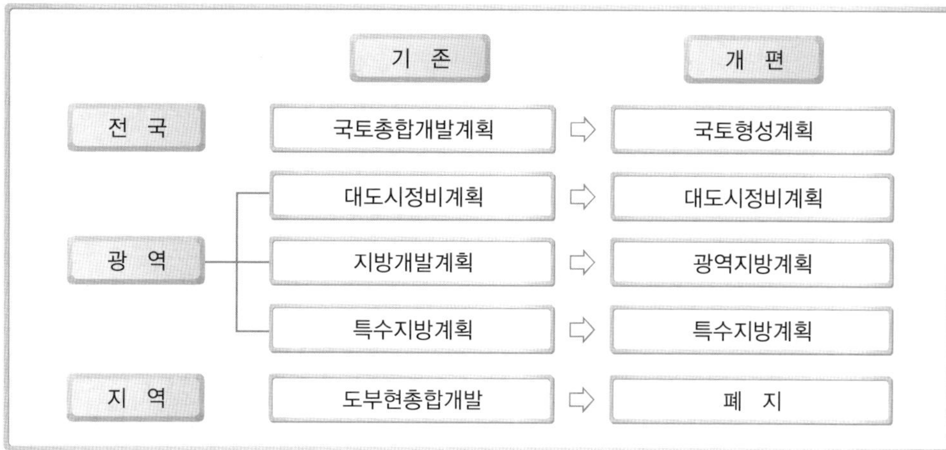

의 광역지방계획[23]으로 구분되어 있다. 과거 지역단위의 시 · 정 · 촌(市 · 町 · 村)종합개발계획을 폐지하고, 광역지방계획이 이를 흡수함으로써 일본의 국토계획체계는 크게 전국계획과 광역계획의 두 단계로 구분할 수 있다(그림 4-4).

국토형성계획의 기본 이념은 지역의 특성에 맞게 자립적으로 발전할 수 있는 국토기반을 형성하고, 지방자치단체의 주체적인 활동을 존중하는 것이다. 계획의 주요 내용은 토지, 수자원 기타 국토자원의 이용 및 보전, 해역의 이용 및 보전, 지진, 수해, 풍해 기타 재해에 대한 방재 및 경감, 국토의 양호한 환경창출 등 환경의 보전 및 양호한 경관의 형성 등을 포함하고 있다. 국토형성계획은 국민의 의견과 관계 중앙행정기관의 장(長)과 도도부현 · 정령시(都道府縣 · 政令市)의 의견을 청취하고, 국토심의회의 조사 · 심의를 거쳐 작성되며, 이 계획은 「정책평가법」에 근거하여 평가를 받는다. 도도부현 · 정령시는 독자적으로 전국계획 또는 변경계획안을 작성하여 국토교통성대신(國土交通省大臣)에게 제안할 수 있다.

2009년 8월 4일 일본 국토교통성은 국토형성계획을 기초로 수립된 8개 권역[24]의 광역지방계획을 결정하였다. 광역지방계획은 광역권별로 특색 있는 전략의 수립, 권역 간 교류 · 연계를 통한 상승효과 발휘, 권역 간 상호보완을 통한 공생, 문화 · 전통과 개성 있는 경관 등 아름다운 국토의 재구축 등을 기조로 작성되었다. 주요 내용은 방침설정,

23) 기존의 슈토권(首都圈), 킨키권(近畿圈), 추부권(中部圈) 등 개별법에 의한 대도시정비계획과 沖繩, 北海道 등 낙후지역을 대상으로 하는 특수지방계획은 존치하였다.

24) 8개 권역은 토호쿠권, 호쿠리쿠권, 추고쿠권, 큐슈권, 시코쿠권, 킨키권, 추부권, 슈토권이다.

목표제시, 광역차원에서 필요한 주요시책 · 계획 등을 포함하고 있다. 이 계획의 수립절차는 국민의견을 반영하고, 광역지방계획협의회 협의를 거쳐 관계 중앙행정기관의 장과 협의하여 작성된다. 광역지방계획협의회에는 중앙정부의 지방기구, 관련 도도부현 · 정령시가 참여하며, 이외에도 구역 내 시 · 정 · 촌 구역에 인접하는 지방공공단체와 지역경제인 등도 참여할 수 있다.

2) 환경관련 제도 및 시책

(가) 환경기본법

지구환경문제의 대두와 환경에 대한 사회적 관심에 대응하기 위하여 일본은 1992년 11월 「환경기본법」을 제정하였고, 2008년 6월 18일에 이를 개정하였다. 이 법은 일본 환경정책의 기본이 되는 법으로서 환경보전에 관한 시책을 종합적 · 계획적으로 추진하고, 현재와 미래의 국민이 건강하고 문화적인 생활을 확보하며, 인류의 복지에 기여 · 공헌함을 목적으로 설정하고 있다. 이 법에는 각각의 주체에 대한 책무, 환경기본계획의 수립, 환경기준, 특정지역에 대한 공해방지, 국가가 강구해야 할 환경보전시책을 비롯하여 국제협력, 지방공공단체의 시책, 비용부담 · 재정조치 등에 관한 규정을 포함하고 있다.

(나) 환경기본계획[25)]

환경기본계획은 「환경기본법」 제15조에 근거하여 환경보전에 관한 종합적이며 장기적인 시책의 대강을 포함하고 있다. 1994년에 제1차 계획이, 2000년에 제2차 계획이 수립되고, 2006년 4월에 제3차 환경기본계획이 결정되었다. 주요 내용은 ① 환경교육 · 환경학습, 환경보전활동의 추진, ② 환경백서의 발간, ③ 환경과 경제의 통합, ④ 그린(green)구입의 추진, ⑤ 환경연구 · 기술개발의 추진, ⑥ 환경을 배려한 사업활동의 추진, ⑦ 환경세의 검토, ⑧ 환경평가의 추진 등이다. 이 계획의 부제(副題)를 '환경부터 개간하여 새로운 풍요의 길로' 라고 표현함으로써 환경과 경제의 상호연관성을 부각시키고 있다.

제3차 환경기본계획[26)]에서 지향하는 향후 환경정책의 전개방향은 다음과 같다.

---

25) 일본 환경성 홈페이지: 환경기본계획(http://www.env.go.jp/en/index.html)

26) 이 계획에서 제시하고 있는 주요 정책프로그램은 지구온난화 문제의 대처, 물질순환의 확보와 순환형 사회의 구축, 도시의 양호한 대기환경 확보, 건전한 물순환의 확보, 화학물질의 환경위험저감 대처, 생물다양성의 보전, 환경가치가 적극적으로 평가되는 구조의 조성, 환경보전의 사람 및 지역만들기, 장기적 관점의 과학기술 · 환

첫째, 환경 · 경제 · 사회적 측면의 종합적인 향상이다. 환경효율성을 제고하고, 경제가 성장해도 환경부담이 커지지 않도록 하고, 환경성능의 우수한 기술이나 제품을 만들어 새로운 경제활동이 생산되는 환경과 경제의 순환을 목표로 한다. 환경에의 적절한 대처를 통하여 지역커뮤니티가 활성화 되고, 지역커뮤니티의 활력이 환경보전에의 대처를 창출하도록 한다.

둘째, 환경보전 측면에서의 지속가능한 국토 · 자연의 형성이다. 자연환경의 다양성 유지, 질 회복 및 향상을 통하여 국토의 가치를 증대한다. 이를 위하여 생물의 특성을 고려한 생태계 네트워크를 구축한다. 또한 기존의 자원 활용과 농림수산의 기능 등을 고려한 지속가능한 '국토 만들기'를 추진한다.

셋째, 기술개발 및 연구활동을 충분히 지원하여 예방적인 대처방법을 마련한다. 과학적 의견과 과학기술에 충실하여 시책결정에 있어서 최대한 과학적 근거를 따르도록 한다. 향후 발생가능한 문제에 대한 사전예방적 사고방식으로 대책을 마련하며, 미래의 불확실성을 고려하여 유연한 정책결정과 시책변경이 가능토록 한다.

넷째, 국가 · 지방공공단체 · 국민의 참여 및 협동추진을 촉진한다. 국가 · 지방공공단체의 역할분담과 비영리기구(Non-Profit Organization: NPO) 등 국민에 의한 새로운 움직임을 통하여 시책결정과정에 다양한 주체의 참가를 촉진시킨다.

다섯째, 국제적 대강(大綱)으로서 지속가능한 개발을 목표로 한 전략적인 대처를 강화한다. 국제적 흐름과 법칙 만들기에 적극적으로 참여한다.

(다) 녹지기본계획[27]

「도시녹지보전법」제4조를 근거로 시 · 정 · 촌이 수립하는 녹지기본계획의 정식 명칭은 '녹지의 보전 및 녹화(綠化)추진에 관한 기본계획'이다. 녹지기본계획의 주체는 시 · 정 · 촌이 되며, 주로 도시계획법에 의하여 지정되는 도시계획구역을 대상으로 수립된다. 이 계획을 토대로 시 · 정 · 촌은 녹지의 보전뿐만 아니라 공원녹지의 정비, 공공시설 및 사유지의 녹화 추진, 녹지 전반에 걸친 시책 등을 시민과 더불어 추진하게 된다. 내용적으로는 녹지의 보전을 위해서 녹지보전지구 지정의 촉진, 풍치지구 제도 활용, 생산녹지의 보전, 자연환경 보전을 배려한 공공시설 정비 등이 추진되고 있다(그림 4-5).

경정보 · 정책수법 등의 기반 정비, 그리고 국제적 대강과 법칙의 형성을 통한 국제적 대처 등 10개 사항이다.

27) 일본어로는 緑の 基本計劃이라 하며, 여기에서는 녹지기본계획으로 번역하였다.

그림 4-5 녹지기본계획 미래상

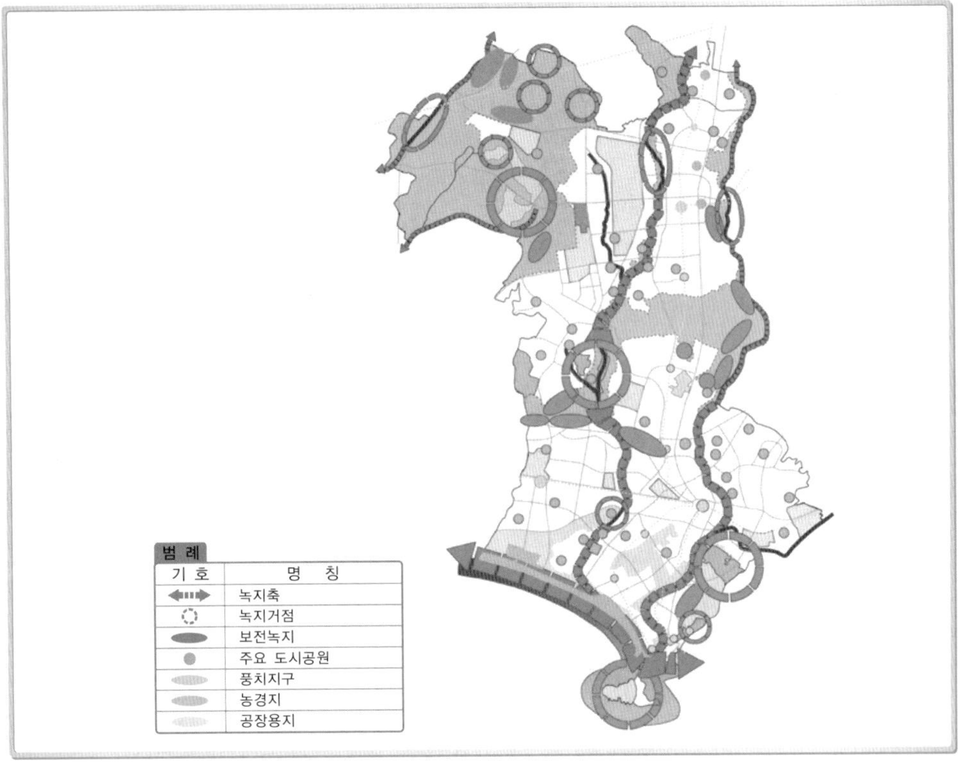

자료: http://www.mlit.go.jp/crd/park/shisaku/ryokuchi/ keikaku/index.html

(라) 기타 환경관련 활동

① 환경행동계획 2008[28)]

국토교통성은 2004년 6월 '환경행동계획'을 처음 마련하였고, 2008년 7월에는 이를 전면 개편하여 '환경행동계획 2008'을 공표하였다. 계획기간은 2008~2012년까지 이며, 이 계획은 국토교통성이 국토를 계획하고 관리할 때 환경을 고려하기 위한 정책추진의 행동원칙이라고 할 수 있다. 그 목표는 다음과 같다.

첫째, 환경과 경제 · 사회를 통합적으로 향상시킨다. 이를 위하여 교통대책 및 물류의 효율화, 200년 주택을 지향하기 위한 강력한 대응, 집약형 도시구조의 실현 등의 프로젝트를 추진한다.

둘째, 종합성 · 연계성을 중요시 한다. 공공 교통기관의 이용 촉진과 환경적으로 지

28) 국가교통성 홈페이지(http://www.mlit.go.jp/sogoseisaku/environment/sosei_environment_tk_000004.html) 참조.

속가능한 교통수단의 보급, 하수도의 고도처리, 갯벌의 재생과 부유 쓰레기의 회수 등을 포함한 전국 단위의 재생 프로젝트를 추진한다.

셋째, 환경교육을 추진하여 일반국민과 기업체에게 환경에 대한 인식을 증대시킨다. 또한 주택 · 건축물에 관한 종합적인 환경성능평가 수법의 개발 및 보급, 생태마크(eco-mark)의 보급 · 촉진, 환경교육 추진 등의 프로젝트를 추진한다.

넷째, 장래 문제가 될 수 있는 사항에 대하여 공간적, 시간적 영역을 확대하여 보다 구체적인 대응책을 마련한다. 즉, 현재의 정책보다 더 넓은 시야를 갖고 관련 정책을 추진한다. 예를 들면, 기후변화에 따라 증대하는 갈수(渴水)와 재해 위험에 대한 적응대책, 해양환경에 대한 선제적 대응책, 지구 온난화 대책의 추진에 기여하는 감시 및 예측 정보의 제공 등의 프로젝트를 추진한다.

② 국토교통성의 환경정책 활동

국토관리를 총괄하고 있는 국토교통성은 환경문제 해결을 위한 책임을 소유하면서 동시에 쾌적한 사회의 구축, 경제의 활성화, 안전의 확보, 지역의 진흥 등 많은 정책과제를 시행하고 있다. 환경기본계획이 목표로 하는 지속가능한 사회의 실현을 위하여 국토교통성은 이러한 과제들 간의 균형을 도모하면서 환경정책을 추진하고 있다. 국토교통성의 환경정책에 관한 활동을 정리하면 다음과 같다.

첫째, 환경보전을 위한 정책 마련이다. 이를 위하여 추진하고 있는 주요 시책은 순환형 사회구축, 인류생존의 기반이 되는 지구환경보전[29], 습지, 하천 등 풍부한 자연자원의 보전 및 재생, 생활환경의 보전 및 개선[30] 등을 포함하고 있다.

둘째, 환경정책의 기반이 되는 시책 및 의식개혁을 촉진하는 활동이다. 이를 위해서는 환경영향평가, 환경교육 및 환경학습, 지역주민, 비영리기구 등과의 협동을 추진한다.

셋째, 경제활동에 있어서의 환경의 배려이다. 이를 위해서는 저공해차 도입, 친환경 물품 개발, 에너지 사용량 억제, 자전거 활용, 쓰레기 분리 및 폐기물 감량, 친환경 건설자재 등의 도입을 추진한다.

---

29) 세부 추진과제로는 저공해차, 저연비차의 개발 및 보급, 공공교통의 이용 촉진, 건축물의 에너지 절약, 도시녹화 등 흡수원 대책, 그린청사의 정비 및 건설, 해양오염방지, 연료전지 개발 등이 있다.

30) 세부 추진과제로는 배출가스 규제, 소음대책, 도시 내 공원 및 녹지확보, 도시 내 도로녹화율 향상 등이 있다.

2. 계획체계의 연계 필요성

우리나라는 각종 개발계획의 수립단계에서 환경훼손이 우려되는 내용을 다루는 구체적인 장치가 없다. 현재 계획단계에서 환경을 고려하는 것은 사전환경성검토제도와 도시계획수립과정에서 자체적으로 시행하는 환경성검토 정도이다. 사전환경성검토는 입지의 적정성, 규모의 타당성, 주변 환경과의 조화 등 환경에 미치는 영향을 사전에 평가하고 있으나 개발계획의 수립과정에는 간여하지 못하고 있다. 자체 환경성검토 역시 계획이 수립된 이후 계획내용을 일정한 항목과 지침에 의하여 검토하는 정도에 그치고 있기 때문에 문제점으로 지적된 사항에 대한 근본적인 대안을 작성하는 데에는 한계를 지니고 있다.

한편 국토계획과 환경계획의 단절로 인하여 공간계획을 수립할 때 환경보전의 계획내용을 반영하거나 판단할 수 있는 기초정보가 부족하다. 다만 각종 공간계획에서 환경보전의 중요성을 강조하고, 동시에 대상지역의 생태적 흐름과 녹지축의 연결 등을 계획의 기본으로 강조하고 있을 뿐이다. 이러한 내용이 실제 계획에 투입되지 못하는 이유는 공간계획 수립단계에서 요구되는 정보가 거의 없으며, 계획대상지역의 여건분석이 개발가능지를 확보하는 수준에서 분석되고 있기 때문이다. 이러한 문제는 국토계획과 환경정책의 정합성(整合性)을 저하시키고 있다.

특히 국토계획과 환경계획의 상충은 자연훼손, 경관부조화, 생태계 단절 등 여러 가지 문제를 야기하는 요인으로 작용하고 있다. 그러나 두 계획을 적절히 연계할 경우, 국토개발은 사회가 요구하고 있는 보다 환경친화적인 개발로 유도할 수 있다. 환경보전 역시 국토공간과 밀접한 관련이 있는 자연과 경관의 질을 다루기 때문에 우리의 실생활과 상생의 관계를 유지할 수 있다.

최근 우리나라에서 추진되고 있는 새로운 국토계획 관련제도는 환경성 확보를 위한 제도적 장치를 구비하고 있다. 새로이 개정된 환경 관련제도에 따라 환경계획이 수립되는 시점에서 두 계획 간의 연계는 계획간 상충으로 인한 문제점을 상당부분 해소함으로써 상호보완적 관계를 유지할 수 있게 되었다. 환경계획은 자연환경의 바람직한 미래상을 밝혀주고, 개발과 보전을 둘러싼 대립이 발생할 때 구체적 문제점을 포착할 수 있게 하는 데 도움을 줄 수 있다. 한편 국토계획은 집행과정에서 나타날 수 있는 자연환경의 훼손을 지적하는 수준에서 벗어나 자연환경의 생태적 가치에 기초를 둔 환경계획과의 마찰부분이 무엇인지를 파악함으로써 문제를 좀 더 명확히 규명할 수 있다.

3. 계획체계의 연계방안

(1) 공간계획과 환경계획체계 연계의 기본방향

1) 공간계획의 환경성 강화

국토계획을 수립할 때 환경훼손 문제를 고려하기 위해서는 여건분석에서 토지의 생태적 특성에 대한 보완이 필요하다. 이를 토대로 토지이용계획, 교통계획, 공원녹지계획 등의 각 부문별 계획에서 환경보전부문의 계획내용을 기본방향으로 설정할 필요가 있다. 따라서 국토계획을 수립할 때 토지생태적(土地生態的) 특성을 도출하여 보호가치가 있는 공간과 녹지축 형성 등 개발이전의 환경을 먼저 분석하는 것이 중요하다. 이를 위해서는 계획수립지침 및 조사분석, 분석된 항목의 도면화, 여건분석 내용 등이 모든 계획부문에 토대가 될 수 있는 장치가 필요하다. 이러한 방안에는 자체 환경성검토 또는 사전환경성검토에서 여건분석 내용과 환경성의 고려정도 등을 평가하는 방법이 있을 수 있다. 또한 토지의 생태적 특성을 감안한 여건분석에서 비오톱 지도를 활용할 수 있으며, 비오톱 지도는 환경계획뿐 아니라 국토계획에서도 같이 활용될 수 있다.

한편 계획수립과정 및 평가에서 환경성을 고려하기 위해서는 계획수립단계에서부터 상위계획에서 제시하고 있는 환경관련 사항과 지표를 따르도록 하는 것이 중요하다. 계획수립단계에서 상위계획의 환경지표를 따르도록 하는 것은 도시계획과 도시개발사업계획 등을 작성하기 전에 계획수립의 기준으로 환경지표를 제시하는 것이다. 이는 개발계획의 모든 부문에서 환경지표를 지키도록 노력함으로써 스스로 환경친화적 계획을 작성하도록 유도할 수 있다. 이를 위해서는 환경지표항목의 결정 및 지표항목별 계획기준을 만들기 위한 다각도의 조사가 선행되어야 한다. 또한 계획수립단계에서 실시하고 있는 자체 환경성검토 과정을 강화하기 위해서는 환경성검토를 위한 내용을 보완하여 실질적으로 계획내용과 과정 등에 대하여 평가할 수 있어야 하며, 기초조사 분석을 환경성검토에 포함시키는 것이 필요하다.

현재 상위계획인 국토종합계획이 도종합계획 및 도시계획 등과 제도적으로 상호 연관성을 지니고 있으나 형식에만 머물러 있다. 그 이유는 상위계획내용이 하위계획단계에서 구체화될 수 있는 실질적인 수단이 미흡하기 때문이다. 국토계획에서 환경계획의 내용이 적극적으로 반영될 경우, 국토계획의 단계별 연관성은 더욱 높아질 것으로 판단된다. 국토계획과 환경계획을 직접 연계하도록 유도하는 것이 바람직하나 두 계획 간의 연계를 위한 제도적 장치와 수단이 강구되기 전까지는 현재와 같이 두 계획을 별개로 수립하되, 국토계획에서 '국가환경보전계획'의 내용을 반영하는 지혜가 요구된다.

2) 환경계획체계의 구축

환경계획체계를 구축하기 위해서는 현행 국토계획체계와 같은 틀을 구비하는 것이 필요하며, 더 나아가 현재 두 단계로 구축되어 있는 도시계획체계와 유사한 환경계획체계의 검토도 필요하다. 새로 개정된 「환경정책기본법」에 의하면 환경계획은 '국가환경종합계획-시 · 도환경보전계획-시 · 군 · 구환경보전계획' 체계로 구분되어 있다. 이러한 환경계획체계는 현재 도시계획이 '도시기본계획-도시관리계획-지구단위계획'으로 세분되어 각각의 기능이 구분되어 있는 것처럼 국토계획과 환경계획체계를 효과적으로 연계하기 위해서는 도시계획체계에 상응하는 '시 · 군 · 구 환경보전계획'도 세분될 필요가 있다. 예를 들면, 도시계획에 대응하는 환경계획의 명칭을 '경관계획'이라 하고, 도시기본계획에 대응하는 환경계획은 '경관생태기본계획'으로, 도시관리계획에 대응하는 환경계획은 '경관생태계획'이 될 수도 있다(그림 4-6).

한편 두 계획 간의 연계를 토대로 경관 및 자연환경보전 문제를 해결하기 위해서는 일부 용도지구를 대상으로 수립하는 지구단위계획을 지원하는 환경계획도 필요하다. 즉, 지구단위계획과 연계되는 환경계획은 '녹지계획'으로 구분될 수 있으며, 두 계획체

그림 4-6 계획공간의 위계에 따른 환경계획체계

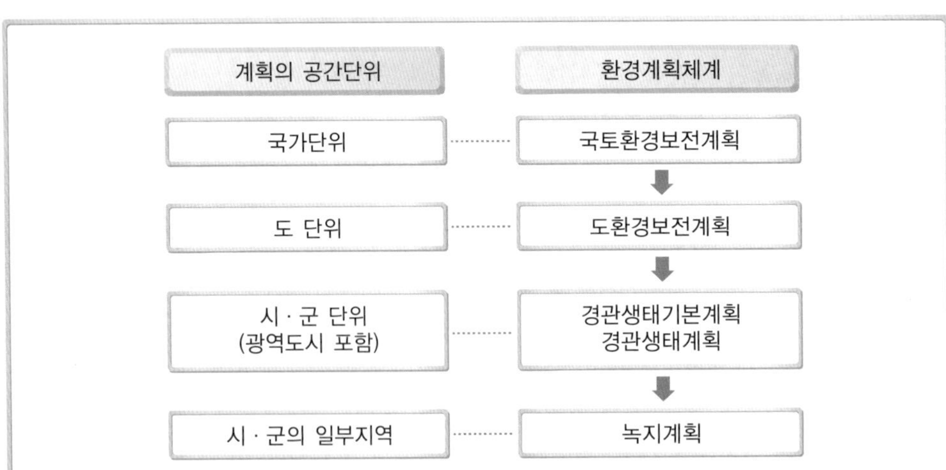

자료: 최영국 외, 전게서, 2002, p. 167.

계 간의 연계에 대한 제도적 수단을 강구할 때에는 계획수립체계에 대한 근본적인 검토가 필요하다.

(가) 국토환경보전계획

국토환경보전계획은 국토환경보전부문에 대한 최상위 계획으로서 국토종합계획과 상호 협력하면서 하위 공간단위의 계획수립에 지침을 제공하는 역할을 담당해야 할 것이다. 이 계획은 국토종합계획과 대등한 위상을 가지며, 국토종합계획의 환경보전부문과 상호 연계될 수 있어야 한다. 국토환경보전계획은 행정계획 및 개발사업으로 인한 국토훼손과 환경오염을 전(全) 방위적으로 예방하고, 친환경적 개발을 유도 · 지원하기 위한 사전예방적 기능을 수행하고 있다. 이 계획에서는 환경과 개발이 조화되는 지속가능한 국가발전을 위한 기반 구축과 사전예방기능 강화 및 친환경적 국토환경보전을 위한 종합적이고 미래지향적인 주요 정책이 제시되어야 할 것이다.

(나) 도환경보전계획

도환경보전계획은 상위계획인 국토환경보전계획의 내용을 수용하고, 도종합계획의 환경보전 부문과 협력하는 역할을 담당하며, 해당지역의 특성을 고려한 정책적 내용을 중심으로 구성되어야 할 것이다. 이 계획은 국토환경보전계획의 주요 내용인 과학적 · 체계적 국토환경 보전, 사전예방적 국토환경보전, 생태중심의 국토환경보전, 지역특성을 고려한 국토환경보전, 참여와 협력을 바탕으로 한 국토환경보전을 위한 정책을 지역적 차원에서 구체화하는 방안을 포함해야 할 것이다. 또한 이 계획은 해당 도(道)의 국토환경지표를 설정하고, 지역 내 국토환경조사 및 정보망 구축을 토대로 주요 보전축과 생태네트워크를 구축하며, 주요 자연 생태계의 보전 · 복원 방안 등을 제시해야 할 것이다.

(다) 경관생태기본계획 및 경관생태계획

경관생태기본계획은 도시기본계획과 상호 연계되는 환경계획의 일환이다. 이 계획은 서술적인 표현뿐 아니라 도면으로도 표현하여 공간계획의 성격을 유지하도록 하고, 도시기본계획의 토지이용계획과 환경보전계획, 공원녹지계획과 연계되어야 할 것이다. 경관생태기본계획은 해당 도시의 생태현황을 조사 · 평가 · 분석하여 생태현황도를 작성하고, 이를 도시기본계획의 토지이용계획, 환경보전계획, 공원녹지계획의 수립 시에 기초자료로 활용할 수 있어야 할 것이다. 경관생태기본계획은 우수한 생태계의 보전뿐만 아니라 훼손된 생태계의 복원과 관련된 내용도 포함해야 하며, 해당 도시의 생태계 조사결과를 바탕으로 생태네트워크가 구축되어야 할 것이다.

한편 도시관리계획에 대응하는 경관생태계획은 도시 전체의 종합적인 자연환경 및 경관의 보호가 가능한 환경계획 목표 및 개선 방향을 포함시킬 필요가 있다. 경관생태계획의 목적에 비추어 계획의 주요 내용은 자연순환체계 및 복원, 비오톱 및 생물종의 보호 및 관리, 경관보호 및 관리, 휴양 및 녹지이용 등의 목표설정과 개선계획을 중점적으로 다루어야 할 것이다. 이렇게 작성된 경관생태계획은 토지이용계획의 용도지역, 지구, 구역 등을 결정할 때 의무적으로 반영되어야 할 것이다.

(라) 녹지계획

지구단위계획에 대응하는 녹지계획은 경관생태기본계획과 경관생태계획의 목표 및 개선 방향을 구체적으로 수용하여 공간계획이 환경친화적으로 수립되도록 하는 최종계획단계이다. 녹지계획은 지구단위계획의 성격상 별개로 수립하기보다는 지구단위계획과 동시에 또는 지구단위계획 내에서 부문별 계획으로 수립하되, 경관생태학적 관점에서 비오톱 조사 및 평가를 통하여 수립되어야 할 것이다. 녹지계획은 자연보호와 경관관리의 목적을 실현하기 위하여 해당지역의 요구사항과 대안을 보고서와 도면으로 표현하고, 도면은 현황도 및 계획도[31]를 각각 작성하여 이들이 지구단위계획에 활용되어야 할 것이다.

(2) 공간계획과 환경계획체계의 연계방식

공간위계별 계획체계가 확립된 국토계획을 기준으로 환경계획체계를 구축하는 것이 바람직하다. 따라서 국토단위에서는 국토종합계획과 국토환경보전계획, 도 단위에서는 도종합계획과 도환경보전계획, 시 · 군단위에서는 도시기본계획과 경관생태기본계획, 도시관리계획은 경관생태계획, 그리고 지구단위에서는 지구단위계획과 녹지계획을 상호 연계할 수 있다. 녹지계획은 지구단위계획의 부문계획으로 수립될 수 있다(그림 4-7).

특히 계획체계의 연계는 조사, 평가, 계획과정 등에서 종합적으로 이루어져야 하며, 연계되어야 할 계획내용이 제도적으로 구체화되지 않으면 형식에 그칠 우려가 있다. 따

31) 예를 들면, 비오톱 현황 및 수목현황 등을 중심으로 현황도를 작성하고, 계획도에는 법적으로 보호되는 비오톱 경계 설정, 주요 비오톱의 보호와 관리를 위한 경계설정, 자연보호 및 경관관리를 위한 수단 및 주요 수목의 식재계획 제시 등의 내용을 중심으로 작성한다.

그림 4-7 국토계획체계와 환경계획체계의 연계

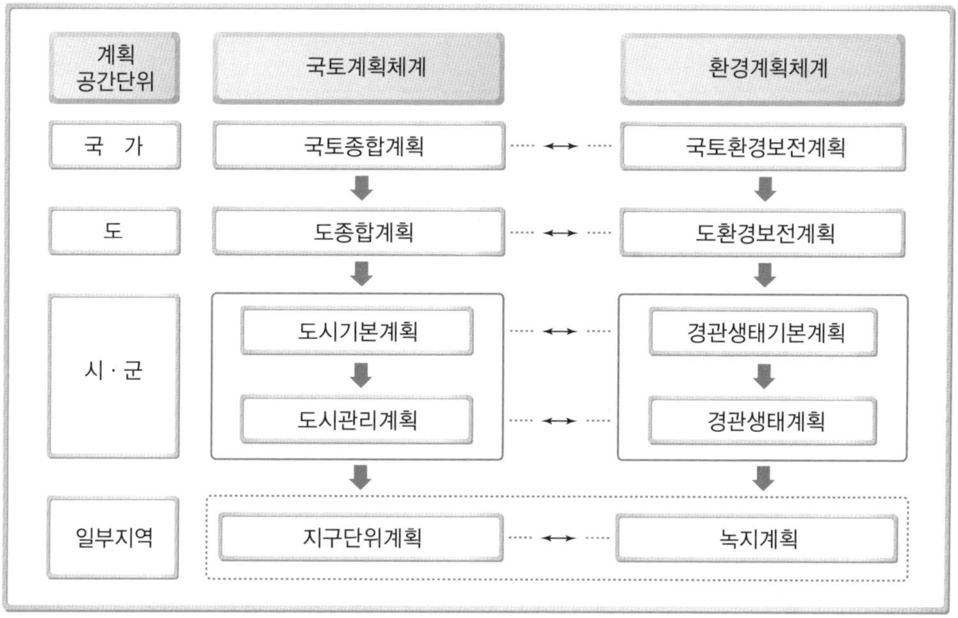

자료: 최영국 외, 전게서, 2002, p. 179.

라서 조사단계에서 두 계획의 체계를 연계하기 위해서는 국토계획과 환경계획에서 공유할 수 있는 통합조사 체계가 마련되어야 할 것이다. 자연환경, 생활환경, 국토환경 등 부문별 필요에 의하여 산발적으로 이루어지는 다양한 기초조사를 종합적으로 조정하여 국토환경관리에 활용할 수 있는 통합조사계획이 수립되어야 할 것이다. 국토계획과 환경계획에서 필요한 중복조사의 한계를 극복하기 위하여 국가단위, 시 · 도 단위, 시 · 군 · 구 단위의 세 계층별로 공통되는 조사항목을 정리하여 공동조사를 시행하는 것이 바람직하다.

한편 도환경보전계획과 경관생태기본계획은 도종합계획과 도시기본계획 수립시기보다 약간 앞서 수립되어야 공간계획에서 그 주요 내용을 반영할 수 있다. 비오톱 지도 등 환경기초정보가 아직 구축되어 있지 않으므로 개략적인 기초정보를 구축하면서 동시에 환경계획을 수립하도록 유도해야 할 것이다. 도시관리계획과 경관생태계획은 실질적인 연계효과를 발휘할 수 있으므로 계획수립 시기가 매우 중요하다. 그러나 이 단계의 연계는 기초정보의 구축과 두 계획의 상충을 제도적으로 해결할 수 있는 틀이 마련되어야 한다. 따라서 비오톱 지도를 비롯한 환경지도와 「자연훼손 저감 및 경관고려를 위한 규정」 등이 마련되어야 할 것이다.

제4절 공간유형별 국토공간의 조성

1. 지속가능한 도시개발

(1) 지속가능한 도시정책의 추진

지속가능한 도시의 형태는 대체적으로 복합적 토이지용과 압축적 개발, 자전거 및 대중교통 지향, 커뮤니티 내의 학교, 도서관, 소매점 등 공공시설과 공원, 오픈 스페이스 등을 확보하고 있는 특징을 지니고 있다. 또한 지속가능한 도시는 근린주구(近隣住區)와 같은 기본적인 공간적, 사회적 계획단위가 모여서 하나의 위계적 조직체계를 구축하고 있다. 환경적으로 조화를 이루는 지속가능한 도시정책을 추진하기 위하여 고려되어야 할 사항은 다음과 같다.

첫째, 국토 및 환경관리에 대한 패러다임의 수정이 필요하다. 국토와 도시개발, 환경관리에 관련된 법률의 재정비를 통한 환경친화적 국토관리, 그리고 우리 실정에 적합한 여러 시범도시와 신도시 등의 지속가능한 도시를 건설하기 위한 다양한 정책적 지원과 제도적 수단의 모색이 필요하다.

둘째, 최근 들어 도시의 지속성 확보를 위한 지자체들의 움직임이 가시화되고 있다. 지자체 고유의 지역성을 살리면서 개발의 부작용을 최소화할 수 있는 개발을 위해서는 도시형태와 요소 활용에 대한 심층적인 연구와 노력이 필요하다.

셋째, 도시의 지속가능성은 도시 형태에만 의존하지 않는다. 지속가능한 도시형태를 형성하기 위해서는 결과보다는 과정을, 그리고 기준보다는 달성 가능한 목표를 세워 일관성 있게 추진해 나가는 것이 중요하다. 도시형태에 대한 의사결정을 지원하는 융통성 있고 현실적이면서도 의사결정과정의 공유를 통한 접근이 필요하다.

(2) 압축도시(Compact City)의 조성

무분별한 도시의 확산에 의한 환경오염과 에너지 고갈 문제를 해결하고, 지속가능한 녹색국토의 조성을 위해서는 자동차 중심형 · 에너지 다소비형 도시공간을 대중교통과 보행이 우선하는 형태로 재편하는 노력이 필요하다. 이른바 압축도시가 추구하는 궁극적인 목표는 경제적, 사회적, 환경적으로 지속가능하고, 활기와 안정을 구비한 도시와 지역을 조성하는 것이다. 기존의 도시는 기능위주의 도시 확장을 강조한 반면, 압축도시는 인간중심적인 도시로 전환하는 것이다. 압축도시는 기존의 도심과 역세권 등의 특정지역을 주거, 상업, 업무기능 등이 복합된 고밀도로 개발하여 주민들의 사회 · 경제적 활동을 집중시키는 도시개발이다. 따라서 이 방식은 중심부의 밀도를 높이고 이동거리를 줄여 녹지공간의 훼손, 환경오염, 교통 혼잡, 직주의 원거리화 등의 문제를 해결할 수 있기 때문에 압축도시는 도시용 토지이용을 최소화하여 자연환경을 보전할 뿐만 아니라 국토이용의 효율화에도 기여할 수 있다.

압축도시를 확대조성하기 위해서는 도보권내에 직장, 주거, 기타 서비스 등이 배치된 근린생활권이 도시의 기초단위가 되어야 한다. 또한 주거지역의 고밀개발 뿐만 아니라 상업지역과 역세권 등의 복합개발이 가능한 관련계획 및 제도의 개선이 필요하다. 예를 들면, 미국은 대중교통 중심형 도시공간구조를 유도할 수 있는 재정 및 금융지원책, 토지관련 지원책, 기반시설 건설보조정책 등을 운영 하고 있으며, 일본은 '교통 결절점(結節點) 개선사업'을 추진하여 도로와 기타 교통시설과의 결절기능을 강화하고, 이용자의 관점에 입각한 정비를 추진 중이다. 영국은 각 계획단계에서부터 토지이용과 교통을 연계 · 통합시킬 수 있는 계획지침을 운영하고 있다.[32)]

(3) 물질순환형 도시의 조성

현재 도시에서 사용하는 대부분의 화석연료 에너지는 많은 양의 온실가스와 대기오염물질을 배출하고 있다. 지속가능한 도시를 조성하기 위해서는 이러한 환경오염물질의 배출을 최소화해야 한다. 또한 대량생산과 대량소비의 공간구조에서 탈피하여 자원의 사용량을 절약하고, 이와 함께 배출되는 에너지와 물질을 줄이는 방안이 마련되어야 한다.

이러한 시스템을 갖춘 물질순환형 도시의 조성이 필요하다. 이는 시민참여를 통하여 환경, 복지, 문화 등을 함께 고려하는 지속가능한 도시로 이해할 수 있다. 즉, 도시를 하나의 유기체로 간주하여 도시의 다양한 활동과 구조를 자연생태계가 지닌 다양성, 자

32) 국토연구원, "녹색성장으로 달라지는 대한민국 국토," 미발간자료, 2008, p. 28.

그림 4-8 물질순환형 사회 및 공간구조

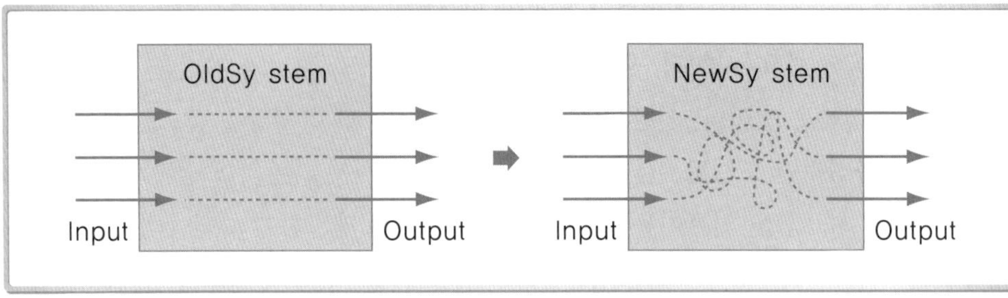

자료: 최영국 · 김명수, "문화와 환경이 어우러진 국토 만들기," 국토, 통권 306호, 국토연구원, 2007. p. 9.

립성, 순환성에 가깝도록 계획하고 설계함으로써 인간과 환경이 공존할 수 있는 도시를 의미한다(그림 4-8).[33]

물질순환형 도시는 기존의 에너지를 소비만 하는 방식에서 벗어나 에너지를 재활용하고 재생하는 시스템의 도시라고 할 수 있다. 이러한 도시를 조성하기 위해서는 첨단기술과 도시계획의 접목이 요구된다. 빗물이용, 저류지 설치, 하수처리수 재이용 등의 물 순환 시스템과 풍력, 태양열, 태양광, 바이오매스 등 신재생에너지 사용을 실제 도시에 적용할 수 있는 다양한 기술분야의 연구와 개발이 필요하다.

물질순환형 도시를 조성하기 위해서는 우선 에너지와 물질 사용의 절약뿐만 아니라 이를 재생하고, 재활용하는 체계로 전환할 수 있는 계획이 필요하다. 사용하는 물질과 버리는 물질을 동시에 줄이고, 한번 도시 내로 유입되는 물, 에너지, 폐기물 등을 여러 번 순환하여 재사용하는 것이 중요하다. 도시 내에서 물은 도시의 미기후를 완화할 뿐 아니라 그 자체가 매력적인 경관요소이다. 기존 도시에서는 빗물을 빨리 도시 밖으로 내보는 것이 목표이었으나 물질순환형 도시에서는 한 방울의 빗물이라도 저류하고, 지하로 침투시켜서 도시하천의 건천화(乾川化)를 막고, 생태계를 유지하는데 활용해야 할 것이다.

(4) 도시 내 그린네트워크의 조성

지속가능한 도시를 조성하기 위해서는 다양한 실천적 수단들이 필요하다. 곳곳의 이산화탄소 흡수원이 될 수 있는 녹지공간의 조성 및 연결, 친환경적인 자전거 도로 조성 등 그린네트워크 시스템의 구축은 기존의 도시를 지속가능한 도시로 바꾸는 하나의

33) 국토연구원, 전게자료, 2008, p. 11.

방법이 될 수 있다. 기성시가지내의 자투리 녹지공간을 연결하고, 하천 · 녹지축의 정비 등을 통한 '그린웨이(Green Way)'의 확대가 필요하다. 도시의 그린웨이는 녹음이 우거진 공원, 호수, 하천 등을 따라 개설된 산책로를 의미한다.[34)]

최근 제주의 올레길과 지리산 둘레길에 많은 탐방객이 '걷기'에 참여하고 있다. 자연에 자연스럽게 조성된 길과 자전거 길, 그리고 녹지와 녹지를 연결하기 위한 그린웨이 등은 모두 그린 인프라(green infrastructure)이다. 그린 인프라는 지금까지 도로 중심의 국토공간을 녹색길로 재구성하며, 녹색길은 그 유형에 따라 생태형, 건강형, 역사 · 문화형, 여가형 등으로 다양하게 구분될 수 있다. 생태계 보전이 필요한 지역은 생태형으로 조성하여 관찰과 학습공간으로 활용할 수 있으며, 도시 내 공원녹지와 개발제한구역, 하천의 일부구간은 여가형 또는 역사 · 문화형으로 활용이 가능하다. 조선시대 옛길(영남대로, 상남대로 등)을 복원하여 연결하고, 역참(驛站)과 원(苑)을 복원하여 주변 역사문화자원과 연계한다면 이야기가 있는 역사 · 문화형 회랑(回廊) 조성이 가능하다. 전국의 철도폐선부지 또는 활용도가 떨어지는 도로를 이용하여 자전거 및 도보용 회랑으로 활용할 수도 있다. 뿐만 아니라 하천변을 따라 옛 나루터를 연결하여 자전거, 도보, 뱃길 등을 조성하여 회랑으로 활용할 수 있다.

이처럼 다양한 유형의 녹색길을 조성할 수 있으나 국토관리 차원에서는 이를 서로 유기적으로 연결하는 것이 무엇보다 중요하다. 기존의 산맥, 국립공원, 핵심국토생태축(DMZ, 백두대간, 연안축 등), 광역생태축을 연결할 경우에는 녹색길의 기본골격이 마련될 수 있다.

(5) 신도시의 친환경적 교통계획기준 마련

신도시의 교통체계는 환경친화적이고 지속가능한 도로, 대중교통, 녹색교통, 지능형교통(Intelligent Transport System: ITS), 교통정온화(traffic calming)기법, 입체적 환승센터, 역세권 주차장, 교통-토지이용-환경-보전 등의 연계성과 통합성을 토대로 계획되어야 할 것이다. 도로는 도로의 기능, 위계체계, 주변지역과의 연결성을 고려하여 건설하고, 대중교통은 모노레일(monorail), 자동궤도차(Automatic Guided Trail: AGT) 등 신교통수단과 시내버스 및 간선급행버스(Bus Rapid Transit: BRT) 시스템 등을 도시규모와 여건에 맞게 도입하되, 몇 개의 대안을 제시하면 다음과 같다.

34) 국토연구원, 전게자료, 2008, p. 14.

첫 번째 대안은 신교통수단의 도입이다. 수용인구 10만 명 내외인 경우에는 BRT 시스템의 도입, 수용인구 30만 명 내외인 경우에는 BRT외에 AGT 등 경전철 구축을 적극 검토한다.

두 번째 대안은 보행자 및 자전거 전용도로 중심의 네트워크를 구축하는 것이다. 신도시 내의 보행자도로, 조깅 또는 마라톤 도로, 자전거도로 등 녹색교통체계를 네트워크화 하여 통근, 통학, 쇼핑, 산책 등 일상생활을 영위하는데 편리하도록 적정하게 설계한다.

세 번째 대안은 일방통행로 건설, 회전교차로(rotary) 및 교통섬 설치, 컬러블럭(color block) 포장, 노면 요철화 등 다양한 물리적, 비물리적(교통단속 등) 교통정온화 기법을 도입하는 것이다. 보행자가 많은 도심지역이나 어린이 보호구역에는 자동차의 주행속도를 강제적으로 감축시키는 기법을 도입하거나 자동차와 보행자가 분리되도록 도로를 설계한다.

네 번째 대안은 환경친화적 주차계획을 수립하는 것이다. 이를 위하여 주간선도로, 보조간선도로, 집산도로 등에는 노상주차장을 불허하고, 단독주택지에는 공동부설주차장 또는 공용주차장을 설치하도록 한다. 중심지나 부심의 상업 및 업무지역의 주차장은 되도록 부설주차장 확보를 최소화(주차상한제)하고, 토지이용을 토대로 블록별 공동주차장을 확보하는 방안을 검토한다. 대규모 쇼핑센터, 백화점 등 대형 판매시설과 공원 등은 반드시 「주차장법」 제2조의 규정에 의한 노외주차장과 부설주차장 등을 설치하도록 한다. 지하에 주차장을 설치할 경우에는 지하수체계 또는 불투수층 확대에 따른 환경상의 영향이 최소화 되도록 하고, 주차장 상부는 가급적 녹화공간을 확보토록 한다.

2. 지속가능한 교통정책

(1) 교통정책과 공간계획의 통합

토지이용과 교통체계는 밀접한 관계가 있다. 토지이용 변화는 통행수요의 변화를 유발하고, 교통수요가 변하면 교통체계가 변화하며, 이에 따른 접근성 변화는 다시 토지이용의 변화로 이어진다. 지속가능한 교통을 위한 대전제는 교통정책과 토지이용 또는 도시 및 국토계획과의 통합이라고 할 수 있다. 토지이용과 교통과의 밀접한 상관관계 측면에서 교통정책 단독으로는 환경적으로 조화로운 지속가능한 목표를 달성할 수 없다. 교통과 토지이용과의 통합적인 계획을 바탕으로 한 고밀도의 혼합형 토지이용계획으로 교통수요를 줄이고, 대중교통수단의 이용을 활성화해야 할 것이다. 교통의 여러 부문 중에서도 화물운송과 관광통행 등 환경부하가 크고 그 성장이 두드러지는 부문에 대한 연구와 적용이 추진되어야 할 것이다. 특정 통행수단이용에 대한 세금 부과 또는 도로와 철도, 항공과 해운의 분담률 조정 등이 하나의 대안으로 검토될 수 있다.

(2) 친환경 인프라개발 및 친환경자동차 이용 지원

도로건설에 의한 환경훼손영향을 감소시키기 위해서는 도로의 계획 단계에서부터 시공단계, 관리단계까지 환경을 고려하는 일련의 다양한 노력이 필요하다. 미국의 경우, 80번 고속도로(네바다(Nevada)-샌프란시스코(San Francisco)) 간의 비점오염원(非點汚染源)을 관리하기 위하여 식생수로와 침투도랑을 설치하여 도로 강우(降雨) 유출수의 오염물질을 100% 제거하였다.[35] 일본의 경우, 승용차 전용도로를 개설하여 도로사업비 절감 효과를 얻었으며, 노르웨이에서 수행된 연구에 의하면 도로의 선형개선 및 설계수준 향상으로 승용차의 이산화탄소 배출이 38%까지 감소하는 것으로 나타났다.[36] 이외에도 도로노선을 계획할 때 훼손을 최소화 할 수 있는 노선설계, 친환경적 도로포장재 개발, 생태계의 단절을 고려한 생태통로 조성 등의 다양한 방안이 추진되어야 할 것이다.

최근에 하이브리드와 수소연료전지차 등 친환경자동차들이 많이 소개되고 있다. 이러한 자동차들의 이용확대를 위해서는 국가적 차원의 지원이 필요하다. 신차 구입 시에 여러 가지 인센티브와 세제 지원뿐만 아니라 지역 곳곳의 관련 부대시설 설치를 위한 지원이 필요하다. 친환경자동차 보유대수가 증가함에 따라 휴게소와 주유소 등에서도 이러한 차량을 지원할 수 있는 편의시설 등 여건이 마련되어야 할 것이다.

(3) 교통혼잡 완화: 순환도로 건설[37]

교통혼잡은 일정 공간에 교통량이 집중됨으로써 나타나는 현상이다. 이를 해결하기 위해서는 단순히 도로를 확충하는 것보다 효율적인 도로노선의 개설이 필요하다. 해외의 주요 도시들은 순환도로로 둘러싸여 있으며, 이 순환도로는 교통혼잡을 해결해 줄 하나의 대안이 되고 있다. 서구에서는 차량 증가에 따른 교통문제를 완화하기 위하여

35) 정일호 · 서민호, "저탄소 녹색성장을 위한 교통정책 방향," 국토정책 Brief, 제202호, 2008. 11. 17.
36) 국토연구원, 전게자료, 2008, p. 25.
37) 조남건, "순환도로의 녹색성장 가능성," 국토정책 Brief, 제218호, 2009. 3. 2.

1950년대부터 순환도로를 건설하였으며, 지금도 중소도시의 순환도로 건설은 투자 우선순위가 높은 사업이다.

순환도로는 도시의 외곽에서 지역 간 이동을 가능하게 함으로써 도시 간 이동시간이 단축되어 도시 간 교류에도 중요한 역할을 담당한다. 이는 물류시스템의 변화에도 기여할 수 있다. 도시 외곽에 대규모의 공장과 물류창고 등을 설치하여 순환도로를 이용한 물류거점을 연결함으로써 물류시스템의 효율화를 도모할 수 있다. 통과교통 감소에 의한 교통혼잡의 완화는 차량의 이산화탄소 배출량을 감소시켜 도시환경을 개선하고, 도심 내 교통사고 발생률을 저감시키는 효과까지 기대할 수 있다. 암스테르담(Amsterdam)은 순환도로망 개통에 의한 교통혼잡 감소로 총 통행시간 손실이 20% 감소하였으며, 교통사고 건수도 4% 감소하였다. 일본의 경우에도 단구간의 우회도로 건설 후 도심주행속도 증가, 교통사고 발생감소, 소음 및 이산화탄소 저감 등 환경개선에 기여한 것으로 밝혀졌다.

(4) ITS를 활용한 녹색도로 구현

우리나라에서는 지난 1990년대 초반부터 각종 지능형 교통시스템(Intelligent Transport System: ITS)을 도입하기 시작하였다. ITS는 교통혼잡 완화, 에너지 절약, 온실가스 배출 최소화 등의 효과를 나타낼 수 있는 시스템이다. 이 시스템은 다양한 방법으로 곳곳에 사용될 수 있는데 ITS의 활용방안을 제시하면 다음과 같다.[38)]

우선 자동차요금징수 시스템의 확대이다. 이 시스템이 전국적으로 확대될 경우에는 톨게이트에서의 요금징수에 의한 인력예산 절감, 톨게이트에서의 주행지체, 그리고 이에 따른 이산화탄소 배출 감소 등의 효과를 얻을 수 있다. 두 번째는 실시간 교통정보제공 서비스의 확대이다. 현재 많이 이용되고 있는 내비게이션(navigation) 장치는 단순히 도로노선을 알려주는 것에 불과하나 여기에 실시간 교통상황을 제공해주는 서비스가 추가된다면 교통사고와 같은 돌발 상황에 대한 대처가 가능하게 됨으로써 도로에서의 시간낭비를 줄일 수 있다. 세 번째는 시내 및 광역 버스정보 시스템의 확대이다. 각종 시내버스와 도시 간 광역버스의 운행상태를 실시간으로 이용자에게 알려주는 버스정보 시스템(Bus Information System: BIS)을 확대 구축함으로써 대중교통수단 이용률을 증가시킬 수 있다. 네 번째는 첨단안전차량의 개발이다. 교통사고의 가장 큰 원인중 하나는

38) 국토연구원, 전게자료, 2008, pp. 35-36.

운전자 부주의라고 한다. 이를 미연에 방지할 수 있는 졸음운전방지 시스템, 차로이탈방지 시스템, 운전석 음주자체진단 및 운전거부 시스템 등 첨단안전차량의 개발이 필요하다. 마지막으로 그린 하이웨이의 건설이다. 도로의 설계단계에서부터 녹색도로의 개념을 도입하여 도로에 빙판자동제거 시스템, 안개제거 시스템, 과속, 과적경고 및 단속 시스템 등 각종 첨단녹색도로 시스템을 설치하여 각종 사고를 최소화할 수 있다.

3. 지속가능한 수자원 관리

(1) 통합수자원관리(Integrated Water Resource Management: IWRM)

물 부족에 대비한 수자원 확보와 유역의 수질 개선을 통한 생태계의 보전 및 복원을 위해서는 지속가능성을 고려한 유역별 통합수자원관리의 도입이 절실히 요구되고 있으며, 이미 EU와 미국 등 선진국은 이를 추진하고 있다. 통합수자원관리는 용수 공급과 수력 발전 등 기존의 수량 중심의 수자원 관리 방식을 탈피하여 수량과 더불어 수질 및 환경 생태를 동시에 고려한 유역[39] 단위의 통합 운영을 추구하는 것이다. 이를 통하여 지표수 위주가 아닌 지하수와 대체 · 보조 수자원 등을 포함한 유역 내 다양한 수자원을 통합 연계 관리 · 운영함으로써 수자원을 지속적으로 확보할 수 있다(그림 4-9).

통합수자원관리의 개념은 1992년 리우 지구정상회의에서 처음 제안되었다. 이 회의에서 채택된 「의제 21」을 통하여 지구상의 절대 부족한 담수자원(淡水資源)의 지속가능한 확보와 환경오염 및 훼손에 대처하기 위한 범국가적인 방안으로 지표수와 지하수, 수량과 수질, 물이용의 다양한 용도를 동시에 고려한 '통합수자원 계획 및 관리'의 필요성이 강력하게 제기되었다.[40] 유역별 통합수자원관리의 중요성[41]은 다음과 같다.

첫째, 통합수자원관리는 일관된 방법으로 다양한 목표와 목적이 조정되고 관리되도록 하는 제도적 기반을 제공한다. 수자원의 통합관리를 위한 단위는 하천유역이 적절하다. 왜냐하면 유역수준의 접근이 상 · 하류 간 이슈들, 수량 · 수질, 지표수 · 지하수, 토지이용과 수자원 관리 등의 통합적 관리를 가능케 하기 때문이다.

둘째, 통합수자원관리는 지속가능한 발전에 필수적인 경제적 효율성, 사회적 형평

39) 강이나 수계로 유입되는 지표수의 범위는 한강 유역의 경우, 한강의 본류와 지류를 포함하여 물이 모이는 모든 범위를 가리킨다.

40) 건설교통부, 통합수자원관리를 위한 수자원정책의 연구, 2007a, pp. 10-11.

41) 김종원, "국내 통합수자원관리 추진현황과 과제," 춘천국제물포럼 논문집, 2009, p. 498.

그림 4-9 통합수자원관리의 기본 개념

기존의 수자원 관리		통합 수자원 관리
수량관리 중심의 단일 저수지 운영	➡	수량, 수질, 환경생태를 종합적으로 고려한 유역하천-저수지군의 통합 운영
지표수 위주의 수자원 관리	➡	지표수, 지하수, 대체 수자원의 통합관리
기관별 정보 공유체계 미비, 통합관리시스템 부재	➡	정보의 공유 및 수자원 통합 관리 시스템 구축
지역사회의 참여와 유관기관 협조미비	➡	지역사회, 유관기관간의 유기적인 협조체계 구축
비효율적 물 관리, 환경과 미래세대에 대한 고려 불충분	➡	공평성, 효율성, 지속가능성을 고려한 유역 통합 물 관리

자료: 고익환, "유역통합수자원관리 기술개발," 한국수자원학회지, vol. 37, no. 3, 2004. 5, p. 11.

성, 그리고 환경적 지속성이라는 세 가지 중요한 사항을 효과적으로 이행하는 틀을 제공한다. 수자원은 치수와 이수의 관점에서 지속가능한 발전의 세 가지 관점을 함께 포함하고 있어 통합관리는 바로 지속가능한 발전을 실천하는 것이다.

셋째, 통합수자원관리는 기후변화에 의한 홍수나 가뭄 등의 환경문제에 대응하기 위한 기초를 제공한다. 기후변화에 따른 영향에 적응하기 위해서는 국토관리와 관련된 모든 부문을 포함한 통합적 접근이 요구되는데 수자원부문은 토지이용, 도시, 건설, 환경 등의 부문과 밀접하게 연결되어 있다.

넷째, 유역별 통합수자원관리로부터 모든 분야가 상호보완적인 연결성을 가지도록 함으로써 분야별 개별관리보다 효율성을 제고할 수 있으며, 또한 경제적 이익을 얻을 수 있다. 통합수자원관리에 대한 필요성은 관개용수, 홍수관리, 수력발전, 생활용수 등 각 부문 간에 효과적인 조정이 어렵다는데서 기인한다.

유역통합관리는 전형적인 틀이 있는 것이 아니라 국가의 환경, 문화, 생활관습 등에 의하여 다양하게 수립될 수 있다. 한 번의 계획을 수립하는 것으로 끝나는 것이 아니라 모니터링을 통해서 지속적으로 발전시키고, 적응하는 과정을 거치는 선순환과정을 거쳐야 한다. 이러한 유역별 통합관리의 선순환적 진행단계는 크게 네 단계로 구분해 볼

수 있다.[42)]

1단계는 문제의 인식과 확인으로 유역통합관리의 필요성을 인식하고, 유역에서 발생 가능한 다양한 문제에 대한 전반적인 상황을 이해하는 단계이다.

2단계는 개념화 단계로서 문제의 전체적인 구조를 이해하고, 발생가능한 문제의 해결방안을 개념화하는 단계이다.

3단계는 조정과 상세계획 단계로서 2단계에서 형성된 개념을 이해당사자와 함께 참여하여 상세계획과 조정을 합의하는 단계이다. 이 단계에서는 우선 상세계획을 수립하기 위한 협력 메커니즘을 형성하는 것이 중요하며, 그 다음에 본격적인 조정과 협력작업이 이행되어야 한다.

4단계는 이행, 모니터링, 그리고 평가단계로 합의하에 수립된 계획이 잘 이행되고 있는지, 시스템은 잘 작동하고 있는지, 다른 문제는 없는지 등을 다루는 단계이다(그림 4-10).

통합수자원관리가 이와 같은 단계를 거쳐 성공적으로 추진되기 위해서는 제도적 장치와 재원 등이 담보되어야 가능하다. 기존의 수자원관리 틀을 개선하거나 통합 수자원관리의 틀을 새롭게 만드는 데에는 많은 시간과 노력, 재원 등이 요구되므로 이에 대한 철저한 준비가 필요하다.

(2) 오염총량관리제 실시[43)]

수질오염총량관리제는 공공수역의 수질을 지정목적에 적합한 수준으로 개선하기 위하여 해당 수역으로 유입되는 대상 오염물질의 배출부하총량(排出負荷總量)을 제한하는 수질관리제도이다. 즉, 수질기준을 위반하지 않는 범위 내에서 수계가 받아들일 수 있는 점오염원 및 비점오염원으로부터의 배출부하량의 최대허용량을 추정하여 그 한도 내에서 관리되도록 하는 것이다.

적용대상지역[44)]은 낙동강, 금강, 영산강 · 섬진강 하천유역에 포함된 모든 시 · 군이 대상이 되며, 한강수계는 자율적으로 오염총량관리제를 시행하고 있으나 4대강수계 이

---

42) 김종원, 전게서, 2009, pp. 499-502.

43) 김종원 외, 하천유역별 오염총량관리제도의 도입에 따른 지역경제 및 토지이용 변화전망과 정책과제, 국토연구원, 2004, pp. 11-23.

44) 오염총량관리제는 낙동강수계물관리종합대책(1999. 12), 금강수계물관리종합대책(2000. 10), 영산강수계물관리종합대책(2000. 10)에 근거하고 있다. 3대강 수계 물관리종합대책을 법적으로 뒷받침하는 「낙동강, 금강, 영산강 · 섬진강수계 물관리 및 주민지원 등에 관한 법률」의 제정 · 시행(2002. 7. 15)으로 법적 근거가 마련되었다.

그림 4-10 유역통합관리의 단계 및 선순환

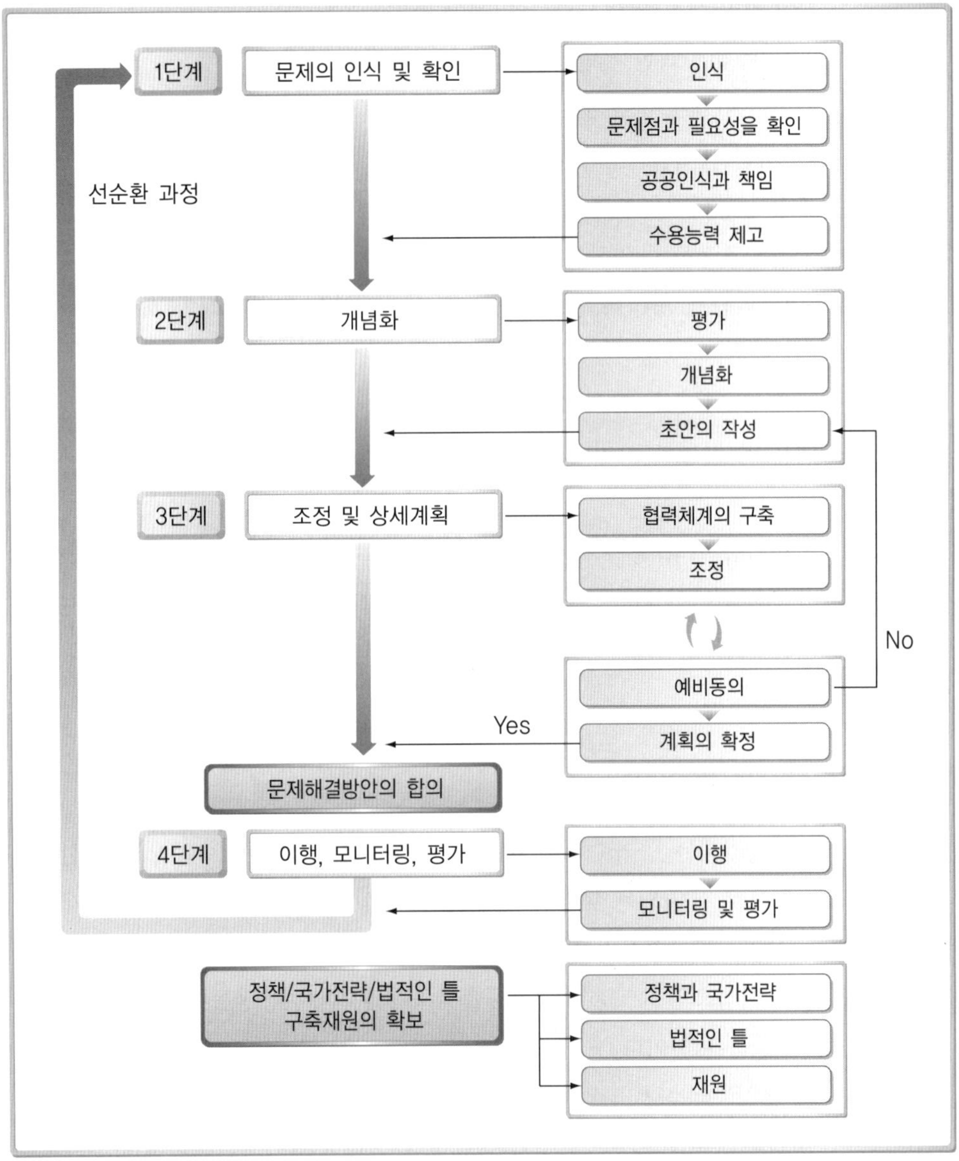

자료: UNESCO IHP, IWRM guidelines at river basin level, 2007; 김종원, 전게서, 2009, p. 500에서 재정리

외의 연안유역에 포함된 시 · 군은 적용 대상에서 제외하고 있다. 오염총량관리제 도입에 따른 주요 쟁점사항은 기본자료의 구축 미흡, 비점오염원과 점오염원 모두 관리대상이 됨으로써 경제적 부담 가중, 관리주체가 될 지자체의 경제적 수준 및 영향 검토 부

족, 지자체의 전문인력 부족, 오염총량관리제의 수립 및 실행 후의 정확한 평가의 어려움 등이다.

오염총량관리제의 시행에 따른 부작용을 최소화하고, 새로운 제도가 성공하기 위해서는 먼저 총량규제 대상인 생화학적 산소요구량(Biochemical Oxygen Demand: BOD)의 수질기준을 초과하는 대상지역을 조사하고, 오염이 심한 지역과 점오염원의 비중이 높은 지역에 대한 오염총량기본계획을 수립하여 이를 시행할 필요가 있다. 둘째, 오염저감량에 대한 수계별 지자체의 합의를 도출하기 위해서는 보다 정확한 수량 및 수질 자료가 구축되어야 한다. 셋째, 오염발생원인자와 정부 및 민간이 참여하는 형태의 지속적인 협의를 통하여 목표량을 설정하고, 시행방안을 협의 · 추진할 필요가 있다. 넷째, 개별 지자체의 오염총량관리 기본계획의 수립에 따른 중앙정부 차원의 기술지원 등이 선행되고, 개별 지자체별로 수립된 시행계획을 이행할 수 있는 전문가 집단의 육성이 필요하다. 마지막으로 오염부하량 원단위 추정의 개선을 위하여 오염량에 대한 보다 정확한 조사방법의 개선이 필요하다.

(3) 대체수자원 확보

우리나라는 그 동안 주로 댐을 건설하여 용수를 공급하여 왔다. 앞으로는 댐건설의 건설적지 감소, 자연환경훼손 문제, 지역주민의 반대 등으로 대규모 시설개발에 의한 용수공급은 어려워질 전망이다. 대체수자원은 전통적인 수자원 취수방식이 아닌 빗물, 해수담수화, 지하댐 및 강변여과수(江邊濾過水) 등을 포함한다.

해외의 대체수자원 개발내용을 살펴보면 연중강수량이 많은 선진 외국은 빗물을 이용한 대체수자원 개발에 주력하고 있다. 독일은 가장 활발히 빗물을 이용 · 관리하고 있으며, 특히 건축 관련법령에 개발단계에서부터 빗물이용을 위한 시설물을 반영 · 설치하도록 규정하고 있다. 일본은 1979년 지하댐 축조를 시작으로 현재 14개의 지하댐을 완공하였다. 유럽은 지하댐보다는 양질의 상수원을 확보하기 위하여 100여 년 전부터 강변여과수 취수방식을 채택하고 있다.

우리나라에서도 대체수자원 관리를 위하여 다음과 같이 다섯 가지 기본방향을 설정할 필요가 있다.[45] 첫째, 이수 · 치수 · 생태환경을 고려하는 대체수자원 시설 구축, 둘째, 중앙집중식 용수수급체계에서 수요자 관리체계로의 유도, 셋째, 우리나라 실정에

45) 이승복, "빗물 등 대체수자원 전문가 세미나: 대체수자원 확보에 관한 연구," 국토, 2006. 3, 국토연구원, p. 136.

맞는 대체수자원 관리시스템의 모색, 넷째, 기존 수자원과 대체수자원의 연계관리 모색, 다섯째, 효율적 대체수자원 관리를 위한 법적 근거 마련 등이다. 따라서 과거의 경제적 효율성과 고도성장을 지원하기 위한 댐 용수 확보방안에서 탈피하여 경제적 타당성보다는 장기적 관점에서 국토의 생태환경과 물의 자연순환과정을 보전하고 복원하는 차원에서의 물 관리 및 수급방안이 마련되어야 할 것이다.

4. 지속가능한 산지관리

(1) 산지관리체계의 구축

1) 산림계획체계의 정비

지속가능한 국토 및 환경정책에 대응하기 위한 능동적이고 장기적인 산지관리를 위해서는 현재의 산림기본계획 수립방식이 개선될 필요가 있다. 현재 산림기본계획은 '전국단위–시 · 도–시 · 군단위'의 3단계[46]로 구분하여 수립되고 있다. 그러나 지속가능한 산림경영을 위한 계획공간의 구분은 유역권 개념을 포함한 산림생태계에 바탕을 둔 계획의 수립이 요구되고 있다. 따라서 산림기본계획은 '전국–유역권–시 · 군–지구(영림구)'의 네 단계로 구분하되, 하나의 유역권에는 2~3개 시 · 도 단위의 행정구역과 연관된 지방산림관리청이 포함되어야 할 것이다.

전국단위의 산림기본계획은 장기계획으로서 산림경영의 기본방침을 제시하되, 가급적 관련 사업은 포함하지 않도록 한다. 따라서 이 계획은 국가적 차원에서 추진할 과제와 장기적으로 다루어야 할 과제, 그리고 지역 간 협력사업을 다루도록 하며, 구체적인 사업계획과 실천수단은 지역단위(유역권, 시 · 군)의 산림계획에서 수립하는 것이 바람직하다. 이러한 계획내용의 구분은 산림경영에 있어서 지역특성을 고려하고, 지자체에서 다른 분야의 계획과 연계하여 추진하도록 유도하는데 초점이 있다

한편 유역권 단위의 산림계획에서는 시 · 도의 공동 및 협력 사업을 추진하도록 하고, 시 · 군 · 구 단위의 지역산림계획에서는 산림경관, 전용, 보전 등에 대한 구체적인 사업 계획을 수립하도록 한다. '지구'단위의 산림계획은 시 · 군 · 구 지역에서 특별히 산

46) 산림기본법 시행령에서는 전국단위의 산림기본계획이외에 시도의 산림기본계획구, 지방산림관리청의 산림기본계획구, 시군구의 지역산림계획구, 지방산림관리청국유림관리소의 지역산림계획구 등으로 산림기본계획 수립대상을 제시하고 있다. 행정단위와 지방산림관리청의 계획공간이 겹치는 부분이 있어서 계획단계 구분에서는 제외하였다.

림계획이 필요한 곳에 대하여 시 · 군에서 수립하는 계획을 의미한다.[47] 특정 개발사업을 추진할 때 훼손우려가 있는 산림 또는 지역에서 특별하게 보호해야 할 숲에 대한 사항 등은 지구단위의 산림기본계획에서 다룰 수 있다.

2) 산지개발을 위한 제도적 장치 마련

우리나라 산지개발의 문제는 부적절한 위치의 개발과 개발이후의 모습이 주변 경관과 어울리지 않는다는 점이다. 이러한 문제점을 개선하기 위해서는 산지의 지형적 특성과 주변 환경을 고려하는 지침과 기준이 필요하다. 그러나 산지환경은 변화무쌍하므로 산지개발기준을 마련하여 모든 산지에 일률적으로 적용하는 것은 무리다. 산지개발의 기준은 기본지표와 세부적인 사항 등 다단계로 구분 작성하여 지역특성에 알맞게 적용하는 것이 바람직하다.

그러므로 기본지표는 중앙정부에서, 그리고 세부적인 사항은 각 지자체에서 그 지역에 알맞은 기준을 설정할 필요가 있다. 산지의 다양성, 생산성, 쾌적성 및 지속성 등을 최대한 유지하는 방향에서 산지개발기준이 제시되어야 하며, 산지개발기준에는 개발대상지와 인접한 미개발 산림환경의 연결성에 대한 고려와 사후 관리를 위한 관리기준도 포함되어야 할 것이다. 세부기준작성에서는 산지개발의 허용 및 적합 여부, 대상지 특성에 따른 산림훼손의 범위, 개발이후 주변지역의 복구 등을 판단하기 위한 '산지개발점검표' 등에 대한 사항이 검토되어야 할 것이다.

3) 산림경관을 고려한 산지개발 지침 작성

산지의 형태와 위치, 그리고 개발유형에 따라 바람직한 산림경관에 대한 지침이 작성되어야 할 것이다. 산지개발에서 일률적으로 적용할 수 있는 경관유형은 없으나 도로를 개설하거나 공공시설을 산지에 조성할 때 최소한 고려해야 할 경관지침을 제시할 필요가 있다. 주변 산림형태에 따라 적합한 인공물의 재질, 규모, 형태, 색상 등을 작성하여 산지전용과정에서 이를 권장 내지 감안하도록 한다. 지역단위의 산림계획은 지역여건과 산림특성을 토대로 조림 및 육림, 그리고 갱신작업 시 산림경관을 고려할 수 있는 산림경관계획부문을 포함하고, 이 계획에서는 단순히 산림의 경제성보다는 산림생태계와 경관을 보전하기 위한 방안이 제시되어야 할 것이다.

---

47) 여기에서 '지구'는 산림기본법 시행령 제5조의 산림기본계획구 또는 지역산림계획구보다는 공간적으로 작은 단위를 의미한다.

4) 산지이용구분체계의 개선

지속가능한 산림경영을 위해서는 산지이용구분체계가 정비되어야 한다. 현재의 보전산지와 준보전산지의 구분은 지속가능성이라는 새로운 개념에는 적합하지 않다고 판단된다. 산림생태계를 고려한 산림경영과 산림의 토지 역할을 원활하게 수용하는 등 여건변화에 능동적으로 대처하기 위해서는 산지이용구분체계에 대한 전면적인 검토가 필요하다. 이를 개선하기 위해서는 먼저 산지이용의 범위를 새롭게 정의하여 산지이용의 내용과 정도가 정립되어야 하며, 산지이용구분을 위한 지표항목도 면밀한 검토가 필요하다.

기존의 산지이용구분체계를 정비하는 과정에서 발생하는 걸림돌의 하나는 원래의 산지이용구분이 바뀜에 따른 사유림(私有林) 소유자들의 민원제기 가능성이다. 즉, 준보전산지로 분류되었던 곳이 보전산지로 변경될 경우에는 지가의 하락 우려와 시설설치 및 개발행위의 제한 등이 문제가 될 수 있다. 이 문제는 실제 산지이용구분을 강구하면서 원래 분류대로 할 것인지, 아니면 산림의 역할을 재정립하면서 새로운 분류를 선택하느냐에 따라 정도의 차이가 있을 수 있다. 실제 제약을 받게 되는 사유림에 대하여 개발부담금의 부과, 계획단위개발제도(Planned Unit Development: PUD)와 개발양도관련제도의 도입, 산지의 교환, 용적률과 건폐율의 차별 적용, 사유림의 경영방식에 대한 공공의 개입을 보다 강화하는 방안 등 여러 가지 방법으로 해결을 모색할 수 있다. 한편 기존의 구분체계인 보전산지와 준보전산지를 그대로 유지한다면 보전산지 내에 포함되는 소규모 준보전산지를 보전산지로, 준보전산지에 작은 규모로 산재되어 있는 보전산지는 준보전산지로 재조정한 후 이용하되 주변에 미치는 영향을 최소화해야 할 것이다.

(2) 계획적 산지 활용

1) 계획적 산지개발 유도

산지의 계획적인 개발은 산림환경에 어울리는 개발을 도모하는 것이다. 자연환경과 어울리는 개발이란 산지 본래의 모습을 유지하면서 적합한 용도와 적정한 규모로 개발하는 것이다. 이는 산지개발로 인한 산림환경에 미치는 영향을 최소화 하고, 개발이후의 모습이 산림경관과 조화될 수 있도록 하기 위한 것이다. 산지의 계획적 개발을 위하여 고려할 사항은 첫째, 산림환경에 대한 훼손을 최소화하는 것이다. 따라서 기존 지형을 유지하고, 기존 산림을 존치하기 위한 적정 개발밀도와 건폐율 등에 대한 조정이 필요하다. 산자락 및 산정(山頂) 등과 같이 생태적으로 중요한 구성요소 간의 연결을 위한 공간이 배려되어야 하며, 이를 위해서는 현재 산림에 대한 임상도(林相度) 등 기초정보작성에 대한 개선이 필요하다.

두 번째는 시설물과 산림이 조화를 이루어야 한다. 시설물의 규모와 높이 등은 개발 산지의 위치 및 경사도, 상대적 표고 등에 따라 차별화된 기준이 필요하다. 세 번째는 개발에 의하여 훼손된 자연환경의 회복에 대한 것이다. 생태적으로 단절된 곳의 복원은 물론 개발로 인하여 변화된 산지환경에 대한 사후관리에 대하여 개발계획 수립단계에서 구체적인 수단이 제시되어야 할 것이다.

2) 도시화에 대응한 산림역할 강화

도시화가 진행될수록 도시민의 자연에 대한 향수는 커지고, 자연을 접촉하고 싶은 욕구는 증대된다. 그러므로 도시 내 녹지를 확충하기 위하여 산림을 활용하는 방안과 도시주변의 휴양기능을 확대하기 위하여 산림을 활용하는 방안이 함께 강구될 수 있다. 산림의 녹지 기능을 제고하기 위해서는 양호한 산림이 조성되어야 하며, 이를 위하여 산림전문가에 의한 도시산림을 경영할 수 있는 여건이 마련되어야 할 것이다. 도시민의 용이한 접근을 위하여 도시산림마다 활용방안이 적극적으로 강구되어야 하나 도시산림은 대부분 작은 조각(patch)으로 남아 있는 경우가 많아 생태적으로 취약하고, 또한 지형적으로 활용하기 어려운 상태이다. 이러한 여건을 감안한 도시산림의 경영방법에 대한 연구와 산림상태에 대한 조사가 선행되어야 할 것이다.

도시주변의 산림을 활용한 휴양기능 확대는 사유림에 대한 접근이 가능해야 하고, 동시에 시설설치에 대한 제도적 장치가 필요하다. 도시외곽의 산림에 휴양기능을 부여하는 것은 기존의 자연휴양림 조성과는 다른 개념이다. 자연휴양림은 일정구역 산림을 대상으로 휴양기능을 도입하기 위하여 여러 시설과 프로그램을 도입하였으나 도시주변의 휴양림은 현재 있는 그대로 이용하되, 최소한의 시설, 예를 들면, 안내시설, 산림 내 산책로 및 숲속의 빈터, 산림경관을 위한 조림 및 육림작업 등이 포함될 수 있다. 이러한 구상은 사유림 소유자와 협약을 체결하여 해결할 수 있으며, 특히 산림휴양림 조성은 청소년과 노년층을 위한 배려가 필요하다.

5. 지속가능한 개발제한구역 관리

(1) 외국의 개발제한구역 관리

1) 영 국

2006년 현재 영국의 개발제한구역(greenbelt)은 16,318㎢로 국토의 13%를 차지하고 있으며, 2004년보다 9㎢가 증가하였다. 초기의 개발제한구역 지정목적은 도시의 무제한적 확산 및 연담화(連擔化) 방지, 그리고 농촌지역의 보호에 두었으나 최근에는 농촌경관 및 개방성의 보존, 그린벨트와 주변 지역의 개발을 억제하여 도시 내 개발과 도시재생을 지원하는 데 초점을 맞추고 있다.

그러나 영국의 개발제한구역은 오픈 스페이스의 보전과 도시연담화의 방지 등 성공적인 정책으로 평가 받고 있으나 최근 몇 가지 문제점을 드러내고 있다. 첫째는 개발을 금지한 런던의 개발제한구역으로 인하여 도시 내 만성적인 주택부족과 주택가격의 상승요인으로 작용하고 있다. 둘째는 개발제한구역 내의 생태적 가치가 낮은 농지나 골프장 유지가 도시 내 생태적 중요지역의 개발을 촉진할 수 있다는 비판에 직면하고 있다. 셋째는 개발제한구역이 압축도시의 개발을 유도하기보다는 널뛰기(leap-frog)식 개발을 촉진하여 교통수요와 환경오염을 촉발한다는 문제점을 야기하고 있다.

그럼에도 불구하고 영국의 개발제한구역은 지역계획의 수립 주체인 지방의회(District Council)에서 치밀하게 관리·유지되고 있다. 개발제한구역 관리계획은 중앙정부의 지침인 계획정책지침(Planning Policy Guidance 2; 이하 PPG 2)과 지역공간전략(Regional Spatial Strategy: RSS)에 의하여 지방의회가 지방계획에 포함하여 수립하고 있다. 개발제한구역에 대한 주요 정책은 「PPG 2」에 규정되어 있기 때문에 일관성을 유지하고 있다.

한편 영국의 개발제한구역은 향후 개발수요에 대응하여 유보토지(Safeguard Land) 제도[48]가 신축적으로 운영되고 있다. 즉, 그린벨트는 보전을 원칙으로 하나 예외적으로 장기적 도시개발 수요가 있는 경우에는 도시에 인접한 그린벨트에 유보토지를 지정할 수 있으며, 유보토지는 지역전략지침(Regional Strategy Guidance: RSG)에 반영되어야 한다.[49]

---

48) 유보토지에 관한 사항은 PPG 2-2.12와 2.13 규정 및 부칙 B에 규정되어 있다.

49) 유보토지는 지역에 따라 차이가 있다. 런던지역과 런던근교인 케임브리지지역 그린벨트 정책의 가장 큰 차이점은 유보토지제도의 유무에 있다. 예를 들면, 런던은 도심 재생을 위하여 그린벨트 내 유보토지를 두지 않으나

새로운 개발제한구역을 지정하기 위해서는 먼저 지역전략지침과 구조계획에 반영되어야 하고, 지방정부는 일반적인 계획과 개발제한구역 설정과 같은 예외적인 규제수단이 필요하게 된 상황변화를 설명하여야 한다. 예를 들면, 새로운 개발제한구역의 지정이 지속가능한 개발에 기여할 수 있다는 점을 제시하는 것이다.

영국 개발제한구역 관리의 가장 큰 특징은 지역공간의 하나로서 지역계획체계(Local Development Framework: LDF)에 의하여 관리[50]되고 있다는 점이다. 영국은 중앙정부 차원의 국토계획이 없는 대신에 관련 법령 및 규칙을 제정하여 최상위의 공간정책으로서 정부지침(Guidance) 또는 회람(Circular) 등을 통하여 지방정부의 공간계획에 영향력을 행사하고 있다.

2) 프랑스

프랑스의 개발제한구역은 1976년에 도입되었으나 파리-일드 프랑스(Paris-Il de France: 이하에서는 파리대도시권이라 함) 지역에만 지정되어 있다. 지정 목적은 크게 공간적 목적과 기능적 목적으로 구분된다. 공간적 목적은 도시의 무분별한 확산 억제, 새로운 도로 및 철도 건설에 따른 오픈 스페이스의 단절 방지, 경관 보호와 도심 접근성 향상에 두고 있다. 반면에 기능적 목적은 삼림의 보호와 확대, 레크리에이션 공간의 제공, 도시근교 농경지의 감소 방지, 그리고 지역의 동식물 및 자연유산 보호에 두고 있다. 따라서 파리대도시권 주변에 설정된 개발제한구역의 형태는 도시확산을 방지하기 위한 환상형(環狀形) 그린벨트와 레크리에이션 등 기능적 목적 달성을 위한 쐐기형의 그린웨지(green wedge) 형태가 공존하고 있다(그림 4-11).

프랑스의 개발제한구역 관리정책은 중앙정부와 지방정부, 그리고 기타 이해당사자 간의 파트너십 구축을 토대로 추진되고 있다. 중요한 점은 개발제한구역을 법적으로 규제하는 수단(예: 토지이용계획)이 없는 대신에 이해당사자 간의 합의를 바탕으로 관리하고 있다. 개발제한구역 내 시설은 이해당사자 간의 합의에 따라 설치할 수 있는 융통성을 지니고 있다.

개발제한구역의 관리계획은 파리대도시권 국토도시연구소(IAURIF)에서 수립하며,

케임브리지는 그린벨트 외곽의 무질서한 개발과 통행거리 증가를 막기 위하여 유보토지를 설정하고 있다.

50) 2004년 Planning and Compulsory Purchase Act가 시행되면서 새로운 계획체계인 LDF로 전환되고 있고, 이때 개발제한구역 계획체계도 변화되었다. 이전의 PPG는 2004년 Planning and Compulsory Purchase Act의 제정으로 Planning Policy Statement(PPS)로 전환되는 과정에 있다. 광역권(East England 등)은 중앙정부의 PPS 지침에 따라 교통, 주택, 녹지 등의 RSS를 수립하고, 지방정부의 개발계획을 유도한다. District Council은 새로운 계획체계인 LDF에 의하여 지방계획을 수립하며, RSS에 따라 지방계획에 개발제한구역 계획을 포함한다.

그림 4-11 파리대도시권의 그린벨트 형태

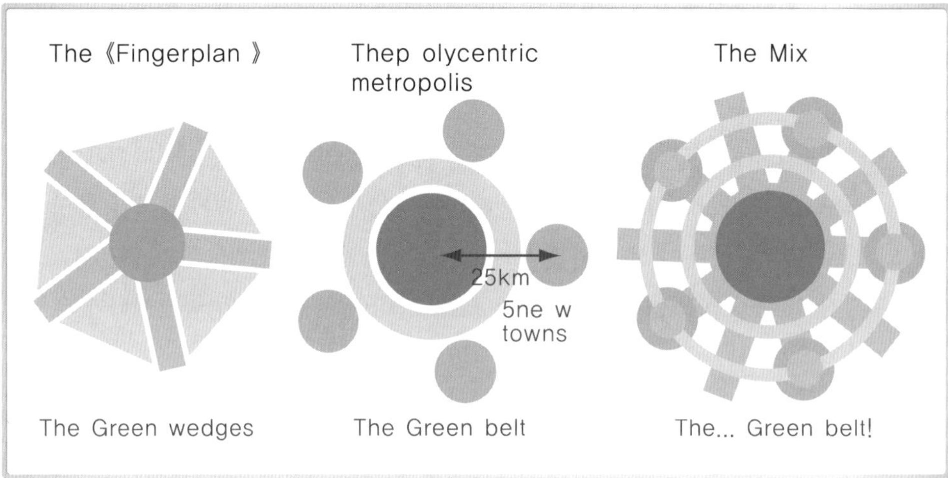

자료: 건설교통부, 개발제한구역의 효율적 관리를 위한 시설물 평가지표 작성 및 DB구축 연구 자료집, 2007b, p. 274.

관리계획의 집행은 파리대도시권 주의회(Regional Council) 산하기관인 녹지대관리소(Agence des Espaces Verts)에서 담당하고 있기 때문에 그린벨트 관리주체로서 주의회(Regional Council)의 역할이 중요하다. 파리대도시권 주의회에는 8개의 지방의회(County Council)가 있고, 지방의회 산하에는 359개의 코뮌(commune)이 있으며, 각각의 행정단위에서 해당지역 그린벨트를 관리하고 있으나 그린벨트 내의 시설물 입지 등 관리를 위한 큰 틀은 주정부에서 수립한 계획서(planning documents)를 따르고 있다. 행정단위별 개발제한구역 관리에서 이해가 상충되는 부분은 이해당사자 간의 설득과 합의과정을 가장 중요하게 고려하며, 이러한 합의결과를 개발제한구역 관리에 반영하고 있다.

3) 독 일

독일은 영국과 프랑스처럼 도시의 무분별한 확산을 방지하기 위하여 설정한 개발제한구역 제도는 없으며, 대신 개발제한구역에 준하는 기능을 녹지대 또는 지역공원(Regionalpark)이 담당하고 있다. 지역공원은 단순한 공원을 의미하는 것이 아니라 일종의 지역계획전략 및 지역발전 개념을 내포하는 것으로 베를린(Berlin)이 보유하고 있는 고유한 역사적 배경을 고려하여 지정되었다(그림 4-12).

지역공원의 지정목적은 베를린과 브란덴부르크(Brandenburg) 주(州)의 지속적인 발전을 위하여 경제발전과 환경보전이 조화를 이루며, 공원 내에서 산업과 고용을 창출하

그림 4-12 베를린과 브란덴부르크의 지역공원(Regionalpark)

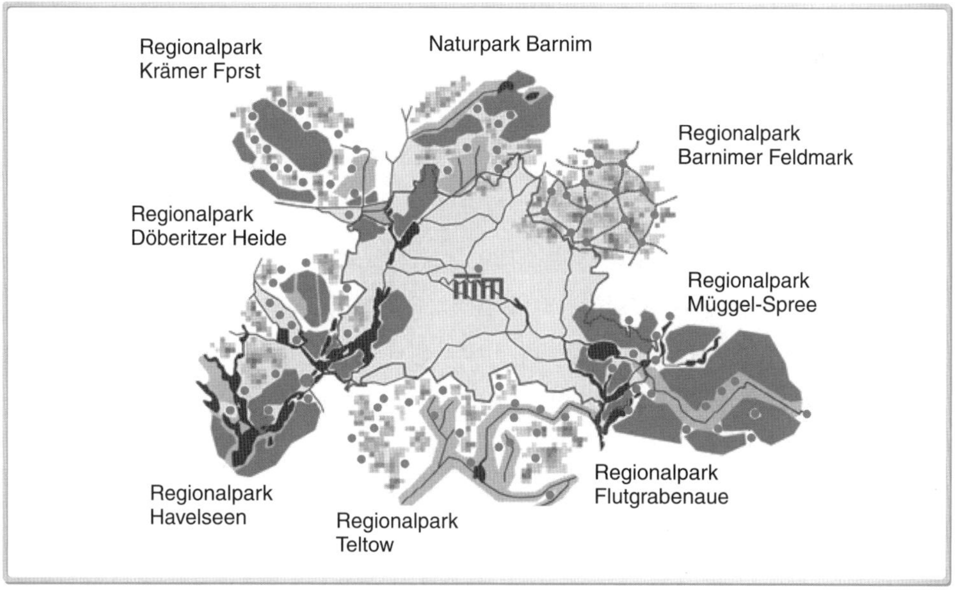

자료: 건설교통부, 전게서, 2007b, p. 75.

고, 레크리에이션 기회를 제공하여 지역소득을 창출하는데 있다. 또한 지역경관의 특수성과 동식물의 보호를 기본으로 하되, 지역의 경관, 매력적인 주거지, 농산물 등 경쟁력을 가질 수 있는 상품을 개발하는데 주력하고 있다. 그리고 지역공원은 접근성 및 레크리에이션시설 개발, 경관의 정보화 및 고부가가치화, 자연 및 문화유산의 유지, 브랜드화, 마케팅 및 이미지 형성을 추구하고 있다.

1990년 독일 통일 후 베를린과 베를린 주변 브란덴부르크 주의 주요 관심사는 베를린의 경우, 녹지와 레크리에이션 공간을 확보하는 반면, 브란덴부르크는 경제 발전에 관심을 가졌다. 각 주의 개별적인 개발정책으로 무계획적인 개발과 도시의 무질서한 확산방지를 위하여 1995년에 베를린과 브란덴부르크 주는 공동으로 주계획 수립에 착수하였으며, 1996년에 공동 주 공간계획국(Joint Spatial Planning Department)을 설립하였다. 지역공원 개념은 장래의 공간개발에 대한 논의에서 등장하였으며, 1998년에 베를린과 브란덴부르크 주 양자 모두가 공간계획의 일환으로서 지역공원에 대한 공통의 목표를 공유하게 되었다.

베를린과 브란덴부르크는 공동 주계획(Joint Planning for Berlin and Brandenburg)을 토대로 8개의 지역공원을 선정하였다. 지역공원의 총면적은 약 2,000㎢이며, 지역의 독특한 경관 특성을 보유하고 있다. 1998년 공동 주계획프로그램(LEPro)과 공동 주개발계획(LEPeV)에 의하여 지역공원이 설치되었다.

지역공원의 관리는 지방당국이 주도하며, 다음과 같은 다섯 가지 기본 원칙에 의하여 관리되고 있다. 첫째는 협력으로서 모든 행정기구 및 공공기관, 농민, 시민단체의 협력에 의하여 관리된다. 둘째는 통합으로서 자연적, 문화적, 생태적, 사회적 및 경제적 유산을 통합적으로 활용할 수 있도록 관리되고 있다. 셋째는 경관의 질로서 자연과 문화경관의 잠재력을 발전시키고, 오픈스페이스체계를 유지하도록 관리된다. 넷째는 지역활동에 긍정적으로 작용하도록 관리되어 지역공원에서 나타나는 다양한 활동은 경제적 이득으로 연결되도록 하고 있다. 다섯째는 네트워킹(networking)으로서 경관, 비오톱, 수계 등 환경적 연계와 관련계획의 이해당사자 등의 인적 연계를 우선적으로 고려하고 있다.

4) 시사점

영국, 프랑스 및 독일의 개발제한구역 제도를 바탕으로 우리나라의 개발제한구역 관리를 위한 고려할 점은 다음 네 가지로 요약될 수 있다.

첫째, 개발제한구역의 역할 재정립 및 다양한 기능의 부여가 요구된다. 지정당시의 국토공간구조와 현재는 차이가 있으므로 도시확산 방지 및 환경보전과 더불어 도시민의 휴양활동을 위한 공간이라는 새로운 역할이 필요하다. 예를 들면, 생산성이 높은 도시근교 농업지역으로 활용할 수 있는 여건이 조성될 필요가 있다.

둘째, 광역도시기본계획의 일환으로 관리체계를 일원화하는 방안이 검토되어야 할 것이다. 공공시설을 포함한 각종 시설은 도시규모, 특성, 장래 발전방향 등을 고려하여 공급되어야 하며, 국민임대주택사업 역시 지역계획과 연계하여 계획적으로 추진되어야 할 것이다.

셋째, 개발제한구역의 지정, 조정 또는 행위제한의 완화는 앞에서 검토한 유럽 3국의 경우처럼 기대감을 갖지 못하도록 일관성이 유지되어야 할 것이다. 개발제한구역이 규제대상이 아니라 다양한 기능의 도입을 통하여 국민건강과 생활에 유익한 공간으로 운영 · 관리되어야 할 것이다. 이를 위해서는 개발제한구역에 대한 사회적 합의와 운용과정을 통하여 이해당사자 간의 합의채널을 이루고, 국민이 새로운 개발제한구역의 지정을 받아들일 수 있는 여건조성이 필요하다.

넷째, 개발제한구역 내 주민들에게 다양한 지원체계를 제공할 필요가 있다. 환경과 경관보전을 전제로 도시민의 레크리에이션 공간 조성 등 다양한 소득창출 사업이 가능한 여건과 지원체계를 조성하고, 관련 지자체 간 협력네트워크를 구축해야 할 것이다.

(2) 우리나라의 미래지향적 개발제한구역 관리

1) 개발제한구역관리를 위한 기초정보구축

개발제한구역이 개발유보지로 전용되는 것을 막기 위해서는 개발제한구역의 관리목표가 분명해야 한다. 도시민을 위한 지속적인 자연환경보전구역으로 명확하게 개념을 규정하여 친환경적으로 관리되어야할 것이다.[51] 개발제한구역의 지속가능한 관리를 위해서는 개발제한구역의 생태적 현황과 훼손실태 등 기초조사가 철저히 이루어져야 한다. 이러한 기초조사를 바탕으로 개발제한구역의 권역을 구분하여 온전히 보전되어야할 곳, 시민들의 여가공간으로 활용이 가능한 곳, 그리고 지정해제 여부 등이 판단되어야할 것이다.

시설입지에 대한 판단은 권역별로 환경등급별 적정총량, 입지시설별 적정비율 등 각종 정량적이고 과학적인 지표를 설정하여 사전심사와 성과관리 등이 필요하다. 시설입지 판단을 위한 지표는 신규 입지시설의 타당성을 검토할 때 시급성과 설치필요성 등 정성지표 외에 권역별 정량지표에 미치는 영향이 우선적으로 심사되어야 할 것이며, 구체적 판단기준은 환경평가등급, 주변경관과의 조화, 인구유발, 역사 · 문화유산의 보존 등 다양한 기준이 적용될 수 있다. 지자체간 공동시설 입지의 경우에는 광역권 입지수요를 감안하여 조정하고, 대형 시설은 파급효과를 철저히 검증해야 할 것이다. 기존 입지시설에 대한 정기적인 사후평가를 실시하여 당초 목적과 기능 등에 문제가 발생할 경우에는 원상회복과 철거 등의 조치를 강화하고, 평가결과를 주민지원사업 지원, 관리계획 승인, 시범공원 선정 등 인센티브와 연계하는 피드백(feedback)시스템이 확립되어야 할 것이다.[52]

2) 개발제한구역의 관리체계 정비

해당 시 · 도에서 부분적이고 단편적으로 수립하고 있는 관리계획을 광역도시기본계획의 일환으로 일원화하여 개발제한구역의 체계적 관리를 도모할 필요가 있다. 공공

51) 김선희 외, 개발제한구역의 친환경적 보전 및 관리를 위한 내셔널트러스트 도입방안 연구, 2006, p. 63.

52) 최영국 · 김명수, "영국, 프랑스, 독일 그린벨트 정책의 최근 동향과 시사점," 국토정책 Brief, 제168호, 2008. 3. 3.

시설을 포함한 각종 시설은 도시규모, 특성, 장래 발전방향 등을 고려하여 공급하되, 무엇보다 개발제한구역의 보전 및 관리를 위한 규제대상, 방법, 내용 등이 일관성 있게 적용되어 계획의 신뢰성을 확보하는 것이 매우 중요하다. 개발제한구역의 관리 및 추진체계는 기존 관(官)주도의 폐쇄적이고 일방적인 관리체계에서 벗어나 중앙정부와 지방정부, 토지소유자, 시민(단체), 전문가 등의 적극적인 참여와 협력을 토대로 개방적인 개발제한구역관리의 거버넌스체계를 구축하는 것이 중요하다.

3) 개발제한구역의 공유화 방안[53)]

미래의 개발제한구역은 중장기적인 토지확보 및 활용목표를 설정하여 계획적인 토지매수와 관리가 추진되어야 할 것이다. 개발제한구역의 지정목표에 따라 도시확산을 방지하고, 친환경적인 관리를 위해서는 권역별로 훼손가능성, 친환경적 개발, 도시성장관리 등을 종합적으로 검토하여 중장기 '공익토지확보계획'을 수립할 필요가 있다.

토지확보 방법의 하나는 내셔널 트러스트(National Trust) 등 실천적인 환경운동단체의 적극적인 참여를 유도하는 방안이 있다. 보전가치가 있는 환경 및 문화자산에 대하여 시민들이 회비, 기부, 기증, 모금, 출연 등의 방법으로 자산을 기탁하면 내셔널트러스트 운동단체에서는 이를 매입, 취득, 임대 등의 방법으로 보전을 위한 신탁을 설정함으로써 환경 및 문화자산을 미래세대까지 영구히 보전하고 관리할 수 있다.[54)]

53) 김선희 외, 전게서, 2006, pp. 63-64.
54) 조명래, 내셔널트러스트 운동의 원리와 과제, 국회환경포럼, 2001.

참고문헌

건설교통부, 통합수자원관리를 위한 수자원정책의 연구, 2007a.

건설교통부, 개발제한구역의 효율적 관리를 위한 시설물 평가지표 작성 및 DB구축 연구 자료집, 2007b.

고익환 외, "통합수자원관리 기반기술 구축방안(I) – 선진국의 하천유역통합물관리 기술개발동향," 한국수자원학회지, 제 35권 6호, 2002.

국토연구원, "녹색성장으로 달라지는 대한민국 국토," 미발간자료, 2008.

김선희 외, 개발제한구역의 친환경적 보전 및 관리를 위한 내셔널트러스트 도입방안 연구, 국토연구원, 2006.

김용웅 · 차미숙, 국토개발관련 분쟁의 발생실태와 조정방안에 관한 연구, 국토개발연구원, 1997.

김종원 외, 하천유역별 오염총량관리제도의 도입에 따른 지역경제 및 토지이용 변화전망과 정책과제, 국토연구원, 2004.

김종원, "친환경 하천정비의 추진실태와 평가," 국토, 통권 308호, 2007. 6. 10.

김종원, "국내 통합수자원관리 추진현황과 과제," 춘천국제물포럼 논문집, 2009.

김진범, "일본 광역지방계획의 주요내용과 시사점," 국토정책 Brief, 제245호, 국토연구원, 2009.

박태선 외, 자연형 하천정비를 위한 하천환경 특성분석연구, 국토연구원, 2004.

박형서 · 김선희, "품격있는 국토조성을 위한 갈등관리시스템 구축방안," 국토, 국토연구원, 2007. 1.

이승복, "빗물 등 대체수자원 전문가 세미나: 대체수자원 확보에 관한 연구," 국토, 2006년 3월호, 통권 293호, 국토연구원.

정일호 · 서민호, "저탄소 녹색성장을 위한 교통정책 방향," 국토정책 Brief, 제202호, 2008. 11. 17.

조남건, "순환도로의 녹색성장 가능성," 국토정책 Brief, 제218호, 2009. 3. 2.

조명래, "내셔널트러스트운동의 원리와 과제," 국회환경포럼 발제문, 2001.

최영국 · 김명수, "문화와 환경이 어우러진 국토 만들기," 국토, 통권 306호, 국토연구원, 2007.

최영국 · 김명수, "영국, 프랑스, 독일 그린벨트 정책의 최근 동향과 시사점," 국토정책 Brief, 제168호, 2008. 3. 3.

최영국 외, 국토계획과 환경계획체계의 연계방안, 국토연구원, 2002.

최영국, "지속가능한 발전을 위한 환경정책과 국토정책의 조화방안," OECD 환경성과 평가보고서 발간기념세미나 자료, 한국환경정책 · 평가연구원, 2006.

환경부, 친환경적 국토관리방안에 관한 연구, 2001.

환경부, 국가환경종합계획(안), 2005.

환경부, 환경 30년사, 2010.

環境省, 自然との共生をめざして(自然公園等整備事業の概要, 2002. 2.

독일 니더작슨州 홈페이지: 토양도 http://www.gd.nrw.de/g_bk5d.htm#allg

베를린시 홈페이지: 생활공간지도작성 http://www.stadtentwicklung.berlin.de/umwelt/naturschutz/de/biotopschutz/biotope/biotopkartierung.shtml
베를린시 홈페이지: 환경지도(Umweltaltas) http://www.stadtentwicklung.berlin.de/umwelt/umweltatlas/
일본 국토교통성 홈페이지 http://www.mlit.go.jp/sogoseisaku/envi/epomoc.html
일본 교토시 지구환경정책부 홈페이지 http://www.city.kyoto.jp/kankyo/envm/assess/kyoudai/gaiyou2/yoayaku.HTM
일본 환경성 홈페이지
물포탈사이트 http://www.water.or.kr
한국수자원공사 홈페이지 www.kwater.or.kr
http://www.gwpforum.org/gwp/library/Handbook.pdf 11p
환경지도 인터넷공개목록. 2006. 베를린시 홈페이지
유엔홈페이지 http://www.un.org/esa/sustdev, http://www.gwpforum.org/gwp/library/Handbook.pdf

제 5 장

지속가능한 국토관리계획

제 1 절 환경친화적 국토와 스마트성장관리

1. 지속가능한 국토관리계획의 필요성

지속가능한 국토관리계획은 환경적 지속가능성에 역점을 두고 국토개발사업의 계획, 설계, 시공, 관리 및 운영 단계에서 환경훼손을 유발시키지 않고, 환경오염물질을 배출하지 않을 뿐 아니라 자연환경과의 조화를 이루도록 계획을 수립하는 것이다. 과거의 국토계획은 대부분 경제적 효율성을 바탕으로 계획이 수립되었기 때문에 자연환경의 훼손과 환경오염의 유발을 초래하였다. 특히 과거의 환경문제 해결방안은 환경오염물질이 배출되었거나 자연환경이 훼손된 후에 이를 처리하는 데 역점을 두어 왔다. 그러므로 이러한 환경문제를 해결하기 위해서는 지속가능한 국토관리계획의 필요성이 더욱 강조되고 있다.

지속가능한 국토관리계획은 환경오염 물질의 배출과 자연환경의 훼손을 사전에 감소시킬 수 있도록 계획을 수립함으로써 환경문제의 해결을 사후적 대책이 아닌 사전 예방적 대책으로 전환하는 기능을 수행하는 것이다. 따라서 지속가능한 국토관리를 위해서는 기존의 도시계획이 생태도시로 개발될 수 있도록 생태도시계획의 형태로 바뀌어야 할 것이다. 또한 관광개발도 대량관광을 위한 대규모의 개발이 아닌 자연환경과 토속문화를 보전하면서 관광이 이루어지는 생태관광이 필요하다. 이외에도 국토의 자연환경과 자연생태계를 보전하기 위해서는 그린네트워크가 조성되어야 하고, 그동안 환경오염의 주범으로 인식되어 왔던 각종 산업단지도 이제는 환경오염에서 자유로운 생태산업단지로 거듭나야 할 것이다.

2. 환경친화적 토지이용과 스마트성장관리

성장관리(Growth Management)란 개발과 필요한 인프라 간의 적합성과 커뮤니티의 생활의 질을 향상시키며, 개발과 자연환경보전간의 신뢰할만한 균형을 달성하기 위해서 개발의 유형, 비용, 입지, 시기 등을 적절히 유도하기 위한 정부의 정책, 계획, 투자, 인센티브, 규정 등으로 정의된다.[1] 성장관리의 수단은 크게 세 가지 유형으로 구분될 수

1) John Randolph, *Environmental Land Use Planning and Management*, Washington, D.C.: Island

있는데 첫째는 계획으로서 토지이용관리의 기술적, 정치적 기반이 된다. 여기에는 종합계획 혹은 일반계획, 예를 들어 우수(雨水)관리계획, 오픈 스페이스 계획, 그린프린트(green print) 계획 등과 같은 기능적 계획이 포함된다. 둘째는 규제적 수단으로서 용도지구와 같은 재래식의 토지이용규제와 농업지구, 중첩지구, 개발권 양도제(Transfer of Development Right: TDR)와 같은 혁신적인 토지이용 규제 등이 있다. 셋째는 비규제적 수단으로서 토지취득, 보전지역권역의 설정, 차등화된 개발부담금 부과 등의 수단이 해당된다.[2)]

미국 도시계획협회 (American Planning Association: APA)는 'Growing Smart' 라는 프로그램을 통하여 스마트성장(smart growth)을 위한 정책가이드를 발표하였다. 이 보고서에서 스마트성장은 개성있는 커뮤니티와 장소, 가치있는 자연자원과 문화자원의 보존 및 보전, 개발비용과 편익의 공평한 분배, 재정부담을 통한 교통시설의 확충, 고용과 주거선택의 범위 확대, 장기적인 지역차원의 지속가능성 고려, 공중보건과 건전한 커뮤니티의 촉진을 위하여 커뮤니티를 설계, 재활성화, 건설하는 종합계획의 활용으로 정의하고 있다.[3)]

스마트성장은 도시의 무질서한 평면적 확산(sprawl)에 대응하기 위한 방안으로 미국에서 처음으로 논의되기 시작하였다. 1996년 미국 환경청의 도시 및 경제개발부가 지방정부의 공무원, 계획가, 환경보호주의자, 개발업자 등에게 어떻게 하면 토지이용 문제에 대한 합의를 유도하고, 좀 더 유용한 정보와 수단을 제공할 수 있을 것인가에 대한 해답을 찾기 위한 여러 차례의 모임에서 스마트성장의 아이디어가 태동하였다.[4)] 스마트성장은 자연환경을 파괴하지 않고, 경제성장을 지속하면서 상호협력을 통한 의사결정방식에 근거하여 주민들의 삶의 질을 개선시킬 수 있도록 도시성장을 계획적으로 수용 또는 유도하기 위한 성장관리방식이다.[5)]

따라서 스마트성장은 지속가능한 도시계획과 같은 맥락의 접근방식 이다. 미국 도시계획협회(APA)는 컴팩트(compact)하고, 대중교통 접근성이 높으며, 보행자 중심의 혼합이용 개발패턴과 토지의 재사용 등이 스마트성장의 원칙을 적용한 결과라고 주장하면서 성장압력이 높은 지역에서 새로운 시가지를 개발할 때에는 반드시 스마트성장원

Press, 2004, p. 141.

2) *Ibid.*, p. 143.

3) 윤혜정, "미국의 스마트성장과 도시개발정책의 시사점," 국토계획, 대한국토 · 도시계획학회, 제37권 7호, 2002. 12, p. 8.

4) 조철주, "미국의 스마트성장 출현 배경과 운용실태," 국토, 299호, pp. 42-44.

5) 국토연구원, 국토정책 Brief, 103호, 2006. 8. 21.

칙에 따라 계획되고 개발되어야 한다고 권고하고 있다. 이 협회가 제시한 스마트성장의 핵심원칙은 다음과 같다.[6]

첫째, 정부, 비영리단체, 민간부문 모두는 스마트 성장을 지지하는 정책을 수립하고 시행하는데 중요한 역할을 담당해야 한다.

둘째, 주정부 및 연방정부의 정책과 프로그램은 도시로의 재투자, 컴팩트한 개발, 토지보전을 위한 것이어야 한다.

셋째, 각 단계의 계획절차와 규제는 다양성과 형평성, 그리고 스마트원칙을 준수해야 하며, 모든 단계의 정부에서 수립하는 계획과정에 시민참여를 확대시켜야 한다.

넷째, 교통수단의 선택을 증진시키기 위한 다양한 교통시스템을 구축한다. 즉, 토지이용과 교통계획 간의 통합을 통하여 자동차의 수용력을 높이고, 대중교통, 자전거, 도보 등 교통선택의 폭을 확대한다.

다섯째, 스마트성장은 대도시내 근린주거지역과 자치단체의 독립성을 인정하므로 균형적이며 통합적인 지역개발을 촉진하고, 관습, 정책, 법규, 자연조건 등이 도시마다 다르기 때문에 지역여건에 적합한 해결대안과 계획을 적용한다.

여섯째, 고밀도 개발, 충전(充塡)개발, 재개발, 기존건물의 재활용 등을 통하여 토지자원의 효용성을 높이고, 보다 컴팩트한 도시지역을 조성한다.

일곱째, 기존의 도시중심지역에 대한 재투자, 종전토지의 재사용, 낡은 건물의 재개발 등을 통하여 활성화를 도모한다.

한편 Smart Growth Network는 다음과 같이 스마트성장의 10대 기본원리를 선언하고 있다. 그 원리에는 우선순위가 없으며, 하나하나가 모두 중요한 원리이다. 이 원리는 ① 토지이용의 복합화: 주거지역에 상업과 업무시설 등을 근접 배치하는 방식은 도보나 자전거를 통한 접근성을 제고하며, 가로의 활력을 높이고, 범죄예방에도 기여한다. ② 컴팩트한 건물디자인: 토지이용의 효율성을 높여 녹지 및 농업공간의 보전에 기여하고, 버스와 도시철도 등 대중교통수단의 도입이 용이하다. ③ 주거선택의 범위확대: 사회계층의 다양화 추세를 감안하여 기반시설이 갖추어진 기성시가지에 다양한 소득 및 연령계층을 배려한 주거유형을 제공한다. ④ 보행가능한 근린주거 건설: 사회적 약자에 대한 접근성을 높이고, 주민들의 사회적 교류를 높이며, 주민건강을 개선한다. ⑤ 장소성이 살아있는 개성있고 매력적인 커뮤니티 육성: 커뮤니티의 역사, 문화, 경제, 지리적 특성 등을 표현할 수 있는 공간으로 조성하여 주민들에게는 자부심을 느끼게 하

6) http://www.apa.org; 윤혜정, 전게서, pp. 10-11.

고, 방문객들에게는 깊은 인상을 남긴다. ⑥ 오픈 스페이스, 농지, 자연경관, 취약한 환경지역의 보존: 야생동물의 서식처를 보존하고, 수질보전과 도시확산을 방지하여 주민들의 삶의 질을 개선한다. ⑦ 기존 커뮤니티를 위한 개발 및 관리의 강화: 세수(稅收)의 낭비방지, 직주근접(職住近接)의 실현, 기존 도시용 토지 및 기반시설의 활용, 교외녹지공간에 대한 개발압력의 완화 등을 추진 한다. ⑧ 다양한 교통선택기회의 제공: 보행, 자전거, 전철, 버스 등 다양한 교통수단을 이용할 수 있게 하고, 교통수단 간에도 연계성을 강화한다. ⑨ 예측 가능하고, 공평하며, 비용 효율적인 방식의 개발 결정: 민간부문의 투자와 적극적인 참여를 유도할 수 있도록 공공부문의 승인절차와 의사결정과정이 신속하고 공정하게 이루어지도록 하며, 성장을 유도하는 지역의 경제활동에 대해 적정한 인센티브를 제공한다. ⑩ 개발결정에 있어 커뮤니티와 이해관계자간의 협력 촉진: 다양한 이해당사자들을 계획초기부터 지속적으로 참여시켜 협력적 분위기에서 해결책을 모색한다.[7)]

스마트성장의 주요 계획기법은 도시성장구역(Urban Growth Boundary)기법, 개발과 공공시설 적정 · 적시 공급의 연계(Adequate Public Facility/Concurrency Requirement)기법, 개발영향부담금(Development Impact Fee)기법, 인센티브 용도지역제(Incentive Zoning)기법 등이 있다.

도시성장구역 기법은 도시의 과도한 외연적 팽창 속도를 규제하고, 주변의 녹지와 농업용지를 보전하기 위하여 일정기간 동안 지정된 구역에서만 개발행위를 유도하는 기법이다. 개발과 공공시설 공급의 연계기법은 공공 하부구조(下部構造)가 충분히 확보된 상황에서만 개발사업이 수행되도록 규제하여 개발의 속도를 조정하는 기법이다. 개발영향부담금 기법은 개발로 인하여 요구되는 공공시설의 공급비용을 개발업자로부터 징수하여 해당 도시 및 지역의 성장에 따라 공공 하부구조의 공급을 도모하는 기법이다. 인센티브 용도지역제 기법은 용적률의 추가 제공을 통하여 성장에 따른 비용의 최소화를 위한 개발을 유도하는 기법이다.[8)]

우리나라에서 스마트성장기법의 적용가능성을 살펴보면 도시지역의 급속한 팽창과 난개발 문제에 직면해 있는 수도권에서 우선시행이 가능할 것이다. 한편 개발과 공공시설 적정 · 적시 공급 간의 연계기법은 이미 우리나라에 관련 제도가 도입되어 있으므로

---

7) Smart Growth Network, This is Smart Growth; ICMA, Getting to Smart Growth: 100 Policies for Implementation; 국토연구원, 전게서, 103호, 2006.

8) 국토연구원, 국토정책 Brief, 108호, 2006. 9. 25, pp. 2-6.

그 여건은 어느 정도 구비된 셈이다. 개발영향부담금도 2006년 7월 「기반시설부담금에 관한 법률」에 근거하여 관련 시행령과 규칙이 제정되어 시행되다가 2008년 3월 폐지되었다. 그 대신 「국토의 계획 및 이용에 관한 법률」에서 기반시설부담구역을 지정해 기반시설부담금을 부과할 수 있는 조항을 설치했기 때문에 기본적인 여건은 구비되어 있다. 특히 인센티브 용도지역제는 인센티브 제공을 통하여 개발업자의 협력을 유도할 수 있다는 점에서 그 적용가능지역의 범위가 넓을 것으로 판단된다.[9)]

제 2 절 생태도시계획

1. 생태도시의 개념 및 유형

기존의 도시계획이 도시환경문제를 근본적으로 해결하는 데에는 한계가 있다는 점을 인식하고, 새로운 국가정책목표로 제시되고 있는 '지속가능한 발전'의 목표를 달성하기 위하여 대두된 개념이 생태도시(Ecopolis)이다. 생태도시(生態都市) 즉, Ecopolis는 Ecological (생태적)과 Polis(그리스어의 도시)가 합성된 용어로서 사람과 자연 혹은 환경이 조화되어 공생할 수 있는 도시체계를 구비한 도시이다. 따라서 생태도시는 환경의 보전과 활용을 도모하면서 생태계의 측면에서 보다 다양하고 자립적이며, 안정적인 순환구조를 가지고 인간과 자연생태계가 공존하는 도시를 말한다.

생태도시에서 다루는 환경은 단순히 공해(公害)만을 다루는 것이 아니고, 자연환경과 경관까지도 다루는 광범위한 환경을 포함하고 있다. 생태도시는 자연과 인간이 친화된 쾌적한 도시이며, 물, 에너지, 자원 등이 효율적으로 이용되고 재활용됨으로써 오염이 없는 도시이다. 그러므로 생태도시는 환경보전기능을 갖춘 각종 도시시스템과 환경우호적인 생활양식을 보유하며, 환경오염원의 발생원을 규제할 뿐 아니라 자연과의 공존이 이루어지고, 도시활동에 의한 환경부하가 적은 환경보전형 도시를 말한다.

생태도시의 이상적인 개념에 부합되는 도시가 조성되기 위해서는 적절한 기술발전과 많은 비용, 시민합의 등 여러 가지 복잡한 문제가 얽혀있다. 따라서 생태도시라고 알려진 많은 도시들도 완벽한 상태로 개발되지는 않았으며, 다른 도시에 비하여 상대적으

---

9) 상게서, pp. 7–8을 토대로 수정.

표 5-1 생태도시의 유형 분류

생태도시 유형	정 의	주도적 학문	주요 과제	주요사업 및 활동
생물다양성 생태도시(A): A	생물다양성을 증진하는 생태도시	식물학, 동물학, 생태학	서식지 보호, 인간과 자연 공존	에코 브릿지, 비오톱, 스텝핑 스톤(stepping stone), 옥상녹화, 동물보호
자연순환성 생태도시(B): A+B	자연순환체계를 확립하는 생태도시	조경학, 도시계획학, 건축학, 환경공학	물질대사, 물순환, 에너지 순환, 교통체계 개편, 환경오염 저감	자연형 하천, 투수성 포장, 중수도, 재생가능에너지, 솔라 시티, 도시농업, 그린빌딩, 자전거도로
지속가능성 생태도시(C): A+B+C	지속가능한 발전을 추구하는 생태도시	경제학, 사회학, 정치학, 철학	생산소비패턴 변화, 지속가능성 지표, 환경의식 제고, 환경정책 선진화	녹색소비운동, 지방행동 21, 환경교육, 환경거버넌스, 생태마을, 환경분쟁 저감

자료: 이창우, "생태도시란 무엇인가?" 환경운동연합 · 한겨레신문사, 2004년 생태도시만들기 캠페인 2차 워크숍 발표자료, p. 5.

로 생태적인 요소를 많이 도입하였을 뿐이다. 생태도시도 모든 분야에서 생태적인 고려가 이루어진 것이 아니라 도시마다 중점적으로 고려된 분야가 서로 다르기 때문에 생태도시를 〈표 5-1〉과 같이 유형화할 수 있다.

첫째, 생물다양성을 증진하는 생태도시이다. 이는 도시내부의 생물적 요소들을 보호하여 생물다양성을 확보하고자 하는 도시를 말한다.

둘째, 자연순환체계를 중시하는 생태도시이다. 생물다양성을 포함하여 인간 활동이 도시의 수계(水系) 및 대기계(大氣系), 자원 및 에너지 순환체계에 미치는 영향을 최소화하고자 하는 도시이다.

셋째, 지속가능성을 추구하는 생태도시이다. 도시의 지속가능성은 물리적 환경의 개선만으로 이루어질 수 없으므로 인간 활동과 관련된 교통, 도시계획 및 환경정책부문을 도시생태계 문제와 밀접한 관계를 가지는 것으로 이해하는 도시이다. '지속가능한'이란 용어는 물리적인 환경친화성만을 의미하는 것이 아니라 정치적, 경제적, 사회적 측면에서의 통합적인 지속가능성을 의미한다. 왜냐하면 물리적 환경의 개선만으로는 도시환경의 향상과 쾌적한 인간생활을 보장할 수 없기 때문이다.[10] 환경적 측면의 도시 지속성은 두 가지의 의미에서 살펴볼 수 있다. 하나는 도시 내에 존재하고 있는 생물학적

10) 이창우, "생태도시란 무엇인가?" 환경운동연합 · 한겨레신문사, 2004년 생태도시만들기 캠페인 2차 워크숍 발표자료.

현상과 과정을 보호하고 복원하는 것에 관심을 갖는 것이고, 다른 하나는 도시의 생존을 위한 생물권의 광범위한 육생 및 수생자원과 대기자원에 미치는 영향에 관련된 것이다.[11]

2. 도시생태계와 환경문제

국토 및 도시개발 측면에서 지속가능한 발전의 목표를 달성하기 위해서는 국토와 도시를 물리적 공간으로 파악하기 보다는 하나의 생태계로 파악하는 인식의 전환이 필요하다. 왜냐하면 국토와 도시개발과정에서 발생하는 환경오염문제는 이제까지 물리적 공간의 관점에서 국토와 도시를 다루어 왔기 때문이다.

생태계(Ecosystem)라는 용어를 세계 최초로 사용한 Arthur Tansley경(卿)은 생태계는 유기체뿐 아니라 우리가 환경이라고 부르는 것을 구성하고 있는 물리적 요소까지도 포함하고 있으며, 군집(community)과 무생물적 환경이 하나의 생태계로서 함께 기능한다고 말하고 있다. 생태계의 개념이 도시연구에 적용된 것은 1960년대 이후부터 서서히 도입되기 시작하여 1970년대 초에 도시환경오염문제가 심각해짐에 따라 도시생태계의 개념이 제안되었다. 도시의 사회체계와 생태계는 형태와 구조 측면에서 유사성을 갖고 있을 뿐만 아니라 에너지와 물질의 순환이라는 공통분모를 갖고 있다.

도시환경을 생태계로 보는 관점에서는 도시 내에서의 인간활동의 결과와 이들 간의 관계, 그리고 도시 내에 있는 모든 생물체와 도시의 물리적 구조와 이들 간의 에너지와 물질의 흐름 등을 모두 하나의 체계 속에서 파악하고 있다. 도시생태계의 에너지 및 물질의 흐름과 변형은 도시 내의 공기, 토지, 물, 그리고 도시 내에서 살고 있는 모든 생물체에 영향을 주고 있다. 도시생태계는 다른 생태계와는 달리 개방체계로서 외부에서 에너지와 물질을 제공받아 도시 내에서 소비하고, 부산물로 여러 가지 쓰레기와 오염물질을 방출하고 있다.

도시생태계는 복잡한 체계이기 때문에 하나의 문제만을 고립시켜 해결하기는 곤란하며, 도시생태계의 단 한가지의 변화일지라도 수많은 또 다른 변화를 유발시키게 되고, 도시 내의 소비과정에서 방출된 폐기물이나 독성물질은 도시생태계 내에 누적되어 순환된다. 도시오염물질은 도시 내에서의 자원의 이용형태, 에너지 이용형태, 물리적 형태, 교통체계 등과 밀접하게 연관되어 있다. 도시 내의 대규모 택지와 산업단지개발

11) Platt, et al. (ed.), *The Ecological City*, The University of Massachusetts Press, 1994, pp. 11–12.

사업 등은 도시의 생태계를 근본적으로 변화시키고 있으며, 도시의 환경오염과 녹지의 훼손 등은 도시생태계를 점차 파괴시키고 있다.

3. 환경문제와 기존 도시계획의 한계

우리나라의 도시계획은 도시성장이라는 기조 밑에서 계획이 수립되고 있기 때문에 환경보전보다는 개발사업을 계획의 주요 내용으로 취급하고 있다. 도시계획에 환경개선과 보전의 내용을 포함하고는 있으나 계획 자체가 환경기초시설의 공급에 치중함으로써 상 · 하수도와 쓰레기처리 등 대부분 생활환경시설에 국한되어 있다. 기존의 도시계획이 환경문제를 해결하기에는 여러 가지 한계가 있다.

기존의 도시계획은 도시를 하나의 생태계로 파악하지 않은 채 도시의 발전구상과 계획이 수립된다는 점이다. 도시계획은 대부분 별개의 부문계획으로 나뉘어, 예를 들면, 도로건설과 환경문제를 별개로 취급하여 계획이 수립되고 있으며, 종합적인 관점에서 도시의 구성요소 간의 연관관계와 에너지 및 물질의 순환과정 등은 거의 고려되지 않고 있다.

또한 기존의 도시계획에서는 도시계획의 목표를 도시환경의 질을 개선시키는데 두기보다는 도시의 시설확충과 신규 개발사업 등에 치중하고 있기 때문에 환경문제의 개선은 우선순위가 상대적으로 낮다. 더 나아가 도시계획 내용의 대부분은 토지이용계획에 따른 용도지역 지정과 도로 및 지하철 등의 교통망 계획에 치중되어 있다. 반면에 다른 도시시설은 입지를 결정해 주는 수준에서 이루어지고 있기 때문에 도시생태계의 회복과 환경오염문제의 해결을 위한 방안 등은 거의 다루어 지지 않거나 형식적으로 언급되고 있다.

한편 기존 도시계획의 주요 가치기준은 도시 내에 거주하는 시민에게 도시시설을 충분히 공급하는데 두고 있기 때문에 도시생태계의 관점에서 본다면 출력부문인 공급의 확대에만 치중하고 있다. 따라서 우리나라의 도시계획은 항상 인구가 증가하는 것을 도시성장으로 이해하고 있으며, 도시가 확장되고 고밀화되는 것을 도시가 발전하는 것으로 간주하고 있다. 특히 기존의 도시계획은 자연과의 공생(共生)이라는 배려를 거의 무시하고 있으며, 자연의 보전을 위한 계획은 공원과 개발제한구역 등을 지정하는 수준에 그치고 있다.

4. 생태도시의 목표와 조성원칙

생태도시를 건설하기 위하여 추구하는 목표는 다음과 같다. 첫째, 생태적 한계 내에서 생존하기 위한 도시로서 본질적으로 생태발자국(ecological footprint)을 감소시키고, 다른 도시와 커뮤니티, 그리고 지구전체에 미치는 영향과 연관성을 인정하는 도시가 되어야 할 것이다. 둘째, 녹색의 도시로서 자연과 닮은 방식으로 기능하고 설계된 도시이어야 할 것이다. 셋째, 직선적인 물질순환(metabolism)보다는 순환형의 물질순환을 달성하기 위하여 노력하며, 배후지역과의 관계에서 긍정적인 공생관계를 발전시키고 육성하는 도시가 되어야 할 것이다. 넷째, 지역적으로나 국지적으로 자급자족이 되도록 노력하며, 인구를 지탱하고 지속가능하게 하는 지역의 식량과 에너지생산, 그리고 여러 가지 경제활동을 육성하고 최대한 이용하는 도시가 되어야 할 것이다. 다섯째, 높은 삶의 질과 살기 좋은 근린생활권 및 커뮤니티의 창조를 강조하는 도시가 되어야 할 것이다.

생태도시를 조성하기 위하여 지켜야 할 원칙을 살펴보면 첫째는 다양성을 갖추어야 한다. 도시의 사회적 구조의 다양성과 생태계의 다양성을 유지해야 할 것이다. 둘째는 자립성을 확보해야 한다. 도시 내의 생태적 자립성을 견지하고, 생태적 외부의존도를 축소시키며, 식량, 물, 에너지 등의 자급자족능력을 확보해야 할 것이다. 셋째는 안정성이 유지되어야 한다. 생태계의 안정성이 유지되어야 하고, 외부간섭 및 충격에 대한 흡수능력이 향상되어야 하며, 변화와 외부자극에 쉽게 적응할 수 있는 시스템을 갖추어야 할 것이다. 넷째는 순환성을 갖추어야 한다. 물과 에너지, 물질 등의 생태계 내의 순환을 활성화하고, 중수도(中水道)시스템을 도입하며, 쓰레기를 재활용하고, 태양에너지 등의 신재생에너지를 적극적으로 활용해야 할 것이다.

5. 생태도시계획 및 설계기법

(1) 생태도시계획의 과정과 방법

생태도시계획의 과정과 방법은 〈그림 5-1〉에서 보는 바와 같이 다섯 단계로 구분할 수 있다. 제1단계는 생태도시계획의 기본방침과 함께 생태도시의 기능과 역할을 정립하고, 제2단계는 계획대상지역의 설정을 위한 평가를 거쳐 대상지역을 결정한다. 제3단계에서는 대상지역의 현황조사, 분석 및 과제를 도출하는데 조사내용은 자연환경, 사회환경, 생활환경 등이다. 제4단계에서 생태도시계획을 작성한다. 계획내용은 계획의 목표

그림 5-1 생태도시계획의 과정과 방법

	계획과정		계획방법
1단계	생태도시계획의 기본방침	⇨	도시계획의 수립과정에서 생태도시 계획의 기능, 역할 정립
2단계	생태도시계획대상지역의 설정	⇨	생태도시계획 대상지역의 설정을 위한 평가
3단계	생태도시 계획대상지역의 현황조사, 분석 및 과제도출	⇨	자연환경조사 및 분석 / 사회환경조사 분석 및 예측 / 생활환경조사 분석 및 예측 종합환경진단의 수행 (보전적지와 개발적지의 도출) 과제도출
4단계	생태도시계획작성 • 계획의 목표 설정 • 기본구상 • 기본계획 • 부문별계획	⇨	• 생태도시의 미래상 설정 – 도시지속성원칙 설정 – 도시의 비전제시 • 기본구상 – 도시의 생태적 잠재력 및 제약점 도출 – 도시의 생태적 수용력 도출 – 도시의 지속가능한 토지이용구상 (보전적지와 개발적지의 조율) – 도시의 Green Infra 구상 (그린네트워크와 블루네트워크 구상) – 도시의 바람길 구상 – 도시경관 구상 – 자전거 및 보행교통 구상 – 에너지절약 및 신재생에너지 구상 • 기본계획 – 도시 그린인프라 계획 – 지속가능한 토지이용 계획 – 지속가능한 교통계획 – 도시 공공시설계획 – 도시의 거시적 경관계획 • 부문별계획 – 도시바람길계획 – 지속가능한 에너지계획 – 생태도시 지구단위계획 지침 – 미시적 경관계획 – 도시공원녹지계획 – 자원순환계획
5단계	생태도시계획 시행방안	⇨	• 도시기본계획, 도시관리계획 혹은 택지개발계획 수립 시 피드백 과정을 통해 반영 • 「지방의제 21」에 반영

설정, 기본구상 및 계획, 부문별 계획 등이 포함된다. 특히 기본계획에는 도시 그린인프라(green infrastructure), 지속가능한 토지이용과 교통계획, 거시적 경관계획 등이 다루어져야 하며, 부문별 계획은 바람길, 에너지, 미시적 경관, 자원순환계획 등을 포함한다. 제5단계에서는 도시기본계획, 도시관리계획 혹은 택지개발계획을 수립할 때 피드백 과정을 거쳐 생태도시계획의 시행방안을 수립한다.

(2) 우리나라 신도시의 생태환경계획

1) 도시계획과 생태환경계획의 병행 수립

최근 들어 우리나라에서 신도시를 계획할 때 택지개발계획의 수립과 병행하여 생태환경계획을 수립하고, 생태환경계획에서 제시된 보전적지(保全適地)와 여러 가지 환경계획의 내용이 택지개발계획에 반영되고 있다. 따라서 최근에 계획된 신도시는 생태환경계획을 수립할 때 생태도시의 계획내용을 반영한 신도시를 지향하고 있다. 판교신도시의 경우, 생태환경계획을 수립하였던 절차는 다음 〈그림 5-2〉에서 보는 바와 같다.

그림 5-2 판교 생태환경계획 수립절차

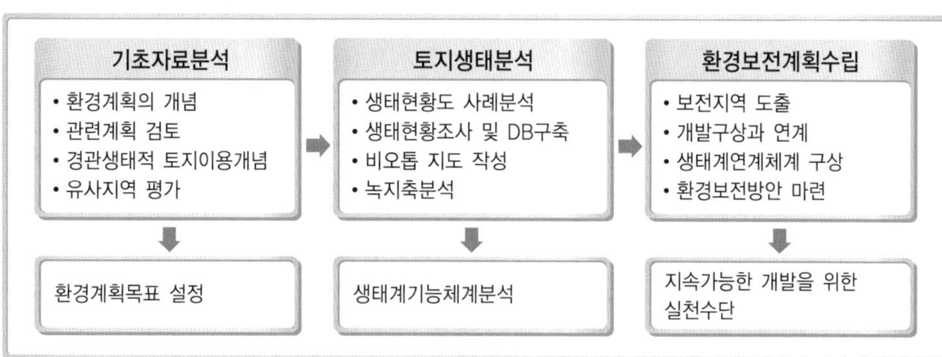

자료: 경기도 외, 성남 판교지구 택지개발사업 기본구상 및 개발수요분석 연구, 2003, p. 2.

2) 바람길 계획

독일의 슈투트가르트(Stuttgart)시는 도시계획의 일환으로 바람길 계획을 수립하여 적극적으로 바람길을 확보하고 있다. 최근 일부 우리나라 신도시에서도 생태환경계획의 일환으로 바람길 계획을 수립하고 있다. 대단위 택지개발에 의한 공동주택단지 개발은 바람통로를 차단시키는 경우가 많아 환경적으로 악영향이 나타나고 있다. 이러한 바람순환의 장애(정체)현상은 도시 내의 통풍과 환기성능을 저하시켜 열섬(heat island)현상의 발생과 함께 기후부담을 가중시킨다. 또한 도시내부 및 외부지역에서 발생한 대기오염물질이 주변지역으로 확산되지 못하고, 도시지역 내에 장시간 정체하거나 축적되어 대기환경의 질을 악화시키고 있다.

도시개발 전과 개발 후의 바람흐름의 변화를 과학적으로 명확히 규명하는 것은 어려움이 있으나, 일반적으로 도시지역 내 고층건물의 입지에 따른 바람장(場)과 돌풍 등의 미기후(微氣候) 변화는 풍동(風洞)실험과 자동기상관측기 등의 자료를 활용하여 수치모델링을 통한 가상 시뮬레이션을 수행할 수 있다. 이를 토대로 바람길 계획을 수립할 때 지형, 식생, 토지이용계획 등에 의한 바람장의 변화를 분석하고 문제점을 예측하여 이를 환경계획에 적극 반영시켜야 할 것이다.

(3) 생태도시계획의 내용

생태도시를 조성하기 위해서는 어떤 내용의 계획이 수립되어야 하는지가 중요하다. 일본의 생태도시지침에서 제시하고 있는 생태도시의 계획내용을 살펴보면 다음과 같다.[12)]

첫째, 양호한 수(水)환경의 보전과 창출을 도모한다. 하수도의 정비 및 하수의 재활용, 우수처리활용, 지하침투 등 물순환을 확보하여 수공간을 창출한다.

둘째, 도시 내 녹화의 추진과 풍부한 자연환경의 보전 및 창출을 도모한다. 도시공원 녹지를 정비하고, 사유녹지를 보전하며, 자연을 접촉하는 공간을 확보할 뿐 아니라, 자연생태계를 창출하고, 비오톱을 조성하며, 시민녹화활동과 녹화의식을 계발(啓發)한다.

셋째, 도시공간을 정비한다. 도시기능의 충실을 도모하고, 편리성을 확보하며, 자연환경을 창출하는 동시에 도시미관의 실현방안을 강구하고, 역사 · 문화유산의 보전과 도시 내 쾌적한 공간의 조성 및 요소를 정비한다.

넷째 도시교통체계를 정비한다. 자동차주행성능의 향상을 통한 환경부하의 경감을 추진하고, 자동차이용을 적정화하며, 도시환경보전과 향상을 위한 환경시설을 정비한다.

다섯째, 에너지절약과 재순환형의 도시시스템을 정비한다. 에너지절약효과를 증대시키는 도시시설과 시스템을 도입하고, 미 이용에너지의 이용을 촉진하며, 에너지 절약과 재순환형 지역을 정비하고, 하수오니(汚泥)를 적극적으로 활용한다.

여섯째, 효율적 토지이용 방안을 강구한다. 저이용 혹은 미이용 토지를 고도로 이용

---

12) 建設省都市環境問題研究會 編, 環境共生都市쓰꾸리-에코시티가이드, 1993, pp. 328-331.

하고, 지하공간을 유효하게 활용할 뿐 아니라, 양호한 주거환경을 정비하며, 상업업무 기능을 적정 배치하여 직주근접을 위한 기반정비와 토지이용방안을 강구한다.

한편 Beatley는 유럽의 생태도시 사례를 집대성하여 지속가능한 녹색도시를 건설하는데 도움이 되는 교훈을 다음과 같이 제시하고 있다.[13)]

첫째, 유럽의 생태도시는 압축되고 보행가능하며, 녹색의 커뮤니티를 창조하는 방식으로 도시공간을 구성하며 이에 부합되도록 공공투자를 하고 있다.

둘째, 고밀개발에도 불구하고 높은 수준의 삶의 질과 활력이 유지되면서 거주가능한 환경을 계획하고, 보행과 자전거 이용이 가능하며, 도시농장을 설치함으로써 도시-농촌생활을 가능하게 하고 있다. 전원도시형의 주거단지, 옥상주거, 주상복합 아파트, 직주혼합설계 등의 혼합용도 주거환경(mixed housing environment)이 활용되고 있다.

셋째, 지하철과 경전철을 중심으로 한 대중교통 중심의 도시를 개발하고, 미래의 교통은 자동차 함께 타기, 종합 교통패키지, 자동차 없는 개발, 자동차이용을 줄이기 위한 재정적 인센티브 부여 등을 제시하고 있다. 종합적 통합 대중교통시스템에 대한 투자, 토지이용과 교통투자결정의 조율, 자전거이용자와 보행자에 대한 기회 확대 등의 창의적 방안을 해결책으로 제시하고 있다.

넷째, 숲과 같은 도시를 건설하고, 생태네트워크, 옥상녹화, 벽면녹화, 녹화가로, 생태통로, 도시농장과 생태공원, 학교녹화 등이 필요하다. 포장제거와 빗물이용, 중수재활용 등의 자연배수전략이 필요하며, 특정 바람대에 입지한 건물은 바람이 통하도록 의무화하는 지역기후계획 등의 전략이 활용되고 있다.

다섯째, 도시와 배후지의 연계측면에서 도시주변 농장은 도시로부터 유기성 물질을 공급받아 이를 퇴비화시켜 사용하고, 유기성 쓰레기를 가공 정제하여 도시천연가스를 공급하고 있다. 또한 산업의 공생(symbiosis)을 통하여 공장 상호간에 부산물을 재활용함으로써 물과 석유, 석탄소비량을 줄이고, 생태순환 균형적인(ecocycle-balanced) 도시개발을 통하여 오염물질의 배출이 최소화되고 있다.

여섯째, 에너지 생산의 분산화와 에너지 효율성을 향상시키고, 풍력과 태양열 등 재생에너지의 사용을 촉진하기 위한 도시정책을 도입하고 있다. 일부 도시는 태양열 도시를 표방하고 이의 활성화를 시도하고 있다. '태양을 향한 고속도로'라는 유럽연합 후원 프로그램에 의하여 도로와 고속도로의 방음벽에 태양전지를 통합시켜 이용하고 있다. 네델란드 정부는 주요 고속도로 방음벽에 PV(Photovoltaic)패널을 설치하였으며, 이외에

13) Timothy Beatley, *Green Urbanism*, Island Press, 2000, pp. 29-427를 요약.

도 에너지 제로건물과 에너지 균형주택을 보급하고 있다.

일곱째, 네델란드, 덴마크, 독일 등은 많은 생태건축실험을 통한 생태건물 프로젝트 사례를 가지고 있다. 네델란드는 그린모기지(green mortgage) 등의 그린빌딩을 촉진하는 전략을 시행하고 있으며, 독일에서는 그린주택 번호(Green House Number)제도를 시행하고 있다. 이 제도는 건물주가 다양한 그린특징 즉, 옥상녹화, 태양열에너지, 에너지절약 등을 통하여 최소 100점을 누적하면 부처 감독관의 확인을 거쳐 인증서를 받게 된다.

여덟째, 지속가능성 지표를 개발하고 녹색회계(會計)를 개발하여 사용하고 있으며, 도시계획을 평가하기 위한 지속가능성 평가와 감사를 시행하고 있다. 또한 환경예산과 환경헌장을 제정하여 시행하는 도시도 있고, 네델란드의 다수 지방정부는 지역 전력회사로부터 그린전력(재생에너지원으로부터 생산된 전력)을 구매하고 있다. 에코팀(eco-team)과 그린코드(green code)를 시행하는 도시도 있는데 에코팀은 환경소비행태를 함께 이해하고 수정하도록 한 팀의 가구(家口)를 구성하는 프로그램이며, 그린코드는 사람들이 녹색생활을 영위하도록 촉구하기 위하여 5개 항목의 가이드를 제시하는 프로그램이다.

아홉째, 지속가능한 지역기업을 지원하고, 산업공생과 생태산업단지를 조성하며, 그린 오피스(green office)와 녹색소비를 적극 권장하고 있다. 지속가능한 기업과 기술의 마케팅을 통하여 지속가능성을 향상시키고 있다.

(4) 생태도시의 계획원리

국내외의 문헌 및 호주 캔버라와 일본의 고후쿠, 브라질의 꾸리찌바 등의 3개 외국 도시사례와 남악, 김포, 파주신도시 등의 3개 국내 신도시사례, 그리고 전문가의 의식조사를 통한 연구에 따르면 우리나라의 환경수준, 기술수준, 경제수준 등을 고려하여 적용 가능한 30대 생태도시의 계획지표와 이를 토대로 한 계획원리를 다음과 같이 제시하고 있다.[14)]

첫째, 환경친화적인 토지이용, 교통, 정보통신망 등을 구축한다. 즉, 자연지형을 최대한 활용하여 지형변형을 최소화하고, 오픈 스페이스 확보를 위한 건물배치와 적절한 밀도로 계획하는 것이 필요하다. 적정밀도 개발을 위하여 녹지자연도, 생태자연도, 임상등급을 고려하며, 지역의 용량을 감안한 개발지역을 선정하고, 생태적 배후지의 보전으로 자정능력의 확보와 우수한 자연경관을 보전한다. 녹색교통체계를 갖추도록 보행

14) 이재준, "한국형 생태도시 계획지표 개발에 관한 연구," 국토계획, 제40권, 4호, 2005. 8, pp. 9-25.

자 전용도로의 설치와 보행자 공간 네트워크화, 자전거도로 설치, 대중교통중심의 교통계획이 필요하다.

둘째, 자연과 공생할 수 있도록 생태 및 녹지환경을 풍부하게 조성한다. 이를 위하여 그린네트워크를 위한 녹지계획으로서 그린매트릭스(green matrix) 확보, 그린웨이(greenway) 조성, 풍부한 도시공원 및 녹지와 도시림 조성이 필요하다. 또한 생물과의 공생을 위하여 비오톱 조성과 생물이동통로의 조성, 생물서식지의 확보 등이 요구된다.

셋째, 청정환경을 위한 물과 바람을 적절히 조절하고 활용한다. 수자원 활용 측면에서 주택지와 공원 등지에 우수(雨水)활용을 위한 우수 저류지를 확보하거나 투수면적을 최대화한다. 환경친화적인 생활하수처리를 위하여 우수와 오수(汚水)의 분리처리가 요구되며, 친수환경조성을 위하여 자연형 하천을 조성한다.

넷째, 친환경 도시를 위한 자연 및 재생에너지 이용을 활성화한다. LPG와 LNG 등의 청정에너지 이용을 확대하고, 지열, 해수열, 태양열, 풍력 등의 자연에너지를 적극적으로 이용할 수 있도록 도시계획차원과 건축단계에서까지 적용하는 방안이 필요하다.

다섯째, 청정환경을 위한 적극적인 폐기물 관리를 시행한다. 쓰레기 분리수거 공간 및 기계시설, 분리함의 설치 등의 자연친화적 쓰레기 처리가 요구된다.

여섯째, 도시의 쾌적성 확보를 위한 경관 및 문화시설을 조성한다. 이를 위해서는 경관측면에서 시각회랑(視覺回廊)과 스카이라인(skyline)의 조절 등 도시경관 조성이 필요하고, 문화 및 여가시설과 커뮤니티 조성에 주민참여가 요구된다.

(5) 신도시 및 녹색도시의 수립지침

국토해양부는 지속가능한 신도시계획기준을 사회문화적, 경제적, 환경적 지속성, 경관형성 및 관리, 재해 및 범죄예방, 공간환경디자인 체계로 구분하여 신도시 개발사업(「택지개발촉진법」에 의하여 추진되는 330만㎡ 이상)에 적용하고 있다. 사회문화적 지속성의 계획기준은 사회개발과 사회적 혼합(social mix)을 위한 주택건설기준 및 역사·문화적 지속성 확보이며, 경제적 지속성은 자족성 확보와 홍수예방 등을 위한 유수지 조성을 제시하고 있다. 한편 환경적 지속성은 자연순응형 개발, 접근성의 제고, 적정밀도의 유지, 대중교통체계의 확립, 에너지이용 및 자원순환, 생태적 환경조성, 청정환경 조성, 첨단정보통신환경 조성, 친환경계획수립 등의 기준을 제시하고 있다. 한편 경관형성 및 관리계획기준은 신도시 경관기본계획(거시적 경관계획)과 경관상세계획(미시적 경관계획)으로 구분하여 제시하고 있으며, 공간환경디자인 체계는 공간환경기본계획과 특별계획

구역에 관한 기준을 제시하고 있다.[15)]

또한 국토해양부는 2009년 8월에 '저탄소 녹색도시 조성을 위한 도시계획수립 지침'을 제정하여 시행하고 있다. 이 지침은 광역도시계획, 도시기본계획 및 도시관리계획을 수립할 때 온실가스 배출 감축 등 기후변화에 대비하고, 저탄소 녹색도시의 조성을 위하여 종합적인 공간계획 수립을 유도하기 위한 것으로서 도시계획 수립권자(이하 '수립권자')가 지역의 특성 및 여건 등을 고려하여 적용할 수 있다. 이 지침에서 제시하고 있는 원칙은 다음과 같다.

첫째, 수립권자는 도시계획이 정부의 저탄소 녹색성장을 위한 정책목표에 부합되도록 하며, 국가기후변화종합기본계획 및 국가에너지기본계획 등 관련 국가계획과 연계되도록 한다.

둘째, 수립권자는 도시계획 수립 시 온실가스 저감 등 기후변화에 대응하기 위하여 공간구조, 교통체계, 환경의 보전과 관리, 에너지 및 공원 · 녹지 등 도시계획 각 부문을 체계적이고 포괄적으로 접근하여 수립한다.

셋째, 수립권자는 도시계획 수립 시 온실가스 감축과 자원절약형 개발 및 관리를 위하여 한계자원인 토지, 화석연료 등의 소비를 최소화하고, 이들을 효율적으로 이용할 수 있는 방안을 수립한다.

넷째, 수립권자는 도시계획 수립 시 태양력 · 풍력 · 조력 등 신재생에너지원을 확보할 수 있는 잠재력을 분석 · 반영하고, 에너지 절감을 위한 신재생에너지 등 환경친화적 에너지의 공급 및 사용을 위한 대책을 수립한다.

다섯째, 수립권자는 도시계획 수립 시 기후변화 완화 및 적응을 위하여 지역의 지리적, 사회 · 경제여건 등 지역의 특성을 반영하여 수립하며, 지역의 특성에 따라 계획의 수립 여부 및 계획의 상세 정도를 달리하여 수립할 수 있다.

6. 외국사례

(1) 베를린(Berlin)

베를린의 생태도시는 도시설계와 환경보호가 하나라는 인식을 토대로 환경계획과 도시개발계획이 조화를 이루고 있다. 1987년부터 5년간에 걸쳐 도시생태계를 조사한

15) 국토해양부, 지속가능한 신도시계획기준, 2010, pp. 4-35.

후 비오톱 지도를 작성하여 생물서식정도에 따라 6,600개로 분류하고, 이를 바탕으로 자연보호구역을 지정하여 개발을 금지시켰다. 또한 베를린 중심부에 모이어파크(장벽공원)를 조성하였고, 동 · 서독장벽을 따라 총면적 15ha의 공원을 조성하였는데 이는 동 · 서베를린을 이어주는 자연공원이다. 또한 동베를린의 프렌츠라우어베르크 공원(41ha)과 프리드리히사인 공원(30ha)을 하나로 연결시키는 계획을 추진하기 위하여 차도와 인근 공장지대를 모두 폐쇄하고, 공원주차장은 일체 건설하지 않을 뿐 아니라 기존의 주차장도 폐쇄하였다.

도로 교차로에는 녹지대를 30%가량 증가시켰으며, 도시중심부 도로의 아스팔트도로를 보도 블럭으로 교체하여 빗물이 스며들도록 하였다. 또한 도시열섬현상을 최소화하기 위하여 공기이동로에도 녹지대를 강과 연못, 늪지대로 통하게 하거나 운하 또는 철도주변으로 연결시켜 도시의 더운 공기가 상승했을 때 그 빈자리를 외곽의 찬 공기가 채울 수 있도록 공기순환로를 조성하였다.

(2) 키타큐슈(北九州)[16]

키타큐슈는 1901년 일본의 번영을 점화한 야하타제철소가 세워진 일본의 4대 공업단지 중 하나이었으며, 1960년대에는 중화학 공장에서 배출되는 오염물질로 인하여 일본 최초의 광화학(光化學) 스모그 발생과 최고의 강하(降下) 분진량(1㎢당 최대 108톤의 분진)이라는 환경재앙을 경험했던 도시이다. 또한 공장폐수로 오염된 인근 도우가이(洞海)만은 어패류가 전멸하고, 물에 빠진 선원이 바닷물 속의 유해물질 때문에 사망하는 일이 발생하여 '죽음의 바다'로 불리었다.

키타큐슈시 행정당국은 공해문제를 주민과 기업 간의 대립으로 치부하지 않고, 시 전체가 직면한 문제이므로 기업과 주민, 그리고 행정이 함께 해결해가야 한다는 것을 설득해 갔다. 1972년부터 1991년까지 20년 동안의 대기오염방지대책비용 8,043억 엔은 기타큐슈 행정당국이 시 예산에서 68.6%, 기업이 31.4%를 부담하여 조성하였다. 주민들은 공해추방을 위하여 모니터링과 협력을 바탕으로 문제를 해결해 갔다. 이러한 과정을 거쳐 '죽음의 바다' 도우가이만은 서서히 변화하기 시작했고, 마침내 40 여년 만에 110여종의 물고기가 돌아왔다. 현재는 모범적인 환경도시로 탈바꿈하여 "UN Global 500"상을 수상하였고, 세계적인 벤치마킹(benchmarking)의 도시가 되었다.

---

16) 이덕희, "이덕희의 생태도시를 찾아서," 환경운동연합 생태도시센터 홈페이지, 죽음의 바다에서 별빛 도시로-일본 기타큐슈(北九州)시.

또한 키타큐슈시는 일본 최초의 에코타운(ecotown)으로서 쓰레기 제로(zero)화를 목표로 쓰레기 재활용단지를 조성하여 대부분의 쓰레기를 재활용시키고 있다. 키타큐슈 에코타운에는 교육/기초연구, 실증연구, 사업화의 세 단계로 구분하여 지역마다 관련분야 사업을 집적시켜 도시를 바꾸어 나갔다. 각 부분에는 대학과 산업이 중심이 되고, 행정이 전반적인 지원을 담당하는 산 · 학 · 관 협력체계가 구축되었다. 교육/기초연구를 담당하고 있는 '키타큐슈 학술연구도시'에는 키타큐슈시립대학, 큐슈공업대학, 와세다대학 등의 환경관련학부와 연구부서 등이 유치되었다.

이외에도 시의 서부지역에는 산 · 학 · 관이 공동 참여하는 실증연구시설이 가동되고, 동부에는 민간에 의한 사업화시설이 모여 있다. 실증연구지역에는 개발된 기술의 전시 및 사업을 외부인에게 시찰, 견학시킬 수 있는 에코타운센터가 설치되어 있다. 진행 중인 실증연구로는 '비산재의 무해화 처리,' '생분해성 플라스틱프로젝트' 등 산업도시에서 발생하는 환경문제를 해결하기 위한 기술개발이 대부분이다.

(3) 브라질의 꾸리찌바(Curitiba)

브라질 남부 상파울루(Sao Paulo) 시에서 남서쪽으로 약 350㎞ 떨어진 곳에 위치하고 있는 꾸리찌바시는 30년에 걸친 도시계획을 토대로 독자적인 재활용 사업과 교통 측면에서 제3세계 가운데 환경정책이 가장 발전한 도시이기도 하다. 브라질은 최근 30년간 도시로 인구가 계속 집중되었으며, 꾸리찌바도 1970년의 61만 명에서 1996년에는 148만 명으로 두 배 이상 인구가 늘어났다. 꾸리찌바시의 주요사업을 살펴보면 다음과 같다.[17)]

1) 서민중심의 교통정책

꾸리찌바시는 막대한 예산이 소요되는 지하철, 고속도로, 도로건설과 확장을 통한 교통정책 대신에 기존 도로를 최대한 활용하여 버스를 지하철처럼 연결시키는 대안을 마련하였다. 도로 중심 2개 차로에 버스전용차로를 두고, 한번에 270명까지 수송이 가능한 이중 굴절버스 등을 도입하였다. 시에서는 도시가 무질서하게 확산되는 것을 방지하기 위하여 도심을 종횡으로 달리는 간선도로에 버스 전용차선을 설치하고, 버스노선에 따라 도심부의 기능을 분산시켰다.

---

17) 박용남, 꿈의 도시 꾸리찌바, 이후, 2000, pp. 16-22, 40-60, 82-101, 118-128, 167-174 참조.

또한 간선 버스노선과 맞닿은 지역은 용적률을 600%까지 허용하고, 버스노선에서 떨어져 있는 정도에 따라 저층건물만을 허가하는 제도를 도입하여 버스노선에 따라 인구집중 지역이 좁고 길게 형성되도록 유도하였다. 이러한 전략에 따라 시민들이 자가용 대신 버스를 이용하도록 유도하였으며, 버스노선에서 멀리 떨어진 지역은 인구가 늘어나지 않는 도시구조로 개편되었다. 특히 간선 버스노선에 2~5㎞마다 환승터미널을 배치하였으며, 터미널 가까이에 시청과 전력회사, 수도국의 출장소와 병원, 쇼핑센터 등을 유치하여 도심까지 나가지 않아도 행정서비스를 받고 쇼핑을 할 수 있도록 하였다. 이러한 시책에 의하여 자가용 교통량을 같은 규모의 다른 도시보다 30% 이상 줄이는데 성공하였다.

2) 쓰레기 재활용 정책

꾸리찌바시에는 '녹색 교환'이 있다. 이것은 저소득층이 살고 있는 교외를 중심으로 시의 트럭이 돌아다니며 15일마다 주민들이 수집한 깡통, 페트병, 종이 등 재활용 쓰레기를 채소나 달걀 등으로 교환해 주는 것으로서 저소득층을 위한 생활지원과 재활용의 중요함을 일깨워주는 계몽활동을 겸한 사업이다. 이 사업은 재활용에 따른 쓰레기의 감량으로 매립지의 유효 사용기간이 늘어나고, 사람들이 자기 동네를 깨끗이 유지하기 때문에 청소비도 감소하여 시 재정에도 긍정적인 효과를 낳고 있다. 꾸리찌바시는 이 사업으로 1990년에 "유엔환경계획상"을 수상하여 국제적으로도 높이 평가받고 있다.

3) 녹지공간의 확보

꾸리찌바의 공원건설은 도시의 슬럼화 문제의 해결을 겸한 것이었다. 브라질에서는 1960년대에 시작된 공업화와 함께 내륙의 농촌에서 사람들이 직장을 찾아 꾸리찌바나 상파울루, 리우데자네이루 같은 대도시로 이주하여 하천가와 빈 공공용지 등에서 거주하였다. '파베라(Favela)' 등으로 일컬어지고 있는 슬럼가가 출현하였다. 꾸리찌바시는 1970년대부터 '슬럼가가 만들어질 것 같은 공공용지를 미리 공원으로 조성한다.'는 정책을 추진해왔다. 꾸리찌바 주변은 해마다 많은 비가 내리기 때문에 하천 주변의 홍수방지용 범람원이 예상되는 곳부터 차례로 공원으로 지정해 나갔다. 꾸리찌바의 1인당 공원면적은 1972년에 0.6㎡이었으나 그 후 20년 만에 80배로 늘어 현재는 약 52㎡로 노르웨이 오슬로(Oslo)에 이어 세계 두 번째가 되었다.

4) 리더십의 발휘

꾸리찌바의 도시계획과 환경정책은 1971년부터 1993년까지 세 번에 걸쳐 시장을 역임한 자이메 레르네르(Jaime Lerner)가 주도하였다. 레르네르가 펼치는 정책의 기본은 돈을 들이지 않고 구체적인 정책으로 살기 편한 도시를 만드는 것이었다. '녹색교환'이라는 재활용사업, 버스를 이용하는 도시교통망, 도심부 상점가에 보행자 전용도로인 '꽃길'지정 등이 대표적이다.

한편 꾸리찌바시는 저소득층을 위한 주택건설에도 많은 노력을 기울여 농촌에서 이주해 온 사람들이 공영주택에서 거주할 수 있도록 배려하고 있다. 꾸리찌바는 1992년에 리우데자네이루에서 열린 '지구환경회의'에서 저소득층에 대한 사회사업과 공원건설 정책이 높은 평가를 받아 유엔의 "지방자치단체상"을 받았다.

(4) 프라이부르그(Freiburg)[18)]

독일의 환경수도 프라이부르그는 흑림(Black Forest)과 중북부 라인(Rhine)계곡사이에 위치하고 있는 바덴 뷔르템베르그(Baden Württemberg)주의 주도(州都)이며, 인구는 20만 명이다. 이곳은 도시를 둘러싼 흑림의 아름다운 자연과 중세 고딕양식의 뮌스터(Münster)성당이 도시의 중심부에 자리하고 있으며, 기름진 포도밭에서 생산되는 질 좋은 포도주를 관광자원으로 개발하여 서비스업이 잘 발달되어 있다. 프라이부르그는 독일환경원조재단이 환경자연보호연맹(BUND), 자연보전연맹(NABU) 등 환경 비정부기구(NGO) 및 자치단체 협의회 등과 공동으로 개최한 환경수도(環境首都) 콘테스트(contest)에서 1992년 '환경수도'로 선정되었으며, 국제적인 환경도시로 전 세계의 이목이 집중되고 있다.

프라이부르그 주민들은 1970년대 말 대기오염과 산성비로 인한 흑림의 큰 피해를 계기로 환경도시의 조성에 나섰다. 특히 이들은 옛 서독 연방정부의 국책사업이었던 비일 원전 건설계획을 저지한 이후 원자력과 화력발전회사에 의존하지 않고, 지역 스스로 에너지공급 시스템을 구축하는 탈원전(脫原電) 에너지자립도시의 길을 추구해 온 결과 독일의 환경수도로 거듭나게 되었다.

1983년부터 2002년까지 20년간 재임한 롤프 뵈메시장도 프라이부르그에 태양에너지 시설을 대폭 도입하는 등 에너지, 교통, 폐기물 분야에서 다른 도시와 차별되는 정책

---

18) "그린시티 해외사례" 환경부 홈페이지와 에너지대안센터 홈페이지(www.energyvision.org)에서 발췌.

을 통하여 환경수도 선정에 크게 기여하였다. 또한 프라이부르그시 의회는 1986년 에너지 자립을 기본으로 하는 '시 에너지공급 기본개념'을 만장일치로 통과시켜 '에너지자립도시'를 공언하였으며, 이는 환경수도 프라이부르그의 에너지 접근방식을 잘 대변하고 있다.

첫째, 에너지 절약정책으로 전기, 가스 등 에너지소비를 억제하기 위하여 시(市)가 '절전형 전구'를 각 가정에 보급하고, '에너지절약 주택'을 개발 보급하는 시책을 추진하고 있다. 1992년부터는 아예 시의 공공건물과 시가 대여하거나 매각하는 토지에 건축되는 모든 건물에 대해 '저에너지 건축'만을 허가하는 조례를 제정 시행하고 있다.

둘째, 새로운 기술개발을 통한 에너지효율화 정책을 시행하고 있다. 메탄가스와 천연가스를 병용하는 열병합발전시스템은 폐열을 냉난방에 활용함으로써 효율이 70~90%로 증가하여 종래 대규모 발전보다 두 배 이상이며, 쓰레기 매립지로부터 발생하는 연간 1,000㎥ 이상의 메탄가스를 이용함으로써 에너지 확보와 지구 온난화의 억제에도 기여하고 있다.

셋째, 에너지 다양화 정책에 따라 태양광, 풍력, 수력, 지열 등의 신재생에너지를 적극 활용하고 있다. 프라이부르크 시내의 태양광 발전장치는 모두 60여 개소에 최고출력은 340kw이며, 시민 1인당 태양광발전 시설은 독일에서 가장 많다.

이외에도 에너지를 저감하기 위한 노력은 에너지 분야에 한정하지 않고, 교통 등 다양한 분야와 연계되어 시행되고 있으며, 그 결과 살기 좋은 도시환경 조성의 시너지효과가 나타나고 있다. 교통정책은 도심지내 '자동차 진입금지구역' 확대와 '파크 앤 라이드(park & ride)'의 실시를 통하여 자가용 이용을 억제하고, 저렴한 정기환경권인 '레기오카르테' 발매 등으로 대중교통시스템을 확대하였다. 아울러 도심을 가로지르는 자연형 하천 등에 약 160km의 자전거 전용도로를 구축하여 도시의 교통정책을 보행자 또는 자전거 위주로 전환하였다.

한편 1995년 시의회는 기후변화에 대처하기 위하여 1992년을 기준으로 2010년까지 온실가스를 25% 줄이는 계획을 확정하였다. 독일은 2001년 한해에 90만㎡ 면적에 태양열 집열판을 설치하였고, 80Mw 용량의 태양광전지를 지붕 위에 설치하였다. 2001년 10억 달러에 이른 독일 태양에너지산업은 가장 성장속도가 빠른 산업분야이자 미래의 독일 경제를 이끌어 갈 견인차로 각광받고 있다.

프라이부르그는 독일에서 햇빛이 많은 지역이다. 환경의식이 높고 햇빛이 상대적으로 풍부하기 때문에 이곳에서는 태양열 집열판과 태양광 발전기 등을 설치한 건물을 흔히 볼 수 있다. 특히 프라이부르그에는 독일에서 가장 유명한 태양건축가 롤프 디쉬(Rolf Disch)가 설계한 회전형 태양건물과 태양광 연립주택단지가 건축되어 있어 관심있는 사람들의 발길이 이어지고 있다.

7. 우리나라 생태도시조성의 제약요소

우리나라에서 생태도시를 조성하는데 걸림돌로 작용하는 제약요소로는 기술적, 경제적, 제도적 측면과 시민의식구조의 문제점 등을 제시할 수 있다.

첫째, 생태도시를 조성하기 위해서는 다양한 생태기술이 필요하고, 더 나아가 이러한 기술이 시민들에게 보급되기 위해서는 시공이 용이하며, 단점이 적고, 비용이 저렴한 생태기술이 필요하다. 그러나 우리나라는 다양한 생태기술 개발이 충분하지 않을 뿐 아니라 개발된 기술도 비용이 많이 소요되어 시민들에게 보급이 어려운 실정이다.

둘째, 생태도시를 조성하기 위해서는 도시개발밀도의 조절이 필요하나 땅값이 비싼 경우에는 저밀도의 개발이 어려워 고밀도 개발이 이루어질 수밖에 없다. 또한 생태도시를 조성하는 데 필요한 사업 중에는 넓은 땅이 필요한 경우도 있으나 이러한 사업은 땅값의 추가비용 때문에 시행을 못할 가능성이 높다.

셋째, 「국토의 계획 및 이용에 관한 법률」제127조에 시범도시의 지정과 지원에 관한 조항이 있다. 이 법에 의하면 국토해양부장관은 생태시범도시, 시범단지 혹은 시범지구를 지정하고, 이를 예산이나 인력으로 지원할 수 있도록 규정하고 있다. 또한 「자연환경보전법」제43조는 환경부장관이 도시의 생태적 건전성을 향상시키기 위한 다양한 조치를 취하도록 규정하고 있다. 그러나 이러한 제도가 제대로 실천되지 못해 추진실적이 미미한 수준에 있다. 환경부와 국토해양부는 2002년부터 공동주택을 대상으로 친환경건축물 인증제도를 도입하였으며, 2003년부터 이를 주거복합 및 업무용 건축물까지 확대하였고, 학교시설 등의 건축물까지도 단계적으로 확대 시행할 계획이다. 그러나 이러한 제도에 따라 친환경건축물인증을 받은 사례는 적은 수에 불과하다.

넷째, 일반 시민들은 환경시대가 도래함에 따라 생태적 고려에 대한 관심은 있으나 생태도시를 조성할 경우, 수반되는 비용의 추가적 부담에 난색을 표하는 경우가 많다. 또한 생태도시를 조성하기 위해서는 물리적인 환경과 시설 등을 친환경적으로 조성하는 것뿐 아니라 시민들의 삶이 생태적인 삶으로 전환되는 것도 중요하다. 생태적 삶을 영위하는 것은 그만큼 편리한 생활을 일부 양보하고, 불편함을 감수해야 하는 부분도 있다.

제 3 절 그린네트워크 계획

1. 그린네트워크의 개념과 유형

우리나라 그린네트워크(Green Network)의 개념은 지역전체를 네트워크화하는 것으로서 도시주변의 산으로부터 도심까지 연결하거나 교외의 농촌에서 시가지 중심부까지, 또한 하천, 습지 및 초원 등 핵(核), 선, 거점, 점과 생태통로(生態通路) 등에 의하여 연결되는 것을 의미하고 있다.[19)]

그린네트워크와 유사한 개념으로 미국은 그린인프라(Green Infrastructure)라는 용어를 사용하고 있으며, 독일은 비오톱 네트워크 개념을, 일본은 생태네트워크라는 개념을 사용하고 있다. 미국은 그린인프라와 함께 그린웨이(Greenway)라는 개념도 사용하고 있으나 두 개념사이에는 약간의 차이가 있다. 그 차이점은 첫째, 그린인프라는 레크리에이션이 아닌 생태를 강조하는 반면에 그린웨이는 레크리에이션을 강조한다는 점이고, 둘째, 그린인프라는 핵심의 경관연결지 뿐 아니라 크고 생태적으로 중요한 허브(hub)를 포함하는데 비하여 그린웨이는 작은 규모의 녹지를 연결하고 있으며, 셋째, 그린인프라는 도시형태의 조성과 성장을 위한 골격을 제시하는 반면에 그린웨이는 이미 형성된 도시 내의 녹지를 연결시키는 기능을 수행하고 있다.[20)]

그린네트워크는 국가의 자연적 생명지원시스템(natural life support system)으로서 습지, 숲, 야생동물 서식처, 기타 자연지역과 그린웨이, 보전지역과 농장, 산림 및 야생지역과 향토종(鄕土種)을 지원하고, 자연생태과정을 유지하며, 지역사회와 국민의 건강과 삶의 질에 기여하는 기타 공간을 상호 연결하는 네트워크로 정의[21)]될 수 있다. 네트워크는 수로, 숲, 야생동물 서식지, 기타 자연지역과 그린웨이, 보전용 토지, 목장, 산림 등으로 구성된다.[22)]

---

19) 환경부, 전국 그린네트워크화구상, 1995, p. 30.

20) Anthony Walmsley, "Greenways: multiplying and diversifying in the 21st century," *Landcape and Urban Planning*. vol. 76, 2006, pp. 257-259.

21) M. Benedict and McMahon, *Green Infrastructure: Smart Conservation for the 21st Century*, The Conservation Fund, 2002, p. 6.

22) John Randolph, *Environmental Land Use Planning and Management*, Washington, D.C.: Island Press, 2004, p. 98.

그린네트워크의 기본적인 구성요소는 유보지, 생산용 토지, 커뮤니티 공원 등의 허브와 경관연결지, 그린웨이, 수변 범람원 등과 같은 연결지(links)이다. 우리나라 환경부는 그린네트워크의 기본적 구성요소를 핵, 거점, 점, 생태통로로 설정하고 있다. 핵은 생물다양성의 원천이 되는 유전자의 공급원이 되어야 할 큰 규모의 자연공간으로서 생태적으로 단절되지 않은 5대 산맥 또는 이와 연계된 국립공원이 해당된다. 거점은 서울의 남산과 국립묘지 등 도시의 소규모 산, 큰 공원 및 농장, 늪, 해안의 작은 섬 등이 이에 해당되고, 핵과 점을 연결하는 공간이 된다. 점은 도시 내의 정원, 녹화된 옥상, 가로수 등이 이에 해당된다. 생태통로는 핵과 핵, 핵과 거점, 거점과 거점을 연결하는 띠 모양의 자연공간으로서 두개의 서식공간을 연결하여 생물의 이동을 가능하게 한다.[23)]

한편 일본에서는 그린네트워크와 동일한 개념의 생태네트워크계획을 공간규모에 따라 다음 〈표 5-2〉와 같이 세 가지 유형으로 구분하여 계획하고 있다. 광역그린네트워크 계획은 대형 포유류, 맹금류 및 철새 등의 서식공간 확대를 고려하여 광역수준의 생태네트워크를 조성한다. 도시생태네트워크 계획은 도시지역의 생물다양성의 유지와 증대를 도모하며, 생물과의 만남을 확보하기 위하여 도시녹지의 배치 및 네트워크를 검토

표 5-2 일본의 생태네트워크계획

계획구성	각 현상에 대응하는 공간 스케일			계획 스케일	도면 축적
	지 형	식 생	동물군		
광역생태네트워크 계획	대(大)지형 수준(산지, 평야, 하천, 호수, 바다)	상관식생 수준(자연림, 2차초지, 농경지, 주택지)	중대형 포유류, 대형조류	• 시,도,군,읍 계획 • 광역녹지계획 • 광역 군, 면, 읍권 계획등	1/50,000–1/100,000
도시생태네트워크계획	중(中)지형 수준(구릉, 대지, 골짜기, 유역)	식생수준(상록활엽수림, 낙엽활엽수림, 침엽수림, 밭, 논 등)	중형 포유류, 중형조류, 양서류, 파충류	• 도시계획 • 녹지기본계획 • 군,면, 읍계획등	1/10,000–1/25,000
지역생태네트워크계획	소(小)지형 수준(산등성이, 완사면, 산기슭)	군락, 군집수준(졸참나무림, 소나무림, 사찰숲)	소형포유류, 소형조류, 양서류, 파충류, 곤충류	• 지역계획 • 녹화중점지구계획	1/2,500–1/5,000

자료: 일본 도시녹화기술개발기구, 도시생태네트워크계획, 2002, p. 93.

23) 환경부, 전게서, 1995, pp. 30–31.

하고, 그 구성요소가 되는 공간의 환경형성과 활용방향의 제시를 목적으로 한다. 반면에 지역생태네트워크 계획은 도시생태네트워크를 구성하는 특정한 계획대상 지구에 대하여 구체적인 환경형성 방향을 검토한다.[24]

2. 그린네트워크계획의 목표와 원칙

(1) 그린네트워크계획의 목표

그린네트워크계획은 대상지역의 생물의 서식과 생육상태 등을 파악하고 그들의 서식기반이 되는 생태네트워크의 골격형성을 목표로 하며, 구체적인 목표는 다음과 같다.[25]

첫째, 생물의 다양성을 유지하고, 증대하는 목표이다. 도시에 다양한 생물이 서식할 수 있도록 비오톱을 보전, 재생, 창출하고, 학술적으로 중요한 종이나 개체수와 희귀종은 물론 친근한 동식물종의 서식공간도 확보한다. 도시생태계의 회복을 위하여 도시에 남아있는 녹지의 보전과 재생 및 새로운 녹지조성에 적극적으로 기여하고, 생물서식 공간의 충족과 확대를 도모하면서 이를 네트워크로 연결하여 도시녹지의 생태적 기능을 강화한다.

둘째, 인간과 생물과의 만남을 확보하는 목표이다. 도시민과 생물과의 만남의 기회를 증대시키기 위하여 생물을 육성하는 녹지 안에 생물과 만날 수 있는 정취가 풍부한 공간을 창출하고, 도시에서의 인간성 회복의 장을 확보한다. 그린네트 워크는 토지의 이용을 분리시키거나 개발과 반대되는 것으로 인식하기보다는 토지개발, 성장관리, 시설계획 등과 조화시켜 조성하는 것이기 때문에 오픈 스페이스계획의 재래식 접근방법과 차이가 있다. 따라서 그린네트워크는 역행적이 아닌 순행적(順行的)이고, 우연이 아니라 체계적이며, 조각난 것이 아니라 총체적이고, 단일관할구역이 아니라 다수관할구역이며, 단일목적이 아니라 다목적이고, 단일 척도가 아니라 다척도이다.[26]

(2) 그린네트워크계획의 원칙

그린네트워크를 계획할 때에 지켜져야 할 원칙은 다음과 같다.[27]

---

24) 일본 도시녹화기술개발기구, 도시생태네트워크계획, 2002, p. 93.
25) 상게서, pp. 87-89.
26) John Randolph, *op. cit.*, 2004, p. 98.

첫째, 보전과 개발의 모두를 위한 골격으로서 그린네트워크를 이용한다. 교통인프라가 토지이용 및 개발과 연결될 필요가 있듯이 그린인프라도 토지이용 및 개발과 연결될 필요가 있다.

둘째, 개발 전에 그린네트워크를 계획하고 설계하며, 섬과 같은 공원이 아니라 보전네트워크를 제공하여 연결이 되도록 한다.

셋째, 근린주구에서 지역까지 이르는 다수의 관할구역과 상이한 척도를 걸쳐 그린네트워크가 기능을 수행하도록 계획하며, 그린네트워크가 건전한 과학 및 토지이용계획이론과 실무에 기반을 가지도록 한다.

넷째, 그린네트워크를 중요한 공공투자로 인식하고, 이것이 주민과 생태계를 위한 삶의 질에 기여하도록 한다.

다섯째, 그린네트워크 계획과 설계에 다양한 이해당사자들이 참여한다.

한편 워싱턴의 보전기금(Washington, D.C.'s Conservation Fund)은 그린인프라를 계획하는 다섯 가지 원칙을 다음과 같이 제시하였다. ① 교통시스템과 같이 그린인프라는 다양한 녹지공간요소가 분리되어 관련이 없는 부분이라기보다는 전체로서 기능을 수행하는 시스템으로 연결하도록 설계되어야 한다. ② 전력, 통신, 상수도시스템과 같이 그린인프라는 다수의 행정구역을 넘어 연결되고, 주정부, 지역, 커뮤니티, 필지규모에서의 녹지공간요소와 기능을 통합하도록 전략적으로 배치될 필요가 있다. ③ 인공의 인프라 시스템과 같이 그린인프라는 커뮤니티조직과 민간의 토지소유자를 포함한 공공의 개입과 공공으로부터의 투입에 의하여 계획되고 집행되어야 한다. ④ 그린인프라는 다른 모든 서비스가 제공된 후에 남는 재원으로 투자하기보다는 다른 기초적 서비스와 함께 우선적으로 재정지원이 이루어져야 한다. ⑤ 도로, 하수도, 기타 인프라시설 등이 상이한 토지이용의 유형과 위치를 위한 골격을 제공하는 것처럼 그린인프라가 환경보전의 골격이 되어야 한다. 미국의 플로리다 그린웨이 위원회(Florida Greenways Commission 1994)와 메릴랜드 그린프린트 프로그램(Maryland Green Print Program 1997-2001)은 이러한 원칙을 구체화한 주정부 차원의 발의이다.

3. 그린인프라 평가방법[28)]

미국의 "뉴저지 오픈 스페이스 및 그린웨이 비전(New Jersey Open Space and

---

27) *Ibid.*, pp. 100-101.

Greenway Vision Plan)"에서 제시하고 있는 그린인프라의 평가방법은 3단계의 과정으로 진행되었다. 3단계의 지도를 중첩시키면 이 계획의 토대가 되는 상호 연결된 오픈 스페이스의 잠재적 그린인프라 네트워크가 나타나게 된다.

1단계는 현황을 목록화(inventorying the present)한다. 기존의 오픈 스페이스와 그린웨이 즉, 현재 보존된 모든 토지를 보여준다. 여기에는 연방정부의 공원과 은신처, 주정부의 공원과 산림, 군립공원과 그린웨이, 시립공원과 트레일, 비영리 보존지, 철로 트레일 등이 포함된다. 2단계는 제안된 후보지를 파악(identifying the proposed)한다. 지금 당장 혹은 궁극적으로 보존되어야 할 후보지로 제안된 모든 토지를 보여준다. 연방 및 주정부, 시정부, 그리고 비영리 오픈 스페이스와 그린웨이계획 등이 여기에 포함된다. 3단계는 잠재자원을 구상화(imagining the potential)한다. 1단계와 2단계에 포함되지 않았으나 중요한 생태적, 경관적, 문화적, 레크리에이션적 가치를 갖고 있는 모든 토지를 보여준다. 이곳은 연속된 그린인프라의 부분이 될 잠재력을 가지며, 주민들의 보행네트워크를 제공할 수 있는 토지가 나타난다.

그린웨이 평가방법에는 생태학자, 생물학자, 지질학자, 도시계획가, 조경전문가 등이 제안한 다음의 다섯 가지 설계원칙이 반영되었다. 첫째, 가장 규모가 크고 중요한 오픈 스페이스 '허브'를 보호한다. 오픈 스페이스 허브는 다음 기준에 의거하여 평가되고 순위가 매겨졌다. 즉, 패치의 크기, 총체적인 단위 패치의 크기, 단위면적당 희귀종의 수, 지하수 함양의 추정치, 그리고 최량의(prime) 토양의 비율 등이다. 최종단계에서는 적합성 분석과 최소비용경로분석을 토대로 최상등급의 허브를 그린웨이 통로루트에 의하여 연결시켰다. 둘째, 오픈스페이스 연결성을 유지하고 증가시킨다. 셋째, 충분히 넓은 그린웨이 통로의 '연결부(links)'와 비선형 '결절점(nodes)'을 보호한다. 넷째, 최상의 가능한 그린웨이 통로의 질을 제공한다. 다섯째, 다수의 그린웨이 연결성을 제공한다.

4. 그린웨이(Greenway)의 유형과 특징

(1) 그린웨이의 개념

그린웨이는 생태적, 문화적, 미적, 지속가능한 토지이용개념과 부합되는 다른 목적을 포함한 다목적으로 계획되고 설계되며, 관리된 선적(線的)인 요소를 포함한 토지의

28) Anthony Walmsley, *op. cit.*, 2006, pp. 258-262.

네트워크이다.[29] 그린웨이를 환경적 관점에서 좋은 루트로 정의[30]하기도 하며, 도시와 교외 및 농촌의 선형공원, 오픈 스페이스, 그리고 보호지역으로 광범위하게 서술하기도 한다.[31] 그린웨이의 개념은 최소한 3,000년 이상의 역사를 가지고 있다.[32] 미국에서는 600여개의 그린웨이 프로젝트가 이미 개발되었거나 건설 중에 있는 것으로 추정된다.[33]

(2) 그린웨이의 유형

그린웨이의 유형은 Little[34]에 의하면 첫째, 도시강변-수변 그린웨이(urban riverside-waterfront greenways), 둘째, 레크리에이션 그린웨이 (recreational greenways), 셋째, 생태적으로 중요한 자연통로(ecologically significant natural corridors), 넷째, 경관 및 역사적 루트(scenic and historic routes), 다섯째, 종합적 그린웨이 시스템 혹은 네트워크(comprehensive greenway system or networks)로 분류되고 있다.

한편 Turner의 분류[35]에 의한 유형은 일곱가지이다. 첫째, 행사대로(Ceremonial avenues): 고대에는 대로(大路)가 종교적 행사와 군사퍼레이드 등의 목적으로 건설되었다. 대로는 유럽 바로크(baroque) 도시의 독특한 요소가 되었다. 둘째, 광로(Boulevard): 관광객들이 가로수가 늘어선 도로를 통행할 수 있는 즐거움을 위하여 계획된 도로이다. 광로는 프랑스 파리(Paris)의 재개발 시에 나폴레옹(Napoleon)과 오스망(Haussman)의 계획안에 포함되었고, 19세기 영국과 미국의 공원에서 광로가 건설되었다. 셋째, 공원도로(Parkway): 원래는 가로수가 늘어선 곡선의 광로이었으나 공원도로는 자동차도로가 포함된 띠 모양의 공원부지를 의미하게 되었으며, 자동차이용자가 즐거운 경험을 하도록 건설되었다. 아버크롬비(Abercrombie)는 1943년 런던계획에서 공원도로를 공원시스템의 연결고리로 정의하고 있다.[36] 넷째, 공원벨트(Park belt): 도시경계부에 위치한 고리형태의 레크리에이션을 위한 오픈 스페이스이다. 세계최초의 공원벨트는 호주의 아델라이드(Adelaide)시에서 계획되었다. 다섯째, 공원시스템(Park system): 공원시스템은

---

29) J. Ahern, "Greenway as a planning strategy," *Landscape and Urban Planning*, vol. 33, 1995, pp. 134–136.

30) Tom Turner, *Landscape Planning and Environmental Impact Design*, 1998, p. 138.

31) C. Little, *Greenways for America*, Johns Hopkins University Press, 1990, p. 4.

32) Tom Turner, *op. cit.*, 1998, p. 139.

33) Juan Antonio Bueno, et al. "South Florida greenways: a conceptual framework for the ecological reconnectivity of the region," *Landscape and Urban Planning*, 33, 1995, p. 249.

34) C. Little, *op. cit.*, 1990, p. 317.

35) Tom Turner, *op. cit.*, 1998, pp. 138–148.

36) Abercrombie, 1943, p. 107; Tom Turner, *op. cit.*, 1998, pp. 138–148에서 재인용.

도시중심부를 관통한다는 점에서 공원벨트와 차이가 있다. 최초의 가장 유명한 공원시스템은 미국의 보스톤(Boston)시를 위하여 옴스테드(Olmstead)가 계획하고 설계한 Emerald Necklace로서 이는 보행자를 위한 것이다. 여섯째, 그린벨트(Greenbelt): 그린벨트는 도시성장을 적절히 관리하고 도시지역의 확산을 억제하는 데 필요한 농업, 레크리에이션, 환경보전 등의 기능을 수행할 수 있다. 캐나다 오타와(Ottawa)의 그린벨트처럼 런던의 그린벨트도 도시확산을 방지하기 위하여 지정되었다. 일곱째, 그린트레일(Green trail): 영국과 마찬가지로 미국의 국립공원청은 장거리 트레일을 조성하는데 매우 적극적이다. Benton MacKaye가 1921년에 제안한 메인(Maine)주에서 조지아(Georgia)주에 이르는 3,300km의 아팔라치아 트레일(Appalachian Trail)이 그린트레일의 원조이다.

(3) 그린웨이의 특징[37]

첫째, 그린웨이의 공간적인 배치는 주로 선형이다. 선형시스템에 내재된 특성과 기회를 기반으로 종(種)과 영양물의 이동에서 뚜렷한 이점을 가지고 있다.

둘째, 연결이 주요한 특징이다. 통합된 시스템으로서의 그린웨이는 공간적 척도를

그림 5-3 강동구 그린웨이 노선도

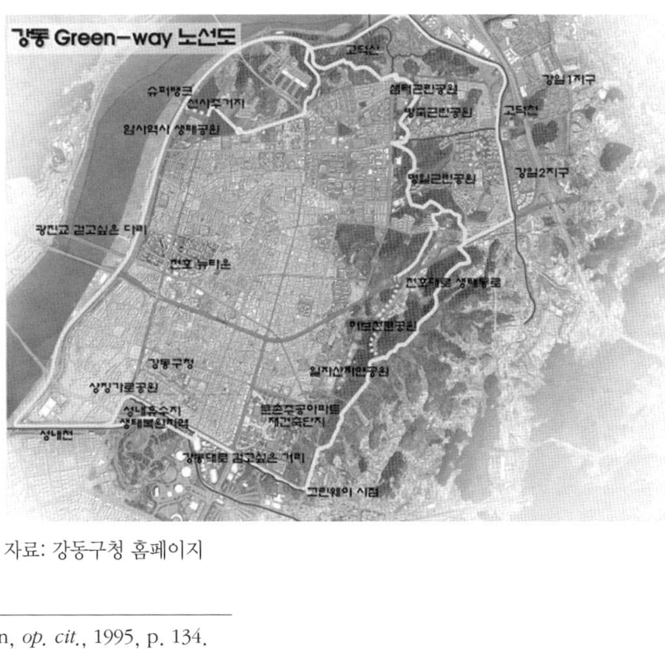

자료: 강동구청 홈페이지

37) J. Ahern, *op. cit.*, 1995, p. 134.

넘어서 연결의 이점을 바탕으로 시너지효과를 얻을 수 있다(그림 5-3).

셋째, 다기능적이다. 그린웨이와 연관된 생태적, 문화적, 사회적, 미적 목표를 반영하도록 타협해야 하기 때문에 그린웨이 계획의 목표를 설정하는 과정이 특히 중요하다. 예를 들면, 레크리에이션의 수요와 야생동물 서식지의 보존은 상충되므로 공간적으로 분리할 필요가 있다.

넷째, 그린웨이 전략은 환경보전과 경제발전사이에 상호보완성이 있다는 전제를 기반으로 한다는 점에서 지속가능한 발전의 개념과 일치한다.

다섯째, 그린웨이는 통합된 선형시스템의 이점과 특성을 기반으로 한 독특한 공간적 전략을 나타낸다. 그린웨이는 종합적인 경관 및 물리적 계획의 대체가 아니라 보완으로 간주되어야 하므로 선형이 아닌 중요한 경관과 연결되어야 하며, 다목적 이용의 혜택을 받지 못하는 요소들을 보호하는 노력을 기울여야 할 것이다.

제4절 생태산업단지계획

1. 생태산업단지의 개념과 특성

생태산업단지(Eco-industrial Park)는 에너지와 물 등을 포함한 환경과 자원의 협력을 통하여 조성된 환경적, 경제적 성과를 동시에 추구하는 제조업체와 서비스업체의 공동체이다. 이를 통하여 상호보완적 관계를 유지함으로써 각각이 산출할 수 있는 개별적인 편익의 합보다 그 이상의 총체적 편익을 산출할 수 있다.[38] 생태산업단지라는 용어는 1993년 '인디고 개발사(Indigo Development)'가 미국 환경보호청(Environmental Protection Agency: EPA)의 관료들에게 처음 소개하여 사용되기 시작하였고, 미국의 「지속가능발전위원회」가 1995년에 시범사업으로 생태산업단지를 채택하였다. 이는 단일 부산물 교환패턴이나 네트워크, 재활용 기업체, 환경기술회사, 그린상품 제조업체, 단일의 환경목적으로 설계된 산업단지, 환경친화적인 하부구조와 환경친화적으로 건설된

38) Ernest Lowe & John L. Warren, *The Source of Value: An Executive Briefing and Sourcebook on Industrial Ecology*, Washington, Pacific Northwest National Laboratory, 1996; 변병설, "산업생태학을 기초로 한 생태산업단지의 조성방향," KEI 환경정보, 제2권 4호, 2000, p. 15에서 재인용.

단지 등을 포함하는 개념으로 이해할 수 있다.39)

현재 대부분의 산업구조는 자원소비적 경제에 토대를 두고 있기 때문에 산업활동에 따른 자연자원의 고갈이 심화되고 있으며, 환경파괴가 계속되고 있다. 따라서 자연생태계의 물질과 에너지 흐름을 모방한 생산관계를 형성하여 기업 상호 간에 경제적 이익을 거두면서 동시에 환경개선효과를 달성할 수 있는 산업공생관계의 구축이 필요하다. 산업공생이 이루어지면 한 공정 혹은 한 기업의 폐기물이 다른 기업이나 공정의 원료로 이용되는 통합된 산업시스템을 형성할 수 있다.

전통적인 산업단지와 생태산업단지는 기본목표, 입주기준, 자원이용, 입지선정, 폐기물관리, 단지설계, 생산시스템, 단지 내 기업체 관계 등의 측면에서 서로 다른 차이점을 나타내고 있다(표 5-3). 생태산업단지의 유형은 크게 세 가지로 나눌 수 있는데 첫째는 개별기업의 자체적 청정기술과 환경경영을 실천하는 유형이다. 둘째는 물리적으로 동일한 지역에 입지하고 있지 않은 소규모 기업체의 폐기물 관리 및 처리에 관한 공동 네트워크의 구축이다. 셋째 유형은 폐쇄루프 형태의 폐기물 제로 배출과 관련된 생태산업단지로서 폐기물의 완전한 제거를 목적으로 한다.40)

생태산업단지는 일정한 지역 내에서 에너지와 자원이용의 효율성을 최대화하고, 폐기물과 오염발생을 최소화하여 경제성과 환경성을 동시에 달성하기 위하여 제시된 산

표 5-3 전통적 산업단지와 생태산업단지의 차이점

구 분	전통적인 산업단지	생태산업단지
기본목표	생산성과 경제성의 극대화	경제성과 환경성의 조화
입주기준	시장성 및 접근성	기업체간의 상호적합성
자원이용	고비용, 저효율의 자원소비형	산업공생에 의한 자원이용의 극대화
입지선정	법적, 행정적으로 개발이 용이한 지역	지역생태계의 물질순환과 조화되는 지역
폐기물관리	매립 및 처리	재활용, 재이용
단지설계	경제성, 기능성 중시	물질흐름을 고려한 자원절약적 설계
생산시스템	직선적 개발시스템	순환 혹은 폐쇄적 루프시스템
단지내 기업체 관계	폐쇄적 관계	상호 공생적 관계

자료: 변병설. “산업생태학을 기초로 한 생태산업단지의 조성방향,” KEI 환경정보. 제2권 4호, 2000, p. 17.

39) 변병설, 전게서, 2000, p. 16.
40) 상게서, p. 16.

업단지이다. 그러므로 생태산업단지는 환경적 효과뿐 아니라 경제적인 측면에서 자원이용의 효율화와 환경오염의 저감효과를 기대할 수 있다. 독일 도르트문트(Dortmund)의 친환경적 산업단지 계획은 기존의 산업단지계획과 차별화되기 위해서 첫째, 생태학적 차원의 비용이 투입되어야 되고, 둘째, 공공 공간으로서의 질 높은 도시경관을 이루기 위하여 상세한 지구단위도시설계의 규칙을 적용하였다.[41)]

2. 생태산업단지의 계획기법

첫째, 지역생태계의 특성과 제약요인과의 조화를 이루는 산업단지를 설계하며, 가능한 한 자연생태계의 복원에 초점을 맞춘 조경설계를 계획한다.

둘째, 공장 간의 에너지 흐름을 고려하여 에너지이용의 효율성을 극대화하며, 가능한 한 재생가능한 에너지를 이용한다.

셋째, 산업단지의 전체적인 물질흐름과 폐기물 관리를 위하여 부산물의 거래가 가능하도록 인프라를 조성하고, 주변지역의 기업, 가정, 농장을 이용가능한 부산물의 생산자이자 소비자로 인식하여 상호보완적 자원이용을 강구한다.

넷째, 수질오염을 감소시킬 수 있도록 산업단지의 수자원 흐름을 설계한다. 물이용을 최소화하기 위하여 수자원의 효율적 이용과 재이용에 의한 용수공급의 외부의존을 줄일 수 있도록 인프라를 구축한다.

다섯째, 기업 간의 교환을 통하여 상호 부산물과 폐기물 등을 가장 잘 활용할 수 있는 기업체들로 구성하고, 개별기업과 산업단지의 환경적 성과에 대하여 지원을 강화한다.

여섯째, 건물과 각종 부대 시설물 등은 자원의 효율적 이용을 극대화시키고, 오염은 최소화할 수 있도록 설계하며, 환경적 영향이 적은 입지의 선정과 공장건설 및 시스템적 설계를 통하여 생태계에 대한 영향을 최소화한다.[42)]

3. 외국의 생태산업단지 특징

전 세계적으로 주목을 받고 있는 생태산업단지인 덴마크의 칼룬드버그(Kalundborg)

---

41) 허영록, "독일 도르트문트의 친환경적인 첨단산업단지 계획사례," 환경정의시민연대 엮음, 생태도시의 이해, 다락방, p. 309.

42) 변병설, 전게서, 2000, pp. 17-18.

그림 5-4 덴마크 Kalundborg 생태산업단지의 순환체계

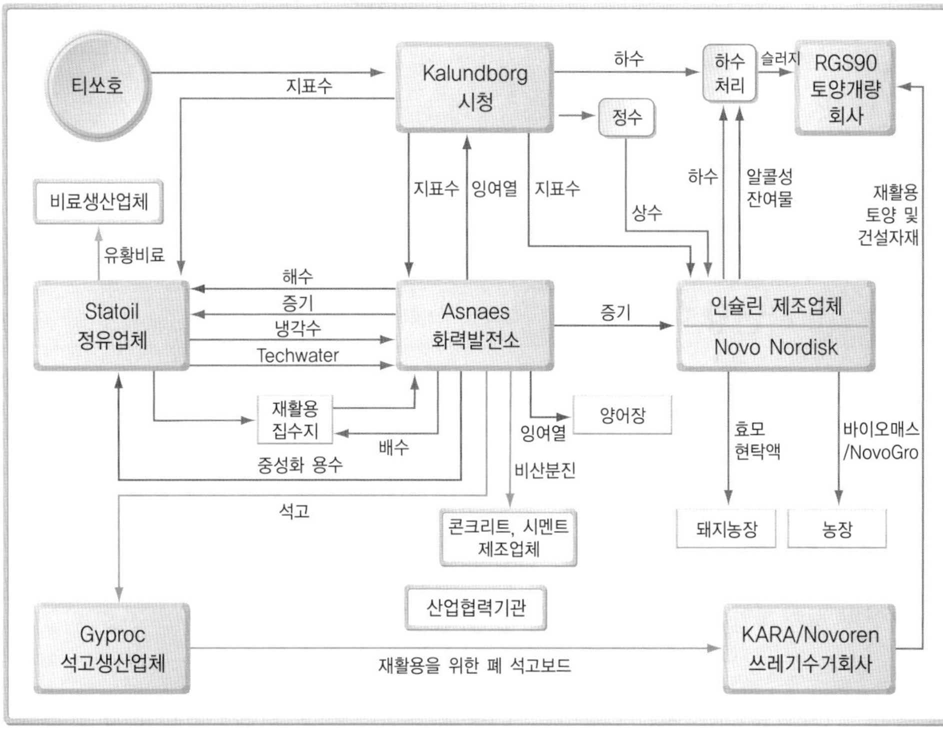

자료: The Kalundborg Center for Industrial Symbiosis,
http://www.symbiosis.dk/industrial-symbiosis.aspx

생태산업단지를 살펴보면 〈그림 5-4〉에서 보는 바와 같이 발전소에서 배출되는 비산회(fly ash)의 부산물이 다른 시멘트 공장의 원료로 활용되거나 폐열을 시민들에게 제공하기도 한다. 칼룬드버그 생태산업단지는 25개 이상의 산업공생(symbiosis)프로젝트를 수행하였으며, 산업공생을 통하여 물과 에너지의 절약, 그리고 부산물의 교차 사용이 가능하게 되었다.

한편 일본은 생태산업단지를 생태산업단지, 에코타운, 산업연합 등의 세 가지 유형으로 나누어 추진하고 있다. 에코타운 프로젝트는 카와사키시의 경우, 민간기업은 환경친화적이고 생태적으로 건전한 생산 및 운영체계를, 지역사회는 환경적으로 건전한 생태적인 커뮤니티건설을, 지방정부는 지속가능한 개발과 추진을 위한 연구개발(R&D) 및 정보체계구축을 강조하고 있다. 산업연합은 에너지, 물, 원료 부산물의 물리적 교환에서 지리적인 측면을 배제한 것으로 개별기업의 폐기물이나 부산물을 다른 기업에서 활

용하여 어떤 유형의 폐기물도 발생하지 않는 통합적 과정을 강조하고 있다. 산업군집에 의한 무배출(zero emission)의 달성을 위하여 물질흐름의 분석과 자원이용 및 생산공정의 재검토를 기초로 하여 첫째, 재활용 가능한 재료의 대체, 둘째, 폐기물 저배출 공정으로의 전환, 셋째, 엄격하고 철저한 폐기물의 분리, 넷째, 폐기물을 다른 산업의 재료로 활용할 수 있도록 하는 기술개발 등 네 가지 기본전략을 강조하고 있다.[43]

제5절 자연형 하천계획

1. 자연형 하천계획의 고려요소

(1) 자연형 하천의 특징

자연형 하천계획은 어류와 수생곤충을 중심으로 한 하천 생태계의 보전을 위한 서식처 환경을 조성하고, 하천수변 식생과 하천경관의 보전 및 향상을 도모하는 것이다. 궁극적으로 자연형 하천계획은 치수 및 이수를 위하여 하천정비가 필요한 자연하천에서 가급적 하천환경이 크게 훼손되지 않고, 자연상태의 하천모습에 가깝도록 유지하는 것이다.[44] 자연형 하천을 계획할 때에는 자연하천의 대표적인 특징을 다음과 같이 충분히 고려해야 한다.[45]

첫째, 하천의 역동성이 존중되어야 한다. 하천은 유량과 토사량, 식생, 그리고 외부로부터 가해지는 영향 등 시간과 상황에 따라 변화해 가며, 자체적으로 모습을 형성해 간다. 따라서 자연형 하천계획은 이러한 형성원인과 그에 따른 장래의 상태를 정확히 예측하는 것이 중요하다.

둘째, 하천의 연속성이 보장되어야 한다. 하천은 발원지에서 바다까지 긴 띠의 형식으로 연결되어 있다. 하천을 흐르는 물과 유사(流砂)는 이러한 연속성을 갖고 있으며, 수생생물은 이처럼 연속된 공간에서 이동하면서 생활을 영위한다. 자연형 하천계획은 하천의 연속성을 고려하여 수계단위를 바탕으로 수립되어야 한다.

---

43) 환경부, 지속가능한 개발을 위한 생태산업단지 구축방안, 2002, pp. 76-78.
44) 환경부, 국내여건에 맞는 자연형 하천공법의 개발, 1997, p. 7.
45) 건설교통부, 자연친화적 하천관리지침, 2002, pp. 8-15.

셋째, 하천의 다양성이 보장되어야 한다. 하도 내에서는 여울과 소(沼), 사행(蛇行), 사주(沙洲) 등의 형태가 자주 변하고, 국부적인 작은 구간 안에서도 흐름의 완급과 수심의 고저가 존재하는 등 다양한 변화를 가지고 있다. 이러한 다양한 조건에 맞추어 생물은 자신들에게 맞는 서식처를 찾아 생활을 영위한다.

넷째, 하천 개개의 개성이 존중되어야 한다. 하천은 오랜 세월을 두고 스스로가 위치한 곳에서 주변조건에 맞게 형성되어 온 자연의 일부이다. 자연형 하천계획은 대상하천에 대한 철저한 조사 · 분석을 통하여 대상하천에 적합한 계획이 수립되어야 한다.

(2) 자연형 하천의 계획요소

첫째, 자연하천 고유의 매력이 유지되어야 한다. 하도의 형태, 지질조건, 하상(河牀) 재료 등에 유의하고, 하천작용인 침식, 운반, 퇴적기구를 반영하며, 동물의 습성과 식물의 서식환경을 고려한다.

둘째, 자연과 조화를 이룬 정비가 추진되어야 한다. 따라서 하천은 필요에 따라 최소한으로 개량하는 수준에서 정비하고, 하천 자연복원력의 한계를 벗어나지 않도록 정비하며, 하천의 자연성 유지 및 회복에 대한 타당성을 충분히 검토한다.

셋째, 다양한 자연재료의 사용과 적절한 정비기법을 도입한다. 돌과 식생 등 자연재료 이용을 우선적으로 검토하고, 콘크리트 제품을 도입할 필요가 있는 경우에는 다공질의 형상과 자연에 가까운 형태를 최대한 도입하며, 각 대상하천의 특성을 확인하여 이수 · 치수 및 환경기능의 조화를 이룰 수 있는 정비기법을 도입한다.

넷째, 다양한 수변공간이 창출되어야 한다. 하천형태 및 흐름의 상황에 대응한 다양한 수변환경과 친수공간을 창출한다.

다섯째, 본류와 지천, 하천 상 · 하류와의 연속성이 고려되어야 한다. 하천의 연속성을 확보하여 하천생태계의 단절을 방지하고, 도시하천의 경우에는 독립적인 하천정비가 아니라 도시정비와 일체감을 갖도록 고려한다.

2. 자연형 하천설계의 고려요소

자연형 하천설계를 위하여 고려되어야 할 요소로는 다음과 같이 하도(河道), 하천의 종단, 하천의 횡단, 식생의 도입, 생물서식처 조성, 하안(河岸) 필터링 등이 포함되어야 할 것이다.[46)]

첫째, 자연형 하천을 위한 하도설계는 사행(蛇行)을 원칙으로 한다. 왜냐하면 사행은 생태적 측면에서 유속의 변화에 따른 다양한 생물 서식처를 조성하기 때문이다. 또 다른 사행의 장점은 하도의 길이가 연장되면서 유속과 소류력(掃流力)이 감소되고, 반면에 유사(流砂)와 부유물질이 증가하여 수위가 높아지게 된다. 하도의 사행은 두 가지 방법에 의하여 이루어지는데 하나는 하천의 운동력에 의한 유도적 방법이고, 다른 하나는 설계에 의한 방법이다.

둘째, 하천의 종단설계는 하천의 하도와 횡단설계와 밀접한 관련이 있다. 하천의 발원지에서부터 하구에 이르기까지 하천의 자연적 연속성은 중단되지 않도록 해야 하며, 부득이 하천의 종단을 변경할 경우에도 가능한 한 그곳의 지형적 특성이 변형되지 않아야 할 것이다.

셋째, 하천의 횡단면은 설계홍수를 무난히 통과시켜야 함을 기본으로 하되 물, 얼음, 유사 등을 무리없이 통과시켜야 하고, 갈수기에는 가능한 한 깊은 수심이, 그리고 풍수기에는 얕은 수심이 유지될 수 있어야 하며, 유량을 통과시키는 데 있어서 최대 한계 소류력 및 한계 유속치를 초과해서는 안 된다. 만곡(彎曲)하도의 바깥 하안의 횡단에는 심한 침식이 발생하지 않도록, 안쪽 하안은 심한 퇴적이 발생하지 않도록 설계한다.

넷째, 자연형 하천을 조성할 때 의도적인 식생도입은 바람직하지 않다. 그러나 세굴(洗掘)이 예상되는 구간에 한하여 식물을 이용한 생물공학적 공법을 도입할 수 있다. 모든 하천은 영양염류, 산소의 양, 유사의 양, 유속, 수심 등 각각 특성이 다르다. 이러한 환경조건 때문에 하천변 식생군락의 형성은 침수기간과 밀접한 관련이 있으므로 이를 근거로 식생대(植生帶)를 결정하는 것이 원칙이다.

다섯째, 생물서식처 조성은 무척추동물, 조류의 산란처, 물고기의 서식처 및 피난처를 의미한다. 무척추동물의 경우, 하상재료와 밀접한 관계가 있으며, 어류의 서식처 조성을 위해서는 대상하천 및 하천구역에 서식할 수 있는 어종이 분명해야 하고, 그들의 생태적 특성 파악이 우선되어야 할 것이다.

여섯째, 하안변의 수림대는 수목류 및 다년생의 초본류(草本類)로 구성되는 데 이들의 기능은 지표면으로부터 오염물이 하천으로 유입되는 것을 차단하고, 비오톱의 연결 및 생물종의 보호에 있다. 식재의 폭은 5m 이상이 적절하며, 수종은 자생종으로 하되 주변과의 조화를 고려하여 식재되어야 할 것이다.

---

46) 환경부 국내여건에 맞는 자연형 하천공법 개발 연구팀, 하천복원가이드라인, 2002, pp. 191-194에서 요약 정리.

3. 자연형 하천의 해외 사례

외국의 자연형 하천 기법은 〈표 5-4〉에서 보는 바와 같이 다양하다. 그 특징들을 살펴보면 첫째, 돌출수제(突出水制)를 사용하여 일단 홍수류(洪水流)를 완화시킴으로써 살아있는 식물 혹은 목재 등 부드러운 자연소재 도입가능성을 높인다. 둘째, 종방향으로 유로를 사행화하되 하도를 사행화는 것이 여의치 않을 때에는 저수로를 사행화하고, 저수로의 미지형(微地形)을 다양화 한다. 셋째, 횡방향으로는 저수로변의 호안을 식생호안(植生護岸)으로 조성하여 경관 및 생물서식 환경을 개선시키며, 제외지(堤外地) 및 주변을 녹화한다. 넷째, 수직방향으로는 낙차공 등 콘크리트 횡구조물을 제거하고, 거석(巨石)

표 5-4 외국의 자연형 하천 사례

국 가	하천정비의 방향	목 표	공법 명칭	공사 주요 내용	특 징
스위스	재생(Wieder-belebung)	자연스러운 경관 조성	생물 공학적 공법 (Ingenieur-biologische Bauweisen)	- 식생호안공 - 돌출수제로 홍수류완화 - 거석,경사수로, 활용 - 복개천의 개수로화 - 제외지, 주변 녹화 - 유로의 사행화	복원조치를 거의 느끼지 못함
독 일	재자연화 (Renaturierung)	- 생물다양성환경조건의 창출 - 풍부한 생태계 부활 및 창출 - 수변에 식수 하여 시민활용 - 도시민에게 휴식공간 제공	근자연하천공법 (Naturnahen Wasserbaus)	- 식생호안공 - 돌출수제로 홍수류완화 - 거석경사수로 활용 - 제외지, 주변 녹화 - 유로의 사행화	복원조치를 거의 느끼지 못함
일 본	다자연형 하천가꾸기 (多自然型川づくり)	- 아름다운 풍경의 형성 - 풍부한 생태계 보전과 창출	다자연형 하천공법 (多自然型 河川工法)	- 습지조성 - 호안 다공질화 - 물고기이동 장애 제거 - 얕은 만/물웅덩이 조성 - 다양한 유속 조성 - 여울/소 구조의 형성 - 법면(法面)녹화 - 유로의 사행화	복원조치를 강하게 느낌

자료: 행정자치부 국립방재연구소, 전게서, 1999, pp. 43-45.

으로 경사로를 만들어 경관을 개선하고, 어류의 이동장애를 제거한다. 횡구조물의 제거가 어려운 경우에는 어도를 설치한다. 다섯째, 하상에는 여울과 소, 하중도(河中島)등 다양한 미지형이 발생하도록 한다. 여섯째, 사회운동 성격의 일환으로 인근주민의 적극적인 동참을 유도한다.

제6절 생태관광계획

1. 생태관광(Ecotourism)의 개념과 전망

(1) 생태관광의 개념

생태관광은 협의의 개념과 광의의 개념으로 구분될 수 있다. 먼저 협의의 개념은 미국 버지니아(Virginia)주 알렉산드리아(Alexandria)의 생태관광협회가 정의한 바에 의하면 생태관광은 지역주민의 복지가 지속되고 환경이 보전되는 자연지역으로의 책임있는 여행으로 정의하고 있으며,[47] Kusler의 정의에 의하면 새와 기타 야생동물, 경관지역, 동굴, 화석지, 저습지, 희귀종과 멸종위기의 종 서식지 등의 자연자원과 고고학적 자원에 기초한 관광을 의미한다. 또한 Ceballos-Lascurian은 관광대상지역에서 발견되는 기존의 문화적 특징뿐 아니라 경관과 야생동식물을 예찬하고, 연구하며, 즐기기 위한 목적을 가지고 비교적 훼손되지 않은 자연지역으로 여행하는 것을 의미한다고 정의하고 있다.[48]

한편 Hetzer가 주장한 광의의 개념은 네 가지 기준에서 측정된다. 즉, 첫째, 환경영향의 최소화, 둘째, 관광대상지역의 문화를 최대한 존중하고 이에 미치는 영향의 최소화, 셋째, 관광대상국가의 국민들에게 최대한의 경제적 이익을 주고, 넷째, 참여관광객에게 레크리에이션 만족의 최대화라는 기준을 충족하는 관광을 의미한다.[49] 광의의 개념은 기존의 관광에서 탈피하여 새롭게 추구해야 할 방향을 포함한 개념이라고 볼 수 있다.

47) David Rains Wallace, "Is Ecotourism for Real?" *Landscape Architecture*, vol. 82, no. 8, August, 1992, pp. 35-36.

48) Grenier, et al. "Ecotourism, landscape architecture and urban planning," *Landscape and Urban Planning*, vol. 25, 1993, pp. 1-16.

49) *Ibid*, pp. 1-16.

(2) 생태관광의 필요성과 전망

생태관광이 필요한 이유는 첫째, 대량관광으로 인한 생태계 훼손 및 환경오염이 발생된다는 점이다. UN에 의하면 관광개발로 인하여 해안선, 수서(水棲) 생태계, 도서 및 산악지역, 독특한 경관, 역사적 지역과 유물 등에 부정적인 영향을 미치고 있음이 보고된 바 있다. 또한 스페인, 프랑스, 이탈리아 등은 관광개발에 따라 실제로 대기오염을 유발시키고 있으며, 지중해 해변지역은 수질오염이 진행되고 있다. 따라서 이와 같은 환경오염을 방지하기 위해서도 생태관광이 필요하다.

둘째, 1992년의 리우선언과 21세기를 위한 세부실천강령, 생물다양성협약, 산림원칙성명 등 관광지 개발에 직접 영향을 미칠 수 있는 국제협약 때문에 생태관광이 필요하다. 생물다양성협약은 생물다양성을 보전하기 위한 보호구역을 설정하고, 생태계 및 천연서식지의 보호, 자연환경에서 생존가능한 종의 보호를 촉진하도록 규정하고 있다. 이미 1998년 제4차 당사국 총회에서는 지속가능한 관광에 대한 각료선언을 채택하고, 지속가능한 관광지침 마련을 위한 실무회의를 진행한 바 있다.[50] 21세기를 위한 실천강령 역시 해양생물자원을 보호하기 위해 생물다양성 및 생산성이 높은 생태계와 서식지를 찾아내 보호수역을 지정하도록 규정하고 있다. 산림원칙성명은 산림황폐화를 초래할 어떠한 정책이나 실행도 이를 채택해서는 안 된다고 규정하고 있다. 따라서 관광지 개발로 인하여 산림을 훼손시키는 개발은 지금보다 더욱 규제될 가능성이 높다. 더 나아가 국제관광단체인 World Travel and Tourism Council과 World Tourism Organization, 그리고 Earth Council이 공동으로 지속가능한 관광을 실천하기 위하여 “Agenda 21 for the Travel and Tourism Industry: Towards Environmentally Sustainable Development”라는 행동계획을 수립하였다. 이 계획은 10가지 우선 행동분야를 정하고, 「관광의제 21」을 실천하기 위하여 ‘녹색지구(Green Globe)’라는 조직을 설립하여 지속가능한 관광에 역점을 두고 있다. 이와 같은 관광분야의 국제적인 추세와 국제협약에 충실하기 위해서도 생태관광이 필요하다.

셋째, 자연을 탐방하고자 하는 관광객이 증가하고 있다. 환경오염이 점점 악화되고 국민들의 환경의식이 높아짐에 따라 자연을 찾는 관광객이 증가하고 있기 때문에 이들 수요를 충족시키기 위해서는 생태관광이 활성화되어야 할 것이다.

넷째, 자연탐방을 통한 생태계의 중요성을 인식하는 기회를 제공하고, 자연학습효

50) 외교통상부, 지구환경외교편람, 2004.

과를 얻을 수 있기 때문에 생태관광이 필요하다.

다섯째, 자연생태계를 보호해야 할 보전지역의 경우에는 보전을 위한 개발규제로 인하여 주민과 토지소유자들이 받는 경제적 희생을 보상해 주기 위한 하나의 방안으로 생태관광이 필요하다.

한편 우리나라의 생태관광수요를 전망하기 위해서는 선진국의 경험을 참고할 필요가 있다. 미국의 경우, 생태관광은 1982-83년과 1994-95년의 10년 동안 탐조활동이 155%, 하이킹이 93%, 배낭여행이 73% 증가한 반면, 반생태적 관광인 수렵은 12%, 낚시는 9%가 각각 감소하였다. 미국과 캐나다의 생태관광객에 대한 조사에 의하면 생태관광객은 주로 전국 평균보다 소득이 높고 교육수준이 높은 계층이 많음을 알 수 있다.[51] 선진국의 경험에 비추어 보면 우리나라 생태관광의 수요는 계속 증가할 것이다. 특히 미국의 한 조사에 의하면 조사대상 생태관광객의 50%이상이 가구당 소득수준이 20,000달러 이상이고, 대졸이상의 학력을 가진 것으로 나타난 것을 보면[52] 우리나라도 소득수준이 20,000달러 수준에 달하고 있기 때문에 생태관광의 수요는 급증할 것으로 예상된다.

Kusler는 생태관광객을 손수 생태관광객(Do-it-yourself ecotourists), 여행 중 생태관광객(Ecotourists on tours), 단체 생태관광객(School groups or scientific groups) 등으로 구분하고 있다.[53] 손수 생태관광객은 생태관광객중 가장 높은 비율을 차지하고 있는 유형으로서 이들은 숙박과 교통 등 모든 것을 다양한 융통성을 가지고 관광하고 있다. 여행 중 생태관광객은 관광을 매우 조직적으로 계획하여 생태관광지를 목적지로 하는 관광객이다. 학교단체나 과학단체 생태관광객은 과학적 연구에 참여하여 한 지역에 장기간 머무르면서 어려운 여건도 잘 참고 견디는 유형의 관광객이다. 우리나라의 생태관광객은 아직까지 단체 생태관광객이 주를 이루고 있으나 앞으로는 여행 중 생태관광객의 비율이 점점 증가하다가 결국에는 손수 생태관광객의 비율이 주를 이루게 될 것으로 전망된다.

51) David A. Fennell, *Ecotourism*, New York: Routledge, 1999.

52) J.E. Applegate and K.E. Clark, "Satisfaction levels of bird watchers: an observation on the consumptive-nonconsumptive continuum," *Leisure Sciences*, 9, 1987, pp. 129-134.

53) David A. Fennell, *op. cit.*, 1999.

2. 우리나라 생태관광의 여건

(1) 생태관광의 일반여건

어느 국가나 지역이든 생태관광이 도입될 수 있기 위해서는 다음과 같은 조건이 갖추어져야 한다. 첫째, 자연조건: 생태관광을 위해서는 생태계 보전지역이 많고, 생물종의 서식밀도가 높은 다양한 생태계를 보유하고 있는 것이 유리하다. 둘째, 경제조건: 생태관광지 조성 및 운영에 소요되는 재정적 뒷받침이 있어야 한다. 셋째, 사회조건: 생태관광에 대한 관심과 이해정도가 높아야 한다. 넷째, 의식수준: 자연에 대한 인식이 높아야 한다.

우리나라의 경우, 앞에서 제시한 네 가지 조건을 검토해 보면 먼저 자연조건은 국토면적에 비하여 다양한 생태계를 갖고 있다. 우리나라 국토가 삼면이 바다로 둘러싸여 있고, 내륙지역은 산악과 평야로 이루어져 있으며, 철새도래지, 갯벌, 천연보호림 등 생물종 서식밀도가 높은 지역을 갖추고 있다. 경제조건은 우리나라가 생태관광지를 조성하고 운영에 소요되는 재정적 뒷받침이 가능한 수준까지 도달해 있으며, 사회조건 역시 생태관광에 대한 관심과 이해가 어느 수준까지는 이루어졌다고 판단된다. 최근 들어 탐조활동과 수중탐사 등의 생태관광활동들이 활발히 이뤄지고 있으며, 동호회도 활성화되고 있어 생태관광의 사회조건이 점점 자리 잡아가고 있다. 의식수준은 환경문제가 심각해짐에 따라 국민들의 환경의식이 높아졌고, 매스컴의 환경프로그램과 신문의 환경섹션(section)이 지속적으로 자연훼손문제를 취급함으로써 국민들의 자연에 대한 인식이 높아지고 있다.

우리나라는 생태관광대상지의 종류가 다양한 관계로 〈표 5-5〉에서 보는 바와 같이 관련 법규와 관련 부서도 다양하다. 따라서 생태관광지의 관리도 다양하게 이루어지고 있으며, 보존의 정도도 서로 다르기 때문에 주민과 토지소유자와 이용자들에게 불평등한 규제로 인하여 불만을 초래하고 있다. 또한 생태관광정책을 수립할 때에는 관련부처의 협조가 절실히 요구되며, 그렇지 않을 경우에는 정책수립과 집행이 난관에 부딪칠 가능성이 많다.

표 5-5 생태관광대상지의 관련법규 및 담당부서

생태관광대상지	관련법규	담당부서
자연공원	자연공원법	환경부
생태 · 경관보전지역	자연환경보전법	환경부
천연보호림	산림법	산림청
야생동식물특별보호 구역	야생동식물보호법	환경부
천연보호구역	문화재 보호법	문화재청
습지보호지역	습지보전법	환경부, 국토해양부
갯벌	연안관리법, 습지보전법	국토해양부, 환경부
철새도래지	연안관리법, 습지보전법, 자연환경보전법	국토해양부, 환경부

(2) 생태관광의 요소별 여건

생태관광이 성공적으로 이루어지기 위해서는 생태자원, 생태관광 가이드, 생태관광객 교육, 생태관광안내 해설프로그램, 생태관광지역의 주민참여 등이 필요하다.

1) 생태자원

생태관광을 위하여 우리나라에서 제공될 수 있는 생태자원은 자연공원, 생태 · 경관보전지역, 천연보호림, 천연보호구역, 철새도래지, 갯벌, 습지보호지역 등을 포함하고 있다. 자연공원은 「자연공원법」에 의하여 국립공원, 도립공원, 군립공원으로 구분할 수 있다. 자연공원은 2010년 말 현재 국립공원 20개, 도립공원 31개, 군립공원 27개로 총 78개소가 지정되어 국토면적의 7.8%를 차지하고 있다.[54] 생태관광의 주요 대상은 국립공원이며, 도립공원과 군립공원 중 자연생태계가 잘 보존된 공원은 생태관광의 자원이 될 수 있다. 생태 · 경관보전지역은 「자연환경보전법」에 의하여 2010년 말 현재 38개 지역이 지정되어 있다.[55] 자연생태계가 훼손되지 않도록 하기 위하여 지정된 지역이기 때문에 이 지역은 생태관광자원으로서의 가치가 높다.

또한 보안림은 「산림자원의 조성 및 관리에 관한 법률」에 의하여 지정된 산림으로서 수원(水源)의 함양, 명소 및 고적 등 경관의 보존을 위하여 수령(樹齡)이 오래되고 숲

54) 환경부, 2010 환경통계연감, p. 602.
55) 전게서, pp. 600-601.

의 상태가 잘 보존되어 있는 산림이기 때문에 생태관광의 가치가 높다. 또한 자연휴양림은 「산림문화 · 휴양에 관한 법률」에 의하여 지정된 산림으로서 산림휴양에 적합한 산림이다. 천연보호구역 및 명승은「문화재보호법」에 의하여 지정되는 구역이다. 천연보호구역은 현재 10개 구역이 지정되어 있다.[56] 이중 설악산, 홍도, 한라산 천연보호구역은 IUCN 보호지역 범주의 유형 IV(Habitat/Species Management Area)에 등재되어 있고, 대암산, 향로봉-건봉산 천연보호구역은 유형 la(Strict Nature Reserve)에 등재되어 있다. 또한 명승은 경승지로서 예술적, 경관적 가치가 큰 것으로 현재 51건이 지정되어 있다.

한편 철새도래지는 전국에 69개소가 있으며, 1999년1월 겨울철 조류센서스 결과 108만 마리가 관찰되었다. 아시아 지역은 현재 가장 많은 도요 · 물떼새가 서식하는 지역이며, 1998년 봄 조사에서 우리나라의 갯벌에 최소한 50만 마리의 새들이 서식하는 것으로 집계되었다. 그 중에 도요 · 물떼새가 가장 많이 서식하는 곳은 아산만과 만경 · 동진강 하구일대인 것으로 밝혀졌다. 철새도래지는 생태관광 중 특히 탐조활동을 위하여 필수적인 자원으로서 철새도래지의 생태관광적 중요성이 매우 높다.

이외에도 갯벌이 형성된 곳은 세계적으로도 몇 군데 밖에 없다. 우리나라의 서해안, 영국, 독일, 네덜란드를 포함한 북해안, 캐나다 동부해안, 미국 동부 조지아(Georgia) 해안, 남아메리카 아마존(Amazon) 하구 등이 바로 그곳이다. 남한의 갯벌 넓이는 약 2,800 ㎢로 전체 면적의 3%에 해당되며, 전체 면적의 83%가 서해안에 분포하고, 나머지 17%는 남해안에 분포하고 있다. 남해안은 섬도 많고 해안선이 더욱 복잡함에도 불구하고 갯벌의 면적이 작은 것은 조차(潮差)가 크지 않기 때문이다. 갯벌에 서식하는 전형적인 생물은 게, 갯지렁이, 조개 등이며, 갯벌이 바다생물에게 특히 중요한 것은 대부분의 물고기가 갯벌에서 먹이를 취하고, 산란장이나 보육장으로 이용하기 때문이다.

끝으로 습지보호지역은 잘 보존된 습지를 더 이상 훼손되지 않도록 보전하기 위하여 「습지보전법」에 의하여 지정된 지역이다. 2010년 말 현재 26개소가 지정되어 있는데[57] 대암산 용늪 습지보호지역, 우포늪 습지보호지역, 낙동강하구 습지보호지역, 무제치늪 습지보호지역 등이다. 또한 람사르(Ramsar) 등록 습지로 지정된 곳이 14개소에 이른다.

---

56) 문화재청, 주요업무통계자료집, 2008, p. 30.
57) 환경부, 2010 환경통계연감, p. 604.

2) 생태관광 가이드 및 생태관광객 교육

생태관광객들이 생태관광자원에 대한 올바른 이해를 토대로 생태자원에 대한 훼손을 유발하지 않도록 유도하기 위해서는 생태관광가이드의 역할이 매우 중요하다. 아직 우리나라에서는 생태관광지에서 일부지역을 제외하고는 전문 생태관광 가이드가 관광객을 안내하는 시스템이 갖추어져 있지 않다. 가장 많은 관광객이 방문하는 국립공원의 경우에도 아직 전문가이드가 거의 없으며, 특히 생태관광가이드는 전혀 없다. 최근에는 민간단체에서 관광가이드교육을 시행하고, 일부지역에서 봉사를 하는 경우도 있기는 하나 아직은 초기단계에 머물고 있다.

생태관광지에서 생태자원을 보전하고, 생태자원의 특성을 올바로 이해하기 위해서는 관광객의 교육이 중요하다. 생태관광교육 없이 생태관광을 하게 되면 중요한 생태자원을 몰랐기 때문에 훼손하는 경우도 발생하고, 생태자원의 이해가 없기 때문에 생태관광의 효과를 제대로 거둘 수 없는 경우도 있다. 우리나라에서는 많은 관광지에서 관광객의 교육이 거의 이루어지지 않고 있으며, 대부분 관광교육의 방식이 안내책자를 배부하거나 안내센터에 비치된 전시물을 통하여 교육하는 소극적 방식에 머물러 있다.

한편 생태관광의 효과를 높이기 위해서는 생태관광안내 해설프로그램이 관광객들에게 제공되어야 한다. 생태자원의 특성을 잘 이해할 수 있는 안내해설과 지켜야 할 규칙과 질서 등에 대한 안내도 포함되어야 하며, 관광코스와 코스별 주요 관광거리 등을 이해할 수 있도록 안내해설 프로그램이 제공되어야 한다. 선진 외국의 경우, 관광객의 취미와 관심에 맞추어 안내 해설프로그램이 제공되는 사례도 있다. 우리나라는 일부의 경우를 제외하고는 아직 안내 해설프로그램이 구비되지 않고 있다.

3. 생태관광의 원칙

Sadler는 생태관광을 위해서 지역주민의 참여를 가능하게 하는 교육과 훈련, 그리고 이로 인한 소득 창출 등을 통하여 지역사회에 사회적, 경제적 편익을 제공하면서 동시에 편익이 곧 보전으로 연결될 수 있도록 해당지역의 사회, 경제, 환경구조의 통합을 이루어야 한다고 주장하고 있다. 또한 그는 생태관광계획, 운영, 관리 등의 측면에서 공급자와 수요자 모두의 윤리적이며, 책임있는 행동이 뒤따라야 한다는 원칙을 제시하고 있다.[58)]

58) B. Sadler, *Sustainable development, northern realities and the desgin and implementation of*

한편 Wallace와 Pierce는 생태관광의 여섯 가지 원칙을 제시하고 있다. 첫째, 여행 대상지의 환경과 주민에게 미치는 부정적 영향을 최소화할 수 있는 이용유형을 도입한다. 둘째, 지역의 자연과 문화에 대한 이해를 높이고, 이에 영향을 미칠 수 있는 현안에 대한 방문자의 참여를 유도한다. 셋째, 법정 보호지역 및 기타 자연지역의 보전과 관리에 기여한다. 넷째, 관광유형과 양에 대한 의사결정과정에 지역주민의 참여를 극대화시킨다. 다섯째, 전통적인 경제활동과 사회구조를 변화시키지 않고 보완할 수 있도록 지역주민에게 직접적인 경제적 편익과 기타 유형의 편익을 제공한다. 여섯째, 지역주민과 자연관광 종사자가 자연지역을 이용하고 방문하며, 방문자들이 보기 원하는 것에 대하여 더 많이 배울 수 있도록 특별한 기회를 제공한다.[59)]

또한 Leccese는 생태관광지의 개발계획을 수립할 때 지켜야 할 원칙을 다음과 같이 제시하고 있다.[60)] 첫째, 관광지의 자연적 특성(site-adaptive)에 적합해야 한다. 즉, 기존의 경사도를 잘 활용하고, 식생을 보존하며, 중장비의 이용을 최소화해야 한다. 둘째, 지속가능해야 한다. 향토식생을 이용하고, 야생종(feral species)을 통제해야 한다. 셋째, 재활용이 가능해야 한다. 건축재료 뿐 아니라 보도(步道)까지도 재활용이 가능해야 한다. 만약 석벽을 세운다면 그것은 진흙(mortar)이 아닌 건조한 돌로 채워져야 하며, 추후에 이 돌을 재활용해야 한다. 넷째, 야생동물을 지탱할 수 있어야 한다. 관광지 개발시 야생동물에 피해가 가지 않도록 배려해야 한다. 즉 야간의 불빛이 새나가지 않도록 한다든지, 동물의 이동통로가 차단되지 않도록 해야 한다. 다섯째, 오염을 유발하지 않아야 한다. 토양유실을 주의해야 하고, 농약과 비료를 피해야 한다. 여섯째, 문화의 재생과 생태계의 회복이 가능해야 한다. 일곱째, 보전의 원칙이 지켜져야 한다. 즉, 태양열을 활용하고, 바람펌프를 이용해야 한다.

---

regional conservation strategies in achieving sustainable development through northern conservation strategies, Calgary, Alberta: University of Calgary Press, 1990; 김성일 · 강미희, 생태관광, 트레블 애널리스트, 2002, p. 21에서 재인용.

59) G. N. Wallace & S. N. Pierce, "An evaluation of ecotourism in Amazons, Brazil," *Annals of Tourism Research*, 23(4), 1996, pp. 843-873.

60) Michael Leccese, "Can Sightseeing Save The Planet?" *Landscape Architecture*, vol. 82, no. 8, August, 1992, pp. 53-56.

제7절 연안통합관리계획

1. 연안통합관리의 개념과 필요성

연안통합관리의 개념은 1970년대의 연안관리에서 출발하였는데 미국은 이를 1972년의 「연안관리법(Coastal Zone Management Act)」에 포함시켰다. 그 후 1980년대에 들어와 연안관리의 개념에 부문 간의 통합적 접근이 필요하다는 인식에 따라 통합이라는 용어가 추가되어 연안통합관리라는 개념이 등장하였다. 과거의 연안관리개념과 연안통합관리개념의 차이는 종합적 접근을 한다는 점으로서 연안과 자원에 영향을 주는 모든 부문의 활동과 환경적 · 생태적, 그리고 경제적 · 사회적 과제를 다룬다는 점이다.[61]

연안은 바다와 육지가 맞닿아 서로 밀접하게 영향을 미치면서 특수한 자원 및 환경시스템을 이루고 있다. 연안은 해변, 갯벌, 만(灣), 삼각주 등 다양한 지형적 모습을 지니고 있어 생태적으로 중요할 뿐 아니라 항만과 임해공단 등의 경제적 중심지로서, 그리고 관광 · 레저활동의 적지로서의 기능을 수행하기 때문에 도시가 발달하고 인구가 집중되는 지역이다. 전 세계인구의 거의 50%가 해안으로부터 200km이내에 거주하고 있다.[62] 이처럼 연안은 다양한 수요가 있기 때문에 연안에서의 이용활동 간에 서로 충돌이 발생하고, 연안자원의 과다하고 무분별한 이용으로 인하여 연안의 뛰어난 자연환경과 자원이 파괴되는 사례가 증가하고 있다. 특히 1992년 리우회의에서 채택된 「의제21」에서는 연안의 중요성을 천명하고, 지속가능한 개발을 위하여 연안국들이 적절한 조치를 취하도록 권고하고 있으며, 2001년 현재 151개 연안국 중 98개 연안국에서 연안통합관리프로그램을 시행중에 있다.[63]

우리나라 역시 최근 연안에서의 농지 및 임해공단, 항만조성 등을 위한 대규모 매립과 골재, 규사 등 해저자원 채취 및 연안인구와 연안이용행위의 증가로 무분별한 난개발이 급증하고 있다. 현재 연안에는 1,000여개의 개발 · 이용계획이 수립 추진 중에 있

61) Cummins, et al, *Review of Integrated Coastal Zone Management & Principles of Best Practice*, Coastal and Marine Resources Center, University College Cork, Ireland, 2003, p. 10.

62) UN, *UN Atlas of the Oceans*, 2002, http://www.oceansatlas.org.

63) Cicin-Sain, et al, *A Guide to Oceans, Coasts, and Islands at the World Summits on Sustainable Development*, Center for the Study of Marine Policy, Delaware, 2002.

어 연안경관 훼손, 해양생태계 파괴, 수산자원 고갈, 해양오염 등 연안의 지속가능한 개발에 위협이 되고 있다. 따라서 종합계획 없이 선점식(先占式)으로 시행되어온 각 부처 및 지자체의 연안개발계획을 조정하여 바람직한 연안의 모습을 제시하는 연안통합관리계획 수립이 필요하게 되었다. 한편 우리나라 「연안관리법」과 「연안통합관리계획」에서는 연안역의 지역적 범위를 연안 해역과 연안 육역을 통합한 범위로 규정하고 있으며, 연안 육역(沿岸 陸域)은 무인도서(無人島嶼)와 연안 해역의 육지쪽 경계선으로부터 최대 500m 또는 1㎞(지정항만, 1 · 3종 어항, 산업단지) 범위의 육지지역을 범위로 하고 있다.

2. 연안관리계획의 목표와 원칙

정부에서 법정기본계획으로 2000년에 발표한 「연안통합관리계획」에서 제시된 연안관리의 기본목표는 다음과 같다.[64] 첫째, 생태계 보호 및 생물다양성 증진을 통한 환경의 질 향상으로 건강한 연안을 창출한다. 둘째, 환경친화적 개발을 통한 생산연안을 조성하여 환경친화적 개발을 유도하고, 연안 의존적 산업의 계획적 배치를 통하여 풍요로운 연안을 창조한다. 셋째, 연안의 재해방지를 위하여 방재시설 정비 및 과학적 재해예방대책의 시행으로 재해에 강한 연안을 창출한다. 넷째, 위락과 교육의 장으로서의 인간중심연안을 위하여 다양한 친수연안 공간 확대 및 연안 접근권 보호를 통한 삶의 질 향상으로 쾌적한 연안을 조성한다. 다섯째, 연안의 관리주체 간 협력 및 주민의 노력이 함께하는 참여중심의 연안을 구축한다.

한편 유럽연합의 연안통합관리 시범사업이 성공적으로 이루어진 사례를 분석하여 제시한 공통적인 원칙은 다음과 같다.[65]

첫째, 광범위하고 통합적인 관점을 채택한다. 연안역을 형성하는 물리적, 생물학적, 문화적, 사회경제적 요소들이 복잡하게 얽혀있기 때문에 연안역 통합관리는 행정구역을 초월하여 체계적인 접근이 필요하다.

둘째, 지역적 특이성(local specificity)에도 관심을 가진다. 광범위한 관점에서 관심을 갖는 연안역의 구체적인 문제점의 이해를 통하여 접근방법을 보완할 필요가 있다.

셋째, 적응적 관리(adaptive management)를 활용한다. 적응적 관리란 연안역 통합관리프로그램을 개발하고 실행하는 점진적인 과정에서 새롭게 나타나는 정보와 조건에

64) 해양수산부, 연안통합관리계획, 2000.
65) Cummins, et al, *op. cit.*, 2003, p. 36.

대응하는 능력을 가져야 한다는 것을 의미한다.

넷째, 자연적 과정(natural process)과 함께 일을 한다. 이는 특히 해양공법의 경우에 적절하다. 견고한 공법(hard engineering)의 부정적 영향을 완화시키기 위하여 자연적 과정과 함께 할 수 있는 대안적 해결방안을 찾아야 한다.

다섯째, 장기적 안목을 가진다. 이는 현재의 관리계획이 연안의 장기적 이익을 보장할 수 있는 미래를 내다보는 계획을 의미한다.

여섯째, 시민참여형 계획을 활용한다. 연안통합관리계획을 수립하고 실행하는 데 모든 이해당사자가 협력하여 참여하도록 한다.

일곱째, 모든 관련 당국의 지원과 참여가 확보되도록 한다. 연안통합관리계획이 수립되고 실행되는 과정에서 관련 행정당국의 공평한 지원과 참여가 보장되어야 한다.

여덟째, 모든 수단을 복합적으로 활용한다. 연안통합관리계획이 효율적으로 실행되기 위해서는 법적 수단, 정책프로그램, 경제적 유인책, 기술적 해결방안, 연구, 자원봉사협약, 교육 등의 다양한 수단을 복합적으로 활용해야 한다.

3. 우리나라 연안관리의 계획체계와 내용

우리나라 연안관리계획의 체계는 국토해양부장관이 연안의 국토이용에 관한 기본계획이라고 할 수 있는 「연안통합관리계획」을 작성하여 중앙연안관리심의회의 심의를 거쳐 고시하도록 되어 있다. 이 계획은 행정법상 '구속적 계획'에 해당된다. 한편 시장, 군수, 구청장은 관할 연안 중 「연안관리지역계획」의 수립이 필요한 지역에 대하여 이를 수립하게 된다. 이 계획은 연안통합관리계획의 범위 안에서 관할연안의 관리에 관한 정책방향과 연안통합관리계획의 시행에 관하여 필요한 사항 즉, 연안통합관리계획에서 정한 용도에 따른 세부용도, 지역별로 금지 또는 지원할 사항 및 연안정비사업의 방향 등을 결정하게 된다. 또한 연안정비사업을 위하여 「연안정비계획」을 수립하는데 이 계획은 10년 단위로 국토해양부장관이 전 연안을 대상으로 수립한다. 연안정비사업의 시행자가 연안정비사업을 시행하고자 하는 때에는 정비계획의 범위 안에서 대통령령이 정하는 바에 따라 연안정비사업실시계획을 수립해야 한다.

연안통합관리계획의 수립을 위한 지역적 범위는 연안해역의 경우, 만조(滿潮) 수위선으로 부터 영해의 외측 한계까지의 바다와 바닷가를 포함하며, 연안육역은 무인도서와 연안해역의 육지쪽 경계선으로부터 500m 또는 1㎞ 범위의 육지지역을 대상으로 하고 있다. 연안통합관리계획의 내용적 범위는 연안의 보전 · 이용 · 개발의 통합을 핵심으로 하되, 주요내용은 첫째, 연안관리에 관한 기본정책방향, 둘째, 연안의 바람직한 보전 · 이용 · 개발에 관한 사항, 셋째, 연안에서의 행위제한 또는 지원 등에 관한 사항, 넷째, 연안에서 상충되는 행위에 대한 조정, 다섯째, 연안정비사업의 기본방향 등을 포함하고 있다.

한편 연안통합관리계획의 기본구상에서 제시된 추진전략은 다음〈표 5-6〉에서 보는 바와 같으며, 특히 연안통합관리계획의 주요 내용은 다음과 같다.

표 5-6 국가환경종합계획의 핵심전략과 추진과제

추진전략	주요내용
보호지역 지정을 통한 연안 생태계 집중관리	• 전국연안의 Bio-Belt 구축 • 연안생태계 교육 · 관광프로그램 개발 · 운영
해역별 특성에 맞는 연안오염부하 적정관리	• 환경관리해역 지정 등 해양환경개선대책 수립 · 시행 • 해양쓰레기 발생억제 및 처리대책 마련 • 오염으로 훼손된 연안을 복원 · 개선하는 연안해역개선사업 시행
환경용량을 고려한 연안개발계획의 조정	• 각종 국가종합계획과 연안통합관리계획의 연계 · 체계화 • 연안개발수요의 계획적 관리 • 생태적 · 경제적 가치를 고려한 환경친화적 공유수면매립기본계획 수립 · 조정
연안재해방지사업의 체계적 전개	• 연안재해 예방체계의 통합관리 • 복구위주에서 예방위주로 전환하여 해안보전시설 정비 • 지속적 모니터링 및 과학적 재해방지대책 수립 · 시행
친수연안공간 조성 및 연안 접근권 개선	• 친수연안공간의 확충 및 다양화 추진 • 시민의 연안접근권 및 조망권 확보대책 수립 · 시행
연안관리지역계획 수립 촉진 및 지원	• 연안관리지역계획수립 기반조성 • 지역주민 참여보장과 지역연안관리심의회 기능강화 • 연안관리지역계획의 효율적인 심의 · 평가
전국 연안의 권역별 관리	• 전국 연안을 해역의 특성, 지형 및 수계, 연안이용실태 및 생활권, 행정구역 등을 고려하여 10대 권역으로 설정 – 서해안 권역: 서해중부-Ⅰ, 서해중부-Ⅱ, 서해남부-Ⅰ, 서해남부-Ⅱ – 남해안 권역: 남해서부, 남해중부, 남해동부, 제주 – 동해안 권역: 동해중부, 동해남부

자료: 해양수산부, 연안통합관리계획, 2000.

첫째, 강화도 남단 갯벌 등 9개 지역을 습지보호지역으로 지정하여 건축물 기타 공작물의 신축 · 변경, 습지의 수위 등에 변화를 초래하는 행위를 제한한다. 또한 생태적 가치 및 자연경관이 우수한 무인도서 즉, 강화군 · 옹진군 무인도서와 거제시 · 통영시 · 남해군 무인도서 등을 특정도서로 지정하여 도로의 신설, 개간, 준설 및 간척 등을 금지한다. 금강하구 주변 등 중요한 철새서식지 18개 연안을 조수보호구로 지정하여 출입 및 포획을 제한할 계획이고, 멸종위기 야생 동 · 식물의 서식지 및 도래지와 생물다양성이 풍부한 47개 연안지역을 생태계 보전지역으로 지정하여 토석의 채취, 야생 동 · 식물의 포획 · 채취 등을 금지할 계획이다.

둘째, 청정해역은 환경보전해역으로 지정하여 연안환경을 보전하고, 오염우심해역은 특별관리해역으로 지정하여 오염유발 시설물의 설치제한 등 환경개선을 추진한다. 이미 지정된 환경보전해역(4개소) 및 특별관리해역(5개소)이외에 환경보전해역 4개소 및 특별관리해역 2개소를 추가로 지정한다. 또한 육상에서 발생된 해양쓰레기 및 오염원 실태를 조사하고, 하구에 쓰레기유입 차단시설을 설치한다. 그리고 어장정화, 수중(水中) 침적폐기물 제거사업 및 오염된 퇴적물제거 등을 위한 오염해역 준설사업을 실시할 계획이다.

셋째, 내륙과의 기능 등을 고려하여 연안시설입지는 제한적 · 선별적으로 수용한다. 특히 「제1차 공유수면매립기본계획」에 반영된 총 61개 지구의 매립계획은 폐지할 계획이며, 26개 연안개발계획은 취소할 예정이다. 공유수면매립은 연안환경보전 차원에서 근본적인 재검토를 거쳐 「제3차 공유수면매립기본계획(2011~2021)」이 2011년 7월에 고시되었다. 연안을 개발할 경우에는 "선계획-후이용 · 개발" 원칙을 적용하여 계획단계부터 심사기능을 강화할 계획이다.

넷째, 훼손된 연안시설을 체계적으로 정비하고, 사후복구 위주의 연안방재로부터 예방중심의 연안보전을 추진한다. 방재중심의 단편적 시설에서 탈피하여 친수형 다기능 방재시설로 전환할 계획이다.

다섯째, 항만 · 산업단지 · 어촌 등에 친수연안공간을 확보하며, 갯벌 · 철새도래지 등에 해양생태공원을 조성하는 등 친수시설을 확충하고 다양화할 계획이다. 연안경관을 훼손하거나 또는 해류 · 해사의 흐름을 저해하는 공유수면내 공작물의 신축 · 변경 등의 행위는 원칙적으로 제한한다.

여섯째, 연안이용의 상충 등 특별관리가 필요한 13개 지역은 특별지역관리계획을 수립할 예정이다. 또한 연안관리에 지역주민의 참여보장과 지역연안관리심의회에 연안관리전문가 및 이해관계자의 참여를 보장하고 기능을 강화한다.

일곱째, 연안을 해역 · 지형 · 수계 · 행정구역 등을 고려한 10대 권역 즉, 서해중부-Ⅰ, 서해중부-Ⅱ, 서해남부-Ⅰ, 서해남부-Ⅱ, 남해서부, 남해중부, 남해동부, 동해중부, 동해남부, 제주권역 등으로 구분하여 관리할 계획이다.

참고문헌

건설교통부, 자연친화적 하천관리지침, 2002.

건설교통부, 지속가능한 신도시계획기준, 2004.

경기도 외, 성남 판교지구 택지개발사업 기본구상 및 개발수요 분석연구, 2003.

국토연구원, 국토정책 Brief, 103호, 2006. 8. 21.

국토연구원, 국토정책 Brief, 108호, 2006. 9. 25.

김성일 · 강미희, 생태관광, 트레블 애널리스트, 2002.

문화재청, 천연기념물백서, 2003.

박용남, 꿈의 도시 꾸리찌바, 서울: 이후, 2000.

변병설, "산업생태학을 기초로 한 생태산업단지의 조성방향," KEI 환경정보, 제2권 4호, 2000.

윤혜정, "미국의 스마트성장과 도시개발정책의 시사점," 국토계획, 37권 7호, 2002. 12.

이덕희, "이덕희의 생태도시를 찾아서," 환경운동연합 생태도시센터 홈페이지, "죽음의 바다에서 별빛 도시로-일본 기타큐슈(北九州)시,"

이재준, "한국형 생태도시 계획지표 개발에 관한 연구," 국토계획, 40권 4호, 2005. 8. 31.

이창우, "생태도시란 무엇인가?" 환경운동연합, 한겨레신문사, 2004년 생태도시 만들기 캠패인 2차 워크숍 발표자료, 2004.

조철주, "미국의 스마트성장 출현 배경과 운용실태," 국토, 국토연구원, 제299호.

해양수산부, 연안통합관리계획, 2000.

행정자치부 국립방재연구소, 자연형 하천공법의 재해특성분석에 관한 연구 I, 1999.

허영록, "독일 도르트문트의 친환경적인 첨단산업단지 계획사례," 환경정의시민연대 (엮음), 생태도시의 이해, 다락방.

환경부, 전국 그린네트워크화구상, 1995.

환경부, 국내여건에 맞는 자연형 하천공법의 개발, 1997.

환경부, 지속가능한 지역개발전략 수립을 위한 연구, 2002.

환경부, 지속가능한 개발을 위한 생태산업단지 구축방안, 2002.

환경부 국내여건에 맞는 자연형 하천공법 개발 연구팀, 하천복원 가이드라인, 2002.

환경부, 2006 환경백서.

환경부, 환경통계연감, 2010.

환경부 홈페이지, 그린시티해외사례.

에너지대안센터 홈페이지(www.energyvision.org).

일본 도시녹화기술개발기구. 도시생태네트워크 계획. 2002.

建設省都市環境問題硏究會 (編). 環境共生都市쓰꾸리-에코시티가이드. 1993.

Ahern, J. "Greenway as a planning strategy," *Landscape and Urban Planning*, vol. 33, 1995.

Applegate, J.E. and Clark, K.E. "Satisfaction levels of bird watchers: an observation on the consumptive-nonconsumptive continuum," *Leisure Sciences*, 9, 1987.

Beatley, Timothy, *Green Urbanism*, Island Press, 2000.

Benedict, M. and McMahon. *Green Infrastructure: Smart Conservation for the 21st Century*, The Conservation Fund, 2002.

Bueno, Juan Antonio et al. "South Florida greenways: a conceptual framework for the ecological reconnectivity of the region," *Landscape and Urban Planning*, vol. 33, 1995.

Cicin-Sain et al. *A Guide to Oceans, Coasts, and Islands at the World Summits on Sustainable Development*, Center for the Study of Marine Policy, Delaware, 2002.

Cummins, V. et al. *Review of Integrated Coastal Zone Management & Principles of Best Practice*, Coastal and Marine Resources Center, University College Cork, Ireland, 2003.

Fennell, David A. *Ecotourism*, New York: Routledge, 1999.

Grenier, Dale et al. "Ecotourism, landscape architecture and urban planning," *Landscape and Urban Planning*, vol. 25, 1993.

ICMA. Getting to Smart Growth: 100 Policies for Implementation.

Kalundborg Center for Industrial Symbiosis,

http://www.symbiosis.dk/industrial-symbiosis.aspx

Leccese, Michael. "Can Sightseeing Save The Planet?" *Landscape Architecture*, vol. 82, no. 8, August, 1992.

Little, C. *Greenways for America*, Johns Hopkins University Press, 1990.

Platt, Rutherford H. et al. (ed.). *The Ecological City*, Amherst: The University of Massachusetts Press, 1994.

Randolph, John. *Environmental Land Use Planning and Management*, Washington, D.C.: Island Press, 2004.

Sadler, B. *Sustainable development, northern realities and the design and implementation of regional conservation strategies in achieving sustainable development through northern conservation strategies*, University of Calgary Press, 1990.

Smart Growth Network. "This is Smart Growth."

Turner, Tom. *Landscape Planning and Environmental Impact Design*, 1998, UN: UN Atlas of the Oceans, 2002; http://www.oceansatlas.org

Wallace, David Rains. "Is Ecotourism for Real?" *Landscape Architecture*, vol. 82, no. 8, August, 1992.

Wallace, G.N. & S.N. Pierce. "An evaluation of ecotourism in Amazons, Brazil,"

Annals of Tourism Research, 23(4), 1996.
Walmsley, Anthony. “Greenways: multiplying and diversifying in the 21st century,” *Landscape and Urban Planning*, vol. 76, 2006.

제 6 장

국토개발과 환경평가

제 1 절 개발사업의 환경성 평가

1. 환경평가의 배경

우리에게 지난 반세기는 고도경제성장을 뒷받침하기 위하여 개발과 건설에 매진한 시기이다. 경제와 건설에 치우친 개발일변도의 정책수행은 수용용량이 제한된 국토자원을 과도하게 사용하는 결과를 초래하였으며, 이로 인하여 난개발과 환경훼손 등의 심각한 환경문제가 발생하게 되었다. 이와 함께 정치 · 사회적 민주화의 성숙과 함께 자연환경, 생태계 등 환경가치에 대한 인식이 높아지고, 환경이 삶의 질을 좌우하는 중요한 요소로 부각되면서 자연환경을 훼손하는 대형 개발사업의 추진과정에서 개발과 보전을 둘러싼 사회적 갈등이 국가적 이슈로 제기되는 사례가 자주 발생하였다.

이는 우리에게 국토환경 보전에 대한 보다 체계적이고 과학적인 접근과 사전예방적 국토환경 보전노력의 중요성을 인식하는 계기로 작용하였다. 즉, 보전과 개발의 적절한 조화를 통하여 우리의 미래 세대도 국토자원을 풍족하게 이용하고 영위할 수 있도록 '국토의 지속가능성'을 제고하기 위한 '지속가능한 국토환경관리 체계'의 확립이 최대한의 이용과 개발이라는 그동안의 국토관리 패러다임을 대체하기에 이르렀다. 즉, 국토환경에 직접적인 영향을 미치는 각종 개발사업은 원칙적으로 환경의 질을 유지하고, 각종 환경부하에 대하여 스스로 수용 · 정화 및 복원한다는 환경성평가제도의 도입이 필요하게 된 것이다.

1981년 2월 환경영향평가제도가 실시된 이후 여러 차례에 걸쳐 제도보완이 이루어져 왔으나 개발사업의 시행과정에서 국토의 환경용량에 대한 체계적인 고려를 통한 사전예방적 국토환경관리는 한계를 나타내어 왔다. 결국 1999년 12월 「환경정책기본법」을 개정하여 개발과 관련된 행정계획에 대한 환경성을 검토하고 평가하는 전략환경평가(Strategic Environmental Assessment: SEA)의 개념을 도입하였다. 이는 개발계획의 구상초기단계에서 입지의 적정성과 대안에 대한 환경성을 집중적으로 검토함으로써 개발사업의 계획단계에서부터 개발에 따른 환경영향을 평가할 수 있는 제도이다. 즉, 개발사업 시행주체들이 환경적으로 지속가능한 개발사업을 추진하기 위하여 이들이 자발적으로 계획수립단계에서 환경성을 최대한 고려토록 한 것이다.

2. 환경영향평가제도

(1) 제도의 개념 및 도입배경

환경영향평가제도란 개발사업에 대한 사업계획을 수립할 때 해당 사업으로 인하여 환경에 미치는 해로운 영향을 미리 예측 · 분석하고, 부정적인 환경영향을 줄이는 방안을 마련하는 계획과정의 일환으로서 의사결정을 지원하는 수단이다. 환경영향평가제도는 자연생태계의 파괴와 환경오염문제가 갈수록 심각해짐에 따라 오염물질의 처리 등 사후대책만으로는 환경문제에 대한 근본적인 해결이 어렵다는 인식을 바탕으로 각종 개발계획의 추진단계에서 환경적인 측면을 미리 고려하기 위한 사전예방적 정책수단으로 도입되었다. 이러한 환경영향평가제도는 1969년 미국의 「국가환경정책법(National Environmental Policy Act: NEPA)」에 의하여 최초로 도입되었으며, 현재 대다수의 선진국과 많은 개발도상국가들이 이를 도입하여 시행하고 있다.

환경영향평가제도가 세계 여러나라에서 채택되고 있는 것은 유엔환경계획(UNEP), 경제협력개발기구(OECD), 세계은행(World Bank: IBRD) 등 국제기구의 노력 때문이라고 할 수 있다. 유엔환경계획(UNEP) 이사회는 1987년에 '환경영향평가의 목적과 원칙'을 명문화하고, 동시에 국제적 · 지역적 · 국가적 차원에서의 환경영향평가 실시를 위한 행동강령을 마련하였다. 또한 OECD는 환경영향평가제도를 지속가능한 개발의 실현을 위한 주요 정책수단으로 권장하고, 환경규정에서 공공 및 민간의 주요사업에 대한 환경영향분석, 관광개발 시의 환경영향평가, 개발원조사업에서의 환경영향평가 실시 등을 강조하고 있다.

한편 세계은행은 1970년대 말부터 차관협정에서 환경영향평가의 실시를 조건으로 명시함으로써 개발도상국가가 이 제도를 채택하는데 결정적인 동기를 제공하였다.[1] 이와 함께 1992년 리우(Rio)에서 개최된 유엔환경개발회의(UNCED)에서 채택된 「환경과 개발에 관한 리우선언 원칙 17」은 "환경에 심각한 악영향을 초래할 가능성이 있으며, 관할국가당국의 의사결정을 필요로 하는 사업계획에 대하여 환경영향평가가 국가적 제도로 실시되어야 한다."고 기술하고 있다.

우리나라의 「환경영향평가법」 제1조에서는 "환경영향평가 대상사업의 사업계획을 수립 · 시행할 때 미리 그 사업이 환경에 미칠 영향을 예측 · 평가하고, 환경보전방안을

1) 김인환 · 이덕길, 신환경정책론, 서울: 박영사, 1998, p. 93.

검토하여 친환경적이고 지속가능한 개발이 되도록 함으로써 쾌적한 환경을 유지 · 조성함을 목적으로 한다."라고 명시하고 있다. 또한 이 법 제2조에서는 환경영향평가를 "환경영향평가 대상사업의 사업계획을 수립하려고 할 때에 그 사업의 환경에 미치는 영향을 미리 조사 · 예측 · 평가하여 해로운 환경영향을 피하거나 줄일 수 있는 방안을 강구하는 것"이라 정의하고 있다. 즉, 환경영향평가제도는 개발사업을 수립 · 시행할 때 경제적 · 기술적 측면 이외에 환경적 측면까지 종합적으로 고려하여 환경상태의 악화를 예방하고, '환경적으로 건전하고 지속가능한 개발(ESSD)'을 달성하기 위한 중요한 수단이다.

(2) 제도의 도입과 변천과정

환경영향평가제도는 1977년 12월 제정된 「환경보전법」 제5조(사전협의)에 행정기관이 시행하는 도시개발, 산업입지의 조성, 에너지개발 등에 대하여 당시 환경행정을 관장하던 보건사회부와의 협의근거를 마련함으로써 처음 도입되었으나 평가서 작성방법 등에 대한 하위규정 미비로 실시되지 못하였다. 이후 1979년 1차 개정된 「환경보전법」에서 '사전협의'를 '환경영향평가 및 협의'로 바꾸고, 평가대상사업의 종류를 확대하였다.

1981년 2월 환경청 고시(告示)로 '환경영향평가서 작성에 관한 규정'이 제정 · 고시됨에 따라 환경영향평가제도를 실시할 수 있는 근거가 마련되었다. 또한 1981년 「환경보전법」의 2차 개정을 통하여 평가대상을 행정기관의 장이 시행하는 사업으로 국한하였던 것을 공공단체 및 정부투자기관의 장이 시행하는 사업으로 확대하였다. 그리고 1986년 「환경보전법」의 3차 개정에 의하여 민간개발사업도 환경영향평가를 받도록 의무화 하였다.

이어서 1990년 환경법 체계의 전면 개편에 따라 「환경보전법」이 폐지되는 대신 대기 · 수질 · 소음 등 환경영향의 특성별로 관련법을 별도로 제정하였으며, 환경영향평가에 관한 사항을 「환경정책기본법」 제2장에 규정하고, 주민 의견수렴절차와 사후관리제도를 도입함으로써 환경영향평가제도가 한 단계 발전하는 계기를 마련하였다. 그럼에도 불구하고 환경정책의 기본방향을 제시하고 있는 「환경정책기본법」에서 환경영향평가 대상사업의 범위, 시기, 협의절차 등 구체적 · 집행적 사항까지 규정해야 하는 등 입법상의 문제와 제도운영상 나타난 문제점을 개선하기 위하여 1993년 6월 단일법으로 「환경영향평가법」을 제정하였다.

환경영향평가 제도의 도입 이후 환경 · 교통 · 재해 · 인구 등의 분야별 영향평가가 그동안 각각 다른 법률에 근거하여 별도로 시행되어 왔다. 이 결과 초래되는 사업자의 시간적 · 경제적 부담을 줄이기 위하여 환경 등 4대 영향평가를 통합한 「환경 · 교통 · 재해 등에 관한 영향평가법」이 1999년 12월에 제정되었다. 이 법은 2003년 12월에 다시 개정되어 평가서를 작성하기 전에 평가대상사업 및 지역의 특성에 따라 평가항목과 범위 등을 미리 결정하여 평가서를 작성하는 스코핑(Scoping)제도를 도입하였다. 또한 사업자가 환경영향평가서 작성에 관한 대행계약을 체결하는 경우, 설계 등 다른 계약과 분리하여 별도로 계약을 체결하도록 하였다.

그러나 2005년 5월 「환경 · 교통 · 재해 등에 관한 영향평가법」을 다시 개정하여 평가서 작성 시에 사전환경성검토서의 내용을 활용할 수 있도록 하고, 사전환경성검토 시에 의견수렴을 적정하게 한 경우에는 환경영향평가단계에서 의견수렴절차를 생략할 수 있도록 하는 등 사전환경성검토제도와의 연계를 강화하였다. 이후 2008년 3월 「환경 · 교통 · 재해 등에 관한 영향평가법」의 내용 중 교통영향평가는 「도시교통정비촉진법」으로, 재해영향평가는 「자연재해대책법」으로, 인구영향평가는 「수도권정비계획법」으로 이관하고, 이 법을 「환경영향평가법」으로 개정하였다. 왜냐하면 「환경 · 교통 · 재해 등에 관한 영향평가법」의 제정으로 환경 · 교통 · 재해 등에 관한 영향평가제도 상호 간에 발생하는 절차의 중복에 의한 낭비와 비능률을 줄일 수 있을 것으로 기대하였으나 실제 운용에 있어서는 종전과 같이 분야별로 평가서를 작성하고 협의하는 체계가 개선되지 못하였기 때문이다.

(3) 제도의 주요내용

1) 환경영향평가 대상사업

환경영향평가 대상사업의 일반적인 선정기준은 첫째, 골프장 건설 등 사업특성상 자연환경과 생태계를 훼손할 우려가 큰 사업, 둘째, 자연공원 집단시설지구 등 환경적으로 민감한 지역에서 시행되는 사업, 셋째, 대기 · 수질오염 등 복합적 환경오염이 발생될 것으로 우려되는 사업 등을 들 수 있다. 환경영향평가 대상사업은 1977년 12월에 제정된 「환경보전법」에서는 행정기관이 시행하는 사업에 국한되었으나 1986년 법률 개정 시 민간개발사업을 평가대상 사업에 포함한 이후 지속적으로 확대되어 현재는 17개 분야의 76개 사업에 이르고 있다(표 6-1). 개발사업은 그 규모에 관계없이 사업시행에 따라 환경에 악영향을 발생시킬 수 있으므로 환경보전의 측면에서는 모든 개발사업이 평가대상에 포함되는 것이 바람직하나, 평가비용 및 기간 등을 고려할 때 환경영향평가의 실익을 도모할 수 있는 일정규모 이상으로 그 범위를 한정하고 있다.

표 6-1 환경영향평가 대상사업

분 야	대상사업의 범위
도시개발	택지개발(30만㎡), 유통단지개발(20만㎡), 주차장(20만㎡), 도시개발(25만㎡), 하수처리시설(10만㎥/일) 등
산업입지	산업단지개발(15만㎡), 자유무역지역지정(15만㎡), 공장설치(15만㎡) 등
에너지개발	전원개발(발전소 1만kW), 전기설비(지상송전선로 345kV 및 10㎞, 옥외변전소 765kV), 석유비축시설(10만kl) 등
항만개발	항만 및 어항건설(외곽시설 300m, 매립수반시 3만㎡), 항만준설(10만㎡, 준설량 20만㎥) 등
도로건설	신설(4㎞) · 확장(2차로이상 및 10㎞)
수자원개발	댐 · 하천시설(하구언설치공사): 만수면적 200만㎡, 저수용량 2,000만㎥ 등
철도개발	철도건설(4㎞ 또는 10만㎡), 삭도(2㎞) 등
공항건설	공항개발: 비행장, 활주로(500m), 기타(20만㎡)
하천개발	하천공사: 10㎞
개간 · 매립	매립사업(30만㎡, 자연환경보전지역내 3만㎡), 간척 · 개간사업(100만㎡) 등
관광단지개발	관광지 및 관광단지조성(30만㎡), 온천개발(30만㎡), 유원지설치(10만㎡) 등
산지개발	묘지설치(25만㎡), 초지조성(30만㎡), 임도설치(8㎞) 등
특정지역개발	지역종합개발(20만㎡), 주한미군시설, 행정중심복합도시, 기업도시 등
체육시설설치	청소년수련시설설치(30만㎡), 경정 · 경륜 · 경마장설치(25만㎡)
폐기물 · 분뇨처리 시설설치	매립시설(면적 30만㎡ 또는 용적 330만㎥, 지정폐기물의 경우 면적 5만㎡ 또는 용적 25만㎥), 소각시설(100톤/일), 분뇨처리시설(100kl/일) 등
국방 · 군사시설설치	군용항공기지: 비행장, 활주로(500m), 기타(20만㎡), 국방 · 군사시설사업(33만㎡) 등
토석 등 채취	토석 등 채취사업(상수원보호구역내 2만㎡, 상수원 보호구역 상류5㎞ 이내 5만㎡), 골재채취단지 지정, 채석단지 지정 등

자료: 「환경영향평가법」 제4조, 동법 시행령 제3조 제②항 〈별표 1〉 발췌 정리.

2) 환경영향평가 항목

환경영향평가의 항목이란 대상사업의 시행으로 영향을 받게 되는 환경인자(環境因子)를 말한다. 현재 시행되고 있는 평가분야는 대기, 수(水), 토지, 자연생태, 생활, 사회 · 경제환경 등 6개 분야이며, 평가항목은 기상, 온실가스, 토양, 위락 · 경관, 인구, 산업 등 모두 21개로서 그 주요 내용은 〈표 6-2〉와 같다.

표 6-2 환경영향평가의 항목 및 주요 내용

평가분야	평가항목	주요 평가내용
	공통사항	• 주요 오염원 및 소음 · 진동 등 환경현황 또는 예측 · 분석된 환경의 질 등을 적절히 고려한 토지이용계획에 대한 분석 · 평가 • 주변 토지이용현황 및 교통망 등의 계획을 고려한 시설설치 또는 배치계획에 대한 평가 • 교육시설, 문화재 또는 역사 · 문화적으로 보전가치가 있는 건조물 · 유적, 병원등 환경적인 배려를 특히 필요로 하는 시설 현황 • 절 · 성토에 따른 법면발생구역 위치 및 주변경관을 고려한 법면처리대책 • 각 항목별 환경현황 분석 • 환경적인 배려를 특히 필요로 하는 시설(학교, 병원 등) 분석 • 국가(지역)환경기준과의 정합성(正合性) • 관련 상위계획 및 사전환경성검토결과와의 부합성 • 각 항목별 평가결과를 반영한 토지이용계획 • 보전가치가 있는 지형 · 지질 • 멸종위기 야생동 · 식물, 천연기념물 등의 분포현황 및 보호대책 • 철새도래지 분포현황 및 보호대책 • 토취장 개발 등 재료원 확보 계획 • 사토(捨土)처리계획
대기환경	기 상	• 수표면적 증 · 감에 따른 기상변화 예측 및 대책 • 지형 변화, 토지이용 변화 등으로 인한 국지기상의 변화 및 대책
	대기질	• 배출원별 오염물질의 발생량, 특성 및 오염물질의 확산 범위 · 농도 • 주거지역 등에 미치는 영향 및 저감방안 • 연료 사용계획 • 공사시 또는 운영시의 대기오염물질로 인한 영향예측 및 대책 지하구조물 내의 대기오염물질관리대책
	악 취	• 악취 현황 및 악취발생원 조사, 악취영향 범위 · 농도와 그에 따른 대책(풍향 · 풍속에 따른 악취발생원의 위치 조정 등)
	온실가스	• 대상사업의 온실가스 배출량 및 저감대책
수환경	수 질	• 발생오염원별 특성 분석 및 오 · 폐수처리대책 • 용수공급계획과 용수사용량과의 관계분석(용수사용량 저감 및 재이용계획 포함) • 오 · 폐수처리장의 완공시기와 공장가동, 주민입주시기 등의 일치 여부 • 오 · 폐수 처리수 방류지점 선정에 관한 분석 • 상수원수,공업용수 및 농업용수 등 하류의 수질에 미치는 영향 및 대책 • 하상준설, 담수 · 저수 등으로 인한 수질예측 및 수질보전대책(댐유역권 내 오염부하량 삭감대책 및 상수원보호구역 설정안 등 포함) • 초기우수 처리계획 등 비점(非點)오염물질 저감대책

평가분야	평가항목	주요 평가내용
수환경		• 침출수 처리대책 및 차수(遮水)대책 • 지하수의 수맥차단, 수량감소 및 오염방지대책 • 사업으로 인한 배출부하량의 지역별 오염총량기준 적합여부 분석 및 분석 결과에 따른 대책
	수리 · 수문	• 용수공급원의 계절별 수자원량에 대한 주변이용현황 및 수급계획 • 취수 및 방류로 인한 계절별 하천수계 등의 수량에 미치는 영향 및 대책 • 계절별 하상(河床) 및 유역의 유출계수 변화와 그에 따른 영향 및 대책 • 하류수계의 유지용수량 예측 및 대책
	해양환경	• 오염물질 등으로 인한 수질 영향 및 대책 • 공사시 부유물질 확산범위, 농도예측 및 저감대책 • 해안생태계 및 동 · 식물에 미치는 영향 및 대책 • 온배수(溫排水) 배출에 따른 주변 해양동 · 식물상 변화 예측 및 대책 • 해수유동상태 변화 및 그에 따른 수질예측과 저감대책 • 해저지형 및 수심의 변화에 따른 영향 및 대책 • 준설토 투기장 조성시 해충발생 등으로 인한 환경영향 예측 및 저감대책
토지환경	토지이용	• 주변 토지이용상황을 고려한 입지선정에 관한 분석 · 평가 • 사업지구 내 · 외 지역의 교통망 및 토지이용 상황을 고려한 공원 · 녹지계획등 토지이용계획
	토 양	• 토양오염물질의 저장, 운반, 이용 등에 따른 영향 및 대책 • 오 · 폐수 방류구 부근의 토양오염 대책 • 침출수(浸出水) 누출로 인한 토양오염 대책
	지형 · 지질	• 사업지구 지형 · 지질 특성 • 표토 또는 비옥토의 유실방지 및 활용방안 • 사업지역의 특이한 지형형상(습지, 해안산, 계곡등)에 대한 훼손정도 및 대책 • 절 · 성토 규모 및 최소화 대책 • 급경사 지역 보전 대책 • 학술적 · 문화적 또는 자연환경보전상 보전가치가 있는 지형 · 지질의 조사 및 보전대책
자연생태환경	동 · 식물상	• 사업시행 전 · 후의 동 · 식물상의 변화예측 및 대책 • 생물의 번식기, 철새도래지 등을 고려한 공사시행 및 공사공정별 시간대 조정 필요성 • 동 · 식물의 이동로, 서식지 차단 또는 훼손여부 및 그에 따른 영향 및 대책 • 동 · 식물상과 종의 분포상황, 종의 다양도 산출 및 보전대책 • 임상양호지역(녹지자연도 8등급, 생태 · 자연도 1등급 권역)보전대책 수립 • 자연식생(自然植生)의 보존
	자연환경자산	• 생태 · 경관보전지역, 습지보호지역, 야생동 · 식물특별보호구역 등 자연환경 자산조사 및 보전대책 수립

평가분야	평가항목	주요 평가내용
		• 역사적 · 경관적 또는 학술적 가치가 큰 지역이나 형상 등의 조사 및 보전대책
생활환경	친환경적 자원순환	• 폐기물의 성상별 발생량 예측 및 처리대책 (매립, 소각, 재활용 방안 등의 검토 · 분석) • 폐기물처리시설입지의 대안검토 및 확보계획 • 폐기물처리시설 관리계획 • 댐 담수구역 내 폐기물 발생현황 및 담수 전 수거대책
	소음 · 진동	• 차량, 철도, 항공기 소음 · 진동 예측 및 대책(공항이 인접한 경우 등 소음도 곡선 등 항공기 소음평가 포함) • 폭약사용 등으로 인한 소음 · 진동예측 및 저감대책 • 소음 · 진동을 고려한 시간대별 시공계획 • 소음 · 진동 저감대책
	위락 · 경관	• 주요 조망점에서의 조망변화로 인한 영향 예측 및 대책 • 기존 경관지역의 활용방안 및 지역경관의 특성을 고려한 계획
	위생 · 공중보건	• 사업장 내 근무자 및 주변지역 주민의 보건위생 대책 • 공중위생시설의 공급계획
	전파장해	• 전파장해요인 검토 • 전파장해 정도와 저감대책
	일조장해	• 일조 영향 및 건물, 시설물 등의 배치 계획
사회 · 경제환경	인 구	• 인구밀집유발의 정도 및 인구밀집지역에 대한 대책 • 인구밀집에 따른 환경영향 및 대책
	주 거	• 주거지역의 도로망 등 연결계획 • 주거지역에 미치는 환경영향예측 및 대책(이주대책 포함)
	산 업	• 주변 산업구조변화 예측 • 어업권, 양식장, 농작물 등에 대한 피해예측 및 대책

3) 환경영향평가의 절차

환경영향평가의 절차는 첫째, 평가계획서의 작성과 심의절차를 거친 후 평가서 초안을 작성하여 공람 공고 또는 설명회 개최 등을 통한 주민의견을 수렴하는 초기단계, 둘째, 주민의견이 수렴되어 작성된 최종평가서를 사업승인기관에 제출하여 환경부와 협의하는 단계, 셋째, 협의내용에 대한 이행여부 확인 및 사후환경영향을 조사하는 3단계로 구분된다. 이들 각 단계별 주요내용과 절차는 「환경영향평가법」, 「환경영향평가서 작성 등에 관한 규정」, 「환경영향평가서 검토 및 협의 등에 관한 업무처리규정」 등에서 상세히 규정하고 있다.

(가) 평가계획서의 작성 및 평가항목 · 범위 등의 결정

환경영향평가를 실시하려는 경우, 사업자는 대상사업의 목적 및 개요, 환경영향평가 대상지역, 평가항목 및 평가방법 등이 포함된 평가계획서를 작성하여 승인기관의 장에게 제출하여야 한다. 승인기관의 장은 제출된 평가계획서에 대하여 승인 및 협의기관의 소속공무원 각 1명, 해당사업과 관련된 전문가 1명, 해당사업지역을 관할하는 지방자치단체의 공무원 또는 전문가 1명 등 10인 내외로 구성되는 환경영향평가계획서 심의위원회의 심의를 거쳐 평가항목과 범위 등을 결정하여 30일내에 사업자에게 통보하여야 한다. 승인기관의 장이 직접사업자가 되는 경우(중앙행정기관과 지방자치단체)에는 자체 환경영향평가계획서 심의위원회의 심의를 받거나 협의기관의 장에게 심의를 요청할 수 있다.

여기서 승인기관의 장이라 함은 사업계획 등에 대한 승인 등(승인, 인가, 허가, 면허 등)을 하는 기관을 말하며, 협의기관의 장은 승인기관의 장이 중앙행정기관의 경우에는 환경부장관, 그 밖의 경우에는 지방환경관서의 장(한강 · 금강 · 영산강 · 낙동강유역 환경청장과 원주 · 전주 · 대구지방 환경청장)이 된다. 이와 같이 평가계획서의 작성 · 심의과정에서 대상사업과 지역의 특성을 고려하여 평가항목과 범위를 미리 결정하는 스코핑(Scoping)제도[2)]를 운용하고 있는 것은 당해사업 및 지역의 특성을 고려하여 평가를 실시함으로써 평가의 질적 향상을 도모할 수 있다. 또한 이 제도는 사업자의 시간적, 경제적 부담을 경감시키는 한편 사업초기단계에서 지역주민의 참여기회를 부여함으로써 사회적 갈등을 해소하기 위한 것이다.

(나) 평가서 초안의 작성

사업자는 평가계획서에 대한 승인기관의 의견을 반영하여 평가서 초안을 작성하여야 한다. 이는 환경영향평가서의 작성에 앞서 사업자가 지역주민들의 의견을 수렴하기 위한 설명회와 공청회 또는 공람 등을 위하여 작성되는 개략적인 환경영향평가서의 초안이다. 평가서 초안에는 사업의 개요, 평가대상지역의 설정 및 환경현황조사, 대안의 분석평가, 환경영향에 관한 분석 및 저감방안의 강구내용, 환경에 미치는 불가피한 영향의 분석 등이 포함된다.

---

2) 2003년 12월 도입하여 2004년 7월부터 사업자의 신청주의로 시행에 들어간 스코핑(Scoping)제도는 2008년 3월 전부 개정된「환경영향평가법」(2009. 1. 1시행)에서 강제규정으로 변경되었다.

(다) 주민의견 수렴

평가서 초안은 신문 등에 공고하여 20일 이상 60일 이내의 범위에서 공람하되, 주민들의 요구가 있을 때에는 관련 전문가와 이해 당사자 등이 참여하는 공청회를 개최하도록 하고 있다. 이와 같이 환경영향평가 과정에 주민의견 수렴 제도를 도입한 것은 개발사업의 시행에서 발생하는 환경문제에 대하여 사업자와 지역주민들 간의 이해관계를 사전에 조정하고, 사회적 합의를 도출하여 환경영향평가의 신뢰성과 구속력을 높이기 위한 것이다.

(라) 평가서의 작성

환경영향평가서는 환경영향평가제도의 주된 문서로서 평가서 초안을 기초로 작성되며, 본문과 부록으로 구성된다. 본문에는 요약문, 사업의 개요, 평가대상지역의 설정, 지역 개황, 평가항목의 설정, 주민의견수렴내용 및 반영여부, 환경현황조사, 예측 · 평가, 저감방안 및 사후환경영향조사, 환경에 미치는 영향의 저감방안(총괄), 불가피한 환경영향, 사후환경영향 조사계획, 대안설정 및 평가, 종합평가 및 결론 등이 수록된다. 한편 부록에는 평가대행자, 관련 상위계획 및 법령, 용어해설, 인용 · 참고문헌 등이 기술된다.

평가서는 당해 사업의 내용을 가장 잘 알고 있는 사업자가 작성하는 것을 원칙으로 하며, 따라서 사업자가 평가서의 내용에 대하여 최종적인 책임을 지도록 하고 있다. 그러나 사업자가 전문인력과 시설을 갖추고 있지 못하여 스스로 환경영향평가를 수행할 능력이 없는 경우에는 평가전문기관으로 지정된 평가대행자로 하여금 대신 작성하게 할 수 있다.

(마) 환경영향평가 협의

승인 등을 받아야 하는 사업자는 사업계획에 대한 승인을 받기 전에 승인기관의 장에게 평가서를 제출해야 하며, 승인기관의 장은 협의기관의 장에게 평가서를 제출하고 협의를 요청하여야 한다. 승인기관의 장이 직접 사업자가 되는 경우에는 사업계획 등을 확정하거나 수립 또는 협의를 완료하기 전에 평가서를 협의기관의 장에게 제출하여야 한다.

협의 요청된 환경영향평가서에 대하여 환경부는 내부적 검토와 한국환경정책 · 평가연구원 및 전문가의 의견을 들은 후 종합하여 평가서를 수정 · 보완하도록 조치하고, 이것이 완료되면 협의내용을 확정하여 45일 이내에(필요시 15일 연장가능) 이를 승인기관

그림 6-1 환경영향평가 실시절차

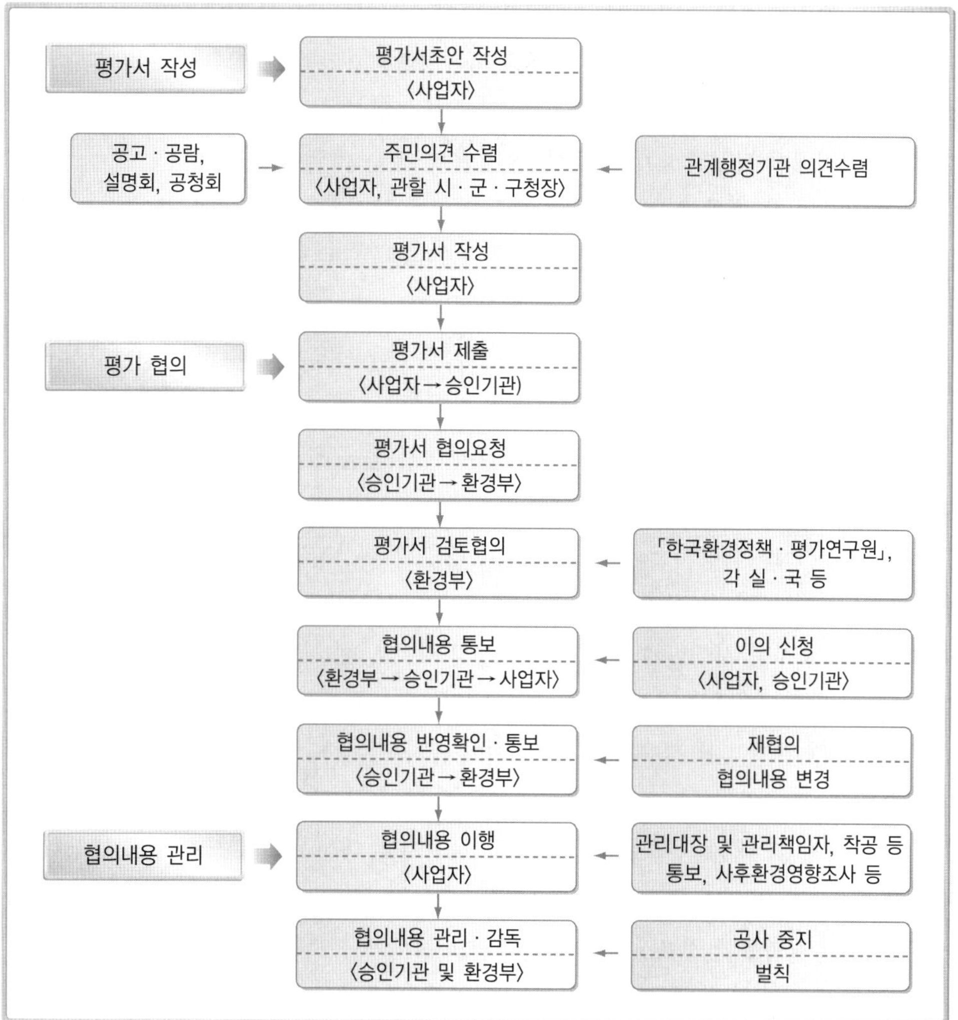

자료: 김인환 · 이덕길, 전게서, 1998, p. 102.

에 통보하여 사업자로 하여금 필요한 행위를 하도록 하고 있다(그림 6-1).

환경영향평가의 협의요청 시기를 대상사업에 대한 사업계획의 승인, 인 · 허가 또는 결정 이전에 하는 것은 개발행위 이전에 협의가 완료될 수 있도록 하여 사전에 환경피해를 최소화하기 위한 것이다. 그러나 개발사업의 입지선정, 기본계획 및 실시계획이 수립된 이후에 환경영향평가 협의가 이루어지게 됨으로써 입지선정과 개발사업의 실시 여부에 대해서는 실질적인 영향을 미치는데 한계가 있다.

(바) 협의내용 등의 사후관리

협의내용은 환경평가 과정에서 사업자, 승인기관, 환경관서, 지역주민 등이 함께 도출한 사회적 합의이므로 그 충실한 이행은 환경영향평가의 실효성 확보와 직결된다. 따라서 사업자가 협의내용을 성실히 이행토록 하기 위하여 협의 내용의 관리책임자 지정, 협의내용관리대장 작성 · 비치, 사후환경영향조사 등을 의무화 하고 있다.

승인기관의 장은 협의내용이 이행될 수 있도록 사업자를 관리 감독하여야 하고, 환경부장관은 협의내용의 이행관리를 위하여 필요하다고 인정하는 경우에는 사업자 또는 승인기관의 장에게 협의내용의 이행을 위하여 필요한 조치를 취하거나 공사중지 등의 필요한 조치를 하도록 요청할 수 있고, 이 경우 특별한 사유가 없는 한 승인기관의 장은 이에 응하도록 하고 있다. 이처럼 협의내용 관리의 1차적인 감독기관은 승인기관의 장이 되며, 환경부장관은 필요시 협의내용의 이행여부 등을 조사 할 수 있는 2차적인 관리감독기관에 해당된다고 볼 수 있다.

따라서 사업자는 평가서의 협의 또는 변경협의 대상사업계획 등의 변경절차 등이 완료되기 전에는 공사를 시행해서는 안 된다. 만일 사업자가 협의내용변경 등의 절차를 거치지 않고 공사를 시행한 때에는 승인기관의 장은 당해 사업에 대한 공사중지를 명하여야 하며, 환경부장관은 승인기관의 장 등에게 공사중지를 요청 할 수 있고, 이 경우 승인기관의 장은 특별할 사유가 없는 한 이에 응하도록 하고 있다. 또한 사업자는 대상사업을 착공, 준공하거나 3개월 이상 공사를 중지하고자 할 때에는 환경부장관 및 승인기관의 장에게 그 내용을 통보하여야 한다. 사업자는 대상사업의 착공 후에 발생할 수 있는 환경영향으로 인한 주변지역의 피해를 방지하기 위하여 평가항목별로 환경영향을 조사하고, 그 결과를 환경부장관 및 승인기관의 장에게 통보하여야 한다.

환경부장관은 환경영향평가서의 협의당시에 예측하지 못한 환경영향이 사업착수 후에 발생하여 주변환경에 중대한 영향을 미칠 것으로 인정되는 경우에는 한국환경정책 · 평가연구원의 장에게 그 사업에 대한 환경영향을 재평가토록 요청할 수 있다. 재평가결과를 통보받은 사업자 또는 승인기관의 장 등은 환경보전을 위하여 필요한 조치를 취하여야 한다. 협의내용 등의 사후관리에 대하여 사업자에게 부과된 의무를 성실히 이행하지 않을 경우에는 그 경중(輕重)과 고의성 여부에 따라 징역 또는 벌금에 처하거나 과태료를 부과받게 된다.

3. 전략환경평가제도

(1) 전략환경평가의 개념

환경영향평가제도는 개발사업의 시행에 따르는 환경의 악영향을 줄이고, 개선하는 데 많은 기여를 하고 있는 것은 분명하다. 그러나 환경영향평가는 개발사업의 환경적 적합성여부나 사업입지와 규모의 선택과 같은 근본적인 문제를 다루기보다는 이미 결정된 사업의 시행을 전제로 환경적 피해를 저감시키는 제도로 그 역할이 한정되고 있다. 환경경영향평가는 오랜 시간과 많은 비용이 소요되기 때문에 사업자로부터는 '개발사업에 대한 발목잡기'로 비판을 받는가 하면 환경단체 등으로부터는 '일종의 요식행위로서 개발사업의 면죄부'라는 비판을 받기도 한다.

이러한 이유 때문에 개발사업과 행위를 유발하는 정책, 계획, 프로그램이나 법령 등에 대한 환경영향평가제도로 정의되는 전략환경평가제도의 도입 필요성이 제기되었다. 실제로 정부정책이나 행정계획 또는 법령이 잘못 수립되거나 제정됨으로써 초래될 수 있는 환경상의 위해(危害)는 개별 개발사업지역 보다도 훨씬 넓고 그 기간도 장기적일 수 있기 때문에 전략환경평가의 중요성이 강조될 수밖에 없다. 전략환경평가는 개별사업수준에서 나타나는 환경적인 영향을 상위의 정책과 계획단계에서 미리 검토함으로써 환경영향평가의 목적인 사전예방을 보다 강화하여 개발과 환경보전 간의 조화를 통한 지속가능한 개발을 유도하기 위한 유용한 수단이다.

(2) 전략환경평가의 효과와 한계

전략환경평가는 첫째, 대상 개발사업이 포괄되는 상위의 정책, 계획, 프로그램인 점, 둘째, 정책, 계획, 프로그램에 대한 대안의 설정과 평가에 있어서 경제성 · 사회성과 함께 환경성을 통합적으로 고려한다는 점, 셋째, 관계기관을 포함한 이해관계자들의 의견을 광범위하게 수렴한다는 점 등이 그 핵심요소이다. 전략환경평가의 시행으로 기대되는 효과를 정리하면 다음과 같다.

첫째, 상위의 정책, 계획, 프로그램을 수립하는 단계에서는 보다 다양한 대안을 비교 검토할 수 있기 때문에 경제발전 및 사회발전과 함께 환경보전을 통합적으로 고려하는 지속가능발전을 목표로 하는 대안설정이 가능하다. 개발사업에 대한 환경영향평가 단계에서는 상위단계에서 결정된 사업을 대상으로 하기 때문에 대안선정이 지난(至難)

한 것과 비교된다. 예를 들면, 광역개발권역과 산업단지 등의 지정단계에서는 그 입지와 규모를 결정할 때 국가적 차원에서 환경적 고려를 통한 대안설정이 상대적으로 용이하나 구체적 입지와 규모가 결정된 후에는 환경적 영향을 이유로 그 입지와 규모를 변경하거나 축소하기가 매우 어렵다.

둘째, 상위의 정책, 계획, 프로그램에 대한 전략환경평가에서부터 개별사업에 대한 환경영향평가에 이르기까지 체계적인 환경평가제도를 갖추게 되면 예상되는 환경문제를 일관성 있게 다룰 수 있다. 즉, 개발사업에 대한 경제적, 기술적 측면 외에 환경적 측면까지 종합적으로 고려함으로써 사전예방적 차원에서 환경상태의 악화를 최소화할 수 있다.

셋째, 정부의 주요한 정책과 계획의 수립과정에서 정보공개와 공중참여(公衆參與)를 통하여 의사결정과정을 보다 투명하게 하는 효과를 가져 올 수 있다. 이러한 과정을 거쳐 정부정책과 계획의 수립 및 시행에 있어 국민적 신뢰도를 높이게 되고, 이해관계자의 불합리한 주장을 제어할 수 있을 뿐 아니라 지역적, 국가적 차원에서 추진력을 얻을 수 있다.

넷째, 전략환경평가는 개발사업수준에서 검토하기 어려운 광범위한 개발에 의한 환경적 영향과 누적적 환경영향을 포괄적으로 다룰 수 있다. 예컨대, 한반도 생태축의 유지와 생물다양성의 보전 등 상위의 국가환경정책의 목표를 달성하기 위한 정책수단이 될 수 있다.

경제성장을 위한 국토개발의 수요와 삶의 질 향상을 위한 환경보전의 필요성을 동시에 충족하기 위하여 전략환경평가는 대단히 유용한 수단이 될 수 있다. 그럼에도 불구하고 전략환경평가제도 도입의 역사가 일천한 것은 무엇 때문일까?

첫째, 전략환경평가에는 필연적으로 긴 시간과 많은 비용이 소요된다. 정부의 정책과 계획은 수립기한이 비교적 짧으나 중장기 환경영향의 평가는 경우에 따라 1년 이상이 소요되므로 정책입안자들에게는 대단히 큰 부담이 될 수 있다.

둘째, 전략환경평가에 필요한 과학적 근거가 되는 환경관련 자료의 축적이 미비하고, 제도시행에 필요한 능력있는 전문가가 부족하다.

셋째, 정부의 정책과 계획은 정치적, 경제적 고려가 친환경적 대안보다는 앞서는 것이 현실이기 때문에 의사결정기관으로서는 전략환경평가의 결과를 그대로 수용할 수 없는 경우가 많이 발생한다.

4. 사전환경성검토제도

(1) 제도의 개념 및 도입배경

사전환경성검토제도는 「환경정책기본법」과 개발관련 법률에 근거하여 개발사업의 상위계획인 행정계획과 환경적으로 민감한 지역에서 시행되는 소규모 개발사업을 대상으로 계획이 확정되기 이전단계에서 계획의 적정성과 입지의 타당성을 환경적 관점에서 사전평가하기 위하여 도입된 제도이다. 우리나라의 사전환경성검토제도는 전략환경평가의 대상이 되는 정책, 계획, 프로그램과 법령 중에서 행정계획에 국한하여 전략환경평가를 실시함으로써 '개발과 보전의 조화'를 이루고, 환경친화적인 개발을 유도하여 '환경적으로 건전하고 지속가능한 개발'을 실현하고자 하는 제도이다.

사전환경성검토 대상은 행정계획뿐 아니라 대규모 개발사업을 대상으로 하는 환경영향평가 대상에서 제외되고 있는 보전용도지역(保全用途地域)의 일정규모 이상의 개발사업도 포함하고 있다. 이는 소규모 개발사업일지라도 보전이 필요한 지역의 개발사업은 환경에 미치는 악영향이 크기 때문이다.

(2) 제도도입과 변천과정

1) 국무총리 훈령에 의한 사전협의

일찍이 「국토이용관리법」에 의한 국토이용계획 변경, 「전원(電源)개발특별법」에 의한 전원개발실시계획, 「해양오염방지법」에 의한 해역이용 등 환경에 영향을 미치는 개발계획에 대해서는 각 개별 법령에서 환경행정기관과 사전협의 하도록 한 규정에 따라 사전환경성 검토가 부처협의 차원에서 이루어져 왔다. 그러나 경제규모의 확대와 함께 도로와 항만 등 사회간접자본 시설에 대한 투자가 확대되고, 국민소득 및 여가의 증대로 관광지와 체육시설 등 각종 위락시설에 대한 수요가 지속적으로 증가될 뿐 아니라 지방자치제도의 본격적인 실시로 지역개발사업 등이 확대됨으로써 개발을 전제로 하는 행정계획과 개발사업에 대한 보다 적극적이고 체계화된 사전환경성검토의 실시가 절실히 요청되었다.

이에 따라 1993년 1월 「환경정책기본법」제11조를 근거로 「행정계획 및 사업의 환경성 검토에 관한 규정」을 국무총리 훈령(제299호)으로 제정하였다. 1994년 6월에는 협의절차를 간소화하는 등의 내용으로 이 규정을 개정하여 개별법령에 협의 근거가 없는 행정계획과 환경적으로 보전가치가 높은 지역에서 시행되는 중 · 소규모의 공공개발 사업에 대한 사전환경성검토를 실시토록 하였다.

2) 환경정책기본법령에 의한 사전협의

총리훈령에 의한 사전환경성검토제도는 첫째, 그 대상을 공공사업에 국한함으로써 난개발의 주요 원인인 민간개발사업에 대해서는 비록 입지가 부적절할지라도 이를 제한할 수단이 없었으며, 둘째, 환경영향평가대상사업은 제외토록 되어 있어 사전예방적 수단으로서의 취지를 살리는데 한계가 있었고, 셋째, 다른 법령의 규정에 따라 환경부와 미리 협의하는 행정계획과 개발사업 또한 제외되고 있어 환경에 더 큰 영향을 줄 수 있는 주요 계획과 개발사업에 대한 심도있는 환경성 검토가 이루어질 수 없는 문제를 지니고 있었다.

즉, 국토이용계획과 관광개발기본계획과 같이 환경에 영향을 미치는 행정계획에 대해서는 당해 법령의 규정에 따라 환경행정기관과 미리 협의하여 왔다. 그러나 환경성 검토에 필요한 구비서류 등에 대한 세부규정이 없었을 뿐 아니라 사전협의 근거규정이 없는 행정계획도 많아 환경성 검토가 제대로 이루어질 수 없었다. 이처럼 총리훈령에 의한 사전환경성검토제도와 현행 환경영향평가제도가 안고 있는 문제점과 한계를 해소하기 위하여 1999년 12월 31일에 「환경정책기본법」을 개정하여 사전환경성검토제도를 법정제도로 도입하였다. 또한 이 법의 시행령을 개정하여 사전환경성검토 대상행정계획 및 개발사업을 대폭 확대하고, 사전환경성검토의 구비서류를 구체화하는 한편, 협의의 절차, 협의기간을 규정함으로써 사전예방적 의사결정 수단으로서의 환경성 검토제도가 본래의 역할을 다 할 수 있도록 하였다.

(3) 사전환경성검토 대상

사전환경성검토 대상은 환경영향평가 대상사업을 내용으로 하는 16개 분야, 88개 행정계획(표 6-3)과 보전이 필요한 지역 내에서 시행되는 개발사업(표 6-4)으로 구분된다. 개발사업에 따른 사전환경성검토는 보전이 필요한 용도지역의 일정규모 이상의 개발사업으로서 현재 농림지역, 개발제한구역, 생태계보전지역 등 19개 용도지역의 5,000~30,000㎡ 이상의 개발사업(민간개발사업 포함)에 대하여 실시된다.

표 6-3 사전환경성검토대상 행정계획

구 분	행정계획의 종류
도시개발	도시관리계획, 도시개발구역의 지정 및 개발계획, 유통단지개발계획, 도시재정비촉진계획 등
산업입지	산업단지지정, 농공단지의 지정, 외국인투자지역의 지정 등
에너지개발	전원개발사업 예정구역의 지정
항만건설	항만기본계획, 신항만건설예정지역의 지정 등
도로건설	도로정비기본계획, 도로의 건설공사계획
수자원개발	댐건설장기계획, 댐건설기본계획, 농어촌정비종합계획 등
철도건설	국가철도망구축계획, 철도건설기본계획, 도시철도기본계획 등
공항건설	수도권신공항건설기본계획, 공항개발기본계획
하천개발	하천정비기본계획, 소하천정비기본계획 등
개간 · 매립	공유수면매립기본계획
관광단지개발	관광개발기본계획, 온천원보호지구의 지정 등
특정지역개발	광역개발권역의 지정, 개발촉진지구의 지정, 특정지역개발계획, 주한미군기지개발계획 등
체육시설설치	청소년수련지구의 지정, 체육시설설치사업계획
폐기물 · 분뇨처리시설설치	폐기물처리기본계획, 폐기물처리시설입지의 선정, 분뇨 및 축산폐수처리기본계획
국방 · 군사시설설치	국방 · 군사시설사업의 실시계획, 군용기지구역의 지정 등
토석 등 채취	골재치취예정지의 지정

자료: 「환경정책기본법」 시행령 제7조제1항 〈별표 2〉 제1호 발췌 정리.

(4) 사전환경성검토서의 작성내용

관계행정기관의 장 또는 개발사업의 시행자가 작성하는 사전환경성검토서에는 다음 내용이 포함되어야 한다.

첫째, 행정계획 또는 개발사업의 목적 · 필요성 · 추진배경 · 추진절차 등 사업계획에 관한 내용,

둘째, 대상지역의 용도지역 구분 등 토지이용현황 (대상지역을 정할 수 없는 경우에는 제외),

셋째, 대상지역 내의 생태경관보전지역 등 보전용도지역 · 지구 · 구역 등 분포현황

표 6-4 보전이 필요한 지역의 사전협의대상 개발사업의 종류 및 규모

구 분 \ 사업계획면적	5,000㎡ 이상	7,500㎡ 이상	10,000㎡ 이상	30,000㎡ 이상
국토의 계획 및 이용에 관한 법률	자연환경보전지역	농림지역		
	보전관리지역	생산관리지역	계획관리지역	
	관리지역 내 5,000㎡ 미만의 공장			
개발제한구역의 지정 및 관리에 관한 특별조치법	개발제한구역			
자연환경보전법	생태경관보전지역 (핵심구역) 자연유보지역	생태경관보전지역 (완충구역)	생태경관보전지역 (전이구역)	
야생동식물보호법	야생동식물 보호구역			
산지관리법			공익용산지	공익용산지외의 산지
자연공원법	자연보존지구	자연환경지구	공원밀집마을지구 공원집단시설지구	
습지보전법	습지보호지역	습지주변관리지역 습지개선지역		
수도법	광역상수도 설치지역 (공동주택의 건설)	광역상수도 설치지역 (공동주택 제외)		
하천법			하천구역	
소하천정비법		소하천구역		
지하수법	지하수보전구역			
초지법				초지조성허가신청
그 밖의 개발사업	위의 규정에 의한 최소대상면적의 60% 이상인 개발사업 중 관계행정기관의 장이 필요하다고 결정한 사업			

자료: 「환경정책기본법」 시행령 제7조 제1항 〈별표 2〉 제2호.

(대상지역을 정할 수 없는 경우에는 제외),

넷째, 당해 행정계획과 개발사업의 유형 · 규모 · 특성 및 환경영향평가 대상여부 등을 고려하여 환경부장관이 고시하는 다음의 기본현황 및 세부도면,

① 대상지역의 식생(植生), 주변지역의 개발현황 등 생태계 특성에 관한 자료
② 대상지역의 현재오염도 및 오염원 현황
③ 대안 및 그 환경영향검토 결과와 영향저감방안(개발사업의 경우에는 사업 계획에 대한 환경영향검토 결과와 영향저감방안)
④ 대상지역의 도면으로서 축척 1:25,000인 위치도와 축척 1:3,000~ 1:25,000인 토지이용계획도
⑤ 그밖에 사전환경성검토에 필요한 당해지역의 특성

다섯째, 행정계획의 경우에는 주민, 관계전문가, 환경단체, 민간단체 등 이해관계자의 의견수렴결과 및 그 반영여부 등이 포함된다.

또한 관계행정기관의 장은 행정계획의 경우, 계획의 환경목표와의 부합성, 계획의 건전성 및 지속가능성, 계획의 일관성 등 계획의 적정성과 구체적인 입지계획이 포함되어 있는 경우에는 자연환경과 생활환경이 미치는 영향을 고려하여 입지의 타당성을 검토하여야 한다.

(5) 협의절차

1) 의견수렴

관계행정기관의 장은 행정계획의 경우, 대안의 종류, 검토항목의 세부내용 및 세부검토방법, 기타 필요하다고 인정되는 사항에 대하여 관계공무원과 전문가 등 10인 이내로 구성되는 환경성검토 협의회의 의견을 들어 사전환경성검토서 초안을 작성한 후 주민, 관계전문가, 환경단체, 민간단체 등 이해관계자의 의견을 들어야 하며, 환경적 측면에서 타당하다고 인정되는 의견에 대해서는 당해 행정계획에 반영하여야 한다. 관계행정기관의 장은 검토서 초안에 대하여 신문 등에 공고하여 20일 이상 주민공람 및 설명회를 실시하여야 하고, 필요하다고 판단될 경우에는 공청회와 토론회 등을 개최할 수 있다.

2) 협의기관

관계행정기관의 장은 의견수렴을 거쳐 사전환경검토서를 작성한후 행정계획의 경우에는 해당 계획을 수립 · 확정하기 전까지, 개발사업의 경우에는 허가 등을 하기 전까지 협의기관의 장에게 사전환경성검토에 대한 협의를 요청하여야 한다. 여기서 협의기관은 환경부 또는 지방 환경관서를 말한다.

관계중앙행정기관의 장이 행정계획을 수립 · 확정하거나 행정계획 또는 개발사업에

대하여 허가 · 인가 · 승인 · 면허 · 결정 · 지정 등(허가 등)을 하는 경우에는 환경부장관이 협의기관의 장이 된다. 관계중앙행정기관의 소속 하급 행정기관의 장, 시 · 도지사 또는 시장 · 군수 · 자치구의 구청장이 수립 · 확정하거나 허가 등을 하는 경우에는 지방환경관서의 장이 협의기관의 장이 된다.

3) 협의기간

사전환경성검토를 요청받은 환경부장관 또는 지방환경관서의 장은 30일 이내에 협의결과를 통보하여야 한다. 다만, 협의를 요청한 관계행정기관의 장과 협의하여 협의기간을 10일의 범위 내에서 연장할 수 있다. 협의기간 내에 협의결과의 통보가 없는 경우에는 협의를 한 것으로 간주하여 협의기간의 지연에 따른 행정계획의 추진과 개발사업의 시행이 늦어지는 일이 없도록 하고 있다.

(6) 사후관리제도

환경성검토협의의 실효성 확보와 사후관리를 위하여 환경부장관 또는 지방환경관서의 장으로부터 협의 결과를 통보받은 관계행정기관의 장은 당해 행정계획 또는 개발사업계획의 인가 · 허가 · 승인 등을 할 때 협의의견을 반영하는 등 필요한 조치를 취하도록 함과 아울러 협의의견의 이행상황을 환경부장관 또는 지방환경관서의 장에게 통보하도록 하고 있다. 또한 사업자가 협의내용을 당해 사업계획에 반영하여 이행하는지 여부를 감시하는 방안으로 환경부장관 또는 지방환경관서의 장은 당해 계획과 사업에 대하여 협의 내용이 제대로 이행되도록 현지 점검 등을 실시할 수 있도록 규정하고 있으며, 당해 사업을 인 · 허가하는 관계 행정기관의 장은 인 · 허가권에 종속된 감독권한과 의무가 있다.

이 제도의 실효성을 높이기 위하여 협의 절차를 이행하지 않은 개발사업에 대해서는 사전허가를 금지하고 있으며, 협의 절차가 완료되기 전에 시행한 개발사업에 대해서는 공사중지 등의 조치를 취할 수 있다. 협의 절차가 완료되기 전에 공사를 시행한 사업자에 대해서는 벌칙이 부과된다. 또한 환경부는 개발사업자가 사업계획 수립 전에 입지의 적정성을 판단할 수 있도록 지원하여 개발사업을 위한 부지매입 등 투자가 이루어진 후 사업계획이 무산됨으로써 발생할 수 있는 경제적 손실을 예방하기 위한 사전입지상담제도를 시행하고 있다.

5. 사전환경성검토와 환경영향평가제도의 비교

사전환경성검토제도는 「환경정책기본법」에서 전략환경평가의 개념을 도입하여 환경에 광역적, 장기적, 누적적으로 영향을 미치는 행정계획을 수립할 때 대안의 설정과 분석을 통하여 환경적인 측면에서 계획의 적정성과 입지의 타당성 등을 검토하는 제도이다. 또한 환경영향평가 대상사업의 규모에 해당되지 않는 소규모 개발사업이라도 환경적으로 보전가치가 높은 보전용도지역 내에서 시행되는 일정규모 이상의 개발사업도 그 대상으로 하고 있다. 이에 비하여 환경영향평가는 「환경영향평가법」에 근거하여 대규모 개발사업계획을 수립 · 시행할 때 미리 환경에 미칠 영향을 예측 · 평가하고, 환경보전방안을 검토하여 친환경적이고 지속가능한 개발을 유도하는 제도이다.

두 제도는 그 의의와 법적 근거, 기능 협의시기, 대상 등에서 서로 다른 차이를 가지고 있으나 대표적인 사전예방적 환경정책수단으로서 친환경적인 개발을 도모한다는 점에서 유사성을 가지고 있으므로 근거법령을 단일화하여 통합적으로 운용해야 한다는 주장이 대두되어 왔다. 이에 정부는 「환경정책기본법」에서 규정하고 있는 사전환경성검토제도와 「환경영향평가법」에서 규정하고 있는 환경영향평가제도의 근거 법률을 「환경영향평가법」으로 단일화하는 법률개정을 통하여 2012년 7월 22일부터 시행할 예정이다. 동 개정법률에서는 사전환경성검토제도상의 행정계획을 전략환경영향평가로, 보전지역내 소규모 개발사업을 소규모 환경영향평가로 개편하였다. 이 밖에도 환경영향평가서 작성의 전문성을 제고하기 위하여 환경영향평가사 자격제도 도입, 주민의견 수렴이 미흡한 경우 재수렴을 실시하게 하는 등 주민의견수렴 절차 강화, 환경영향평가서

그림 6-2 환경영향평가제도 개편내용

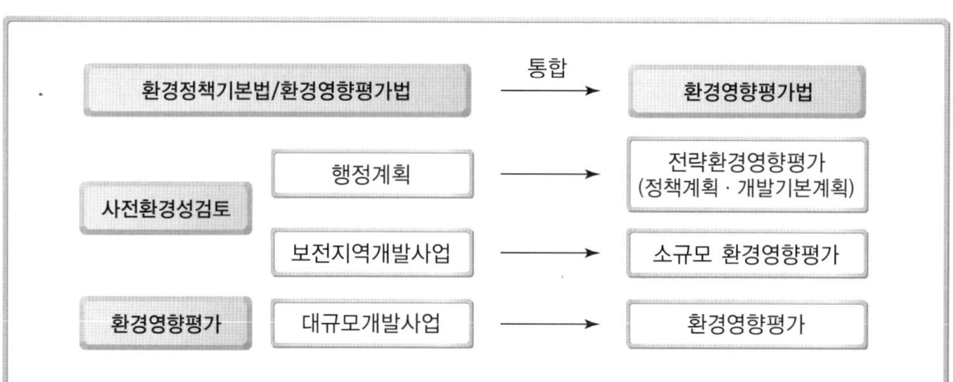

부실 작성에 대한 벌칙 강화 등이 반영되었다. 앞으로 환경영향평가제도의 체계성과 효율성이 제고될 것으로 기대된다.

표 6-5 사전환경성검토와 환경영향평가제도의 비교

구 분	사전환경성검토제도	환경영향평가제도
법적근거	• 환경정책기본법	• 환경영향평가법
의 의	• 행정계획 및 개발계획의 시행으로 인하여 환경에 미치는 영향과 입지선정의 적정성 등을 계획단계에서 검토하여 환경적으로 바람직한 행정계획 및 개발계획 마련	• 환경영향평가 대상사업의 시행으로 인하여 환경에 미치는 해로운 영향을 미치 예측 · 분석하여 저감방안을 강구
주요기능	• 개발 관련 행정계획 또는 개발사업의 적정성, 입지의 타당성 등을 검토	• 개발사업으로 인한 환경영향을 최소화하는 저감방안 강구
대상사업	• 개발 관련 행정계획(16개 분야 88개) • 보전용도지역 내 소규모 개발사업(행정계획이 수립되지 아니하는 사업 22개)	• 대규모 개발사업(17개 분야 76개)
평가서류	• 사전환경성검토서	• 환경영향평가서
협의요청기관	• 행정계획 수립(또는 승인)기관 • 보전용도 지역 내 개발사업 인허가 기관	• 개발사업 인허가 기관
협의기관	• 중앙행정기관의 장인 경우 환경부장관과 협의, 그 외는 지방환경관서의 장과 협의	• 좌 동
협의시기	• 정계획의 수립 확정 전, 개발사업 인허가 전	• 행정계획이 확정된 이후 개발사업을 위한 실시계획 승인 전
의견수렴	• 주민공람 · 설명회, 공청회 등	• 공고, 공람, 설명회, 공청회 – 사전환경성검토시 실시한 경우 생략(3년이 경과하지 않고, 사업규모 변경이 30% 이내일 경우 등의 요건 충족시)
협의기간	• 30일 이내(10일 연장)	• 45일 이내(15일 연장)

자료: 신보균, 사전예방적 환경관리를 위한 환경영향평가협의제도(교육자료 I), 2009. 11, p. 59 재정리.

6. 자연경관영향 협의제도

자연경관은 환경을 구성하는 중요한 요소로서 사람의 심미적, 정서적 안정에 큰 영

그림 6-3 자연경관의 훼손사례

〈백두대간 능선부 석회석광산〉

〈남한강수변지역 아파트〉

향을 미친다. 자연경관은 한번 훼손되면 사실상 복원이 불가능하거나 복원에 오랜 시간과 많은 비용이 소요되므로 그 훼손을 사전에 예방하고 보전 · 관리하는 것이 매우 중요하다. 그러나 우리나라는 그동안 양적 공급위주의 국토개발로 인한 대규모 자연경관의 파괴와 토지의 고도이용에 따른 고층 건축물에 의한 스카이라인의 훼손을 예방하는 제도적 장치가 대단히 미흡하였다(그림 6-3).

자연경관에 대한 국민적 기대와 요구에 부응하기 위하여 정부는 2004년 12월 「자연환경보전법」을 개정하였다. 이 법에서 개발계획의 수립 또는 개발사업 추진 시 자연경관에 미치는 영향 및 보전방안 등을 사전에 검토하여 주변의 자연경관과 조화를 이룰 수 있도록 자연경관영향 협의제도를 도입하였다. 즉, 자연공원과 습지보호지역 또는 생태 · 경관보전지역의 경계로부터 일정거리(2,000~3,000m)내에서 사전환경성검토 대상사업이나 환경영향평가 대상사업을 시행하고자 할 경우에는 사전환경성검토협의 또는 환경영향평가협의 내용에 자연경관에 미치는 영향 및 보전방안을 포함시키도록 규정하고 있다.

자연경관영향협의 절차는 환경부에 중앙환경보전자문위원회의 심의를, 지방환경관서에 자연경관심의위원회의 심의를 거치도록하고 있으며, 지방자치단체가 필요에 따라 조례(條例)로 정하는 개발사업에 대해서는 환경부가 정하는 자연경관에 관한 검토기준을 따르도록 하고 있다. 한편 자연경관영향을 심의할 때에는 자연경관의 현황, 주요 조망점(眺望點) 및 주요 조망대상을 연결하는 경관축(景觀軸), 보전가치가 있는 자연경관의 훼손여부, 주변자연경관과의 조화성, 경관영향저감방안, 경관변화의 예측 및 평가에 관한 사항을 검토해야 한다.

제2절 개발사업의 비용-편익 분석[3)]

1. 이론적 배경

비용-편익분석(Cost-Benefit Analysis) 기법은 미국이 1936년에 제정한 「홍수방지법(The Flood Control Act)」에서 "편익이 누구에게 귀착되던 간에 편익은 비용을 초과해야 한다."라고 규정하면서 적용되기 시작하였다. 그러나 비용과 편익을 측정하는 일관성 있는 분석방법이 제시되지 않아 미국의 공병단(Army Corps of Engineers) 등 각 기구는 서로 다른 접근방식을 사용하였다.

이후 '연방유역정부간위원회(the Federal Interagency River Basin Committee)'가 녹색 책자(Green Book)로 알려진 '강유역사업의 경제성 분석에 관한 실무 지침서(Proposed Practices for Economic Analysis of River Basin Projects)'를 1950년에 출간하면서 공공사업과 관련된 정부기구에게 통일된 최적사례지침을 제시하였다.[4)] 이를 토대로 비용-편익 분석은 정부의 공공사업은 물론 정책의 경제적 타당성을 평가하는 수단으로 널리 이용되고 있다.

개발에 따른 환경파괴문제가 대두되면서 1972년 미국 에너지성(省)에서 고속핵증식로(高速核增殖爐) 사업기술의 경제성 분석을 필두로 수질개선대책, 대기오염 방지계획, 유독물질규제 등의 환경정책에 대해서도 비용-편익분석이 활용되기 시작하였다. 1990년에 제정된 미국의 「대기정화법」은 법 시행에 따른 비용과 편익을 분석하여 국회에 제출하도록 환경보호처(Environmental Protection Agency)에 요구하기도 하였으나 환경문제에 대한 비용-편익분석은 많은 의문과 비난을 받기도 하였다. 특히 1980년 레이건(Reagan) 대통령이 새로운 환경규제의 도입에 대한 비용·편익분석을 요구함으로써 많은 논란을 야기하기도 하였다.

비용-편익(費用-便益)분석의 평가기준은 '잠재적 파레토 향상(Potential Pareto Improvement)'이라는 개념에 기초하고 있다. 이는 어떤 정책으로 인하여 얻은 자의 복지

---

3) 본 내용은 정회성·변병설, 환경정책의 이해, 서울: 박영사, 2003, pp. 192-209의 내용을 정리한 것이다.

4) Steven C. Hackett, *Environmental and Natural Resources Economics: Theory, Policy, and the Sustainable Society*, Armonk, New York; M.E. Sharpe, 2001, p. 122.

향상이 잃는 자의 복지 감소를 상쇄하고도 남음이 있다면 전체적으로는 사회복지 수준이 향상되었다고 간주할 수 있기 때문에 이 정책은 사회 · 경제적으로 바람직한 것으로 평가하는 개념이다. 따라서 이러한 결과가 도출되기 위해서는 어느 정책으로 인한 총편익의 화폐가치가 총비용의 화폐가치를 초과해야 한다.

환경정책분석수단으로서의 비용-편익분석의 기본전제는 환경오염이 인간의 복지수준을 저하시키는 요인이나 환경개선을 위한 투자 또한 인간의 복지에 공헌할 수 있는 희소자원의 소비라는 것이다. 그러므로 환경개선을 위한 행위는 환경개선에 따른 이익이 환경개선에 소요되는 비용보다 클 때에만 정당화되는 것이다. 만일 편익이 비용보다 적다면 환경개선행위는 경제적 관점에서 정당화될 수 없다.

그러나 환경재(環境財)는 시장가치가 존재하지 않는 경우가 많을 뿐 아니라 환경성은 간접적이고 무형적이기 때문에 유무형의 환경개선에 대한 편익 및 비용의 정확한 산정이 어렵다는 문제를 안고 있다. 또한 계량적 기법인 비용-편익분석은 비계량적인 환경요소를 계량적인 요소로 취급함으로써 기타 경제적 항목의 가치화에 비하여 환경요소의 가치를 과소평가할 우려도 있다.

2. 비용과 편익의 구조

(1) 비용과 편익의 개념

비용-편익분석은 비용과 편익을 인식하고, 예측하며, 추정하고, 동시에 가치를 부여하는 과정이 매우 중요하다. 일반적으로 비용과 편익은 시장가격을 그 추정의 근거로 삼는다. 그러나 이때 인식되는 비용은 기회비용의 개념으로, 그리고 편익은 소비자의 잉여를 추정의 이론적인 근거로 삼는다. 기회비용(opportunity costs)이란 어떤 재화나 용역을 특정용도에 사용함으로써 상실하게 되는 차선의 타 용도에서 발생하는 효용을 말한다. 그리고 소비자잉여(consumer's surplus)는 효용을 금전적인 가치로 표현하는 개념으로서 각 개인이 어떤 재화에 대하여 지불하고자 하는 의사 즉, 지불용의 (willingness-to-pay)로 추정된다.

비용-편익분석에서 활용되는 모든 투입물과 산출물의 가격 즉, 비용과 편익은 완전경쟁이 이루어졌을 때 존재할 수 있는 가격으로 환산하여 측정된다. 왜냐하면 완전 경쟁시장에서는 시장가격이 기회비용과 소비자의 지불용의를 정확하게 표현할 수 있기 때문이다. 그럼에도 불구하고 현실의 자본주의 경제체제에서는 불완전경쟁이 보편화되어 있으므로 대부분의 경우, 비용과 편익은 사회적 편익과 사회적 비용을 대변하는 잠재가격(shadow price)으로 계산된다.

(2) 할인율의 결정

1) 할인의 기본원리와 기능

일반적으로 투자사업의 특징은 초기에 비용이 투입되는 반면에 편익은 장기간에 걸쳐 나타난다. 그러므로 투자사업의 비용과 그에 따른 편익을 비교하기 위해서는 분석의 기준시점을 결정할 필요가 있다. 이 과정에서 '할인(割引)'의 개념이 중요하다.[5)]

만일 지금부터 n년 후에 비용 또는 편익이 F원 발생하고, 이때의 할인율을 r이라고 하면 비용 또는 편익의 현재가치(Present Value: PV)는 다음과 같이 표현된다.

$$PV = \frac{F \times 1}{(1+r)^n} = F \times DC \qquad (1)$$

이 수식에서 DC를 할인계수(discount factor)라고 한다. 예를 들면, 10년 후의 1만 원에 5%의 할인율(discount rate)을 적용하면 DC = 0.61이므로 지금의 6,100원과 같다는 의미이다. 할인계수 0.61은 이자율 5%에서 파생되는 10년 기간의 현재가치요소(present value factor)라고 한다. 이러한 할인과 복리계산 간의 관계를 고려할 때 할인율이 높을수록 할인계수는 낮아지고, 기간이 길어질수록 할인계수는 더욱 빠른 속도로 떨어진다.

희소한 자원의 효율적 배분을 위하여 할인과정을 통한 비용과 편익의 비교가 필요하다는데 거의 모든 경제학자와 정책 분석가들이 동의하고 있다. 그러나 어떤 할인율이 적용되어야 하는지에 대해서는 아직 의견의 일치를 보지 못하고 있다. 학자들이 주장하는 할인율의 범위도 장기 정부채권의 실질수익률에 근거한 2~4%의 낮은 할인율에서부터 단기 소비자금융의 이자율에 근거한 20%까지 큰 폭의 차이를 나타내고 있다. 할인은 정부의 다양한 정책결정에는 물론 정치 및 사회적인 측면에서도 중요한 의미를 지닌다. 특히 투자사업이 환경에 영향을 미칠 경우, 그 경제적 비용과 편익은 단기간에 나타나나 환경적 비용과 편익은 장기간에 걸쳐 나타난다. 예를 들면, 관광지 개발을 위하여 산

---

5) '할인'의 개념을 보다 쉽게 이해하려면 복리계산의 메카니즘을 살펴보면 된다. 만약 현재 1만 원이 5%의 복리이자로 투자되었다면 10년 후에는 1.61만 원의 가치를 갖게 된다. 동일한 원리로 현재 0.61만 원을 5%의 이자율로 투자하였다면 10년 후에는 1만원을 받게 된다.

림을 파괴할 경우에는 관광지 이용이라는 편익은 수년 내에 발생할 수 있으나 산림파괴에 따른 환경손실의 비용은 수십 년에 걸쳐 나타나게 된다. 따라서 할인율의 수준은 사업의 타당성을 결정하는데 매우 중요한 요인이다.

2) 할인율의 결정이론

할인율을 어떻게 결정할 것인가에 대해서는 다양한 이론이 제시되고 있다. 이 중 중요한 것은 첫째, 개인의 순수한 시간선호, 둘째, 사회적 시간선호, 셋째, 자본의 기회비용, 넷째, 위험과 불확실성, 다섯째, 미래세대의 이익 등으로 구분하여 살펴볼 수 있다.

(가) 개인의 순수한 시간선호

사회적 할인율은 사회의 구성원인 개인의 시간에 대한 선호를 평균하여 산출되는 순수시간선호(pure time preference)이어야 한다는 견해이다. 여기에서 개인의 시간선호에 영향을 주는 요인은 근시안적 태도(pure myopia), 조급함(impatience principle), 사망위험(risk of death), 소비의 한계효용체감(diminishing marginal utility of consumption) 등을 포함하고 있다. 그러나 사회적 할인율은 사회의 집합적 의사결정과 관련이 있으므로 순수한 개인적 시간선호에 의하여 영향을 받을 수 없다는 주장이 일반적이다. 그 근거는 다음과 같다.

첫째, 조급함의 원칙에 따라 행동하는 것은 개인의 전 생애에 걸친 복지를 극대화하는 것이 아니기 때문에 조급함이라는 비합리적인 행동을 이유로 사회적 활동을 할인하는 것은 바람직하지 않다는 주장이다.

둘째, 개인이 원하는 것이 반드시 공공정책에 의미를 갖지는 않는다는 주장이다. 예를 들면, 국민연금과 같은 강제저축은 저축에 대한 개인의 선호에 우선하여 추진되고 있기 때문이다.

셋째, 사회적 할인율에서 개인의 시간선호는 기본적 가치판단이 잘못된 것이라는 주장도 있다. 즉, 사회적 할인율에서 문제가 되는 것은 미래세대의 만족이지 미래의 만족에 대한 오늘의 평가가 아니며, 할인율 조정은 이와는 아무런 관계가 없다는 것이다.

(나) 사회적 시간선호

사회적 시간선호율(social rate of time preference)은 사회적 후생(厚生)과 소비의 효용이 시간이 지남에 따라 떨어지는 것을 측정하는 것으로 다음과 같이 표현된다.

$$I = ng + z \tag{2}$$

I: 사회적 시간선호율

g: 1인당 실질소비증가율

n: 소비 증가에 따른 추가 효용의 하락률(소비의 한계효용 탄성치)

z: 순수 시간선호율

만일 1인당 소비가 증가하지 않는다면($g=0$) 사회적 시간선호율은 개인적인 순수시간선호율인 z와 같게 된다. 만일 소비가 감소하는 경우($g<0$)라면 사회적 시간선호율은 순수시간선호율 z 보다 적게 된다. 그리고 소비가 증가할 것으로 예상되면($g>0$) 사회적 비율은 개인적 비율보다 높아진다. 왜냐하면 사람이 미래에 더욱 많은 것을 갖게 될 것으로 기대하면 미래를 위하여 현재를 포기하려 하지 않을 것이기 때문이다. 실제로 지난 수백 년 동안 기술진보와 산업의 진흥 등에 의하여 생활수준은 급격하게 발전해 왔으며, 후세대는 이전세대보다 부유하게 살고 있다.

그러나 순수시간선호요소가 매우 높아 사회적 할인율도 높게 평가되는 경우도 있을 수 있다. 개발도상국가에서는 개인의 시간선호를 반영하는 실질 차입이자율이 15~20%가 되는 경우도 있다. 세계은행 등의 국제기구에서도 프로젝트를 평가할 때에 일반적으로 10% 또는 그 이상의 이자율을 적용하는 사례도 있다. 절대빈곤 상태의 국가에서 이렇게 이자율이 높은 것은 현재의 배고픔을 면하는 것이 10년 후 의식주의 안정을 보장하는 것 보다 시급하기 때문이다. 그러나 높은 시간선호율은 빈곤을 탈피하기 위한 단기적 조치만 가능케 할 수 있다.

(다) 자본의 기회비용

자본의 기회비용(opportunity costs of capital)은 어떤 사업을 수행함에 따라 포기하게 되는 최선의 투자 회수율을 의미한다. 이는 투자사업에서 얻는 수익이 최소한 대체되는 사업만큼은 높아야 할 것을 요구하는 기회비용 차원의 할인율로서 희소한 자본의 최적배분을 달성하기 위하여 정당화된다. 자본의 기회비용은 자본이 부족하고, 농업분야 등에 잠재실업이 존재하는 개발도상국가에서 매우 높게 마련이다.

(라) 위험과 불확실성

비용과 편익은 그것이 실현될 가능성이 위험하거나 불확실해질 경우(risk and

uncertainty)에는 더 낮게 평가되어야 한다는 견해이다. 일반적으로 할인과 관련된 불확실성의 유형에는 사망위험, 개인의 미래선호에 대한 불확실성, 편익과 비용의 규모에 대한 불확실성 등이 포함된다.

첫째, 사망위험은 개인이 현재의 소비를 자제함으로써 미래의 과실(果實)을 즐기기 이전에 사망할 수 있으므로 미래보다 현재를 선호한다는 의미이다. 다시 말하면, 나이가 많은 사람이 젊은 사람에 비하여 특정시점의 미래에 대한 가치를 적게 부여한다. 그러나 개인은 사망할지라도 사회는 그렇지 않기 때문에 개인의 사망위험이 사회의 할인율을 결정하는 데 적절한 기준은 아니라는 비판이 설득력을 얻고 있다.

둘째, 개인의 미래선호에 대한 불확실성은 많은 재화와 서비스에서 발생할 수 있다. 일반적으로 의식주, 에너지, 환경 등에 대한 선호는 앞으로 더욱 증가하게 될지언정 줄어들지는 않을 것이다. 따라서 문제가 예상되는 프로젝트나 정책이 이와 관련될 때에는 불확실성을 이유로 할인을 할 근거가 없어지게 된다.

셋째, 편익과 비용규모에 대한 불확실성을 반영하기 위하여 할인율을 낮출 경우에는 또 다른 문제를 야기할 수 있다. 할인율의 인하는 위험의 규모가 시간에 따라 지수형태로(exponentially) 증가할 경우에만 적절한 수단이 된다. 그러나 위험요소가 이러한 형태를 지닐 것이라고 믿을 수 있는 근거는 희박하다. 그러므로 위험을 할인율로 조정하여 반영하는 것은 적절하지 않다는 반론이 제기되고 있다.

(마) 미래세대의 이익

미래의 복지(the interest of future generation)는 공공재의 성격을 지니고 있다. 따라서 개인의 미래를 위한 투자는 적정수준보다 부족하므로 적절한 사회적 할인율은 시장할인율보다 낮아야 한다는 주장도 있다. 마글린(Marglin)은 시장할인율에서 투자가 사적(私的)인 투자자에 의해서는 고려될 수 없는 사회적 결과를 가져와도 반영되지 않는다고 주장한다. 또한 센(Sen)은 현세대의 구성원 모두가 본인의 후손뿐만 아니라 미래세대의 복지에 대하여 관심을 가지고 있으나 미래세대에게 발생하는 편익은 일반적인 이자율에는 반영되지 않는다고 역설한다. 그러므로 이들은 세대 간의 형평성을 달성하기 위하여 사회적 할인율은 사적 의사결정에 사용되는 할인율보다 낮게 책정되어야 한다고 주장한다.

(3) 판단기준

비용–편익분석에서 정책대안의 결과를 비교하여 바람직한 최종 정책을 선택하는데 널리 사용하는 수단으로는 순편익(純便益)법, 편익–비용비(比), 내부수익률 등이 있다.

1) 순편익법

순편익법(net benefit method)은 단순히 정책의 총편익과 총비용의 규모를 비교하여 계산하는 방법이다. 순편익이 0보다 크면 그 정책대안은 사회에 순편익을 발생시키므로 정책의 가치가 있음을 의미하고, 반대로 0보다 작으면 정책 대안은 사회에 편익보다는 비용을 더 발생시키므로 정책으로 가치가 없음을 나타낸다. 그리고 순편익이 0이면 대안이 정책으로 집행되었을 때 사회 전체의 복지에 변화가 없음을 가리킨다. 순편익법에 의하면 순편익이 가장 큰 대안이 선택되므로 자원이 무한할 경우에는 순편익이 0 이상인 모든 사업이 정당화될 수 있다.

2) 편익–비용비

편익–비용비(benefit–cost ratio)는 정책의 총편익을 정책에 투입된 총비용으로 나눈 값 즉, 단위당 편익을 나타낸다. 정책대안의 편익–비용비가 1보다 크면 그 대안은 비용에 비하여 더 큰 편익을 창출하고, 편익–비용비가 1보다 작은 대안은 비용에 비하여 낮은 편익이 발생된다. 그러므로 편익–비용비가 1보다 큰 경우의 정책만이 채택될 수 있다. 반대로 편익–비용비가 1보다 작은 정책은 자원의 낭비와 함께 사회의 복지수준을 떨어뜨리기 때문에 기각되어야 한다. 한편 편익–비용비가 1인 대안은 사회의 후생변화에 아무런 영향을 미치지 못한다.

3) 내부수익률

내부수익률(internal rate of return)은 시간대별로 편익과 비용이 발생하는 정책을 평가하는데 널리 사용되는 방법이다. 내부수익률이란 현재가치의 편익과 비용을 서로 동일하게 만드는 할인율이며, 이를 식으로 표현하면 다음과 같다.

$$\sum_t \frac{B_t}{(1+\lambda)^t} = \sum_t \frac{C_t}{(1+\lambda)^t} \qquad (3)$$

여기에서 B: 편익, C: 비용, λ: 내부수익률을 각각 의미한다.

내부수익률에 의한 기본적인 대안 평가는 대안들의 내부수익률과 할인율, 즉, 시간의 투자가치와 비교하여 이루어진다. 만일 대안의 내부수익률이 할인율보다 높으면 투자비용의 수익률이 할인율보다 높다는 것을 의미하므로 그 대안은 실질적으로 편익을 증진시키는 정책대안으로 볼 수 있다. 반대로 대안의 내부수익률이 할인율보다 낮으면 이는 투자된 비용의 수익률이 할인율보다 작기 때문에 실질적인 가치를 감소시키는 정책이다.

4) 평가 및 활용

정책대안을 평가하는데 있어서 어느 기준이 더 적절한가를 제시하는 특별한 이론은 없다. 정책의 특성에 따라 적절한 분석기법을 사용하는 것이 바람직하다. 다만 내부수익률을 이용하여 정책의 경제성을 평가하는 경우에는 일관성 있는 결과를 분석자에게 제공하지 못한다는 점에 유의하여야 한다. 왜냐하면 정책기간에 따라 구해지는 내부수익률은 다수가 존재할 수 있기 때문에 분석자에게 여러 가지의 결과를 제시하게 된다. 반면에 그 중 어느 것이 최종적으로 선택되어야 하는 지에 대해서는 이론적인 근거를 제시하지 못하고 있다. 이러한 맥락에서 내부수익률 보다는 순현재가치법(Net Present Value)이 더 적절한 방법이라고 할 수 있다(표 6-6).

표 6-6 경제성 평가방법에 대한 비교

분석기법	판단방법	장 점	단 점
편익/비용 비율(B/C)	B/C≥1	• 이해가 용이하고 사업규모 고려 가능 • 비용편익 발생시간의 고려	• 편익과 비용의 명확한 구분이 어려움 • 상호배타적 대안선택의 오류발생 가능
내부수익률 (IRR)	IRR≥r	• 사업의 수익성 측정 가능 • 타 대안과 비교 용이 • 평가과정과 결과 이해 용이	• 사업의 절대적 규모를 고려하지 않음 • 수 개의 내부수익률이 도출될 가능성이 존재
순현재가치 (NPV)	NPV≥0	• 대안 선택시 명확한 기준제시 • 장래발생편익의 현재가치제시 • 한계순현재가치를 고려하고 타 분석에 이용가능	• 대안 우선순위 결정시 오류발생 가능하고 이해의 어려움

자료: 한국개발연구원, 예비타당성조사 수행을 위한 일반지침 연구, 2000.

(4) 소득분배효과 및 감응도 분석

1) 소득분배효과

소득분배효과(income distribution effect) 분석은 공공투자사업이 경제적으로 타당할지라도 그 편익과 비용이 특정집단에게 집중될 경우에는 정치 · 사회적 타당성을 상실할 수도 있다. 예를 들면, 부유층에게 편익이 집중되거나 빈곤 · 소외계층에게 비용이 과다하게 부과되는 사업은 경제적으로는 타당할지라도 사회적 불평등을 심화시켜 정치 · 사회적으로는 수용되기 어려울 수가 있다. 따라서 공공사업의 효과 또는 이득이나 비용이 누구 또는 어느 계층에 귀속되느냐가 매우 중요한 과제이다. 소득분배효과 분석은 사업이나 정책이 계층 간의 소득 불균형의 해소에 긍정적인 영향을 주거나 또는 최소한의 부정적인 영향을 미칠 수 있는 대안을 찾기 위한 방법이다. 그러므로 이 분석은 효율성을 강조하는 시장원리에 따른 사업평가의 한계를 불식시키기 위한 것이다.

2) 감응도(感應度) 분석

정책분석에서는 자재비, 지가(地價), 공사비, 인건비 등의 매개변수(parameter)값이 시간에 따라 변화하는 것이 아니라 일정한 것으로 취급된다. 그러나 현실적으로 매개변수의 값은 기술혁신, 유류파동, 그리고 노동조합의 활동 등 경제 외적인 여건에 따라 변하며, 이러한 변화는 정책분석결과에 큰 영향을 미치게 된다. 따라서 매개변수 값의 불확실성을 감안하는 실용적인 방법으로 사용되는 것이 감응도 분석(sensitivity analysis)이다. 감응도 분석은 매개변수 값의 변화가 최종적인 결과에 어떠한 영향을 미치는가를 분석하는 수단이다.

감응도 분석의 작업방법은 간단하다. 새로운 수치를 적용하여 편익과 비용을 다시 추정하여 편익-비용비율을 구하거나 또는 내부수익률을 계산하는 방법이다. 이 분석은 원래의 투자사업 평가수치와 불확실성 요인을 감안하여 다시 계산된 수치를 비교하여 정책 결정자의 판단을 돕는 방법이다. 감응도 분석에서 고려해야 할 요인은 적용할인율, 생산물의 가격, 주요 생산요소의 가격변화로 인한 공사단가의 변화, 공사기간의 연장과 시설의 사용년수(年數) 등이다.

3. 환경문제와 비용-편익분석

(1) 환경문제에 대한 비용-편익분석의 구조

환경을 고려한 비용-편익분석은 특정사업의 비용에 환경훼손비용을 포함하고, 편익에도 환경개선효과를 반영하는 방법이다. 이를 수식으로 표시하면 다음과 같다.

$$\sum_t (B_t - C_t \pm E_t)(1-r)^{-t} > 0 \qquad (4)$$

여기에서 E는 환경효과이며, 환경이 개선되면 (+), 악화되면 (-)가 된다. 공공투자에 따라 초래되는 환경효과를 측정하는 기법에 대해서는 많은 연구가 이루어지고 있으나 환경은 시장에서 거래되는 재화가 아니므로 정확한 비용과 편익의 측정이 어렵고, 이를 조사하는 데에도 많은 시간과 비용이 소요되는 문제점을 안고 있다.

(2) 환경개선의 편익과 비용

1) 환경개선사업의 편익과 비용

(가) 환경개선의 편익

일반적인 소비자의 효용은 시장에서 거래되는 재화의 소비를 통해서 얻어진다. 즉, 재화를 소비함으로써 편익이 발생하게 되나 환경오염이 있을 경우에는 이러한 편익을 누릴 수 없게 된다. 그러므로 환경개선사업의 편익은 환경오염으로 인한 피해의 화폐적 보상(monetary compensation) 즉, 환경피해의 반사적 가치로 규정할 수 있다.[6] 이는 오염배출로 인한 인체의 피해, 재산 피해, 쾌적성의 상실, 생태계의 파괴 등 환경오염과 파괴의 직접 또는 간접적인 피해를 오염발생 이전의 상태로 환원시키는 경제적 보상의 시각에서 인식하게 된다.

(나) 환경개선사업의 비용

환경개선사업의 비용에는 오염원인자가 지불하는 저감비용과 정부의 감시 · 감독비용 등의 직접비용뿐 아니라 환경정책이 유발한 기타 경제적 효과로 인하여 발생하는 모든 간접비용까지도 환경정책의 비용에 포함되는 것이 바람직하다. 환경과 관련된 공공

6) A.M. Freeman, III. *The Benefit of Environmental Improvement*, Baltimore: Johns Hopkins University Press, 1979, p. 3.

사업과 정책의 직접비용은 몇 가지 기준을 통하여 재분류될 수 있다. 즉, 직접비용은 설치비와 운영비로 분류되는데 설치비는 오염물질의 저감을 위하여 설치되는 공장과 설비 등의 자본재에 대한 비용이다. 따라서 설치비는 일종의 고정비용이며, 단기적으로는 고정되어 있기 때문에 기업의 생산량과 오염물질의 배출량이 변하여도 설치비 자체는 변하지 않는다. 한편 운영비는 이미 설치된 오염저감시설을 작동하고 유지하는데 소요되는 비용이며, 여기에는 재료비 · 부품비 · 인건비 · 연료비 등이 포함된다. 이러한 운영비는 일종의 가변(可變)비용으로서 생산량과 오염물질의 저감량에 따라 달라진다.

2) 환경서비스와 가치측정

환경은 우리에게 매우 다양한 서비스를 제공한다. 환경에 대한 중요성의 인식이 확산되면서 환경의 가치에 대한 인식의 범위도 확산되고 있다. 환경자원의 보전가치에는 본질적으로 사용가치와 비사용가치의 두 가지 요소가 포함되어 있다. 자연환경은 우리 인간에게 필요한 식량 등 많은 자원을 직접 생산하고 제공하여 우리의 후생수준을 높여준다. 뿐만 아니라 보전된 자연자원에는 많은 방문객들이 찾아와서 즐기므로 인간의 만족도를 높여주기도 한다. 그러므로 환경의 가치는 그 환경이 우리의 후생(행복)에 직접적으로 기여한 정도 즉, 실제적인 사용가치(actual use value)에 의하여 판단된다. 이렇게 인식된 자연자원의 가치를 사용자 가치(user values)라고 한다.

그러나 자연자원은 현재의 이용자뿐만 아니라 미래의 잠재적 이용자에게도 자연자원의 가치를 부여해야 한다는 인식이 확산되고 있다. 이와 같이 인식된 가치를 선택유보가치(option value)라고 한다. 어떤 자연자원의 장래 이용자가 생애 중 그 자연자원을 언젠가는 이용할 수 있을 것이라는 유보된 선택에 따른 지불용의(willingness-to-pay)가 있다는 의미이다. 이 보다 더 포괄적인 개념이 순수존재가치(pure existence value)이다. 어떤 진귀한 자연자원의 존재 그 자체에 대한 인식만으로도 인간은 만족을 느낄 수 있으므로 이들의 보전에 가치를 부여해야 한다는 개념이다. 실증적인 연구들은 이러한 존재가치가 이용가치에 못지않게 중요하다는 것을 밝히고 있다.

3) 가치측정기법

환경재의 가치를 평가하는 기법은 크게 간접 방법과 직접 방법으로 구분될 수 있다. 간접 방법은 재화의 가치가 시장에서 재화의 구매를 통하여 나타낸 선호행위로부터 환경의 가치를 분리해 내는 방법이다. 즉, 소비자의 선택의 결과인 시장자료를 이용하여 환경에 대한 가상적 수요곡선을 추정하고, 소비자의 잉여 개념을 바탕으로 환경의 가치를 측정하는 방법이다. 이 방법에는 여행비용법(Travel Cost Method)과 속성(屬性)가격법(Hedonic Price Method) 등이 있다.

여행비용법은 특정 장소를 방문하는 사람의 여행비용에 해당 장소에 대한 여행자의 가치평가가 내재되어 있다는 가정을 토대로 특정 지역의 관광가치를 평가하는 방법이다. 여행비용법은 여행에 소요된 직접적인 금전 비용과 시간 비용에 따라 방문횟수가 어떻게 반응하는가를 기본모델로 설정한다. 다른 것이 동일하다는 전제를 바탕으로 여행비용이 증가하면 관광지의 방문횟수가 줄어든다고 가정하여 여행비용과 방문횟수와의 관계를 추정하는 방법이다.

속성가격법은 자연환경이 주택과 같은 자산의 가치에 미치는 영향을 파악하여 환경의 가치와 환경질 개선의 편익을 추정하는 방법이다. 속성가격법에서는 주택과 직업의 가치가 이를 구성하는 여러 특성들의 가격으로 분할될 수 있다고 가정한다. 이는 환경재(環境財)에 대한 시장이 명시적으로 존재하지 않기 때문에 시장재(市場財)인 주택과 노동 등의 대체시장을 이용하여 간접적으로 환경재에 대한 가치를 측정하는 방법이다.

반면에 직접 방법은 소비자들에게 설문조사를 통하여 가상적 시장을 제공하고, 가상적 상황에서 응답자로부터 환경재에 대한 지불의사금액을 유도하여 환경의 가치를 평가하는 기법이다. 가장 대표적인 방법으로는 조건부가치측정법(Contingent Valuation Method)이 있다. 이는 각 개인이 환경재의 이용과 관련된 의사결정을 해야 할 가상적인 상황을 설정한 설문조사에 의하여 개인이 인식하고 있는 환경재의 가치를 평가하는 방법이다. 이 방법은 여행비용법과 속성가격법 등의 간접평가방법과는 달리 환경재의 가치를 보다 직접적으로 개인에게 질문하여 구하는 기법이기 때문에 개인의 효용을 직접 평가할 수 있는 장점이 있다.

제3절 개발지역의 환경용량평가

1. 환경용량평가의 개념

(1) 환경용량

환경용량(Environmental Capacity)은 인간을 중심으로 하는 사회과학적인 개념으로서 일정한 지역의 자연시스템이 부양할 수 있는 경제규모를 말한다. 경제규모에는 인구, 산업, 주택, 도로, 교통 등이 포함된다. 다시 말하면, 주어진 공간의 자원과 오염관리능력으로서 부양할 수 있는 최대 지속가능밀도를 의미한다.[7]

환경용량의 개념은 1930년대부터 생태학, 인구학, 관광학, 도시 및 지역계획학, 환경계획학 등에서 지속적으로 연구되고 있으며, 동시에 다양한 형태로 응용되어 오고 있다. 그러나 아직까지 환경용량의 개념에 대한 학문적인 정립이 이루어지고 있지 못하며, 학자나 관련분야에 따라 다양한 개념으로 정의되고 있다. 그러므로 환경용량은 활용도에 따라 개념을 재정리할 필요가 있으며, 시대적 · 지역적 여건의 변화와 필요성 등을 반영한 사회의 수용에 의하여 그 방법론을 제시할 필요가 있다.

환경용량의 개념은 한계용량 개념과 수용능력 개념으로 구분된다. 한계용량(Marginal Capacity)은 자연환경 생태계의 안정을 유지하는 것과 같은 절대적인 조건 밑에서 자연능력의 한계(지하수 공급가능량, 자연자원의 최대이용능력, 환경기준 등)를 설정하는 것이고, 수용용량(Carrying Capacity)은 일정한 삶의 질을 지속적으로 유지할 수 있는 수준에서 지역이 지탱할 수 있는 인간활동의 범위(인구밀도, 수용 가능한 관광객수, 일정 지역의 개발속도와 규모)를 설정하는 것이다.

환경용량은 제도의 변화, 기술의 발전정도, 인간의 생활양식 및 인식, 경제구조 등 물리적 환경과 생물학적 환경과의 상호작용에 의하여 끊임없이 변화되기 때문에 고정된 수치적 개념으로서의 한계용량은 의미가 없다. 따라서 환경용량은 일정한 환경의 질을 목표로 설정했을 때 인간활동과 환경요소들 간의 복합적이고 순환적인 상호작용에 의하여 변화되는 개념으로 파악할 필요가 있다.

---

7) 이창우, 서울시 환경용량평가에 관한 연구, 서울시정개발연구원, 1999. p. 20.

한편 생태학에서는 환경이용행위가 환경용량의 범위 내에서 이루어져야 한다고 강조한다. 생태학적 측면에서 정의하고 있는 환경용량은 자원의 지속가능생산량, 지역의 수용용량, 환경의 자정능력 등의 세 가지 측면에서 살펴볼 수 있다.[8)]

1) 자원의 지속가능생산량

어업, 산림, 농작물 등의 재생가능 자연자원은 일정 수준을 초과하여 생산하지 않는다면 지속적으로 그 자원은 활용이 가능한데, 이 최대치를 최대지속가능생산량(maximum sustainable yield)이라고 한다. 만약 이 수준을 초과하여 생산을 하게 되면 이 자원의 생산기반이 급격히 무너지게 되므로 이 한도 내에서의 자원이용을 지속가능한 것이라고 정의할 수 있다. 예를 들면, 고래에 대한 포경(捕鯨)금지협약과 특정해역에 대한 어획량의 할당 등은 이 개념에 근거하고 있다.

2) 지역의 수용용량

어떤 지역의 생태계 용량은 일정 수준의 인구, 야생동물, 가축만의 생존을 유지할 수 있다. 그러므로 어떤 지역의 수용용량을 정확하게 계산할 수 있다면 이 지역에서 생존할 수 있는 동물과 사람의 규모에 대한 한계를 정할 수 있다. 오덤(Odum)은 수용용량의 개념을 최대수용용량과 적정수용용량으로 구분하고, 후자가 환경적인 변화와 영향에 덜 취약하다고 주장하였다. 그러나 인간환경의 수용용량은 삶의 질 수준과 생활환경에 대한 외부로부터의 에너지 보조에 의하여 결정된다는 점 때문에 이를 수치로 나타내기 어려운 단점을 갖고 있다.

3) 환경의 자정능력

생태계의 자정능력(assimilative capacity)은 특정지역의 생태계 환경에 위해(危害) 또는 변화가 발생할 때 그 변화에 적응하고 균형을 유지하여 영향을 줄일 수 있는 능력을 의미한다. 이는 수계(水系), 대기, 토양에 환경오영물질을 배출할 때 규정된 환경기준을 위반하지 않는 범위이내라면 받아들일 수 있다는 능력이다. 자정능력에는 일정한 한계가 있다. 이 한계를 초과하는 영향이나 충격을 가하면 생태계는 파괴된다. 즉, 환경파괴와 오염물질 배출 정도가 자정능력의 범위 내에서 발생할 때에만 생태계는 안정을 유지할 수 있다. 오염물질의 수송, 확산, 화학반응, 화학적 분해 등에 의한 다양한 자연적 과

8) 김보국, 전라북도 환경용량 및 도시개발용량 평가, 전북발전연구원, 2005. p. 9.

정은 환경의 자정능력을 제고한다. 그러나 지역의 자정능력은 공간과 시간에 따라 크게 변한다. 예를 들면, 어떤 수계의 자정능력은 수온과 유속 등에 영향을 받으며, 어떤 대기의 자정능력은 풍속 · 혼합고(混合高) · 온도 등에 따라 달라지는데 이것은 위치와 시간에 따라 변한다.

(2) 환경용량평가

환경용량평가는 환경용량산정의 결과를 토대로 일정지역의 경제활동에 의한 해당 지역 환경용량의 초과 여부를 환경용량 구성요소의 한계치에 근거하여 파악하는 방법이다. 이를 통하여 그 지역에서 이루어지는 각종 개발사업이 환경에 미치는 영향은 어느 정도인지를 판단할 수 있다. 즉, 어떤 제품에 대한 생산, 폐기, 수송 등의 과정에서 투입되는 에너지자원 등에 의하여 발생한 각종 오염물질의 배출이 환경에 미치는 영향을 정량적으로 평가하는 방법이라고 할 수 있다.

환경용량평가를 시행할 때 기준으로 사용되는 한계치는 환경용량산정의 결과치를 사용하거나 사회적 합의 기준인 정책목표치를 사용할 수 있다. 환경용량평가는 하나의 정책적 판단행위로서 환경용량선정 그 자체를 의미하는 것은 아니기 때문에 반드시 환경용량산정 결과만을 활용하여 환경용량이 평가되어야 한다는 원칙은 없다. 자연과학적 방법으로 환경용량을 정확하게 산정하여 모든 사람들이 객관적으로 인정할 수 있는 값을 사용할 수 있으면 가장 이상적이나 현실적으로는 관련 변수 간의 관계를 모두 고려하여 환경용량을 정확하게 산정하는 것은 매우 어렵다. 완전한 환경용량평가란 환경용량의 정의에서 설명한 바와 같이 경제환경, 사회환경, 자연환경 각각의 한계뿐만 아니라 이들 상호간의 역동적인 관계까지 고려하여 종합적인 환경용량을 추정하고 평가하는 것이어야 하며, 동시에 해당지역 주민의 가치 수준도 함께 반영하는 것이 바람직스럽다.

환경용량평가는 여러 가지 문제점과 많은 전제조건에도 불구하고, 지역의 지속가능성과 환경의 취약성을 평가하는 유용한 수단이다. 즉, 환경용량평가는 환경 질의 변화에 따라 경제성장률과 개발규모 등을 조정하는 수단이 될 수 있으며, 특히 체계적이고 통합적인 지역발전전략을 수립할 때 중요한 정책자료로 활용될 수 있다. 또한 환경관련 부서에 국한되어 왔던 지역환경관리가 지역의 발전과 삶의 질 향상의 문제로 인식되면서 환경용량평가는 통합적인 지역환경관리정책을 추진할 때에도 많은 도움을 기대할 수 있다. 뿐만 아니라 환경용량평가를 통하여 지역환경관리의 통합적 접근과 효율적

인 자원관리를 추구할 수 있으며, 주변지역과의 협력과 지원도 적극적으로 모색할 수 있다.[9]

2. 환경용량평가 모델

(1) 생태발자국

생태발자국 지수(Ecological Footprint: EF)는 인간이 살아가는데 필요한 요소인 의·식·주 등을 대상으로 생산에서부터 폐기까지의 과정에서 소비되는 비용을 토지로 환산한 것이다. 이는 자연의 생물학적인 생산능력을 자연자원의 소비와 비교하는 지표로서 인간의 각 경제활동에 소요되는 모든 자원을 하나의 평가단위인 토지소요면적으로 표현한 것이다. 여기서 전제조건으로 제시되어야할 것은 인간의 생산활동과 소비활동 또는 그 외의 보이지 않는 생명부양기능 등을 수행하는데 필요한 토지와 생태계의 용량이다.

생태발자국이란 한 도시가 지속적으로 존재하기 위하여 반드시 필요한 생태계의 면적이며, 그 지수는 인구와 1인당 물질소비에 비례한다. 현대산업도시에서의 도시 생태발자국은 그 도시가 물리적으로 차지하고 있는 면적보다 많게는 수십 배까지 넓은 면적을 필요로 한다. 현대도시와 대부분의 국가는 자연의 흐름 또는 다른 나라와의 상업적인 무역을 통하여 취득한 생태적인 상품과 서비스에 의존하여 생존하고 있다. 따라서 생태발자국은 어느 특정 인구의 '전유된 수용능력'을 나타내기도 한다.[10]

웨커네이걸(M. Wakernagel)과 리즈(W. Rees)[11]는 생태발자국 지수의 산정을 통하여 캐나다, 미국, 유럽 각국, 일본, 한국, 호주 등의 소비수준을 토대로 해당지역의 지속가능성을 평가하였다.[12] 또한 이들은 인간이 삶을 지속적으로 영위하기 위하여 필요한 토지의 면적인 생태발자국을 연구함으로써 인간이 얼마나 자연에 의존하고 있는지를 밝혀냈다.

생태발자국을 통하여 특정 국가 또는 도시의 지속가능성을 계획할 수 있으며, 인간의 활동이 자연에 어느 정도의 부담을 주고 있는지도 측정이 가능하다. 왜냐하면 생태

9) 상게서, p. 11.
10) Wackernagel, M. and W. Rees., 이유진 · 류상윤 역, 생태발자국, 서울: 이매진, 2006. p. 33.
11) 상게서, p. 30.
12) 김보국, 전게서, 2005, pp. 12-13.

발자국은 사람들이 자원을 소비하고 쓰레기를 배출하는데 필요로 하는 토지의 면적을 나타내기 때문이다. 따라서 생태발자국을 측정하기 위해서는 인간이 생활하는데 필요한 에너지와 물질의 소비 및 쓰레기 배출 등의 모든 결과가 일정한 면적의 땅이나 물의 생산 또는 흡수 능력을 필요로 한다고 가정하여야 한다.

이러한 가정을 바탕으로 생태발자국은 특정 지역의 인간이 다양한 생활, 생산 및 위락활동 등을 영위하기 위하여 필요한 토지의 면적을 모두 합산하여 산출된다. 생태발자국에는 가계, 기업, 정부의 모든 소비가 포함되며, 이는 자연 소득의 흐름에 기초한 것이기 때문에 토지면적으로 추정된 값 역시 해당 인구의 자연자본요구량이다. 생태발자국 지수를 계산하기 위해서는 인간의 모든 소비활동에 따른 토지의 사용내역이 산출되어야 하나 소비의 종류가 다양하기 때문에 일반적으로 주요 소비재의 종류를 선택하여 계산한다.

생태발자국의 계산과정은 여러 단계를 거쳐야 하나 이를 간단히 설명하면 다음과 같다. 먼저 특정 지역이나 국가의 총량자료를 이용하여 총 소비를 인구 규모로 나누어 특정 항목에 대한 인구 1인당 평균 연간 소비를 추정한다. 이때 필요한 자료는 생산과 무역에 관한 통계수치이다. 즉, 국가 또는 지역 내의 생산과 수입을 합산하고, 다른 곳으로 수출된 것을 감(減)하면 다음과 같이 무역량을 반영한 무역보정소비(貿易補正消費) 값이 도출된다.

$$\text{무역보정소비} = \text{생산} + \text{수입} - \text{수출} \qquad (5)$$

다음은 소비상품 i를 생산하기 위하여 필요한 1인당 전유토지면적(aa)을 추정한다. 위에서 계산된 해당 상품의 평균 연간 소비(c: kg/인)를 평균 연간 생산성 또는 평균 연간 수확량(p: kg/ha)으로 나누어 i상품의 토지면적 aa값을 구한다.

$$aa_i = c_i/p_i \qquad (6)$$

다음 단계에서는 한 사람이 1년 동안 소비하는 재화와 서비스 등 모든 구매 항목(n)에 대하여 소요되는 생태계의 면적을 구하고, 이를 모두 더하면 인구 1인당 총 생태발자국(ef)이 계산된다.

$$\text{ef} = \sum_{i=1}^{n} \text{aa}_i \tag{7}$$

마지막으로 인구 1인당 생태발자국에 인구규모(N)를 곱하면 특정 국가 또는 지역의 생태발자국(EFP)은 다음과 같다.

$$\text{EFP} = \text{N} \times \text{ef} \tag{8}$$

생태발자국은 대부분 평균 국민소비와 세계평균 토지수확을 토대로 추정된다. 이는 국가나 지역 간의 '일반사례' 비교를 쉽게 하기 위한 표준화 과정이다. 그러나 보다 자세한 분석을 위해서는 해당 지역의 소비와 생산통계에 기초하여 생태발자국을 추정할 필요가 있다. 다음은 생태발자국 지수의 산정을 활용하여 네덜란드의 생태발자국을 평가한 사례이다.

생태발자국은 특정 인구의 현재 소비와 실제 공급할 수 있는 생태적인 공급에 대한 향후 수요를 측정하여 예상되는 토지의 부족분을 산출해낼 수 있다. 이러한 방법을 통하여 생태발자국은 사회 전체가 어떠한 선택을 해야 할지 판단하도록 도와준다. 그동안 지구상에서 한 개인이 사용가능한 토지의 면적은 지속적으로 감소하여 왔으며, 현재 한 사람이 쓸 수 있는 토지면적은 1.5ha이다. 반면에 선진국의 국민들이 '전유'하는 토지는 꾸준히 증가하였다. 1996년의 연구결과에 의하면 북미인(北美人)들의 생태발자국은 4~5ha로서 이는 실제 1인당 사용가능한 토지면적에 비하여 3배나 더 많은 실정이다. 모든 사람들이 선진국처럼 삶을 영위한다면 세계 전 인구의 삶이 지속가능하기 위해서는 적어도 세 개의 지구가 필요할 것이다. 만일 인구가 지속적으로 늘어난다면 2040년까지 세계인구는 100억 명에 도달할 것이며, 따라서 세계인구 1인당 생태적으로 생산성이 보장된 토지는 0.9ha에도 미치지 못한다. 모든 사람이 적정 생태발자국 면적 이상을 지구에 부과하게 될 경우, 인류는 결코 지속가능한 발전을 기대할 수 없다. 그러므로 인류 전체의 생태 발자국은 지구 표면의 생태적으로 생산가능한 면적보다 작아야 한다.

네덜란드의 생태발자국 평가[13)]

소비재는 국내소비의 4가지 주요 항목 즉, 건설부지, 음식, 임산품, 화석에너지만을 고려하였다. 이렇게 단순화하면 이중으로 계산되는 것을 방지하고, 생태발자국 분석의 강점도 충분히 나타낼 수 있다.

네덜란드 기본자료(1991년)

인구: 15,050,000인
토지면적: 33,920㎢
건설부지: 538,000ha
상업에너지 소비: 3,197PJ−36PJ(화석연료원이 아닌 것, 주로 핵에너지)
여기서 (3,197−36)PJ/1,500만 네덜란드의 인구 = 210GJ/인/년은 화석연료의 소비를 대표하는 값으로서 계산에 이용된다.

계산

숲: 1.1㎥/인/년의 소비와 2.3㎥/ha/년의 숲 생산성을 가정하면,
숲의 소비는 1.1(㎥/인/년)/2.3(㎥/ha/년) = 0.47ha/인이 된다.
화석연료의 소비: 210(GJ/인/년)/100(GJ/ha/년) = 2.10(ha/인)이 된다.

결과

음식:	경작지	0.45(ha/인)
방목지:		0.26(ha/인)
숲:	1.1㎥/인/년에 상응하는 것은	0.47(ha/인)
화석연료:	210GJ/인/년에 상응하는 것은	2.10(ha/인)
퇴화된 땅(토지정착과 도로):	538,000(ha)/15,000,000(총 인구)	0.04(ha/인)
1인당 총 생태발자국:		3.32(ha/인)

따라서 네덜란드의 총 생태발자국은 15,000,000(총 인구)×3.32(ha/인)×0.01(ha/㎢) = 298,000㎢이다. 이는 네덜란드 국토면적 33,920㎢의 약 15배에 해당된다.

생태발자국은 인간의 활동이 얼마나 자연에 영향을 미치고 있는지 확인할 수 있도록 정보를 제공해 주고 있으며, 지수가 높을수록 자연에 부정적인 영향을 끼친다고 해

13) National Institute for Public Health and Environmental Protection RIVM, *National Environmental Outlook 2*, Bilthoven, Netherlands: RIVM, 1992, pp. 1990~2010.

석할 수 있다. 그러므로 이를 '생태파괴지수'라고 부르기도 한다. 생태발자국 지수는 현재 진행되고 있는 인간활동의 지속가능성을 평가할 뿐만 아니라 시민의식을 확립하고, 의사결정에 도움을 주는 효과도 있다. 생태발자국은 인간이 계속해서 자연에 의존하여 살아가야 하고, 미래에도 모든 인류가 생존할 수 있도록 지구의 수용능력을 존중해야 한다고 가르쳐주고 있다.[14]

(2) 에머지

에머지(Emergy)란 재화와 용역(用役)을 생산하기 위하여 직 · 간접적으로 이용 가능한 에너지를 말한다. 에머지를 통해서 해당지역의 인구수용 능력 또는 자원환경과 경제활동의 지속성을 평가하는 방법을 에머지 분석이라고 한다. 이러한 에머지의 개념을 이용한 연구들은 자연환경의 보존과 개발에 관한 새로운 관점들을 다양하게 제시하였다. 에머지 개념의 선도자인 오덤(Odum)은 1983년의 'System Ecology: An Introduction'에서 에머지 분석에 필요한 시스템생태학에 대한 기초개념을 제공하였고, 1996년의 'Environmental Accounting: Emergy and Environmental Decision Making'에서는 기존에 수행되었던 다양한 시스템평가 연구결과를 토대로 에머지의 개념을 소개하였다.

우리나라의 경우, 에머지 개념을 응용한 최초의 연구에서는 우리나라 전체의 자연환경과 경제를 평가하였다.[15] 1991년의 우리나라 경제를 대상으로 한 이 연구에 따르면 우리나라는 1년 동안 사용한 에머지의 양이 4,373 E20 sej[16]로서 이 중 90%를 외국에서 수입한 원유, 광물자원, 그리고 상품에 의존하였다. 화폐로 환산한 무역 수지는 적자를 나타내었으나 에머지에 의하여 산출된 무역수지는 약 3.4배의 흑자를 달성하였다. 이 연구는 경제활동이 우리나라의 환경에 많은 부담을 주고 있으며, 인구 또한 자연환경이 지탱할 수 있는 수용능력을 훨씬 초과하고 있음을 보여주었다. 특정 생태계와 도시 등에 대한 에머지 평가를 수행하면서 우리나라 전체의 경제를 함께 평가한 다른 연구들도 비슷한 결과를 나타내었다.[17] 에머지 분석을 통한 대부분의 연구는 우리나라 경제의 지속가능성을 제고하기 위한 공간정책을 추진하도록 권고하고 있다.

14) M. Wackernagel, and W. Rees., 이유진 · 류상윤 역, 전게서, 2006, p. 33.

15) S. Lee and H. Odum, "Emergy Analysis Overview of Korea," *Journal of the Korean Environmental Science Society*, vol. 3, no. 2, 1994, pp. 165-175.

16) 에머지 단위인 sej는 solar emergy joules를 의미하며, 서로 다른 자원들을 비교하기 위하여 기준으로 삼은 에너지는 태양에너지로서 에머지의 기본 단위로 사용되고 있다.

17) 김보국, 전게서, 2005, p. 14.

참고문헌

김경태 외, "Ecological Footprint를 활용한 도시의 환경용량 평가," 국토계획, 대한국토 · 도시계획학회, 제41권, 제3호(통권149호), 2006.

김보국, 전라북도 환경용량 및 도시개발용량 평가, 전북발전연구원, 2005.

이창우, 서울시 환경용량평가에 관한 연구, 서울시정개발연구원, 1999.

정회성 · 변병설, 환경정책의 이해, 서울: 박영사, 2003.

한국개발연구원, 예비타당성조사 수행을 위한 일반지침 연구, 2000.

Wackernagel, M. and W. Rees, 이유진 · 류상윤 역, 생태발자국, 서울: 이매진, 2006.

Freeman Ⅲ A. M., *The Benefit of Environmental Improvement*, Baltimore: Johns Hopkins University Press, 1979.

Lee, S. and H. Odum. "Emergy Analysis Overview of Korea," *Journal of the Korean Environmental Science Society*, vol. 3. no. 2, 1994.

Lind, R. C. (ed.), *Discounting for Time and Risk in Energy Policy*, Washington, D.C.: Resources for the Future, 1982.

Pearce, D. W. and C. A. Nash, *The Social Appraisal of Projects: A Text in Cost-Benefit Analysis*, London: Macmillan, 1981.

Odum, H. *Systems Ecology: An Introduction*, New York: John Wiley & Sons, 1983.

Odum, H. *Environmental Accounting: Emergy and Environmental Decision Making*, New York: John Wiley & Sons, 1996.

Steven C. Hackett, *Environmental and Natural Resources Economics: Theory, Policy, and the Sustainable Society*, New York: M.E. Sharpe. 2001.

Wackernagel, M. and W. Rees, *Our Ecological Footprint: Reducing Human Impact on the Earth: Philadelphia, PA and Gaboriola Island*, Canada: New Society Publishers, 1996.

제 7 장

지속가능한 국토설계기법

제 1 절 국토설계기법의 필요성

지속가능한 국토를 설계하는 기법이란 국토환경의 주요 요소인 도로, 철도, 건물, 공원, 댐 등의 인프라시설을 친환경적으로, 그리고 지속가능한 시설로 설치하기 위한 설계를 의미한다. 그동안 도로, 댐, 건물 등을 설계할 때 환경적 지속가능성의 개념이 거의 반영되지 못하였다. 그 결과 도로와 댐 등의 건설이 자연환경을 훼손시키는 사례가 자주 발생하였으며, 이로 인하여 인프라시설이 환경훼손의 우려 때문에 갈등을 빚거나 새롭게 추진되지 못하는 경우도 발생하였다.

예를 들면, 환경훼손우려로 인하여 동강댐 건설이 백지화된 사례, 경부고속철도 천성산 터널건설과정에서 발생한 도룡뇽 서식처 훼손문제로 공사가 지연된 사례, 북한산 관통도로 중 사패산 터널공사가 지연된 사례 등을 들 수 있다. 또한 국립공원과 자연생태계 보전지역 등의 주변은 도로건설로 인하여 야생동물의 이동이 차단되거나 혹은 도로에서 야생동물이 교통사고를 당해 죽는 로드 킬(road kill) 현상이 자주 발생하고 있다. 지리산 국립공원 인근 고속도로와 관광도로 등에서 2004년 7월~2006년 12월 기간 중 1,792건의 로드킬이 발생하였다.[1)]

그러므로 인프라 건설에 따른 개발과 환경보전 간의 상충문제를 해결하기 위하여 지속가능한 국토설계기법의 필요성이 제기되고 있다. 지속가능한 국토설계기법은 인프라의 개발로 발생할 수 있는 환경훼손문제를 사전에 예방하거나 최소화하도록 인프라의 계획과 설계단계에서부터 친환경적인 고려뿐 아니라 경관에 미치는 영향과 시설예정지역에 거주하는 주민들에게 미칠 수 있는 경제적, 사회적 피해까지도 감안하여 부정적인 영향을 최소화하도록 설계하는 것이다. 각종 인프라를 계획하는 과정에서 도로의 노선을 선정하거나 댐과 공원 등의 입지를 결정할 때 보전가치가 높은 생태계지역은 적극 보전하고, 그 대신 상대적으로 보전가치가 낮은 지역에 시설의 입지를 유도해야 할 것이다.

자연환경의 보전가치를 파악하기 위하여 국토환경성평가도, 생태 · 자연도, 녹지자연도, 비오톱 지도 등을 활용하고 있다. 인프라를 계획할 때에는 환경의 개념을 확대하여 생태환경뿐 아니라 경관까지도 포함시켜야 하며, 인프라시설로 인하여 불가피하게

1) 최태영, 포유류의 도로횡단 특성과 행동권 분석을 통한 로드킬 저감방안, 서울대 공학박사학위 논문, 2007, p. 71.

환경훼손이 발생했을 때에는 훼손된 환경을 원래의 환경으로 복원시킬 필요가 있다. 최근 미국을 비롯한 여러 나라가 녹색뉴딜(New Deal)을 주요 정책으로 채택하고 있다. 우리나라도 국가의 발전목표로 설정하고 있는 '저탄소 녹색성장'을 추진하기 위해서는 인프라시설의 친환경적 설계가 반드시 이루어져야 할 필수요건이다.

제2절 환경관리기반

지속가능한 국토를 계획하고 설계하는 과정에서 기초자료로 활용할 수 있는 국토환경성평가도와 생태 · 자연도는 「환경정책기본법」과 「자연환경보전법」에 각각 근거하여 작성된 지도이고, 녹지자연도는 국토환경성평가도와 생태 · 자연도가 작성되기 이전에 환경영향평가의 중요한 기준으로 사용되었다. 반면에 비오톱 지도는 독일에서 개발된 지도이나 우리나라의 경우, 일부 도시에서만 비오톱 지도가 제작되어 있기 때문에 아직은 일반화되지 못하고 있다.

1. 국토환경성평가도

국토환경성평가도는 토지의 환경성을 평가하여 보전이 필요한 지역과 개발이 가능한 지역을 구분하고, 그 결과를 지형도에 표시한 도면이다. 이 도면은 전 국토를 대상으로 2003~2005년 기간 중에 구축되었으며, 도시계획과 개발입지 선정 등의 기초자료로 제공되고, 동시에 환경성평가 자료로 활용[2)]되고 있다.

국토환경성평가도 작성을 위한 지표는 법제적 지표와 환경적 지표로 분류된다. 법제적 지표는 자연환경(생태계 보전지역, 습지보전지역, 조수 보호구 등), 수질환경(수변구역, 상수원보호구역 등), 기타(자연환경보전지역, 개발제한구역, 보전임지 등)이며, 환경적 지표는 다양성, 자연성, 풍부도, 희귀성, 허약성, 안정성, 잠재적 가치, 연계성 등으로 구분된다. 구체적인 평가방법은 해당지역을 산림지역, 농경지역, 도시지역으로 구분하여 30m

---

2) 이 지도는 1:25,000 축척도면에 1~5등급으로 구분하여 지형도에 표시되었고, 인터넷 웹 GIS로 구축되어 정보가 제공된다. 그러나 이는 실사에 의한 객관적 정보가 아닌 2차 가공자료로서 법적인 행위제한이 없는 참고자료의 성격을 띠고 있다.

그림 7-1 국토환경성평가도

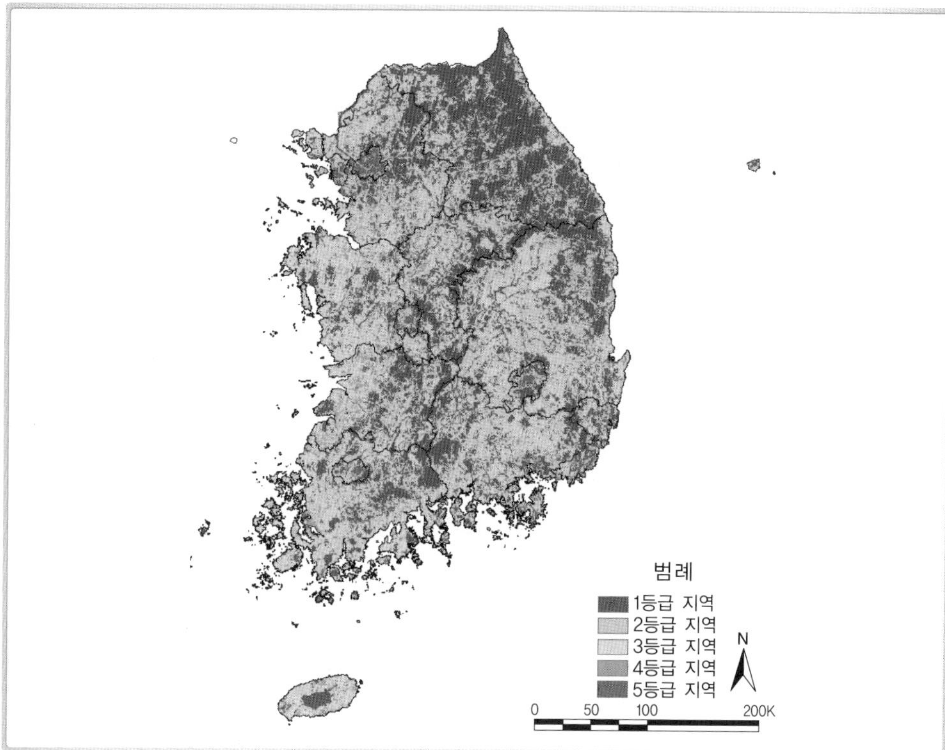

자료: 환경부(www.me.go.kr)

격자단위로 분석한다. 각각의 평가항목은 등가중치법(等加重値法)에 의하여 평가되며, 법제적 평가항목과 환경·생태적 평가항목으로 구분하여 산림지역, 농경지역, 도시지역에 따라 5등급으로 평가한다(그림 7-1).

국토환경성평가에 따라 해당지역의 보전가치 등급이 결정되면 행정계획 및 개발사업계획, 특히 도시계획과 토지이용계획을 수립할 때 이 평가등급을 반영할 수 있다. 택지, 산업단지, 관광지 등 각종 개발사업지구를 지정할 경우에는 미리 국토환경성평가 등급을 파악하여 1, 2등급은 입지를 피하고, 3등급은 최대한 입지를 억제하는데 활용이 가능하다. 또한 국토환경성평가 결과는 사전환경성검토 및 환경영향평가 과정에서 개발입지 불허지역과 조건부 개발을 허용하는 지역, 환경성을 고려하여 개발입지를 허용할 지역 등의 평가기준으로 활용될 수 있다.

2. 생태 · 자연도

생태 · 자연도3)는 「자연환경보전법」에 근거4)하여 전국의 자연환경을 도면으로 작성한 것이며, 전 국토를 대상으로 지역의 자연성(自然性) 관리를 위하여 2000~2004년 기간 중에 구축되었다. 전국의 자연환경은 1~3등급 및 별도관리지역의 4가지 등급으로 구분되고 있다(표 7-1). 이 도면은 전국 자연환경조사결과에 따라 매 10년마다 작성되며, 특별한 사유가 발생한 지역에 한해서 5년 단위로 다시 작성할 수 있다(그림 7-2).

표 7-1 생태 · 자연도 등급기준

구 분	등급 기준
1등급 권역	• 멸종위기야생동식물 또는 보호야생동식물의 주된 서식지, 도래지 및 주요 이동 통로가 되는 지역 • 생태계가 특히 우수하거나 경관이 특히 수려한 지역 • 생물의 지리적 분포 한계에 위치하는 생태계 지역 또는 주요 식생의 유형을 대표하는 지역 • 생물다양성이 특히 풍부한 지역 • 기타 가목 내지 라목에 준하는 생태적 가치가 있는 지역으로서 대통령령이 정하는 기준에 해당하는 지역
2등급 권역	• 1등급에 준하는 지역으로서 장차 보전의 가치가 있는 지역 또는 1등급 권역의 외부지역
3등급 권역	• 1등급 권역, 2등급 권역 및 별도관리지역으로 분류된 지역 외의 지역으로서 개발 또는 이용의 대상이 되는 지역
별도관리지역	• 다른 법률의 규정에 의하여 보전되는 지역 중 역사적 · 문화적 · 경관적 가치가 있는 지역이거나 도시의 녹지보전 등을 위하여 관리되고 있는 지역으로서 대통령령이 정하는 지역

자료: 환경부, 생태 · 자연도 작성지침, 2006.

생태 · 자연도 작성의 구체적인 평가항목은 식생(현존 식생도 및 식생보전등급, 녹지자연도, 임상도 등), 멸종위기의 야생 동 · 식물 (자연환경조사보고서, 철새센서스보고서, 조수실태조사보고서, 멸종위기야생동식물 전국분포조사보고서, 철새도래지, 국제협약보호지역 관련자

3) 이 지도는 자연생태계 관리 및 국토환경계획의 기초자료로 활용되며, 1:25,000 축척도면에 작성된다. 이 도면의 작성은 실사에 의한 자연환경조사 결과를 활용하며, 인터넷 웹 GIS로 구축하여 정보를 제공하고 있다.

4)「자연환경보전법」제2조에 의하면 "생태 · 자연도"는 산 · 하천 · 습지 · 호소 · 농지 · 도시 등에 대하여 자연환경을 생태적 가치, 자연성, 경관적 가치 등에 따라 등급화하여 작성된 지도를 말한다.

그림 7-2 생태 · 자연도

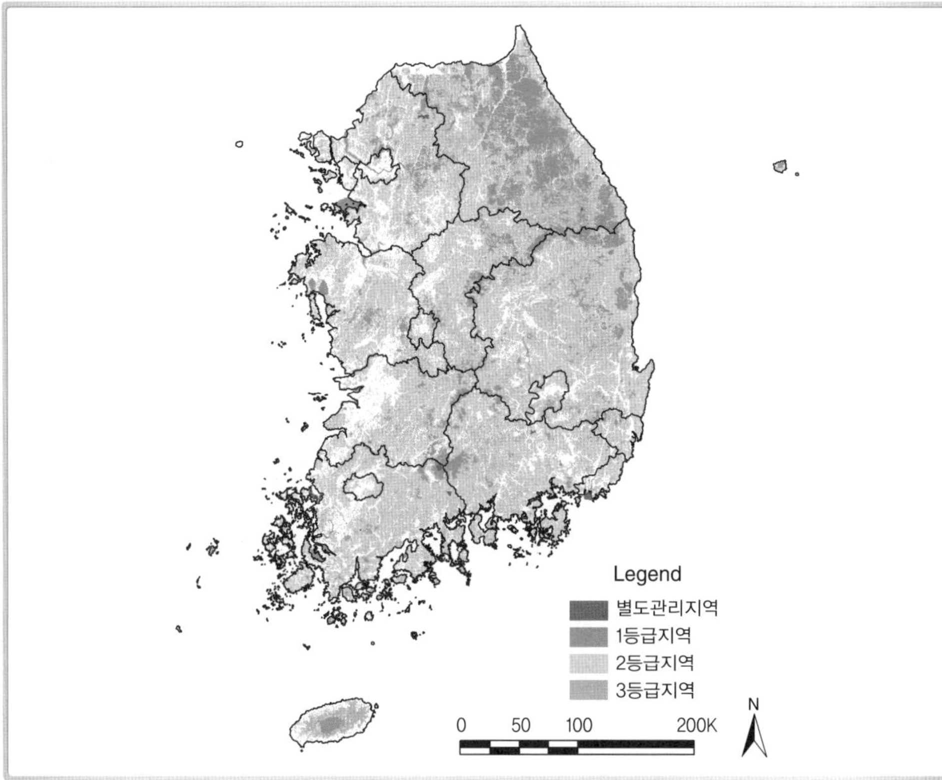

자료: 환경부(www.me.go.kr)

료 등 야생 동 · 식물의 현황자료), 습지, 자연경관 등의 자료가 모두 포함되어 있다.

3. 녹지자연도

녹지자연도(Degree of Green Naturality)는 식생과 토지이용 현황에 따라 녹지공간의 상태를 등급화한 것이다. 이는 1986~90년 기간 중 실시된 1차 자연생태계 전국조사의 자료를 기초로 1x1㎢의 격자로 작성된 녹지평가 도면이다. 녹지자연도는 등급사정(査定)기준에 따라 0등급부터 10등급까지 전 국토를 11등급으로 분류하고 있다(표 7-2). 녹지자연도는 전국을 대상으로 작성되었으며, 정확도와 객관성이 미흡하다는 평가를 받고 있으나 환경영향평가과정에서 무분별한 개발을 억제하는데 중요한 역할을 수행하여 왔다.

표 7-2 녹지자연도 사정 기준

<table>
<tr><th>권역</th><th>지역</th><th>성층</th><th>등급</th><th>명칭</th><th>등급별의 내용</th></tr>
<tr><td rowspan="10">육지권</td><td rowspan="3">개발지역</td><td rowspan="4">단층</td><td>1</td><td>시가지 조성지</td><td>녹지식생이 거의 존재하지 않는 지역
(해안, 암석나산지 및 해안사지, 염전 등)</td></tr>
<tr><td>2</td><td>농경지</td><td>논 또는 밭 등의 경작지구</td></tr>
<tr><td>3</td><td>과수원</td><td>경작지나 과수원 묘포지 등과 같이 비교적
녹지식생의 분량이 우세한 지구</td></tr>
<tr><td rowspan="5">반자연지역</td><td>4</td><td>이차초원(A)</td><td>잔디 군락이나 인공초지(목장) 등과 같이
비교적 식생의 키가 낮은 이차적으로 형성된 초원지구</td></tr>
<tr><td rowspan="4">단층 또는 복합층</td><td>5</td><td>이차초원(B)</td><td>갈대, 조릿대 군락 등과 같이 비교적
식생의 키가 높은 이차초원지구</td></tr>
<tr><td>6</td><td>조림지</td><td>각종 활엽수 또는 침엽수의 식림지구
은수원사시나무-낙엽송-소나무-잣나무 등</td></tr>
<tr><td>7</td><td>이차림(A)</td><td>일반적으로 이차림이라 불리는 대상식생지구
서어나무-상수리나무-졸참나무 군락 등;
소위 유령(幼齡)림, 약 20년생까지</td></tr>
<tr><td>8</td><td>이차림(B)</td><td>원시림 또는 자연식생에 가까운 이차림지구
신갈나무-물참나무-가시나무 맹아림 등;
소위 장령(長齡)림, 약 20-50년생</td></tr>
<tr><td rowspan="2">자연지구</td><td>다층</td><td>9</td><td>자연림</td><td>다층의 식생사회를 형성하는 천이의 마지막에 이르는 극상림 지구
가문비나무-전나무-분비나무 군락 등의 임상
고령림, 약 50년생 이상</td></tr>
<tr><td>고산단층</td><td>10</td><td>고산자연초원</td><td>자연식생으로서 고산성 단층의 식생사회를 형성하는 지구</td></tr>
<tr><td>수권</td><td>수역</td><td>무층</td><td>0</td><td>수역</td><td>저수지, 하천유역지구(하중사구 포함)</td></tr>
</table>

자료: 환경부(www.me.go.kr)

녹지자연도는 각 등급의 정확한 면적과 구역표현 등의 부족한 점을 보완하기 위하여 1992~96년 기간 중 자연식생에 가까운 8등급 이상 지역을 대상으로 정밀조사를 실시[5]하였다. 이 조사는 실선에 의한 8등급 이상의 녹지자연도 지역을 구획하여 우수한 녹지의 형성지역과 실제 분포지역 및 면적 등의 정확성을 높였다(그림 7-3).

5) 녹지자연도 등급은 현지조사를 실시하여 식생의 종류, 생육상태, 토지이용현황 등을 파악하고, 녹지자연도의 판정 기준에 따라 녹지자연도 등급을 0~10등급까지 판정하였다.

그림 7-3 녹지자연도

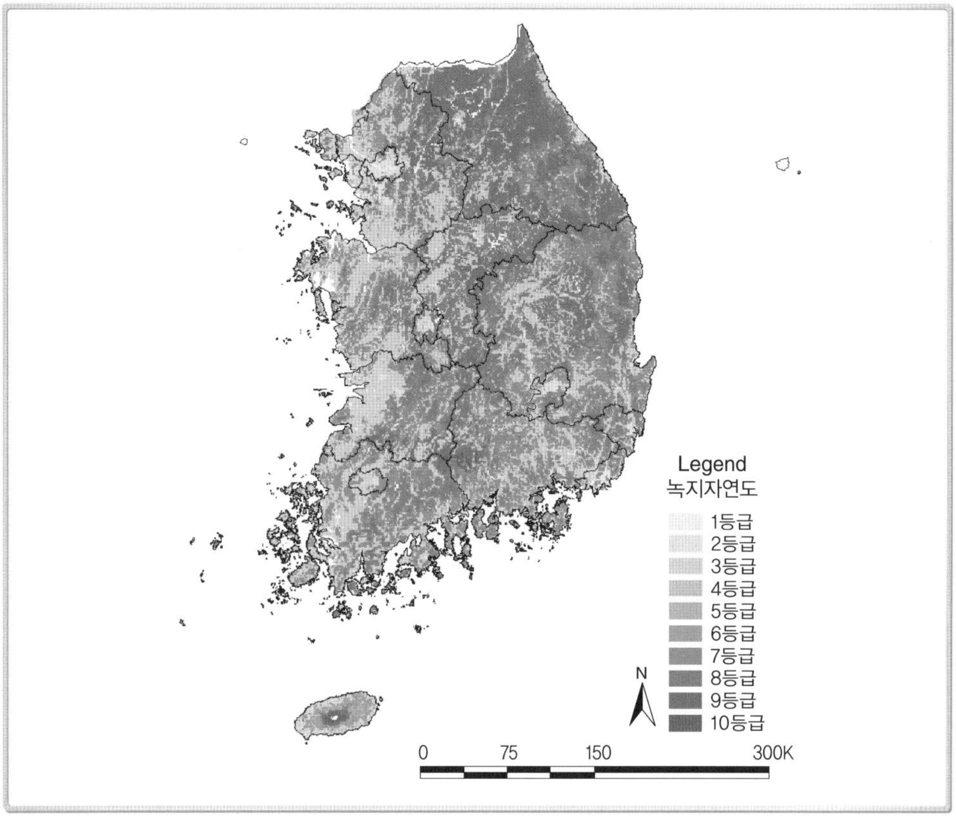

자료: 환경부(www.me.go.kr)

그러나 녹지자연도는 식생의 구성과 연령을 기준으로 제작되기 때문에 상대적으로 식생이 빈약한 도시지역의 생태계를 평가하고 이를 관리하기 위한 목적으로 사용하기에는 적합하지 않다. 즉, 녹지자연도는 식생의 자연성 등 산림의 일부 요소만 평가되기 때문에 습지, 철새도래지, 야생동식물 및 서식지 등 생태계 전반을 평가하기에는 미흡하다. 또한 시대변화에 따른 제반 여건의 변화, 그리고 급증하는 개발압력에 효과적으로 대처할 수 있는 합리적인 논리와 근거가 필요해짐에 따라 새로운 형태의 환경성 판단의 기초자료가 요구되고 있다.

4. 비오톱 지도

비오톱(Biotope)은 그리스어 'bios(생명, 생물)'와 'topos(공간, 장소)'를 어원으로 하고 있으며, 특정한 생명 또는 생물이 살고 있는 일정한 공간을 지칭한다. 이 용어는 생물의 생존에 적합한 서식공간을 지칭한다는 점에서 Habitat(거주하다 또는 서식하다 라는 의미의 라틴어 habitare가 어원)나 Standort(서식지)와 유사하나, 일반적으로 비오톱은 일정한 공간에 살고 있는 생물군집(Biozönose)과 공간과의 관계를 나타내는 용어이다.

이러한 비오톱은 가치중립적인 개념으로서 일반인들이 생각하는 것처럼 특별한 가치가 있거나 보호할 필요가 있는 서식공간만을 의미하는 것은 아니다. 단순한 종으로 구성된 '농경지'도 종의 다양성이 높은 '소택지'와 마찬가지로 하나의 비오톱이다. 그러므로 비오톱은 특정한 생물군집이 지속적으로 서식하고 있는 일정한 공간 영역을 말하며, 하나의 비오톱은 그 위에 서식하고 있는 생물과 토양, 수분, 산소, 기후 등 무생물적 요인에 의하여 고유한 환경특성을 가지기 때문에 다른 비오톱과 구분된다. 따라서 비오톱은 자연환경을 고유한 속성을 가진 별개의 공간으로 분해하는 수단[6]이며, 비오톱의 평가를 통하여 보전할 공간과 이용할 공간을 구분할 수 있는 장점을 지니고 있다.

한편 지역차원에서는 환경계획의 수립과 계획의 시행기반을 강화하기 위한 차원에서 각종 개발계획과 사업의 환경성을 확보하고, 동시에 개발과 보전의 조화 및 통합을 위한 구체적인 방안으로 비오톱 지도를 활용[7]하고 있다. 그러므로 비오톱 지도는 도시계획과 환경계획 간의 연계수단으로 유용하게 활용될 수 있다. 예를 들면, 이 지도는 도시기본계획의 친환경적 공간구조 및 토지이용계획과 환경부문 및 공원녹지계획 등의 수립에 기초자료로 이용될 수 있고, 도시관리계획의 기초조사 중 환경성 검토 및 토지적성평가, 용도지역지구 지정, 개발제한구역 관리 등에도 활용이 가능하다. 또한 도시개발사업의 인허가와 친환경적 도시개발을 유도하는 데에도 이를 활용할 수 있다. 반면에 환경계획 부문에서는 사전환경성검토 및 환경영향평가, 지자체 환경보전계획 수립, 생태축 및 생태네트워크 조성, 경관생태계획, 공원녹지계획 등의 기초자료로 사용될 수 있다.

---

6) 이런 관점에서 볼 때 자연경관은 고유한 환경특성을 가지며, 공간적 규모와 경계를 달리하는 다양한 비오톱의 조합으로 이해될 수 있다. 즉, 다양한 비오톱의 모자이크가 바로 자연경관이며, 자연경관을 고유한 환경특성을 가지는 공간적 단위로 분해하면 비오톱이 된다.

7) 최근 환경부는 도시생태현황지도 작성지침(2007년 1월)을 통하여「자연환경보전법」제6조와 제8조에 근거한 생태축(생태네트워크)의 구축을 실현하기 위한 프로그램의 일환으로 각 지방자치단체에게 비오톱 지도를 작성하도록 요청하고 있다.

비오톱 지도는 현장조사와 항공사진 등 각종 기초자료를 토대로 작성된다. 즉, 비오톱의 유형화를 위하여 크게 세 단계로 작성[8]되는데, 1단계는 전체 비오톱 조사, 2단계는 대표 비오톱 조사, 3단계는 비오톱 평가 등으로 구분된다. 비오톱의 유형화를 통한 친환경도시 운영사례는 대표적으로 서울시와 성남시를 들 수 있다. 서울시는 토지이용을 주축으로 식물상, 동물상, 토양, 지질, 기후, 경관 등의 기준에 따라 비오톱의 유형을 구분하였다. 한편 성남시는 비오톱 구조의 유형화를 위하여 도시 전체를 시가지, 농경지, 산림, 수(水)공간의 대분류로 나누고, 중분류는 토지이용과 형태적 특성에 따라, 그리고 세분류는 토지피복과 생태적 특성의 차이에 따라 구분하였다.

서울시는 1999~2000년 기간 중 도시전체를 대상으로 토지이용현황, 토양포장 현황, 현존 식생에 대한 현장조사를 통하여 비오톱 지도를 작성하였다. 조사방법은 기초자료(도시계획도, 1:1,000 수치지형도, 임상도 등), 인문환경, 자연환경(경사, 향, 표고, 녹지활력도, 양서파충류 서식지도 등), 현장조사(토지이용, 토양포장, 현존 식생 등) 등을 이용하였

그림 7-4 지방자치단체 비오톱 지도 운영사례

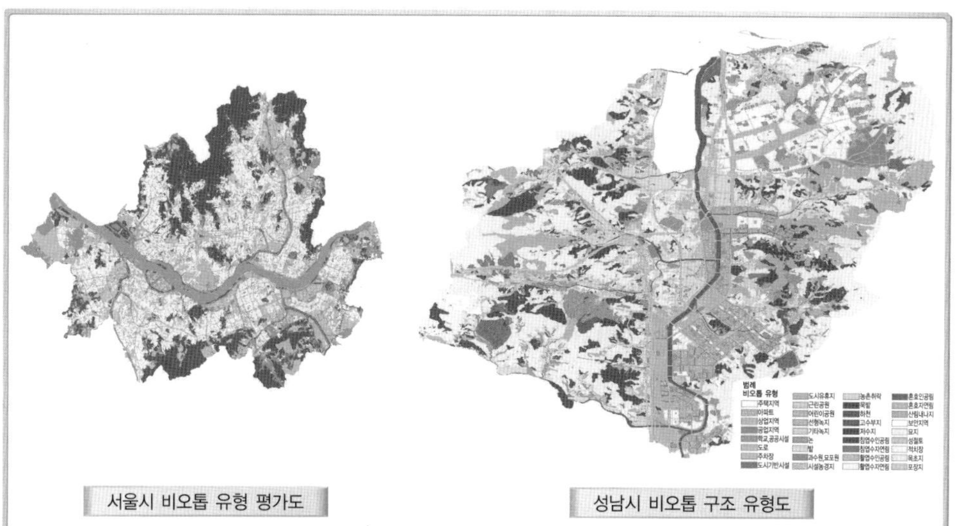

자료: 서울특별시, 서울시 비오톱 현황조사 및 생태도시 조성지침 수립, 2000, p. 89
성남시 환경관리과 홈페이지

8) 구체적으로 1단계는 대상지 전역에 대한 토지이용유형과 토양피복유형을 중점 조사하고, 녹지 및 오픈스페이스는 현존 식생유형을 중점 조사하여 대상지역의 비오톱 유형을 구분하는 것이다. 2단계는 1단계에서 구분된 비오톱 유형에 따라 대표지역을 선정하여 식생의 생태적 구조와 야생동식물 현황 및 인문환경 등의 조사를 실시한다. 3단계는 1, 2단계 조사결과를 바탕으로 비오톱의 가치를 등급화하고, 이중 가치 있는 비오톱에 대하여 정밀 조사 분석을 실시하는 것이다.

다. 이렇게 작성된 비오톱 지도는 도시계획에서 공원계획과 녹지네트워크 등의 기초자료로, 그리고 개발사업이 인접지역에 미치는 환경영향을 평가하는 근거자료 등으로 활용되고 있다. 이외에도 서울시의 비오톱 지도는 추가적인 보전지역의 지정과 생태통로계획, 오픈스페이스 계획, 생태적 복원계획 수립 등의 근거자료로 다양하게 활용되고 있다.

성남시는 2001년부터 2004년까지 도시 전체를 대상으로 도시생태현황도를 제작하였다. 도시생태현황도는 빛, 물, 바람 등 3개 환경주제도와 포유류, 양서 · 파충류, 조류, 어류, 곤충 등 5개 주제의 동물서식지도가 포함된 14개의 주제도로 구성되어 있다. 성남시는 친환경적인 도시관리를 위한 계획과 사업의 환경성 평가, 생태네트워크 구축과 단절된 생태통로의 훼손실태 조사와 복원사업 등의 기초자료로 이를 활용하고 있다(그림 7-4).

제3절 친환경적 도로설계

1. 친환경적 도로의 특징

친환경적 도로는 도로의 계획, 설계 및 시공과정에서 자연의 훼손을 최소화하고, 훼손된 자연을 원래의 자연상태에 가깝게 복원하여 주위환경과 조화되도록 건설된 도로이다. 따라서 친환경적 도로는 사업구상단계, 노선선정단계, 설계단계, 환경영향평가단계에서 적극적으로 환경성을 반영하는 것을 의미한다. 사업구상단계에서는 도로사업의 필요성과 입지 타당성을 분석하는데 이 단계에서 경제적 비용편익뿐만 아니라 환경적 비용편익도 함께 고려할 필요가 있다. 노선선정단계에서는 노선통과로 인하여 기존마을에 미치는 영향, 자연경관과 생태계의 훼손정도, 문화유적에 미치는 영향 등 사회 · 환경적 영향을 종합적으로 고려한다. 도로설계단계에서는 도로건설로 인하여 대규모의 절개지가 발생하지 않도록 하고, 주변의 아름다운 자연을 훼손하지 않을 뿐 아니라 주변의 경관을 조망할 수 있도록 설계되어야 할 것이다.

도로가 자연환경에 미치는 부정적인 영향과 자연환경의 훼손을 최대한 감소시킬 수 있는 도로설계는 다음과 같은 원칙이 고려되어야 할 것이다.[9]

첫째, 도로의 노선을 선정할 때 도로예정지역의 야생동물과 식물의 서식환경을 최대한 배려하여 피해가 없도록 선정한다.

둘째, 조사 · 계획단계에서 도로가 건설되는 지역의 자연환경을 정확히 파악하고, 법률 등으로 지정된 보전지역과 보호 · 보전대상은 가능한 한 피하도록 한다.

셋째, 도로건설로 인하여 자연환경에 미치는 영향이 특히 크다고 판단되는 지역을 제외한 후, 영향이 적은 노선을 선정한다.

넷째, 도로건설로 생물들이 서식하는 공간이 단절되는 경우에는 서식공간을 보호할 수 있는 조치를 취한다.

다섯째, 도로건설사업 시행에 따른 야생동물 서식지의 단편화(야생동물이 살아가는 서식지가 단절되고 조각나는 것)를 최소화한다. 그러나 서식공간의 단편화가 불가피한 경우에는 서식공간 밖으로 노선을 우회시키거나 노선우회가 곤란한 경우에는 서식공간 내에 동물이동통로를 확보한 후 노선을 우회시키고, 이외에도 도로의 위 또는 아래를 지나는 동물이동통로를 건설하여 생태계를 연결하거나 생물서식공간을 그대로 다른 장소에 이동하여 복원하는 대책 등을 수립한다.

2. 친환경적 도로설계기법

친환경적으로 도로를 설계하기 위해서는 도로의 노선계획과 노선선정, 그리고 도로구조를 설계할 때 다음과 같은 설계지침을 준수하는 것이 필요하다.[10)]

(1) 노선계획

첫째, 현장조사를 토대로 보전대상 생물의 서식분포 상황과 각종 동물개체군의 생활행동권 등을 파악하여 영향이 적은 노선을 선정한다.

둘째, 자연지형의 변형을 최소화하는 종단경사(縱斷傾斜)와 구조 등을 검토하며, 절토가 광범위하게 이루어지는 30m이상 구간에서는 가능한 한 터널구조를 선택하도록 한다.

셋째, 성토가 광범위하게 이루어지는 성토고(盛土高) 30m 이상 구간에서는 가능한 한 교량구조를 채택하여 비탈면 부분의 개조변경을 최소화한다.

9) 한국수자원공사, 환경친화적 설계지침, 2003, p. 117-118.
10) 상게서, pp. 118-120.

넷째, 도로노선 계획은 자연환경을 과도하게 훼손하지 않도록 우회노선의 선정, 교량 또는 터널건설 등을 충분히 비교 검토하여 수립한다(그림 7-5).

다섯째, 도로노선 선정을 위한 대안의 검토는 훼손된 자연환경에 대한 복구방안, 즉, 희귀동식물의 보호 및 보전대책, 경관의 복원, 절개지의 절성토면(切盛土面)의 식생복원 등이 포함되어야 할 것이다.

(2) 노선선정[11)]

첫째, 지형 · 지질은 보전가치가 있는 지형 · 지질유산의 보전, 지역의 특이한 지형형상(습지, 해안선, 계곡 등)의 보전, 지반안정성의 검토, 대규모 지형변화를 가져오는 땅깍기와 흙 쌓기 등의 최소화를 검토한다.

둘째, 동 · 식물은 생태적 · 환경적 보전가치가 있는 지역에 대한 고려, 주요 식물종 및 식생의 보전, 동물의 서식지 훼손 및 동물이동통로의 단절을 최소화한다.

셋째, 토지이용은 상위계획과의 연계성 유무, 기존 주거지와의 단절여부, 지역특성의 고려, 기존도로의 활용여부 등을 검토한다.

넷째, 대기질(大氣質)은 대기환경기준을 초과하지 않도록 노선과 마을 간의 이격거리를 확보하고, 대기질 저감방안 등을 고려한다.

다섯째, 수질은 수질보전 관련 용도지역 혹은 시설물의 우회고려, 교량공사, 제방축조 등으로 발생하는 토사유출이 하천과 습지 등의 담수생태계에 미치는 영향의 최소화, 지하수영향조사의 반영, 계곡부의 배수구역 등을 고려한다.

여섯째, 소음 · 진동은 인체 및 구조물과 관련된 소음 및 진동에 관한 환경기준을 고려한다.

일곱째, 위락 · 경관은 보전할 가치가 있는 자연경관을 보전하고, 대규모의 땅 깍기와 흙 쌓기로 인한 경관의 악영향을 최소화한다.

(3) 도로구조[12)]

첫째, 절토와 성토의 폭을 억제하기 위한 구조물을 채택하며, 도로건설에 따라 발생하는 절개지와 성토비탈면은 토착수종 또는 초본류(草本類)를 이용하여 식생을 조성하거나 차폐(遮蔽) 식재한다.

---

11) 건설교통부 · 환경부, 환경친화적인 도로건설 지침, 2006, pp. 7-14.

12) 한국수자원공사, 전게서, 2003, p. 119.

그림 7-5 친환경 도로 건설사례 조감도

자료: (주)제일엔지니어링 제공

둘째, 높은 성토비탈면은 파일 등을 이용한 계단식으로 식재기반을 조성하여 비탈면의 길이를 최소화하고, 자연식생을 복원하거나 차폐기능을 갖도록 설계한다.

셋째, 도로의 횡단 배수로와 측구(側溝) 등은 야생동물의 이동통로가 될 수 있도록 구조물 출입구의 일부를 경사 또는 계단식으로 설계한다.

넷째, 도로의 노선이 야생동물의 빈번한 이동통로를 차단하는 경우에는 야생동물의 이동이 가능하도록 터널형 혹은 육교형의 생태통로를 설치한 후, 자연식생을 조성하여 야생동물의 이동통로를 확보한다.

다섯째, 도로가 낮은 능선을 절개하여 통과하는 경우에는 경관복원을 위하여 야생동물 이동통로박스 등을 설치하여 복개하는 방안을 검토하고, 도로부지 내의 식재는 자연수림에 가깝게 혼식하여 식생층(植生層)을 다양하게 형성한다.

여섯째, 도로부지 내에 식재를 할 경우에는 동절기의 동물휴식장소를 위하여 상록수를 혼식하고, 보도와 중앙분리대의 식재에는 조류 등의 이동경로와 피난처를 확보한다.

3. 생태통로 설계기법

도로건설로 인한 야생동물의 로드킬을 예방하기 위해서는 도로에 야생동물이 통행할 수 있는 생태통로를 개설하는 것이 필요하다. 우리나라에는 2009년 12월 현재 총

367개소의 생태통로(육교형 139개소, 터널형 222개소, 기타 6개소)가 설치되어 있다.[13] 생태통로는 형태에 따라 세 가지의 유형으로 구분될 수 있다.

첫째, 터널형 통로는 사람의 통행이 빈번한 지역이나 육상통로를 설치하기 위한 연결지역이 지상에 없는 경우 또는 지하에 중소하천이 있는 경우에 개설되는 통로이다. 이 유형은 주로 도로하부를 관통하는 터널형태로 설치된다.

둘째, 육교형 통로는 횡단부위가 넓은 곳, 절토지역 혹은 장애물 등으로 동물을 위한 통로설치가 어려운 곳에 조성되는 통로이다. 이 유형은 도로 위를 횡단하는 육교형태로 설치된다.

셋째, 선형통로는 도로, 철도 혹은 하천변 등을 따라 길게 설치된 통로로서 식생과 돌담 등을 이용하여 조성된다.[14]

(1) 생태통로설계의 일반지침

생태통로를 설치하기 위해서는 첫째, 생태통로의 생태적 중요성 및 보전과 복원의 필요성 등 생태통로의 필요성을 검토하고, 둘째, 생태통로의 위치, 종류, 크기 등 생태통로의 구체적 내용을 결정한 후 그에 맞추어 설계를 하며, 셋째, 생태통로의 구조물을 시공하고, 넷째, 완공 후 유지관리와 모니터링단계를 거친다. 생태통로를 설계할 때 고려되어야 할 지침은 다음과 같다.[15]

첫째, 야생동물 이동통로의 위치 결정은 통로를 이용할 대상동물의 종류, 기존 이동로의 현황, 주변 서식지와의 연결방안을 종합적으로 검토한다.

둘째, 교량아래 이외에도 구형암거(矩形暗渠), 배수용 횡단관로, 오버브리지(overbridge) 등의 횡단구조물이 동물의 이동에 자주 사용되므로 동물이동경로의 확보를 위한 통로를 설계에 반영한다.

셋째, 인접한 법면(法面)은 주변 수림과의 거리를 짧게 하여 동물이 불안감 없이 이용할 수 있도록 유도식재하고, 노면은 흙으로 덮는다.

넷째, 구형암거의 설치장소가 양서류(兩棲類)와 파충류 등 소형동물의 이동통로가 될 가능성이 있는 경우에는 출입구가 될 수 있도록 가지도랑을 갖춘 U자형 도랑과 포착용 측구를 설치하고, 측구의 이용과 소동물의 측구탈출을 위하여 비탈길을 조성한다.

---

13) 환경부 자연자원과 내부자료.

14) 환경부, 자연생태계 복원을 위한 생태통로 설치 및 관리지침, 2003, p. 14.

15) 한국수자원공사, 전게서, 2003, pp. 157-163.

다섯째, 양서류를 위한 도랑과 파이프(pipe)는 하천, 늪, 논 등 주요한 서식지를 연결하는 형태로 설치한다. 야생동물은 소택지와 골짜기 지형을 이동통로로 사용하기 때문에 이런 곳은 가능한 한 교량구조를 채택한다.

여섯째, 도로의 횡단구조물에 의하여 야생동물의 이동성이 상당히 보장되어 있는 우리나라의 도로 상황을 고려할 때 생태통로의 위치는 단기적인 로드킬을 예방하기 보다는 경관의 유형과 연결성을 바탕으로 장기적인 관점에서 선정하는 것이 바람직하다.[16]

(2) 터널형 통로의 설계지침

터널형 생태통로는 형태에 따라 크게 암거형(박스형, 아치형)통로와 파이프형의 통로로 구분될 수 있다. 암거형(暗渠形)은 성토구간에서 생물이동통로를 확보하는 경우, 도로가 수로 및 작은 도로와 입체 교차하는 곳과 횡단거리가 짧고 서식지가 인접한 곳에 설치한다. 파이프형은 성토구간에 소동물의 이동경로를 확보해야 하는 경우와 도로가 농수로나 개울을 통과하며, 양쪽의 수위차가 적은 경우에 설치한다.[17] 터널형 통로의 설계지침은 다음과 같다.[18]

첫째, 암거형 통로는 도로통과 지역 중 흙 쌓기에 의하여 농수로, 늪지, 개울 등이 단절되는 경우에 설치하는 이동통로로서 소형동물의 이동이 많은 지역의 골짜기를 따라 설치하며, 동물전용과 수로겸용 암거로 구분한다. 동물전용 암거의 설치규격은 흙쌓기 높이, 주변지형, 이동 동물 등에 따라 변화될 수 있으나 통로입구의 최소규격은 2.5×2.5m로 하되, 멧돼지와 고라니 등의 대형 포유류의 원활한 이용을 위해서는 4×4m 이상 규격의 통로입구를 갖도록 해야 한다.[19] 수로겸용 암거는 수로가 형성되도록 물길을 조성해 주고, 선반을 설치하여 야생동물이 이용할 수 있도록 한다.

둘째, 파이프형 이동통로는 작은 소택지를 따라 이동통로를 연결하며, 동물전용과 수로겸용 파이프형 이동통로를 설치할 수 있다.

셋째, 하천통과 교량설계는 비교적 폭이 넓은 하천에 조성되는 다리 밑의 공간을 복합적으로 활용하여 물과 초지 등의 공간이 공존할 수 있도록 고려한다.

넷째, 야생동물을 위한 은폐수림을 위한 터널형 생태통로의 입구주변은 야생동물과

---

16) 최태영, 전게서, 2007, p. 151.
17) 환경부, 전국 생태통로 설치기본계획 수립방안 연구, 2006, 한국환경정책 · 평가연구원, pp. 51-54.
18) 건설교통부 · 환경부, 환경친화적인 도로건설지침, 2004, pp. 23-24.
19) 상게서, p. 55.

파충류가 이동할 때 은폐를 위하여 인근 자생수목과 유사한 수목의 식재로 수림을 조성한다.

다섯째, 농로와 임도(林道) 등 야생동물 공용통로는 사람의 왕래가 적기 때문에 야생동물의 이동통로를 겸용하여 설치할 수 있다.

여섯째, 차폐벽을 이용한 생태통로는 동물이 자유롭게 오르내릴 수 있도록 옹벽부에 경사로를 설치하여 이동로를 확보하며, 야생동물이 옹벽을 타고 내려올 수 있도록 적정 간격의 이동로를 설치한다.

(3) 육교형 통로의 설계지침

첫째, 도로건설로 인하여 생태계 단절이 예상되는 곳에 육교형 통로를 설치하여 단편화된 생태계를 연결함으로써 생태계의 연속성을 유지한다(그림 7-6).

그림 7-6 수로(水路) 위의 생태통로 사례

자료: 한국수자원공사 제공

둘째, 육교형 통로의 설치는 기존에 야생동물이 이용하던 자연통로에 조성하는 것이 바람직하다. 그러나 대량의 절토 발생에 따른 구조물의 과다 등으로 경제성과 시공성 측면에서 문제가 발생할 경우에는 유도울타리와 유도식재 등을 설치하여 위치를 변경할 수 있다.

셋째 육교형 통로를 설치할 때 중앙부의 폭은 30m를 최소로 하며, 입 · 출구부는 넓게 하여 야생동물의 이동을 자연스럽게 유도한다. 다만 지형적인 여건에 따라 최소 폭을 30m 이하로 할 수도 있다.

넷째, 통로내부는 다양한 수직구조를 가진 아교목, 관목, 초목 위주의 식생을 동물의 이동통로에 따라 적당한 간격을 두어 식재한다.[20]

다섯째, 폭이 좁은 육교형 통로의 경우에는 차단벽을 최대한 낮게 하거나 밖으로 기울도록 하여 개방도를 높여야 할 것이다. 한편 폭이 넓은 통로의 경우에는 너구리, 설치류, 족제비와 같이 낮은 개방도를 선호하는 종을 위하여 차단벽 아래를 따라 초본과 관목을 밀식하거나 지름 1m내외의 파이프를 설치하여 둘러 싸여진 동선(動線)을 확보해 주어야 할 것이다.[21]

여섯째, 생태통로 양측의 울타리와 방음벽의 높이는 최소 2m 정도로 조성하며, 목재와 같이 불빛의 반사가 적고, 주변환경에 친화적인 소재를 사용한다.[22]

(4) 선형통로의 설계지침

선형통로는 서로 떨어진 서식지를 직선으로 연결하거나 자투리 서식지를 연결하는 기능을 수행하기 때문에 녹지축의 유지, 구성, 식물조성 등이 일률적이지는 않으며, 주변의 토지이용에 따라 영향을 받는다. 이 통로는 폭이 넓지 않기 때문에 인간의 간섭에 어느 정도 적응이 된 종만이 이용할 수 있는 한계가 있다. 도로변에 교목(喬木)을 식재하여 조류가 교목의 높이보다 높게 날도록 함으로써 조류를 보호하기 위한 식재방법도 이용할 수 있다. 선형통로의 설치에는 횡단유도식재와 횡단유도로 설치 등이 있으며, 생울타리나 방풍림 등이 이에 해당된다.[23]

(5) 도로의 동물 침입방지 및 탈출시설

야생동물이 도로에 침입할 가능성이 높은 지역에는 침입방지 울타리와 도로침입 방지벽 등의 동물 침입방지시설을 설치해야 하며, 배수구 등에는 소형동물이 떨어질 경우에 탈출할 수 있는 야생동물의 탈출구를 설치하는 것이 필요하다. 야생동물의 침입방지 및 탈출시설을 설계할 때 고려해야 할 사항은 다음과 같다.[24]

---

20) 환경부, 전게서, 2006, p. 100.
21) 최태영, 전게서, 2007, p. 153.
22) 환경부, 전게서, 2003, p. 52.
23) 상게서, pp. 56-57.

1) 침입방지 울타리

첫째, 사슴과 고라니 등 대형동물은 도약력이 뛰어나므로 높이 2.5m이상의 울타리를 설치하며, 멧돼지, 너구리, 산토끼, 고라니 등 중형 포유류의 도로침입을 방지하기 위해서는 높이 1.5m 정도의 울타리를 설치한다(그림 7-7).

그림 7-7 야생동물의 로드 킬(road kill) 방지벽 사례

자료: (주) 제일엔지니어링 제공

둘째, 개구리류 등 소형동물의 경우에는 망 크기를 30mm이하로 하고, 윗부분에 직경 30mm 이상의 주변과 어울리는 재질로 된 가로대를 설치하여 이들이 기어오르지 못하도록 한다.

셋째, 침입방지 울타리는 초지, 진입로 및 교차로, 주변의 자연지형과 연결된 곳에 우선하여 설치한다.[25]

2) 야생동물 탈출구

배수로의 경우, 측구 등은 가능한 한 소동물이 떨어지지 않거나 떨어지더라도 탈출할 수 있는 구조를 선택한다. 측구 탈출경사로의 기울기는 30~45° 정도로 하고, 경사로

24) 건설교통부 · 환경부, 전게서, 2004, pp. 25-26.
25) 최태영, 전게서, 2007, p. 151.

에서 미끄러지지 않도록 울퉁불퉁하게 설치한다. 집수정(集水井)의 탈출구는 두더지와 도마뱀 등 동물의 보호를 목적으로 집수정에도 뚜껑을 씌우거나 떨어졌을 때 스스로 탈출 할 수 있도록 오름구조와 거치목 등을 설치한다.

제 4 절 환경복원설계

1. 환경복원의 개념과 설계원칙

(1) 환경복원의 개념

환경복원의 방법은 다양하기 때문에 환경복원과 관련된 개념도 다양하게 사용되고 있다. 이들 개념을 살펴보면 다음과 같다.[26)]

첫째, 복원(Restoration)은 훼손되기 이전의 상태로 되돌리는 것으로서 교란이전의 상태로 정확히 돌아가기 위해서는 많은 시간과 비용이 소모되기 때문에 복원이 쉽지는 않다.

둘째, 복구(Rehabilitation)는 원래의 상태로 되돌리기 어려운 경우에 원래의 자연상태와 유사한 것으로 되돌리는 것이다.

셋째, 개간(Reclamation)은 새로운 토지이용개념이 포함되어 있다. 예를 들면, 농사를 위하여 적합한 형태로 토지를 조성하는 것을 의미한다.

넷째, 저감(Mitigation)은 환경오염과 훼손 등을 완화시키거나 경감시키는 것을 말한다.

다섯째, 향상(Enhancement)은 환경의 질과 중요도, 매력측면 등을 증진시키는 것을 뜻한다.

여섯째, 대체(Replacement)는 현재의 상태를 개선하기 위하여 원래의 생태계를 다른 생태계로 대체하는 것을 의미하며, 구조에 있어서는 간단할 수 있으나 보다 생산적일 수 있다. 예를 들면, 초지를 농업적 목초지로 전환하여 생산성을 제고하는 것이 대체에 해당된다.

26) Bradshaw, A.D. & Chadwick, M.J. 1980; Bradshaw, A.D. 1997; 김귀곤 · 조동길. 자연환경 · 생태복원학 원론, 아카데미 서적, 2004, p. 65에서 재인용.

일곱째, 개조(Remediation)는 건강한 생태계의 조성을 위하여 개조하는 것으로서 결과보다는 과정을 중요시 한다.

여덟째, 재생(Renewal/Redemption)은 재이용·계획에서 유동성이 가능한 형태로 바꾸어주는 것을 의미한다.

(2) 인공습지설계의 원칙

습지는 물을 담고 있는 곳이기 때문에 습지의 수(水)환경을 조성하기 위해서는 물의 공급방안, 유입구와 출수구(出水溝)의 조성기법, 수심과 유속, 호안의 조성기법 등이 중요하게 고려되어야 할 사항이다. 물은 지표수 혹은 지하수에서 공급될 수 있으나 영양물을 습지로 유입시키기 위해서는 가능한 한 지표수를 사용하는 것이 바람직하다. 유입구와 출수구를 조성할 때 출수구는 유입구보다 좁게(1/3 이하) 설치하거나, 아니면 설치하지 않는 것이 바람직하다.

유입구는 오염물질을 제거하기 위하여 유입구의 길이를 길게 하여 주변에 수질 정화력이 높은 수생식물을 식재하거나 다단의 연못을 조성해 주는 방법이 있다. 수심은 물고기가 서식할 수 있도록 비교적 얕은 곳을 중심으로 다양한 수심이 필요하다. 유속(流速)은 느린 유속이 수생생물의 다양성을 유지하는데 기여하나 제한적으로 일부지역에만 빠른 유속을 갖도록 하는 것도 바람직하다. 호안(護岸)은 경계부 및 바닥의 형태와 깊이를 다양하게 하는 것이 추이대로서의 식생조성에 기여할 수 있으며, 호안에는 일정 폭의 식생대를 조성하여 생물학적 정화기능을 갖도록 하는 것이 바람직하다.[27]

습지는 세 가지 유형으로 구분되는데 호수습지(lacustrine marsh)와 하천습지(palustrine marsh), 그리고 고립된 습지이다.[28] 호수습지를 조성하거나 복원할 때 고려해야 할 사항은 다음과 같다.[29]

첫째는 상시풍(常時風)과 그 범위이다. 수생생물은 바람과 파랑에 노출되었을 때 잘 자라지 못하므로 이를 피할 수 있도록 설계한다.

둘째는 침식방지이다. 호수에 연접한 습지는 호안침식이 일어날 가능성이 있으므로 이를 피하기 위해서는 호수 개방부의 크기를 최소화한다. 또 다른 방법은 장벽 해변을 설치하는 것이다.

27) 상게서, pp. 299-304 요약정리.
28) Waterfront Regeneration Trust, *Restoring Natural Habitats*, 1995, p. 58.
29) *Ibid.*, pp. 64-70.

그림 7-8 인공습지 및 탐방로 사례

자료: 한국수자원공사 제공

셋째는 수심과 바닥경사이다. 물고기와 야생동물은 수심을 다양하게 유지하는 것이 좋으므로 1:10이 넘지 않는 경사나 일련의 평평한 테라스를 설치하는 것이 바람직하다. 빈 수면과 추수(抽水)식물이 혼합된 곳이 물고기와 야생동물에 최적의 서식처를 제공하므로 빈 수면과 추수식물의 비율을 1:1이 되도록 권장한다. 호안선은 산재효과와 경계효과를 최대화하도록 모양을 갖게 한다.

넷째는 바닥층의 유형이다. 찰흙, 침니(沈泥), 진흙 등이 좋은 바닥층이다.

다섯째는 식재이다. 처음에는 대형 수생식물(macrophytes)이 지역에 침입하기 전까지는 아무것도 식재하지 않는 것이 바람직하다(그림 7-8).

한편 하천습지는 하천수로의 주된 유수가 습지 입구근처의 제방에 부딪히지 않도록 설계되어야 하며, 또한 하천습지는 퇴적이 일어나지 않도록 유의해야 한다. 범람원에 있는 고립된 습지는 두 가지 방식으로 물을 공급받는데 하나는 홍수때 물이 채워지는 것이고, 다른 하나는 지하수위에 연결되도록 충분히 깊게 조성하는 것이다. 고립된 습지는 양서류의 주요한 산란지와 양육지가 될 수 있기 때문에 통나무, 막대기, 목재부스러기 등을 넣어 주어 양서류의 알이 부착되도록 한다.

(3) 야생동물 서식지의 복원 원칙[30)]

첫째, 동물서식지를 복원하는 경우에는 대상 동물의 생리적, 행태적 특성을 고려한다. 특히 동물의 서식공간 및 활동반경과 먹이연쇄과정을 파악하는 것이 중요하다.

둘째, 동물생태계의 복원은 야생동물의 서식지를 조성함으로써 가능해진다. 서식지의 조성에 필요한 기본적인 사항은 동물들의 활동반경을 고려한 적정규모가 되어야 하고, 생태계를 연결하는 안전한 이동통로를 확보해야 하며, 다양한 서식처 환경의 제공이 필요하다.

셋째, 동물의 서식환경 구성원리는 다양성, 연속성, 패취(patch), 크기, 주연부(周緣部), 이동로, 은신처, 먹이, 완충지, 물 등으로 구분될 수 있다. 따라서 서식지를 복원할 때에는 이들 구성원리가 충분히 고려되어야 할 것이다.

2. 환경복원설계 기법

(1) 조류서식처 조성 지침

조류(鳥類)의 유치와 보호를 위하여 원시림으로 계류, 호소, 황무지, 초원, 습지대, 암석층이 구비된 곳과 혼합림지대를 선정하여 먹이통, 급수시설의 설치, 식이식물의 식재, 인공새집의 설치, 둥지포켓 등을 설치한다. 유입하고자 하는 조류의 종에 따라 각각 적합한 환경을 조성하고, 도시공간에는 50㎡의 소규모 공간을 조성하며, 새먹이판, 관목숲, 새집 등을 설치 할뿐 아니라 얕은 여울과 연못을 조성하고, 새가 목욕할 수 있는 모래밭을 설치한다.[31)] 조류의 유인 및 서식환경의 조성기법과 관련된 주요 내용은 다음과 같다.[32)]

첫째, 수심은 일반적으로 2m이하가 적절하다. 호안의 경우, 조류 중에서 약간 가파른 제방에 서식하는 종류는 일반적으로 1.5~2m 높이의 수직적 제방이 필요하나 그 밖의 대부분의 조류는 완경사면을 선호한다.

둘째, 조류가 공중에서 인식할 수 있는 서식환경이 조성되어야 한다. 개개비류의 번식 및 이동을 위해서는 갈대군락이 연속적으로 조성되어야 하고, 붉은머리오목눈이의

30) 건설교통부 · 환경부, 전게서, 2004, p. 140.
31) 한국수자원공사, 전게서, 2003, p. 142.
32) 김귀곤 · 조동길, 전게서, 2004, p. 340.

경우에는 연속적인 관목과 덤불이 조성되어야 이동에 도움이 된다.

셋째, 다층구조화의 식생구조를 형성해 주며, 나무구멍을 둥지로 이용하는 조류를 위해서는 인공 새집을 가설해 준다.

넷째, 중도(中島)를 조성해 주되, 중도는 길이와 폭의 비율이 5:1～10:1이 적절하며, 생태연못과 횡방향으로 위치시켜서 물의 흐름을 방해하지 않는 것이 바람직하다. 중도의 크기는 전체 생태연못 면적의 1～5%가 생태적 균형을 확보하는 데 도움을 준다. 중도의 윤곽도 생태연못의 모양처럼 불규칙한 곡선을 이용하는 것이 좋다.

다섯째, 조류유인수종(鳥類誘引樹種)은 조류에게 안전한 은신처와 먹이를 제공하기 위하여 열매를 맺는 수종을 선정한다. 열매맺는 나무로는 사철나무, 왕벚나무, 감나무 등이 있고, 초본류는 명아주, 뱀딸기, 강아지풀 등이 있으며, 습지식물로는 달풀, 마름, 버들여뀌 등이 있고, 농작물로는 메밀, 옥수수, 콩, 수수 등이 있다.

(2) 잠자리 생태연못 조성기법

우리나라에 서식하는 잠자리는 125종으로 남한에 서식이 확인된 종은 약 98종이다. 잠자리는 알-유충-성충으로 변하는 불완전 변태를 하며, 알은 물속과 수변의 흙, 수변과 물속의 식물 등에 낳게 된다. 잠자리는 물이 흐르지 않고 고여 있는 정수(渟水)지역에서 생활하는 잠자리와 물이 흐르는 유수(流水)지역에서 생활하는 잠자리가 다르며, 산림 주변을 좋아하는 잠자리도 있기 때문에 잠자리의 서식환경을 복원할 때 이를 고려해야 할 것이다.

산란방법은 식물산란, 타수산란, 공중산란, 포니비행산란 유형 등이 있다. 잠자리의 서식환경을 조성하기 위해서는 목표 종을 선정하여 이에 적합한 서식환경이 필요하다. 다양한 잠자리를 유입하기 위해서는 큰 연못과 작은 연못, 그리고 정수지역과 유수지역이 모두 있는 곳이 유리하며, 일부 종은 산란 시에 수생식물이 필요하므로 식재를 통하여 종 다양성을 증진시킬 수 있다. 잠자리 연못은 수생식물이 관리되지 않으면 수면을 덮어버리기 때문에 지속적인 수면관리가 필요하다.[33)]

잠자리의 유충은 수중 또는 습한 뻘, 식생의 조직 내에서 생활하므로 연못을 개수할 때 유치할 종의 성장단계별 생태적 특성에 따른 환경조건을 정비하는 것이 중요하다. 잠자리가 정착하기 위해서는 부유식물과 부엽성(浮葉性) 식물의 식재가 요구되며, 각각

---

33) 김지석, "한국생태복원에 있어서 나비, 잠자리류 서식지 복원과 과제," 한국환경계획조성협회 정보지, 13호, pp. 70-75.

의 선택성에 따라 개방수면의 정비가 필요하다.[34)]

3. 생태계의 대체공법

생태계의 대체공법(代替工法)은 각종 개발사업에 의하여 불가피하게 훼손되거나 영향을 받게 되는 생태계를 다른 지역에 조성해 주는 방법이다. 우리나라는 「자연환경보전법」에 의하여 대체자연을 조성하고 있다. 생태계의 대체는 습지, 산림 및 대체농지 등이 있으며, 생물종 서식처의 관점에서는 양서류, 조류 및 포유류의 대체서식처 등으로 구분할 수 있다.

습지의 경우, 이를 관리하는 가장 바람직한 방법은 개발로 인한 습지의 훼손을 피하는 것이나 실제로 개발사업이 시행될 때 습지를 불가피하게 훼손해야 하는 경우도 있다. 개발사업에 의하여 보존가치가 있는 습지를 매립하게 되는 경우에는 대체습지를 조성하되, 그 기준은 단순한 면적의 불변이 아닌 습지의 기능과 가치의 불변을 의미한다. 습지의 복원은 도시지역의 생물다양성 확보에 중요하다. 그러나 불가피한 자연훼손을 최소화해야 하는데 이것이 현실적으로 어려울 경우에는 습지를 보상해 줄 수 있는 방법이 필요하다.

보상의 방법에는 창출과 복원, 향상 등이 포함되는데 보상의 대표적인 방법은 습지은행(Mitigation Banking)이다. 습지은행은 개발행위로 인하여 습지에 불가피한 훼손이 발생할 경우에 이를 보상하는 것으로서 개발지역을 포함하고 있는 유역(watershed 혹은 ecoregion)내에 습지를 조성하거나 복원 또는 향상시키는 것을 말한다. 이 개념에서 중요한 것은 '앞으로 일어날 개발행위'로서 개발에 따른 습지훼손을 미리 대비한다는 의미를 담고 있으며, 개발사업에 앞서서 훼손될 습지를 보상한다는 것이 주된 특징이다.

습지은행은 대체습지를 조성하기 위하여 정부와 비영리단체, 그리고 사업자와의 협의를 통해서 설립되었다. 미국은 「강과 항구법(Rivers and Harbors Act)」의 Federal Section 10과 「맑은 물법(Clean Water Act)」의 Section 404 허가프로그램에 따라 불가피하게 훼손된 습지의 보상을 위하여 1980년대 초에 이 제도를 도입하였다. 보상습지의 조성 비율은 훼손될 습지면적의 1:1이상이 되어야 하며, 다른 유형의 습지를 조성할 경우에는 더 많은 보상비율을 요구한다.[35)]

34) 김귀곤 · 조동길, 전게서, 2004, p. 328.
35) 상게서, pp. 348-353.

제 5 절 생태공원 설계

1. 생태공원의 특징과 유형

생태공원이란 도시 내에서 생물 또는 자연과 만날 수 있는 공원을 말한다. 생태공원은 다양한 생물과 식물사회에 접하고자 하는 주민의 요구를 충족시키는 기능을 수행하며, 도시의 자연잠재력을 높이는 역할을 담당하기도 한다. 생태공원은 사람의 이용을 배제하여 자연을 보호하는 자연보호지역의 형태와 자연을 보호하면서 환경학습에 이용되는 형태 등 자연보호와 사람의 이용과의 관계에 따라 다양한 형태로 구분될 수 있다.

또한 생태공원은 전체공간을 공원으로 조성하는 경우와 공원 내의 일부를 생태공원으로 정비하는 경우로 구분되기도 한다. 생태공원과 유사한 개념으로 비오톱 파크나 자연생태원 등이 있다.[36] 생태공원은 일반적으로 생태적 요소를 주제로 한 관찰과 학습 등을 수행하고, 생태적 원리에 입각한 구조와 기능을 구비하도록 생태적 자원의 보호 및 복원이 이루어지는 공원이다.[37] 한편 생태공원은 주된 서식처, 주요시설, 입지 등에 따라 〈표 7-3〉과 같은 유형으로 구분될 수 있다.

2. 생태공원설계의 목표와 지침

생태공원설계의 목표는 첫째, 생물의 생육과 서식공간을 보전 및 창출하는 것이고, 둘째, 생물과 인간이 함께 어울릴 수 있는 장소를 조성하는 것이다.[38] 일본은 1987년 건설성(建設省)이 도시생태공원의 개념을 도입하였으며, 1990년 초반까지 생태공원의 주요 목적은 시민들로 하여금 자연과 교감할 수 있는 공간을 제공하는 것이었다. 따라서 생태공원에 유입시키고자 했던 종(種)은 반딧불이, 잠자리 등의 친숙한 곤충과 조류가 주류를 이루었다. 그러나 1992년에 개최된 리우환경회의 이후 생물다양성이 위협받고 있음을 인식하게 됨에 따라 생물다양성의 보호라는 또 다른 목적이 생태공원의 목적으

36) 龜山章 · 倉本宣 편저, 이명균 외 편역, 생태공원, 서울: 보문당, 2004. pp. 16-17.

37) 김귀곤, "하남SCP 프로그램과 Best Practice," 한국환경복원녹화기술학회 외 주최, 생태공원에 관한 국제심포지움 발표집, 2003, p. 22.

38) 龜山章 · 倉本宣 편저, 이명균 외 편역, 전게서, 2004, p. 73.

표 7-3 생태공원의 유형

<table>
<tr><th colspan="3" rowspan="2">유형의 구분</th><th colspan="2">사 례</th></tr>
<tr><th>국내생태공원사례</th><th>국외생태공원사례</th></tr>
<tr><td rowspan="5">서식처별</td><td rowspan="3">습지형</td><td>해안습지형</td><td>• 을숙도 생태공원
• 시화호 인공갈대 습지 공원</td><td>• 영국 Sutton Ecology Park</td></tr>
<tr><td>내륙습지형</td><td></td><td></td></tr>
<tr><td>산림습지형</td><td></td><td></td></tr>
<tr><td colspan="2">산림형</td><td>• 문경새재 생태공원
• 함평 용천사 자연생태공원</td><td></td></tr>
<tr><td colspan="2">초지형</td><td>• 길동자연생태공원</td><td>• 영국 Camley Street Natural Park</td></tr>
<tr><td rowspan="4">주요
시설별</td><td colspan="2">수목원형</td><td>• 대전수목원</td><td></td></tr>
<tr><td colspan="2">자연환경연구공원형</td><td>• 강원도 자연환경생태공원</td><td></td></tr>
<tr><td colspan="2">동물원형</td><td></td><td>• 미국 New Orleans Audubon 생태공원</td></tr>
<tr><td colspan="2">탐조공원형</td><td>• 한강조류생태공원</td><td>• 동경항 야조원</td></tr>
<tr><td rowspan="5">입지별</td><td colspan="2">매립지형</td><td>• 대호간척지 생태공원</td><td></td></tr>
<tr><td colspan="2">호수형</td><td></td><td>• 영국 Milton Country Park</td></tr>
<tr><td colspan="2">강변형</td><td>• 고덕생태공원</td><td></td></tr>
<tr><td rowspan="2">도심형</td><td>육상형</td><td>• 여의도 샛강생태공원</td><td>• 영국 Stave Hill Ecological Park</td></tr>
<tr><td>옥상형</td><td>• 서울시청 옥상
• 명동 유네스코회관 옥상</td><td></td></tr>
</table>

자료: 김귀곤, "하남SCP 프로그램과 Best Practice," 한국환경복원녹화기술학회 외 주최, 생태공원에 관한 국제심포지움 발표집, 2003, p. 23.

로 추가되었다.39) 한편 생태공원을 설계할 때에는 다음에서 제시된 원칙을 준수하는 것이 바람직하다.

첫째, 생태공원은 풍부한 자연을 보유하고 있는 공원이다. 따라서 생태공원을 계획하고 설계할 때에는 자연에 관한 기초지식을 습득하고, 특히 도시 내 생태계의 특성과 비오톱 등에 관한 생태학적 지식을 익히는 것이 중요하다.40)

---

39) Yoshiyuki Hioki, "Estimating Ecological Potential, Efficient Methods for Habitat Creation in Eco Parks," 한국환경복원녹화기술학회 외 주최, 전게서, 2003, p. 125.

40) 龜山章 · 倉本宣 편저, 이명균 외 편역, 전게서, 2004, p. 21.

둘째, 도시의 자연과 생태계에 관한 최근의 연구는 잠자리와 나비 등의 곤충류가 각각의 고유한 행동권의 크기를 가지고 있다는 것과 조류에 의하여 운반되는 식물종자의 이동거리 등을 밝혀내고 있으나 이들의 이동거리 권역 내에 생태공원을 배치하는 것은 쉬운 일이 아니다. 육상을 이동하는 포유류와 양서류 및 파충류 등은 현재 이동경로가 분단되어 있으며, 다른 서식지로 이동하는 것도 어렵다. 어류와 수생생물 역시 이동경로가 분단되어 있기 때문에 다른 연못이나 수로로 이동하는 것이 어렵다. 이와 같은 문제는 공원만으로는 해결될 수 없으므로 도시전체의 자연과 녹지계획, 그리고 생태네트워크의 구축이 필요하다.[41]

셋째, 생태공원계획은 생물을 주체로 한 공간계획(생물계획)과 함께 어울리기 위한 시설계획(이용계획)의 두 가지로 구성된다. 생태공원계획은 계획대상지의 자연을 이해하고 파악하는 것에 최대한 역점을 두어야 하며, 대상지의 자연적 조건에 크게 의존하는 자연의 특성을 존중하는 계획이 기본이다.[42]

넷째, 생태공원 내에 인간의 간섭을 받지 않는 핵심 생태계보전구역의 설정과 그 주변에 완충지역을 설정하고, 완충지역 주변에 인간이용지역을 설정한다.

다섯째, 핵심생태구역은 식생천이(遷移), 서식동물, 조성목표의 식물군락을 고려하여 면적과 배치를 설정하되, 주변에 산림이나 호소, 농경지 등과 연접하게 배치한다. 핵심생태구역에는 동선을 배치하지 말아야 하고, 도입된 시설은 일정지역에 집단화하여 녹지전체에 영향이 미치지 않도록 한다(그림 7-9).

3. 생태공원계획 및 설계의 과정

생태공원설계는 생태공원의 계획과정과 이를 구체화하기 위한 설계과정으로 구분할 수 있다. 계획과정은 기획→조사→도면화→분석 · 평가→목표설정→계획의 과정을 거쳐 이루어진다.[43] 생태공원의 설계과정은 생태공원계획을 현실화하기 위하여 구체적인 형태를 제시하는 단계로서 생태적, 물, 녹지 및 생물상의 설계와 관찰시설 등으로 이루어진다.

생태공원의 설계를 위해서는 설계와 관련된 조건을 정리할 필요가 있다. 계획의 관

41) 상게서, p. 36.
42) 상게서, p. 73.
43) 龜山章 · 倉本宣 편저, 이명균 외 편역, 전게서, 2004, pp. 74-79, pp. 170-204.

그림 7-9 해안생태공원의 사례

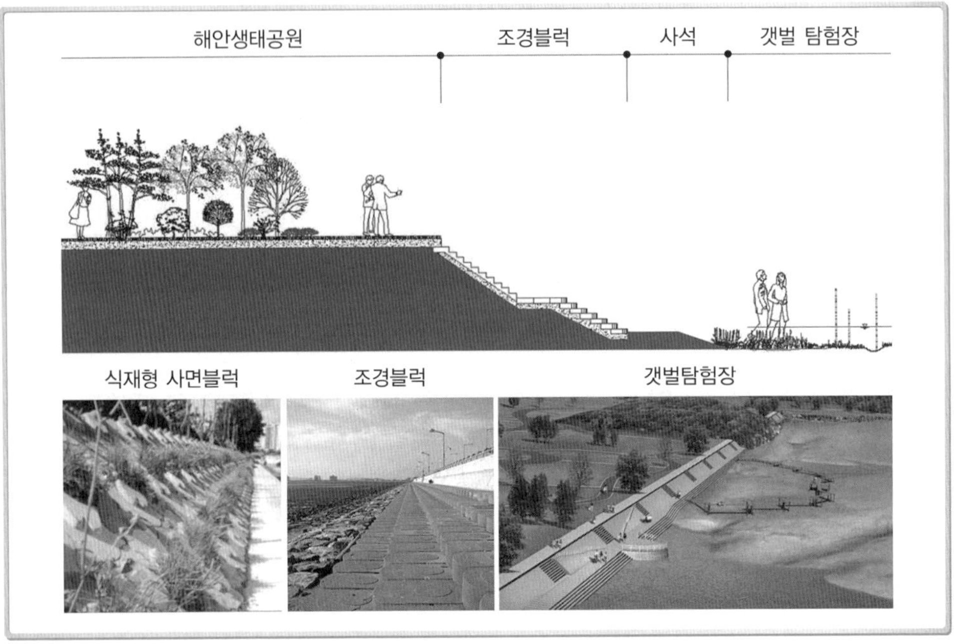

자료: (주) 도화종합기술공사 제공

련조건은 생물의 생활사와 생육 및 서식공간, 인간과 생물과의 거리, 서식공간의 최소면적, 관찰대상 등이 포함된다. 관리의 관련조건은 생물의 생육 및 서식환경의 관리, 생물의 생육 및 서식공간의 기반이 되는 식생의 관리, 먹이연쇄관계에 있는 동물의 관리 등이다. 설계과정의 생태적 환경설계는 현존하는 자원의 보전을 위한 설계를 의미하는데 지형 및 수계의 보전, 식생 및 표토의 보전과 이용, 식생과 토양 내 종자의 이용 등을 위한 것이다.

물의 설계는 수질과 수량, 소하천과 시내, 수로 등의 설계, 연못, 늪, 저수지 등의 정체수역의 설계, 습지설계, 우수배수시설의 설계 등을 포함한다. 생태공원의 설계는 원칙적으로 생물의 자연도입을 전제로 하나 대상지의 입지조건에 따라 물리적으로 자연도입이 불가능한 동물에 대해서는 인위적인 도입을 검토한다. 생물상의 설계는 인위적으로 토양동물과 미생물 및 동물의 도입 등을 위한 설계가 주를 이룬다.

제 6 절 친환경댐 설계

1. 친환경댐 설계의 기본방향

댐과 같은 대규모 건설사업은 어떤 형태로든 환경에 영향을 미칠 수밖에 없다. 댐건설이 환경에 미치는 영향은 첫째, 댐이 건설됨에 따라 하천 생태계가 호소(湖沼) 생태계로 변화되고, 이로 인하여 서식지의 훼손 및 단절, 야생 동식물의 서식 및 번식의 습성에 영향이 나타나고, 둘째, 댐의 담수 후에 초래된 환경변화에 따라 미기후(微氣候)의 변화, 수질의 변화, 서식동물 및 어종의 변화, 하류 하천흐름의 변화 등이 나타나며, 셋째, 댐 공사에 의한 영향으로 수질오염, 소음, 진동, 토양오염 등이 유발될 가능성이 높다.

이처럼 댐 건설로 인한 환경에 미치는 부정적인 영향을 최소화하기 위해서는 친환경댐의 건설이 필요하다. 친환경댐은 댐 건설에 의한 자연훼손을 최소화하고, 훼손된 환경을 최대한 복원 혹은 대체조성하며, 댐의 건설 및 운영관리에 소요되는 에너지를 감축하여 이산화탄소의 배출을 감소시키고, 해당지역의 사회적, 문화적, 역사적 특징을 고려하여 건설된 댐을 말한다. 친환경댐이 건설되기 위해서는 사업단계별로 즉, 사업구상단계, 조사계획단계, 설계 · 시공단계, 유지관리단계에서 환경에 미치는 부정적인 영향을 최소화해야 할 것이다.

친환경댐을 설계할 때에는 다음과 같은 사항이 고려되어야 할 것이다.[44] 첫째, 자연환경의 보전 및 활용과 지역환경의 특성 중시, 둘째, 자연환경 복원을 위한 자연소재(素材) 및 기존 생물종의 활용, 셋째, 생물서식공간 및 추이대의 조성, 넷째, 생태통로 및 동물의 피난장소(은신처) 확보, 다섯째, 동물과 인간과의 비간섭 거리 확보 등이 포함되어야 할 것이다.

2. 친환경댐 설계의 국내외 사례

우리나라보다 먼저 친환경댐을 건설한 독일 조르페탈댐(Sorpetalsperre)은[45] 수질관

44) 건설교통부 · 한국수자원공사, 환경친화적 댐 설계지침, 2003, pp. 11-12.
45) 상게서, pp. 108-112.

리를 위하여 설치된 세 개의 하수처리장에서 생활하수를 100% 처리하고, 모터보트와 같이 기름을 사용하는 배의 운행을 금지시키며, 요트와 같은 돛단배도 전체의 수(數)와 사용횟수를 제한하고 있다. 또한 저수지 주변의 땅을 매입하여 개발을 억제하고, 사람의 출입을 통제하며, 휴식공간과 캠핑구역을 구분하여 관리하고 있다. 이외에도 저수지 비탈면의 침식방지를 위한 식생호안(植生護岸)을 조성하고, 저수지 비탈면에 버드나무와 오리나무 등을 식재하여 침식방지와 주변경관과의 조화를 유도함으로써 생태계를 보전하고 있다. 댐 정상부의 양 비탈면에는 일정구간 나무를 심어 산책로의 연장을 도모하고, 댐 하류 쪽의 비탈면에는 야생 잔디류를 심어 주변 숲과 조화를 유도하고 있다. 한편 일본 오키나와의 하네지댐의 경우, 댐 저수지의 수질을 개선하기 위하여 이용되는 폭기(曝氣: aeration)를 위한 압축공기를 방출에너지로 사용하는 시스템을 개발하였고, 높이가 높은 댐의 어도(魚道)는 공기에너지를 활용한 어도시스템을 개발하여 사용하고 있다.

우리나라 탐진강에 건설된 장흥다목적댐은 댐건설로 인한 환경변화를 최소화하기 위하여 댐 배면(背面)을 주변산림과 어울리는 나무 등으로 녹화하고(그림 7-10), 댐 상·하류 보(洑)에는 어도를, 저수지 내에는 어류산란장을 설치하였다. 특히 수질보전을 위해서는 댐 상류에 하수처리장 건설과 습지를 조성하고, 호수 내에 산소를 공급하는 폭

그림 7-10 장흥댐의 댐배면 식재전경

자료: 한국수자원공사 제공

기(曝氣)장치 및 수질자동측정기를 설치하는 등 완벽한 수질보전체계를 구축하였다. 또한 댐 주변을 관광지로 개발하기 위하여 수몰지역의 문화와 유물을 전시한 물 문화관과 생태문화마을, 수변환경공원, 체육공원, 어류보호시설 등을 조성하였다. 우리나라 일부 댐의 경우에는 친환경 댐을 조성하기 위하여 어족보호시설로 어도, 산란장, 산란서식처를 조성하고, 수질보전시설로는 인공습지, 조류확산 방지막, 부유쓰레기 차단막, 수중폭기장치 등을 설치하였다.

3. 친환경댐 설계지침과 관리방안

친환경댐을 설계할 때에는 다음과 같은 지침을 고려하는 것이 필요하다.[46)]

첫째, 댐 건설지역의 자연환경을 정확히 파악하여 주변에 미치는 환경영향을 최소화한다. 이를 위하여 대책수립에 필요한 조사를 시행하고, 멸종위기종, 보호종, 천연기념물 등을 포함한 자연환경의 보호 및 보전대책을 수립한다.

둘째, 동식물의 서식과 생육환경을 창출할 수 있는 설계가 요구되며, 또한 물질순환의 활성화를 유도하여 오염을 최소화할 수 있는 환경을 창출한다.

셋째, 공사 전, 공사 중, 공사 후의 모니터링계획과 유지관리계획을 검토하고, 댐 건설지역의 문화유적에 대한 보전 및 관리계획을 수립한다.

넷째, 건설예정지역의 서식종에 대한 현장보존이 불가능한 경우에는 서식종의 서식환경을 충분히 조사하여 보호 및 보전 대상종의 대체서식지 환경을 조성할 수 있는 방안을 강구한다. 표토(表土)는 생물에 필요한 유기질, 유효성분, 동식물의 알과 종자 등을 포함하고 있기 때문에 현지 환경의 보존을 위해서는 표토를 최대한 활용하여 복원계획을 수립한다.

다섯째, 도로 등의 절개지(切開地)와 비탈면 발생부에 임시적인 조기녹화와 주변 식생대를 이용한 영구적인 녹화로 토양의 유실을 방지하고 안정성을 확보한다. 식생의 훼손이 적은 설계 및 공법을 채택하고, 가능한 한 비탈면 부분에 기존 종의 식재에 의하여 식생경관을 연속시킴으로써 주변식생과 경관에 미치는 영향을 완화한다.

여섯째, 자연형 하천을 조성하기 위해서는 하천에 서식하는 동물이 육상동물에 비하여 서식환경이 한정되어 있으므로 자연스러운 수변과 하천바닥을 보전한다. 하천바닥은 콘크리트 포장을 지양하고, 자연재료를 활용하여 여울과 소(沼) 등 다양한 환경을

46) 건설교통부 · 한국수자원공사, 전게서, 2003, pp. 14-19.

갖고 있는 본래의 흐름을 확보한다. 하천호안은 가능한 한 그 지방의 자연재료를 이용하되 치수의 염려가 없는 경우, 식생호안을 도입하여 하천의 생태적 기능을 높이도록 한다. 호안경사는 가능한 한 완만하게(1:2이상) 설계하여 친수공간으로 접근이 용이하게 하며, 넓은 식생대의 형성을 도모한다. 유량의 변화가 심한 하천의 낙차공(落差工)에는 저유량(低流量) 시 소하성(溯河性) 어류의 이동이 용이하도록 좁은 폭의 월류부(越流部) 형태의 어도를 설계한다.

일곱째, 공사용 가설도로는 사용기간은 짧으나 주변환경에 미치는 영향이 지대하므로 규모를 최소화하고, 도로공사 후 공사 전의 환경에 가깝도록 녹화 복원한다. 공사 중에 발생하는 오폐수는 침전조와 정화조 등을 설치하여 오탁물질을 제거한 후 하천으로 흘려보낸다.

여덟째, 생태계를 고려하여 댐을 유지 관리한다. 댐 지역에 적용가능한 생태계의 보전과 복원은 다음과 같은 기술을 반영할 수 있다.[47] ① 댐 상 · 하류 하천유역의 복원방안: 상류 계류하천의 정비기술, 하류의 자연형 하천정비기술, ② 저수지 연안역의 습지 조성방안: 기존 습지의 보전기술과 인공습지의 조성기술, ③ 댐건설에 의한 사면의 녹화 방안: 절 · 성토 사면의 녹화기술과 저수지 가장자리에 발생하는 사면의 녹화기술, 댐체(體) 양사면의 녹화기술, ④ 소생물권 조성방안: 양서, 파충류, 조류, 어류 서식처의 보전 및 복원기술, ⑤ 댐체의 생태통로 복원방안: 어도(fishway)기술 등이 있다.

그러나 이미 건설된 댐이 비록 친환경적으로 설계되지 않았더라도 환경친화적인 관리를 통하여 어느 정도 친환경성을 달성할 수 있다. 댐의 환경친화적 관리방안을 살펴보면 다음과 같다.[48]

첫째, 기존의 댐 관리체계를 개선하기 위해서는 유역환경을 고려한 댐 · 저수지 종합관리기반 및 체계를 구축한다. 댐 상류의 오염부하를 저감시키고, 저수지의 수질개선을 도모하며, 저수지의 생태현황조사와 복원대책을 시행한다. 또한 유역중심의 하천운영체계를 구축하기 위하여 수문조사기능을 강화하고, 댐과 하천의 연계운영을 위한 물관리시스템을 개선한다. 이와 함께 댐 및 주변유역의 환경친화적 복원사업을 추진한다.

둘째, 댐 상류유역의 산지관리 방안은 수자원 보전기능이 높은 산림을 조성하고, 임분(林分)단위의 집약적 산림유역을 관리한다.

셋째, 댐 하류의 하천관리를 위해서는 하천재생 방안으로 불필요한 보의 제거, 직강

47) 고려대 · 과학기술부, 수자원의 지속적 확보기술 개발사업-지속가능한 댐 개발기술, 2004, pp. 69-70.
48) 최지용 · 김홍년, 환경친화적 댐관리를 위한 사례연구, 2003, pp. 95-141 요약정리.

화(直江化)된 하천의 자연상태로의 복원, 서식지 복원 등이 필요하며, 수변녹지의 조성을 위하여 수변녹지대의 보전 및 복원과 연계, 그리고 수변오염원을 관리한다.

제 7 절 경관관리

1. 경관계획 및 관리

우리나라 경관은 국토해양부의 「경관법」, 환경부의 「자연환경보전법」, 문화관광체육부의 「문화재보호법」, 농림수산부의 「농림어업인 삶의 질 향상 및 농산어촌 지역개발 촉진에 관한 특별법」 등에 의하여 관리되고 있다. 지난 2007년에 건설교통부는 자연환경 보전과 인공경관 형성 등을 종합적으로 다루기 위하여 「경관법」을 제정하였다.

우리나라의 「경관법」에서 규정한 경관계획은 두 가지 유형이 있다. 즉, 경관계획은 계획의 목적과 내용적 범위, 그리고 계획수준에 따라 '기본경관계획'과 '특정경관계획'으로 구분된다. 기본경관계획은 관할지역 전부를 대상으로 경관계획의 목표를 제시하고, 경관 권역, 축, 거점 등의 경관관리단위를 설정하며, 경관을 보전 · 관리 하고 형성하기 위한 기본방향을 제시하는 것이다. 반면에 특정경관계획은 관할지역의 특정한 지역과 특정한 경관유형(산림, 수변, 가로, 농산어촌, 역사문화, 시가지 등)과 특정한 경관요소(야간경관, 색채, 옥외광고물, 공공시설물 등)를 대상으로 경관의 보전 · 관리 및 형성을 위한 실행방안을 제시하는 것이다. 경관계획은 필요성과 시급성 등 해당 지방자치단체의 여건에 따라 기본경관계획 또는 특정경관계획 중 하나를 선택하여 수립하거나 모두를 수립할 수 있다.

우리나라의 경관계획에는 「경관법」 제8조 제1항에 명시된 바와 같이 다음의 내용이 포함되어야 한다.[49)]

첫째, 경관계획의 기본방향 및 목표에 관한 사항은 계획의 배경, 수립범위(공간적, 내용적, 시간적 범위), 수립과정, 계획의 목표 및 기본방향 등을 포함한다.

둘째, 경관자원의 조사 및 평가에 관한 사항은 대상지의 경관적 가치를 판단하고, 경관적 특성에 관한 기초조사와 경관자원 특성분석, 경관의식조사, 관련계획 및 법규조

---

49) 건설교통부, 경관계획수립지침, 2007.

사, 국내외 사례분석 등 경관의 현황조사 및 분석, 평가 등이다.

셋째, 경관형성의 전망에 관한 사항은 경관계획의 목표, 기본방향의 설정, 경관의 보전 · 관리 및 형성방안 수립, 경관기본구상, 경관계획 및 설계지침 등을 포함한다.

넷째, 경관지구와 미관지구의 관리 및 운용에 관한 사항은 「국토의 계획 및 이용에 관한 법률」 제37조(용도지구의 지정)에 따른 경관지구와 미관지구의 설정, 이미 설정되었거나 신설할 경관지구와 미관지구에 대한 관리운용방안 등을 제시한다.

다섯째, 경관관리의 실천방안에 관한 사항은 경관관리를 위한 실행조직 및 행정체계, 경관사업추진협의체 설립 및 운영에 관한 사항, 「경관법」 또는 다른 법률에서 규정하고 있는 경관 관련계획, 지역 · 지구 · 구역 및 경관 관련사업, 협정, 협약, 그 밖에 경관 관련심의 및 계획기준 등의 적용사항 도출과 연계 추진방안 등을 포함한다.

여섯째, 경관계획의 시행을 위한 재원조달 및 단계적 추진에 관한 사항은 경관사업, 경관협정 및 기타 경관관리 등 경관계획의 내용을 실행하는데 필요한 사업요소별 예산의 산정, 재정확보 및 추진방법 등을 포함한다.

일곱째, 그 밖에 경관의 보전 · 관리 및 형성에 관한 사항은 중점적으로 경관을 보존 · 관리 및 형성하여야 할 구역 등에 관한 사항, 경관사업과 경관협정의 관리 · 운영에 관한 것으로서 해당 지방자치단체의 조례로 정하는 사항을 포함한다.

한편 신도시의 지속가능한 개발을 위하여 건설교통부는 2005년에 「지속가능한 신도시 계획기준」을 제정하여 시행하고 있다. 이 기준에는 경관형성 및 관리를 위한 내용을 포함하고 있다. 즉, 신도시의 전체적인 경관의 틀을 구축하는데 필요한 기준으로서 신도시경관기본계획을 수립하도록 하며, 경관요소별로 미시적인 경관을 다루는 신도시 경관상세계획을 제시하도록 다음과 같이 요구하고 있다. 첫째, 신도시 경관기본계획(거시적 경관계획)은 신도시 경관계획의 방향 및 목적, 기본계획을 위한 현황조사 및 분석, 신도시 경관의 테마 및 이미지 설정, 신도시 경관 부문계획별 기본구상, 기본계획의 시뮬레이션, 경관계획의 관리방안 등을 포함해야 한다. 둘째, 신도시 경관상세계획(미시적 경관계획)은 경관기본계획의 개요 및 부문별 경관계획의 기본구상 확인, 상세계획을 위한 현황조사 및 분석, 경관보전 · 형성 · 관리를 위한 부문별 경관계획 수립, 부문별 경관계획의 시뮬레이션, 신도시 경관상세계획의 시행 및 관리방안 등을 제시해야 한다.

또한 자연경관이 수려한 지역에 건물과 도로 등 인공적인 시설이 입지하는 경우, 자연경관을 훼손할 가능성이 높기 때문에 환경부는 「자연환경보전법」에 근거하여 자연경관심의 · 검토제도를 도입하여 운영하고 있다. 자연경관영향심의 대상사업은 보전지역

주변지역의 경우에는 사전환경성검토 및 환경영향평가대상 개발사업과 사전환경성검토 대상 행정계획이 포함되고, 일반지역은 사전환경성검토 및 환경영향평가 대상사업 중 대통령령이 정하는 개발사업을 대상으로 한다. 이들 대상사업에 대해서는 개발사업이 자연경관에 미치는 영향을 사전에 검토하여 부정적인 영향을 최소화해야 한다.

표 7-4 경관의 유형분류

경관의 분류	경관의 유형	
Christian Noberg-Schulz의 분류	– 낭만적 경관 – 고전적 경관	– 우주적 경관 – 복합적 경관
자연적 경관을 대상으로 한 분류	– 파노라믹 경관 – 위요(圍繞) 경관 – 초점(焦點) 경관 – 일시적(一時的) 경관	– 지형(地形) 경관 – 관개(冠蓋) 경관 – 세부(細部) 경관
경관의 해석에 따른 분류	– 자연으로서의 경관 – 인공물서의 경관 – 문제로서의 경관 – 이데올로기로서의 경관 – 장소로서의 경관	– 거주지로서의 경관 – 체계로서의 경관 – 부로서의 경관 – 역사로서의 경관 – 미로서의 경관
자연과 인공경관 스펙트럼으로의 분류	– 원시 경관 – 천변 경관 – 관리 경관 – 경작 경관	– 근교 경관 – 도시 경관 – 거대도시 경관
도시풍치적(Townscape) 관점에서의 분류	– 산지 경관 – 하천축 경관 – 역사 경관 – 주택지 경관	– 구릉지 경관 – 도로축 경관 – 공원녹지 경관 – 상업업무지 경관
인공성의 여부에 따른 분류	– 자연 경관 · 산림경관, 평야경관, 해양경관	– 문화 경관 · 도시경관(가로경관, 택지경관, 교외경관) · 농촌경관(취락경관, 경작지 경관)

2. 경관협정제도

(1) 우리나라의 경관협정

경관은 지형, 도로, 건축물 등 물적 요소와 역사, 문화, 제도 등의 비물리적 요소로 구성되어 있으며, 이들 요소들은 상호 연관되어 있는 복합적인 대상물로 인식되고 있다. 이러한 요소들이 조화롭게 결합되었을 때 아름다운 경관이 형성되며, 인간의 시·지각(視·知覺)에 의하여 '보기 좋은' 모습으로 인지된다고 볼 수 있다. 따라서 경관은 단순한 풍경만이 아니라 인간의 시·지각적 인식에 의하여 파악되는 공간 구성에 대한 대상군(對象群)을 전체로 보는 인간의 심적 현상이라고 할 수 있다. 경관의 유형은 〈표 7-4〉에서 보는 바와 같이 여섯 가지의 유형으로 분류될 수 있다.

우리나라는 「경관법」에서 경관계획제도와 주민참여의 활성화를 위한 경관협정제도[50]를 도입하였다. 이 법은 지방자체단체가 필요한 경우, 지방고유의 자연·역사·문화

표 7-5 한국, 일본, 미국의 경관협정 비교

구 분	일본 경관협정	미국 커브넌트	우리나라 경관협정
근거	경관법	민사계약	경관법
협정 주체	소유자 및 지상권자 간	소유자 간 개발업자와 구입자 간	소유자 등 (소유자, 지상권자)
인가요건 (폐지)	전원합의 (과반수 동의)	전원동의 (전원동의)	전원합의 (과반수 동의)
협정범위	- 건축물 형태, 의장위치·구조·용도·설비기준, 옥외광고물, 농지보전, 수림지 보전, 녹화 등 - 협정의 유효기간,	- 증축시의 제한요건 - 주택 외장재료, 색채 - 애완동물의 수 - 주택 내 영업활동금지 - 울타리 및 잔디관리 등	- 건축물 의장·색채, 설비위치, 옥외광고물, 건축물, 시설물 외부공간, 토지의 보전 및 이용, 역사문화경관 등 - 협정의 유효기간, 협정 협정위반 시 조치
협정관리	공고	건물·토지대장 기재	공고

자료: 건설교통부, 국토업무편람, 2006.

50) 경관협정은 토지 및 건물 소유자 등 이해관계자의 합의 하에 건축물의 의장·색채, 토지이용계획 등에 대한 협정을 체결하는 것이다. 경관협정에 포함할 내용은 건축물의 의장·색채 및 옥외광고물에 관한 사항, 공작물 및 건축설비의 위치에 관한 사항, 건축물 및 공작물 등의 외부공간에 관한 사항, 토지의 보전 및 이용에 관한 사항,

경관을 보전하고, 시가지는 물론 농산어촌을 포괄하는 경관계획을 작성할 수 있으며, 이를 실행하기 위한 수단으로서 경관사업과 경관협정, 경관위원회의 구성 등을 포함하

표 7-6 일본의 경관관리제도 개요

구 분		주요내용	적용대상
제도	지구계획	- 지형대응형 토지이용방침 - 보행자전용도로, 녹도 등의 지구시설정비 - 옹벽처리, 식재, 주거동 배치 등 건축물의 정비 방침 - 건축물의 용도제한, 밀도, 높이제한, 벽면의 위치제한 등의 건축행위제한	개발지구
	종합설계제도	- 보존녹지 및 공개공지에 대한 인센티브	개발단위
행정 지침	택지개발 지도요강	- 녹지확보기준 - 식재기준 - 보존녹지기준	자치단체
	사면주택기준	- 지반면 고저차 한도 - 건축물의 높이 및 층수한도 - 개별건축물 부지규모한도 - 녹지기준 - 계단통로 등의 설계기준 - 인동간격	자치단체
조례	녹지조례	- 보존녹지에 대한 협정 - 식재기준 - 법면녹화 - 보행녹도설치기준	자치단체
	경관조례	- 보존녹지관리기준(건축물의 배치 등) - 녹화기준, 법면녹화 - 식재기준	자치단체
협정	건축협정 및 마을가꾸기 협정	- 녹지확보기준 - 건축물의 층수, 형태, 색채 기준 - 옹벽, 식재 기준 등	개발단위
	녹화협정	- 건축선 후퇴 - 벽면녹화, 옹벽 녹화 - 담장 설치기준 등	개발단위

역사·문화경관의 관리 및 조성에 관한 사항, 그 밖에 대통령령이 정하는 사항 등을 포함한다(건설교통부, 2006).

고 있다. 한편 우리나라 「경관법」상의 경관협정과 일본 「경관법」상 경관협정, 그리고 미국 커브넌트(Covenant)의 중요한 차이점을 비교하면 〈표 7-5〉와 같다.

(2) 일본의 경관협정 사례

1960년대 후반부터 도입되기 시작한 일본의 경관제도는 다양하게 운용되고 있으며, 주로 자연환경의 보존과 이에 조화되는 새로운 경관의 창출을 목적으로 하고 있다. 경관관리제도는 난개발에 대응하는 강력한 규제수단으로서 각 자치단체별로 작성되는 각종 지침과 조례, 개발지구별로 작성되는 계획기준 등에 의하여 운영되고 있다(표 7-6).

특히 일본은 평지에 비하여 풍부한 녹지환경과 수경(修景)요소를 갖추고 있는 산지 · 구릉지의 보존과 관리, 그리고 지속적인 환경관리를 위한 협정제도를 마련하였다. 이 제도는 개발계획단계에서부터 주민이 참여하여 자발적인 환경관리가 이루어질 수 있도록 유도하고 있다. 협정은 주거지의 경관을 창출하고, 이를 지속적으로 유지 관리하기 위하여 계획단계에서부터 유지관리단계까지의 내용을 포함하고 있으며, 택지를 분양할 때 분양조건에 이를 포함시키는 것이 일반적이다.

1) 건축협정

주민참여에 의한 환경관리기법이 처음으로 도입된 것은 1950년의 「건축기준법」에 명시된 건축협정제도이다. 건축협정제도는 해당 개발지역 내의 토지소유자들이 조화로운 환경을 유지하고, 지역특성을 고려한 물리적 환경을 조성하기 위하여 개발계획수립 이전에 건축물에 관한 기준을 결정하는 기법이다. 건축협정에 의하여 부지의 최소면적 및 분할금지, 건축물의 층수, 최고높이, 건폐율, 용적률, 층수제한 등을 정할 수 있다. 한편 건축법과 지구계획제도로 규정할 수 없는 녹지보존 및 녹화의무, 층수제한, 구조물의 제한 등의 내용을 건축협정에 포함시킬 수 있다.

특히 지역경관형성을 위하여 지붕형태와 재료, 색채 등에 관한 협정을 토대로 단독주택일지라도 집합주택과 같은 통일된 환경을 연출하고 있다. 이러한 협정내용은 법적 효력은 없으나 주민 간의 협정에 의하여 운용되며, 일부지역에서는 법적 규제 장치보다 더욱 큰 영향력을 발휘하는 경우가 많다(그림 7-11).

2) 마을가꾸기 협정

건축협정이 주로 단독주택지구에 적용되는 제도라면 도시차원에서의 복합적인 경

그림 7-11 건축 및 녹화협정에 의한 주거지 경관 사례(오사카(大阪) 아부야마(阿武山) 뉴타운)

단독주택지구에 건축협정이 적용된 예
(건축물의 형태와 담장, 녹지의 조성 등의 계획과 관리)

단독주택지구에 녹화협정이 적용된 예
(도로와 대지 사이에 녹지를 조성하고 관리)

관관리가 필요한 집합주택지와 공공시설지구에는 마을가꾸기 협의지침이 적용되고 있다. 이는 개별 필지단위의 주택지에서 적용되는 건축협정내용을 보다 광범위하게 적용한 것으로서 공동주택지 및 공공시설(학교, 문화회관 등), 커뮤니티 센터 등 다양한 개발주체가 참여하여 각 개발주체 간에 경관과 환경정비규정에 대한 내용을 협의하는 것이다. 이러한 마을가꾸기 협의내용은 행정청에서 작성하는 것이 일반적이며, 협정지구는 택지매수단계에서 협의서에 동의하는 것을 계약조건으로 상정하고 있다.

마을가꾸기 협의내용은 건축협정내용에서 담고 있는 녹지율 및 건축물의 높이, 건축물의 형태, 색채 등 건축물 자체의 행위규제 내용을 포함하고 있으며, 용도지역에 따라 최소부지면적과 옹벽설치규정 및 식재방식 등에 대한 내용이 규정되어 있다. 코호쿠 뉴타운에서는 이러한 마을가꾸기 협정을 체결하여 녹지조례에서 정하고 있는 보존녹지의 보호와 부지주위에 폭 넓은 녹지설치를 권장하도록 명시함으로써 집합주택지 및 공공시설용지, 단독 주택지를 선적(線的)으로 연결하는 대규모의 녹지 띠를 형성하고 있다. 특히 개발지구가 구릉지라는 점을 감안하여 경사지붕과 풍토성이 강한 베이지(beige)색 계통의 색채를 사용하도록 건축물을 조정하고 있으며, 주차장 및 자전거 보관소 등의 차폐식재, 휴먼스케일의 옹벽조성, 단지 내 공개공지로서 보행녹도 확보 등을 협정내용에 포함시켜 자연지형의 보존과 녹지환경이 풍부한 주거지역을 조성하고 있다(표 7-7).

표 7-7 요코하마(橫浜) 코호쿠(港北) 뉴타운 마을가꾸기 협의지침 내용

협정내용		주택용지		계획건설용지
		단독 및 연립	맨 션	
녹지		- 부지면적의 20%이 상 - 수경녹지 개발면적 에 대해 15%이상 설치 - 부지주변에 높이 1.5m 폭 1m의 생울타리 설치	부지면적의 15%이상 녹화	- 부지면적의 30%를 녹지면적으로 확보하고, 그중 25%이상을 녹화 - 부지주위는 폭원 5m이상의 녹지설치, 단 공원·녹도에 접한 부분은 10m이상 - 공원, 녹지 내 정원적인 경관 구성할 경우 자연림보다 건축물, 공작물이 드러나지 않도록 계획
최소부지면적		220m^2(1주호당 부지면적 110m^2)	260m^2(1주호당 부지면적 43m^2이상)	3,000m^2이상으로 할 것
건축물의 제한	층수	지상 2층이하	-	단독주택지에 인접한 부분 저층화
	지붕	경사지붕	-	경사지붕
	색채	주변가로와 조화를 도모	-	내륙적 풍토의 아스칼라
주차대수		주호수의 100%	주호수의 50%이상	주호수의 100%이상
건축선		-	건물외벽은 부지경계선에서 3m 후퇴	-
옹벽		-	옹벽하부의 식재	부지주위의 옹벽은 휴먼스케일 고려하고 주변환경과 어울리는 형태 및 재질 선택
식재		-	주차장 및 옥외설비주위의 차폐식재	주차장 및 옥외설비주위의 차폐식재
높이제한 완화		-	-	시가지환경설계제도에 의한 완화는 높이제한만을 대상으로 할 것

3) 녹화협정

녹화협정은 1973년「도시녹지보전법」에 의하여 제정되었다. 이는 양호한 시가지와 주거환경을 확보할 수 있도록 녹화의무에 관한 사항을 주민 간의 상호협정을 통하여 규정하는 방식이다. 이는 건축협정에 규정된 녹화기준을 좀 더 구체화된 실천수법으로 명시한 것으로서 건축선의 후퇴와 이에 따른 식재 장소, 택지와 도로 접도부의 녹화, 수목 등의 종류 및 크기와 그 밖의 녹화에 관한 전반적인 사항을 체결할 수 있다. 이러한 건축협정과 녹화협정은 강력한 실천성을 담보하기 위하여 두 가지 협정을 동시에 운용하는 경우가 많으며, 신주거지로 개발된 나지오(名鹽) 뉴타운과 아부야마(阿武山) 뉴타운의

그림 7-12 녹화협정지침의 적용 사례(효고현(兵庫縣) 나지오(名鹽) 뉴타운)

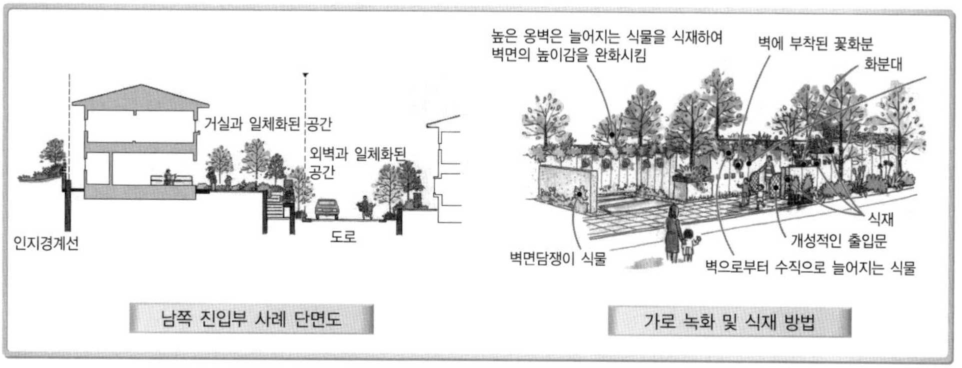

녹지협정에 의한 계획과 유지관리의 부분에 대한 내용을 '구체적'으로 표현하고 있는 예

단독주택지구에 두 가지 협정을 모두 적용하고 있다(그림 7-12).

두 지구에서 적용된 녹화협정 중 건축선의 후퇴는 단독주택지에 가로선(街路線)의 형성을 유도함으로써 통일된 가로경관을 조성하고 있으며, 건축선 후퇴로 인하여 조성된 공지는 녹화의무를 부과함으로써 풍부한 녹지로 둘러싸인 보행환경을 확보하는 배경이 되고 있다. 특히 나지오 뉴타운은 녹화협정에 의한 쾌적한 주거환경을 조성하기 위하여 "My Garden"이라는 계획기준 도서를 작성하여 단독주택지의 녹화 및 식재방법을 유형별로 제시하고 있다.

이러한 건축협정, 마을가꾸기 협정, 녹화협정 등은 계획단계에서부터 주민 스스로에 의한 지역의 환경보존과 관리를 유도함으로써 개발이 완료된 이후에도 주민의 자발적인 조직에 의하여 보존녹지 및 공원 등의 유지 관리가 보다 효율적이고 지속적으로 이루어질 수 있다. 이를 위하여 각 자치단체에서는 주민참여의 협정체결에 소요되는 비용과 개발이후 관리비용에 대한 지원 등의 인센티브를 제공하여 주민들의 자발적인 참여 동기를 부여하고 있다.

3. 내셔널 트러스트(National Trust) 운동

(1) 개념 및 의의

내셔널 트러스트운동은 보전가치가 있는 자연 및 문화·역사유산을 시민들의 자발적인 참여를 통하여 시민 주도적으로 추진하는 자연 및 문화자원의 보전운동이다. 영국에서 115년 전에 처음 시작된 내셔널 트러스트 운동은 시민들의 자발적인 모금과 기부를 통하여 훼손되거나 사라지기 쉬운 자연 및 문화유산 지역의 땅을 사들인 뒤 영구 보존하는 환경 및 문화운동을 지칭한다. 따라서 이는 "토지의 공동 매입"이라는 형식을 빌려 자본주의적 사적 소유에 대한 일반적인 인식을 획기적으로 전환시키고, 동시에 시민들에 의한 영구 보전을 통하여 환경위기를 해결하고자 하는 적극적인 운동이다. 그러므로 이 운동은 전문가와 지역주민운동을 결합시키면서 모더니티(modernity)의 논리에 대한 근본적인 문제제기라는 이념을 구현하는 가장 발전된 형태의 시민운동이라고 할 수 있다.

내셔널 트러스트 운동의 실현은 시민들의 자산을 통한 신탁으로부터 시작된다. 따라서 자산이나 노동력의 제공을 통한 시민들의 자발적 참여는 내셔널 트러스트가 구현하고자 하는 전제조건이다. 그러나 이러한 참여만으로는 보전가치를 현실화시키는데 어려움이 있다. 영국 내셔널 트러스트 운동은 환경자원을 단지 보전하고 보호하는데 그치는 것이 아니라 환경자원을 경제적 수익으로 활용함으로써 보전적 가치의 극대화를 위하여 활동하고 있다. 이러한 전략을 우리나라의 환경운동에 적용할 경우, 그 시사하는 바가 매우 크다. 환경자원에 대한 소극적인 보호의 차원이 아니라 환경 친화적인 관광상품으로 개발하여 그 자체를 생태 이념을 구현하는 장(場)으로 활용할 수 있기 때문이다. 자연에 대한 존중과 보전이 아니라 변형과 파괴로 특징 지워지는 것이 우리나라 휴가 · 관광문화의 토양이라고 간주한다면, 환경에 대한 적극적인 활용은 오히려 적극적인 보전이 될 수 있다는 인식의 전환과 함께 국민에 대한 홍보와 교육효과까지도 기대할 수 있다.

한편 내셔널 트러스트 운동의 실천적 측면이 갖고 있는 의미는 시민환경운동의 조직적 역량과 관련이 있다. 시민환경운동은 자율성을 필요로 하는 운동이다. 즉, 국가의 제도적 영역과 개별 자본으로부터 독립하여 시민들이 자율적으로 공공적 가치를 구현할 수 있어야 한다. 그러나 현실적으로 대부분의 시민단체는 조직의 전문성과 독립성 및 자율성 간에 해결하기 힘든 어려움을 갖고 있다. 내셔널 트러스트는 조직의 전문성과 시민환경 운동의 필수요소인 자율성을 동시에 구현할 수 있는 가능성을 보여주고 있다.

(2) 우리나라의 내셔널 트러스트 운동

우리나라에 내셔널 트러스트 운동이 소개된 배경은 '그린벨트(greenbelt) 살리기 운동'과 직접적인 관련이 있다. 그린벨트를 지키기 위한 환경단체들의 노력에도 불구하고 공공성을 추구해야 할 국가에 의하여 그린벨트의 완화 및 해제가 추진되었다. 그린벨트 보전의 실패를 경험한 환경단체들은 한국사회에서 환경을 지킬 수 있는 유일한 방법은 시민들이 보전해야 할 토지를 직접 매입하여 지킬 수밖에 없다는 인식을 하게 되면서 대안운동으로 내셔널 트러스트 운동에 대한 관심을 가지게 되었다.

우리나라의 내셔널 트러스트 운동(자연신탁국민운동)은 영국의 내셔널 트러스트를 모델로 결성되었다. 1999년 4월 '환경정의시민연대'가 '내셔널 트러스트 운동의 소개 및 한국사회 적용을 위한 워크숍'을 개최한 후 내셔널 트러스트 발족 준비위원회가 구성되었다. 이후 2000년 1월 25일에 300여명의 각계 전문가와 시민들이 창립위원으로 참여하여 사단법인으로「한국 내셔널 트러스트」가 발족[51)]되었다.

우리나라 내셔널 트러스트 운동은 '멸실 위기에 처한 환경 및 문화자산을 국민적 자산으로 영구 보전하고, 계층간 · 세대간 · 종(種)간 환경 및 문화유산의 공평한 이용추구, 시민의 자발성을 바탕으로 한 새로운 실천 운동의 구현, 삶의 질이 개선되고 자연이 아름답고 부강한 나라의 건설'을 목표로 하고 있다. 신탁 선정의 조건과 대상은 '절박한 훼손의 위험이 있으나 국가제도와 개인들의 노력으로 보전될 수 없는 동식물과 그 서식지, 생태적으로 민감한 지역, 토지 및 시설, 자연경관 및 명승지, 문화재' 등으로 규정하고 있다. 주요 활동은 영구 보전해야 할 보전 대상지역의 조사 선정 및 관리, 자연자원 모니터링, 특정 대상지역의 후원인 모집 및 답사, 그리고 환경교육, 캠페인, 국제 연대 등을 포함하고 있다. 이러한 운동을 통하여 시민환경운동의 새로운 패러다임을 제공하고, 개발과 성장 중심의 발전 모델을 극복하여 녹색사회를 구현하는데 기여할 것을 기대하고 있다.

한국 내셔널 트러스트는 전국 주요 자연생태지역과 문화유산의 보존을 위한 기금을 마련해 왔으며, 내셔널 트러스트법이라고 할 수 있는「문화유산과 자연환경자산에 관한 국민신탁법」을 제정하는데 중추적인 역할을 담당하였다. 현재 한국내셔널 트러스트에서 확보한 주요 내셔널 트러스트지역은 자연환경자산으로 멸종위기식물인 매화마름의 군락지인 강화군 길상면 초지리에 있는 매화마름군락지, 강원도 정선군 신동읍에 있는 동강제장마을, 경기도 연천군 중면에 있는 연천DMZ임야, 청주시 흥덕구 산남동에 있는 원흥이 방죽 두꺼비 서식지 등이다. 또한 문화유산은 서울시 성북구 성북2동에 있는

51)「한국 내셔널 트러스트(NT)」는 2020년을 목표연도로 설정하고, NT운동의 목표, 전국토의 1% 관리, GNP의 1% 자산 적립, NT 사이트 100개소 발굴과 관리, 회원 100만 명, 자원봉사자 5만 명 확보, 연소득 1조원 창출 등의 목표를 제시하였다.

최순우 옛집, 전남 나주시 다도면에 있는 도래마을 옛집, 서울시 성북구 동선동에 있는 조각가 권진규의 아틀리에 등이 있다. 이외에도 연계를 갖고 있는 내셔널 트러스트 지역은 충남 태안군의 천리포 수목원과 서울 종로구 안국동의 윤보선 가옥이 있다. 「문화유산과 자연환경자산에 관한 국민신탁법」에 의하여 새로이 두 개의 특수법인 즉, "자연환경자산국민신탁"과 "문화유산국민신탁"이 설립되어 이들도 내셔널 트러스트 운동을 전개하고 있다.

참고문헌

건설교통부 · 한국수자원공사, 환경친화적 댐 설계지침, 2003.

건설교통부, 지속가능한 신도시 계획기준, 2004.

건설교통부 · 환경부, 환경친화적인 도로건설지침, 2004.

건설교통부 · 환경부, 환경친화적인 도로건설지침, 2006.

건설교통부, 국토업무편람, 2006.

고려대 · 과학기술부, 수자원의 지속적 확보기술 개발사업-지속가능한 댐 개발기술, 2004.

김귀곤 · 조동길, 자연환경 생태복원학 원론, 서울: 아카데미 서적, 2004.

김귀곤, "하남SCP 프로그램과 Best Practice," 한국환경복원녹화기술학회외 주최, 생태공원에 관한 국제심포지움 발표집, 2003.

서울특별시, 서울시 비오톱 현황조사 및 생태도시 조성지침 수립, 2000.

정회성 · 변병설, 환경정책의 이해, 서울: 박영사, 2003.

최지용 · 김홍년, 환경친화적 댐관리를 위한 사례연구, 한국환경정책 · 평가연구원, 2003.

최태영, 포유류의 도로횡단 특성과 행동권분석을 통한 로드킬 저감방안, 서울대 공학박사학 위 논문, 2007.

한국수자원공사, 환경친화적설계지침, 2003.

환경부, 생태 · 자연도 작성지침, 2006.

환경부, 자연생태계 복원을 위한 생태통로 설치 및 관리지침, 2003.

환경부, 전국 생태통로 설치기본계획 수립방안 연구, 2006.

龜山章 · 倉本宣 (편저), 생태공원, 이명균 외 역, 서울: 보문당, 2004.

Harvey, J. *The Development Process & Performance of National Trust in UK*, 1999.

Yoshiyuki Hioki, "Estimating Ecological Potential, Efficient Methods for Habitat Creation in Eco Parks," 한국환경복원녹화기술학회외 주최, 생태공원에 관한 국제심포지움 발표집, 2003.

제 8 장

지속가능한 발전과 지구환경보전

제 1 절 우리나라의 지속가능한 발전전략

1. 「의제 21」의 추진

(1) 기본방향

우리나라는 1992년 리우(Rio)의 'UN환경개발회의'에서 채택한 「의제 21(Agenda 21)」의 실천을 위하여 1992년 6월 5일 정부가 발표한 '환경보전을 위한 국가선언문'을 토대로 각 부처가 시행하고 있거나 계획 중인 정책을 검토한 후 국무회의 의결(1996. 3. 19)을 거쳐 1996년 8월에 국가실천계획을 확정하고, 이 계획을 UN에 제출하였다. 국가실천계획은 지속가능한 개발을 위하여 우리나라 정부와 국민이 향후 중장기적으로 이행하여야 할 과제를 분야별로 제시한 것이다.[1] 이 실천계획의 기본방향은 다음과 같다.

첫째, 과다한 자연이용, 산업발전, 인구증가 등에 의한 환경파괴의 심화는 인류의 생존기반인 자연에 불가역적(不可逆的) 변화를 가져옴으로써 지속가능한 개발을 불가능하게 하고 있다. 이러한 환경파괴는 경제활동의 증대와 더불어 경제적 의사결정에 환경요인이 적절하게 반영되지 못하는 제도적 결함과 미비로 말미암아 가중되고 있다. 그러므로 우리나라의 지속가능한 발전을 위한 실천계획은 세계경제체제 내에서 국제화 · 개방화를 지향하면서 경제성장과 환경보전을 동시에 달성하는 국가전략이 되어야 할 것이다.

둘째, 우리나라의 환경정책을 지속가능한 발전 방향으로 확대하고 강화할 것이며, 우리의 환경 및 지속가능한 발전과 관련된 국가적 의사결정과정에 대한 총체적 평가를 병행 추진할 것이다.

셋째, 향후 경제 · 사회정책의 모든 분야에 환경비용을 적절하게 반영하고, 환경적 고려를 각 분야별 계획에서 하나의 의사결정 기준으로 활용할 것이다.

넷째, 국경을 초월하여 발생하는 환경문제의 해결을 위해서는 지구차원의 협력(global partnership)이 필요하다. 우리 국민과 정부는 지구환경의 보전을 위한 국제적 노력에 적극 동참할 계획이며, 「의제 21」과 국제환경협약의 충실한 국내 이행과 함께 개발도상국의 지구환경문제의 해결을 위한 노력에도 최대한 지원할 예정이다.

---

1) 대한민국 정부, 유엔환경개발회의 「의제 21」 국가실천계획, 1996 참조.

다섯째, 지구환경의 보전을 위한 비용은 역사적 책임과 부담능력을 고려하여 공정하게 할당되어야 할 것이다.

여섯째, 국내환경문제는 지구환경문제의 일부분으로서 고려되어야 할 것이나 국내환경과 관련된 정책은 그것이 다른 나라의 환경에 피해를 주지 않는 한 당사국에 일임되어야 할 것이다.

(2) 실천계획

이러한 기본방향을 토대로 「의제 21」 국가실천계획은 제1부의 사회경제 부문에서 빈곤퇴치, 소비형태의 전환, 동태적 인구문제와 지속가능성, 인간보건의 보호증진, 지속가능한 인간정주 개발증진 등 7개의 주제를 다루고 있다. 제2부의 자원의 보존 및 관리부문에서는 대기보전, 토지자원의 통합적 기획 및 관리, 산림황폐 방지, 사막화 및 한발(旱魃)퇴치, 지속가능한 농업 및 농촌개발, 생물다양성 보전, 담수자원의 질과 공급 보호, 고형(固形) 및 하수폐기물의 환경청정 관리, 방사성 폐기물의 환경안전관리 등 14개의 주제가 포함되어 있다. 제3부 주요 그룹의 역할강화 부문은 지속적 균형발전을 위한 여성 활동, 민간단체의 역할, 지방자치단체의 역할, 근로자와 노동조합의 역할, 산업계, 농민의 역할 등 「의제 21」에서 제시하고 있는 주요 9개 그룹(Major Group)의 역할 강화에 관한 계획을 포함하고 있다. 마지막 제4부의 이행수단 부문은 재원 및 재정체계, 기술이전 · 협력과 능력배양, 교육 · 홍보 및 훈련, 지구환경 보전을 위한 국제제도와 장치, 그리고 의사결정에 필요한 정보 등 8개 의제를 다루고 있다.

특히 국토정책과 관련된 국가실천계획은 '토지자원의 통합적 기획 및 관리(제10장)' 부문에서 다루고 있다. 국토이용의 목표는 토지자원에 대한 효율적 이용 및 관리를 유도할 수 있는 관련정책을 보완 · 정비하여 토지자원의 이용 · 개발 · 보전에 대한 조정기능을 강화하고, 그 의사결정에 관계되는 개인 · 집단 · 지역 등의 적극적 참여를 촉진시킬 수 있는 장치를 보강하면서 환경과 조화된 토지이용을 실현하기 위한 환경보전적 국토이용정책을 보다 활성화 하는데 두고 있다.[2] 이를 실천하기 위한 정책수단은 세 가지로 요약될 수 있다. 첫째, 증가하는 토지수요에 부응하여 지속적으로 용지 공급을 확대하고, 공급용지의 질적 수준을 제고하여 쾌적한 생활 및 생산환경을 조성한다. 둘째, 국토이용체계를 개선하여 국토의 효율적 이용을 촉진하고, 국토환경의 보전을 도모한다.

2) 상게서, pp. 82-85.

이를 위하여 토지를 이용목적과 보전목적으로 구분하여 관리하고, 지역 실정에 맞는 자율적 토지이용체계를 구축한다. 셋째, 토지의 소유 · 거래 · 이용 · 가격 · 자연조건 등에 관한 정보를 일괄하여 토지종합정보체계를 구축한다.[3]

이외에도 '지속가능한 인간정주 개발증진(제7장)' 부문에서는 적정주거공급, 인간정주관리의 개선, 환경에 적합한 토지이용계획과 관리의 촉진, 환경기반시설의 확충, 환경에 적합한 에너지 및 교통체계 개발, 재해다발지역 내의 정주계획 및 관리의 향상, 환경에 부합되는 건설산업의 조장, 국토개발관련 인적자원 개발 및 자질향상 유도 등에 대한 배경과 목표 및 정책수단들이 제시되어 있다.[4] 그러나 국토의 균형발전을 위한 수도권의 과밀완화와 적절한 성장관리, 지방도시의 성장촉진, 낙후지역의 활성화 등의 부문이 누락되어 있으며, 특히 지속가능한 국토의 균형발전을 위한 정책수단도 아직은 만족할 만한 수준이 아니다.

「의제 21」의 전면적인 이행을 촉구하기 위하여 1997년 제19차 UN특별총회에서는 「의제 21」이 지속가능한 발전을 달성할 수 있는 기본적인 행동계획임을 재확인하고, '리우 선언'에 포함된 모든 원칙이 향후에도 계속 지켜져야 할 것을 강조하였다. 또한 이 회의에서는 환경보전과 개발의 두 가지 목적을 달성하기 위한 국제적인 협력여건을 조성할 수 있도록 '유엔환경개발회의(United Nations Conference on Environment and Development: UNCED)'에서 권고한 글로벌 파트너십을 재확인하고, 보다 효율적이고 형평성에 입각한 세계경제를 이루기 위한 지속적인 대화와 활동을 강조하였다. 이러한 원칙위에서 긴급한 조치를 요구하는 이행분야로 경제 · 사회 · 환경적 통합을 재차 강조하고 있다. 따라서 이 회의는 국제경제여건의 활성화, 빈곤퇴치, 소비 · 생산패턴의 변화, 무역과 환경의 상호 보완, 인구, 보건, 지속가능한 인간정주 등의 분야와 산림, 에너지 등 분야별 이슈(issue)에서 이행되어야 할 각종 권고와 조치들을 제시하고 있다.[5]

(3) 실천수단

우리 정부는 1999년 11월 제8차 '유엔지속가능발전위원회(United Nations Commission on Sustainable Development: UNCSD)'[6]에 재정경제부, 농림부, 산업자원부, 환경

3) 박헌주, "지속가능한 국토이용을 위한 정책방향," 우리 국토, 젊고 건강하게, 새국토연구협의회 창립 1주년 종합대토론회, 세종문화회관 컨퍼런스홀, 2001. 11. 27. pp. 6-7.

4) 대한민국 정부, 전게서, 1996, pp. 48-63.

5) 환경부(역), *Programme for the Further Implementation of Agenda 21*, 1997. 8, pp. 5-79 요약 정리.

6) 이 위원회는 1992년 12월 유엔총회 결의에 의해 경제사회이사회 산하의 고위급 위원회로 설립되었으며,

부, 건설교통부, 산림청 등을 중심으로 작성된 국가보고서를 제출하였다.[7] 이 보고서는 「의제 21」 이행에 관한 국가차원의 조정기구, 일반사항, 토지자원의 통합계획 및 관리, 농업, 산림, 재원, 무역 및 투자/경제성장 등의 분야에 관하여 우리 정부가 추진하고 있는 지속가능한 발전의 전략과 정책수단들을 설명하고 있다. 특히 UNCSD는 「의제 21」에 포함되어 있는 19개의 주제를[8] 추진하기 위한 관련 정책, 프로그램 혹은 규정이 있는지의 여부를 우리 정부에게 질문하고 있으며, 우리 정부는 19개 주제 모두를 이행하기 위한 제도가 구비되어 있음을 보고하였다.

한편 「의제 21」의 제28장은[9] 지방자치단체의 참여와 협조가 이 강령의 목적달성에 결정적 요인임을 밝히고, 1996년까지 각 국의 지방정부가 지역주민과 협의하여 「지방의제 21(Local Agenda 21)」에 관한 합의를 도출하여 추진하도록 권고하고 있다. 이는 지역주민, 기업, 지방정부 등 지역사회 구성원들이 참여하여 경제 · 사회 · 환경적 지역문제를 종합적으로 진단하고, 지역단위에서 지속가능한 발전을 추진하기 위한 이행계획을 수립하여 이를 일상생활에서 실천해 나가는 영국에서와 같은 지역사회운동이라고 볼 수 있다. 즉, 지속가능한 발전이 지역차원에서 실천될 때 효과를 거둘 수 있다는 점을 의미하기도 한다. 이러한 지역사회운동은 장기적 · 전략적 계획의 수립과 시행을 통하여 「의제 21」이 추구하는 지속가능한 발전을 기초행정단위인 지역차원에서 달성하기 위한 이해관계자의 참여적 과정(participatory process)이자 전략으로 해석되기도 한다. 뿐만 아니라 이 운동은 지방자치단체의 정책추진에 주민과 사회단체 등 이해관계자를 적극적으로 참여시킴으로써 상향식(bottom-up) 행정모델인 거버넌스(governance)를 구현하는 주요 도구로 인식되기도 한다.[10]

2004년부터 2017년까지 물, 에너지, 기후변화, 농업, 가뭄, 화학물질, 광업, 산림, 생물다양성, 관광, 해양자원, 재난관리, 성평등, 소비 · 생산패턴, 「의제21」 이행계획 등 21개 의제에 관한 논의가 진행될 예정이다.

7) 재정경제부 외, 유엔 지속개발위원회 제8차 회의 국가보고서, 1999. 11. 참조.

8) 19개의 주제는 빈곤퇴치, 소비 · 생산패턴의 변화, 대기(大氣), 토지이용계획, 산림 및 산림벌채, 사막화 및 한발(旱魃) 방지, 지속가능한 산지개발, 지속가능한 농업, 생물 다양성, 생물공학, 대양(大洋)과 연안지역, 담수(淡水)관리, 독성 화학물질, 유해폐기물, 고체폐기물, 방사성 폐기물, 에너지, 교통, 지속가능한 관광 등이다. 재정경제부 외, 전게서, 1999, p. 9 참조.

9) 「의제 21」의 제28장 내용은 다음과 같다. "지방자치단체는 경제, 사회, 환경의 조직을 구성 · 운영 · 유지하고, 지역환경정책과 규제방안을 수립하며, 국가적 광역환경정책의 수행을 지원해야 하고, 지속가능한 발전의 촉진을 위해 주민을 교육시키고 동원하여 책임을 지우는 실질적인 역할을 수행하여야 한다." 김용웅 외, 지역발전론, 2003, pp. 263-264 참조.

10) 환경부, 2006 환경백서, p. 108.

2. 「지방의제 21」의 추진

(1) 기본방향

우리나라의 「지방의제 21」은 정부가 1997년 4월에 '지방의제 21 작성요강'을 마련하여 지방자치단체에 보급하고, 이의 이행을 위한 순회설명회를 개최하면서 본격적으로 추진하게 되었다. 이에 따라 2010년 초 현재 16개 광역자치단체를 포함한 248개 자치단체 중에서 228개 자치단체가 「지방의제 21」 작성을 완료하였고, 20개 자치단체가 작성 중에 있다. 우리나라의 「지방의제 21」 참여율은 전체 자치단체의 92%에 달하고 있으며, 2002년 8월 남아프리카 공화국 요하네스버그(Johannesburg)에서 개최된 '지속가능발전 세계정상회의(World Summit on Sustainable Development: WSSD)'의 사무국 및 '지방정부 환경협의 국제위원회(International Council on Local Environmental Initiative: ICLEI)'가 실시한 공동조사 결과 우리나라는 호주와 함께 아 · 태(亞 · 太)지역에서 참여율이 가장 높은 것으로 나타나고 있다. 그러나 「지방의제 21」을 지원하기 위한 조례를 제정한 단체는 158개소임에도 불구하고, 「지방의제 21」을 이행하는 추진기구가 설치된 218개 자치단체 중 120개 자치단체만이 사무국을 두고 있으며, 「지방의제 21」의 총 예산 113억 원 중 108억 원이 보조금으로 추진되고 있다.[11)]

비록 짧은 기간 동안 많은 지방자치단체가 「지방의제 21」의 이행에 참여하고 있는 것은 성과라고 할 수 있으나 수립된 의제의 대부분이 선언적인 행동지침이나 방향제시 차원에 그치고 있다. 예를 들면, 1997년 6월 5일에 선포된 「서울의제 21」의 주요 내용을 살펴보면 첫째, 대기는 맑고 깨끗한 공기, 마음껏 숨쉴 수 있는 서울, 둘째, 물은 아이들이 마음껏 물놀이 할 수 있는 서울, 셋째, 폐기물은 쓰레기를 줄이고 자원으로 재활용하는 서울, 넷째, 생태계는 야생동물이 다시 돌아오는 서울, 다섯째, 교통은 걷고 싶은 거리, 대중교통이 사랑받는 서울, 여섯째, 도시계획은 시민이 참여하여 만드는 쾌적하고 친숙한 서울, 일곱째, 문화는 역사와 자연의 숨결을 느끼며, 문화가 꽃피는 서울, 여덟째, 복지는 장벽 없는 사회, 이웃과 함께 넉넉함을 나누는 서울 등의 선언적인 내용을 담고 있다.[12)]

따라서 「지방의제 21」의 성공적인 이행을 위해서는 의제의 작성-실천-평가-환류

11) 상게서, pp. 108-109; 환경부, 2008 환경백서, pp. 99-100; 전국지속가능발전협의회.
12) 서울시 내부자료 인용.

(還流)의 과정이 끊임없이 순환될 수 있는 기반의 구축과 함께 핵심주체인 지방자치단체와 지역주민들의 적극적인 관심과 참여가 무엇보다 중요하다. 이를 위하여 환경부는 「지방의제 21」의 안정적인 이행을 실천할 수 있도록 2004년 6월에 '지방의제 21 추진기구 설치운영 지원 표준조례 준칙'을 마련하여 지방자치단체의 지원조례 제정을 유도하기도 하였다.[13)]

(2) 추진전략

요하네스버그의 WSSD 회의에서 ICLEI가 개최한 '지방정부 분과위원회'에서 채택한 '지방정부 선언문'에서는 '「지방의제 21」에서 「지방행동 21」로 (From Local Agenda 21 to Local Action 21)'라는 슬로건을 내걸었다. 이는 1992년 이후 2002년까지의 「지방의제 21」 성과를 토대로 이제는 실천을 중시해야 한다는 선언이기도 하다. 이보다 앞서 2002년 5월 ICLEI가 발간한 「지속성을 강화하기 위한 지방정부의 전략(Local Strategies for Accelerating Sustainability)」이라는 보고서에서 지방정부가 지속가능한 발전을 앞당기기 위해서는 그 파트너인 국제기구, 재정적인 후원자, 지방 및 지역의 이해당사자와 모든 단계의 정부에게 다음의 다섯 가지 전략을 이행하도록 촉구하고 있다. 첫째, 지방정부를 강화한다. 둘째, 정부 내 및 정부 간 협력을 강화한다. 셋째, 국제사회와의 연대와 협력을 증진한다. 넷째, 지속성이란 새로운 문화를 구축한다. 다섯째, 지속가능한 지역공동체와 사회로의 전이(轉移)를 가속화한다.

이 보고서는 계속해서 위의 다섯 가지 전략의 실현을 통하여 지방정부는 다음과 같은 지속가능한 발전을 도모할 수 있다고 기술하고 있다. 첫째, 지속가능한 발전에 대한 도시 자체의 재 디자인을 시행할 수 있다. 둘째, 효과적인 지방능력을 구축하는 적절한 자원을 확보할 수 있다. 셋째, 생태계에 입각한 복잡한 계획을 해결하는 효과적인 추진연대를 구성할 수 있다. 넷째, 국제적인 우선 사안에 부응하기 위한 조치를 취할 수 있다. 다섯째, 지역 공동체내의 지속가능한 문화규범을 수립할 수 있다. 여섯째, 자원의 효율성에 입각한 도시계획과 투자를 유인할 수 있다. 일곱째, 복원력 있는 지역공동체와 도시를 만들 수 있다. 이러한 전략의 수립과 함께 지역의 경제적, 사회적, 환경적 도전을 성공적으로 해결하기 위해서는 장기간의 통합된 노력, 강력한 리더십과 비전, 주민참여, 재정확보, 기본욕구의 충족 등이 이루어져야 한다고 이 보고서는 강조하고 있

---

13) 환경부, 전게서, 2006, p. 109.

다.[14)]

(3) 실행방안

「지방행동 21」에 대한 구체적인 실행방안이 아직 제시되지는 않았으나 WSSD 회의의 지방정부 분과위원회에 참석한 지방정부 대표들은 세계의 모든 지방정부가 2015년까지 다음의 목표를 달성할 수 있도록 중앙정부와 국제기구에게 요청하였다. 첫째, 안전한 물과 위생시설 이용 비율을 절반으로 줄인다. 둘째, 공중 보건문제를 해결할 적극적 조치를 취한다. 셋째, 에너지 서비스 이용을 개선한다. 넷째, 개발도상국 상품의 시장진출을 증대시킨다. 다섯째, 지적(知的) 재산권의 공평한 이용을 위한 기술과 지식 파트너십을 장려한다. 여섯째, 모든 사람에게 양질의 교육기회를 보장한다. 이와 함께 세계 각국의 지방정부는 실질적인 행동계획을 개발하고, 이 계획을「지방행동 21」 프로그램을 통하여 실천하기로 합의하였으며, 요하네스버그에 참석한 세계 정상들에게 이와 같이 노력해 줄 것을 강력히 요청하였다.[15)]

또한 '지방정부 선언문'에서는 빈곤퇴치와 정의 · 평화 · 지속가능성이 공존하는 세계를 만들기 위한 모든 노력을 공표하고, 이것을 강조하기 위하여 네 개의 상호 연관된 원칙을 제시하였다. 첫째, 가장 근본적인 지속가능한 발전의 원칙인 환경 · 사회 · 경제 · 문화의 여러 영역 간 통합의 원칙이다. 둘째, 지방정부가 당연히 누려야 할 지위와 그에 상응하는 재정의 확보를 보장하는 효과적인 민주적 분권화의 원칙이다. 셋째, 효과적인 리더십, 투명성, 책무성, 정직성, 효과적인 관리와 서비스, 파트너십 구축 및 제도화, 서비스의 공평한 제공을 비롯한 효과적인 거버넌스의 원칙이다. 넷째, 우수 사례의 공유를 위한 파트너십, 지원과 상호 교육활성화를 위한 협력과 연대의 원칙이다. 결국 ICLEI가 주창하고 있는「지방행동 21」은「지방의제 21」의 다음 단계로서 지속가능한 지역공동체와 도시를 만들기 위하여 2012년까지의 구체적인 행동에 의거한 변화를 향한 명령이며 운동이라고 할 수 있다.[16)]

---

14) 김귀곤 외, 지속가능발전의 전략과 실행, 2003, pp. 125-126.

15) 상게서, pp. 126-127.

16)「지방행동 21」과 "지방정부 선언문" 등에 관한 보다 자세한 내용은 김귀곤 외, 전게서, 2003, pp. 122-144 참조.

3. 지속가능발전위원회의 활동

UN은 「의제 21」의 실천계획 수립과 이행평가를 위하여 세계 각 국에 「국가지속가능발전위원회(National Commission on Sustainable Development: NCSD)」의 설치를 권고하였다. 이에 따라 우리나라도 시민단체, 언론, 학계, 경제계 등 각계각층에서 지속가능한 발전에 관한 국가기구의 설치를 정부에 건의하였다. 이후 우리 정부는 2000년 6월 5일 「세계환경의 날」에 "새 천년 국가환경비전"을 발표하면서 국제사회가 공감하는 '지속가능한 발전'의 원칙을 국정운영의 기조로 삼고, 이를 실천하기 위하여 정부, 학계, 산업계, 시민단체 등이 함께 참여하는 「대통령자문 지속가능발전위원회」의 설립을 공식적으로 선언하였다. 이 선언에 따라 2000년 8월에 지속가능발전위원회 규정이 제정 공포되었으며, 이어서 2000년 9월 5일 제1기 위원회가 발족되었다. 미국의 지속가능발전위원회가 1993년에 설립된 것과 비교하면 우리의 지속가능발전위원회는 7년이나 늦게 출발한 셈이다.

지속가능발전위원회의 발족 당시 위원회의 주요 기능은 환경친화적이고 지속가능한 발전에 관한 주요 국가정책에 대하여 대통령에게 자문하는 것이었다. 보다 구체적인 기능은 첫째, 개발과 보전을 동시에 고려하여야 할 주요 정책방향의 설정 및 계획의 수립에 관한 사항, 둘째, 「의제 21」의 실천계획 수립 및 시행에 관한 사항, 셋째, 기후변화협약 등 주요 환경협약의 국내이행 대책 및 대응전략에 관한 사항, 넷째, 기타 지속가능한 발전에 관하여 대통령이 자문을 구하는 사항 등이 포함되어 있었다. 이러한 기능을 수행하기 위하여 지속가능발전위원회는 재정경제부 · 환경부 · 행정자치부 · 건설교통부 장관 등 당연직 위원 13명과 위촉위원 22명 등 35명으로 구성되었으며, 위원회의 위촉위원과 별도의 실무위원 20명 이내의 네 개 분과위원회(국토 · 수자원분과, 경제산업분과, 환경생태분과, 사회분과 등)를 두고 관련 업무를 협의 · 조정하는 기능을 수행하였다.

제1기 위원회의 주요 업무추진 실적은 다음과 같다.

첫째, 지속가능한 발전을 위한 정책자문으로서 「DMZ 일원의 지속가능한 관리방안」 등 10건의 정책자문 보고서를 채택하였으며, 온실가스 감축이행을 위한 우리나라의 대응방안 등 9개 과제에 대한 위원회의 자체 보고 등을 수행하였다.

둘째, 주요 정책 및 계획에 대한 사전검토 기능을 강화하였다. 예를 들면, 국가 주요 정책 및 계획의 지속가능성 증진을 위하여 국토종합계획 등 40여개 중장기 기본계획과 광역적 국책개발사업에 대하여 사전 검토를 시행하였다.

셋째, 국가지속가능발전전략을 수립하였다. 국정 전반 및 정책부문별로 지속가능한 발전의 목표와 원칙, 구체적인 추진전략 등을 마련하기 위하여 1단계로 국토관리, 에너지 공급 등 개발과 보전에 관한 10개 정책분야별 지속가능한 발전전략안을 마련하였고, 2단계로 사회경제분야와 국정 전반에 대한 지속가능한 발전전략안을 수립하였다.

넷째, 1996년 정부가 수립한 「의제 21」 국가실천계획에 대하여 이행상황을 종합적으로 평가하였다. 지난 10년간의 주요 추진실적을 적시하고, 이행성과를 평가하여 이를 토대로 향후 개선 및 보완방향을 제시하였다.

다섯째, WSSD 국가준비위원회로서 정부와 시민사회 및 산업계 등 참여그룹의 다양한 의견을 수렴하여 대응방안을 강구하였으며, WSSD 및 준비회의에 참가하여 국제적 논의 동향을 파악하고, 우리의 입장을 적극 개진하였다. 이외에도 기후변화협약 등 주요 국제환경협약에 대한 이해당사자간의 논의동향을 파악하고, 이에 대한 대응방안을 논의하였다.

여섯째, 동아시아 NCSD 워크숍 개최 등을 통하여 역내 NCSD간 교류 네트워크를 구축하고 주도적 위치를 확보하였으며, 뉴스레터 발간, 웹 사이트, 각종 자료간행 등을 통하여 지속가능한 발전을 위한 대국민 홍보활동도 강화하였다.[17)]

제2기 위원회는 제1기 위원회의 운영성과와 추진경험을 토대로 사회 · 경제 부문의 환경성 제고를 강화하여 2002년 10월에 발족되었다. 이후 참여정부 들어 2003년 12월 15일에 출범한 제3기 위원회는 대통령이 국가의 중요한 정책과제를 직접 관장하는 국정과제위원회의 일원으로 그 위상이 격상되면서 지속가능한 발전과 관련된 정책자문과 함께 사회적 갈등의 관리정책에 관한 자문기능도 추가로 부여받았다. 따라서 제3기 위원회는 국가지속가능발전에 지장을 주고 있는 사회적 갈등관리를 위한 배심원적 성격의 위원회로서 갈등관리, 지속가능한 에너지정책, 물 관리정책, 국토 및 자연환경정책 수립 등 주요 국정과제업무를 수행하였다.

제3기 위원회의 보다 구체적인 기능은 첫째, 경제 · 사회 · 환경을 통합하는 지속가능한 발전을 위하여 고려하여야할 주요 정책방향의 설정 및 계획의 수립, 둘째, 물 · 에너지 대책 등 주요 정책의 수립 및 시행, 셋째, 지속가능한 발전과 관련된 사회적 갈등의 관리, 넷째, 유엔환경개발회의에서 채택된 「의제 21」의 실천계획 수립 및 시행, 다섯째, 기후변화협약 등 주요 국제환경협약의 국내이행 대책 및 대응전략 수립, 여섯째, WSSD에서 채택된 이행계획 수립 및 시행 등을 포함하고 있었다. 이 당시 지속가능발전

17) 대통령자문 지속가능발전위원회의 업무현황(2002. 10. 16.) 참조.

위원회는 본 위원회 산하에 운영위원회와 5개 전문위원회(사회 · 환경 · 건강, 갈등관리정책, 물 · 국토 · 자연, 에너지 · 산업, 대외협력 · 교육 전문위원회)를 구성하였다.

그러나 우리나라는 괄목할 만한 경제성장에도 불구하고 사회통합과 환경의 지속가능성에서는 여러 가지 미흡한 점이 나타나고 있다. 우리나라의 국내총생산 수준은 세계 11위권이나 세계경제포럼(World Economic Forum: WEF)이 발표한 환경지속가능성지수(Environmental Sustainability Index: ESI) 평가에서 우리나라는 2002년에 세계 136위, 2005년에는 122위를 차지하고 있다. 따라서 제3기 위원회는 국가의 지속가능한 발전을 위하여 활력있는 경제, 높은 삶의 질, 더불어 사는 참여복지사회, 인간과 자연이 상생하는 환경을 구축하고, 그리고 사회갈등의 조정과 예방을 통하여 국민통합과 연대를 구축하는 것을 주요 목표로 설정하였다.

2006년 5월에 출범한 제4기 위원회는 중점 활동목표를 '정부 속으로, 국민 속으로, 기업 속으로' 지속가능한 발전의 이념을 확산시키는 것으로 설정하였다. 이를 달성하기 위한 3대 전략은 첫째, 국가지속가능발전 비전의 구체화 및 실천, 둘째, 거버넌스 역량 강화 및 공론화의 활성화, 셋째, 경제 · 사회 · 환경부문별 지속가능성 평가시스템의 구축이었다.[18] 제4기 위원회는 2006년 10월 국가지속가능발전전략 이행계획을 수립하였으며, 이 계획은 5개 분야, 48개 정책과제, 그리고 229개 세부이행계획을 포함하였다. 특히 2007년 8월에 공포된 「지속가능발전 기본법」은 지금까지 경제성장 중심의 국가정책이 사회통합과 환경보전을 조화시키는 정책으로 전환할 것을 선언하고 있다.[19]

4. 국가지속가능발전지표의 구축

유엔지속가능발전위원회(UNCSD)는 UN 회원가입국의 환경성과를 평가하고, 정부 정책 결정에 유용한 수단으로 활용하기 위하여 1996년에 지속가능 발전지표에 관한 기본체계를 발표하였다. UNCSD는 사회적, 경제적, 환경적, 그리고 제도적 측면의 네 가지 영역에서 132개의 지속가능지표를 제시하였다. 이후 UNCSD는 22개 국가를 대상으로 개발된 지표의 실용성을 검정하기 위한 실험적 연구를 통하여 2001년에 각 회원국들이 적용하기에 적합한 핵심지표 57개를 선정 제시하였다. 이를 토대로 각 회원국은 각국의 실정에 맞는 지속가능발전지표를 선정할 수 있도록 권고 받았으며, UNCSD에서

18) 환경부, 전게서, 2006, pp. 103-104.
19) 환경부, 2008 환경백서, pp. 96-97.

제시한 지표체계는 유럽연합 및 OECD(Organization for Economic Cooperation and Development)의 지표체계와도 비교 가능하도록 선정되었다.[20)]

우리나라는 지속가능발전위원회를 중심으로 UNCSD, EU, OECD 등에서 국가별 지속가능발전 정도를 평가하기 위한 지표체계와 2002년의 WSSD 정상회의에서 권고한 국가별 지속가능발전 이행계획 수립 및 지표를 활용한 이행정도의 평가를 토대로 우리 실정에 맞는 '국가 지속가능성 지표(Sustainable Development Indicator: SDI)' 77개를 2006년 10월에 선정하였다. 국가지속가능성 지표는 크게 사회, 환경, 경제 등 3개 분야로 구성되어 있다. 사회 분야의 지표는 형평성 · 건강 · 교육 · 주택 · 재해/안전 · 인구 등 6개 영역 25개 지표, 환경 분야는 대기 · 토지 · 해양/연안 · 담수 · 생물다양성 등 5개 영역 27개 지표, 그리고 경제 분야는 경제구조 · 소비/생산 · 정보화 등 3개 영역 25개 지표로 구성되어 있다(표 8-1). 이 지표의 도시화 항목 중 수도권 인구 집중도는 UN과 OECD에서는 포함되지 않으나 우리는 이를 지속가능성의 한 지표로 설정하고 있다. 우리나라 수도권의 집중이 지속가능한 발전의 저해요소임을 간접적으로 시인하는 지표라고 볼 수 있다.

5. 녹색성장위원회의 출범

최근 기후변화에 따른 지구온난화 등 지구환경문제가 본격적으로 대두되자 정부는 2008년 8월에 '저탄소(低炭素) 녹색성장'을 국가비전으로 선언하고, 이를 제도적으로 뒷받침하기 위하여 2009년 2월에 「저탄소 녹색성장기본법」을 확정하였다. 이 법은 경제와 환경의 조화로운 발전을 위하여 저탄소 녹색성장에 필요한 기반을 조성하고, 녹색기술과 녹색산업을 새로운 성장동력으로 활용함으로써 국민경제의 발전을 도모하며, 저탄소 사회구현을 통하여 국민의 삶의 질을 높이고, 국제사회에서 책임을 다하는 성숙한 선진 일류국가로 도약하는 데 이바지함을 목적으로 하고 있다.

저탄소는 화석연료(化石燃料)에 대한 의존도를 낮추고, 청정에너지의 사용 및 보급을 확대하며, 녹색기술 연구개발, 탄소흡수원 확충 등을 통하여 온실가스를[21)] 적정수준

20) 정영근, "국가 지속가능발전지표 개발의 국제적 동향과 시사점," 국가 지속가능발전지표 구축을 위한 공개토론회, 대통령자문 지속가능발전위원회, 한국환경정책 · 평가연구원 대강당, 2006. 9. 25, pp. 40-47 참조. UNCSD의 핵심 지속가능발전지표(57개)는 이 논문의 〈표 II-3〉 참조.

21) 온실가스는 이산화탄소(CO_2), 메탄(CH_4), 아산화질소(N_2O), 수소불화탄소(HFCs), 과불화탄소(PFCs), 육불화황(SF_6) 등 적외선 복사열을 흡수하거나 재방출하여 온실효과를 유발하는 대기 중 가스상태의 물질을 말한다.

표 8-1 77개 국가지속가능성 지표

분 야	영 역	항 목	지 표	비 고	
				UN	OECD
사회	형평성	빈곤	빈곤인구비율(상대빈곤율기준)(%)	○	
			소득불평등에 관한 지니계수	○	
			실업률(%)	○	○
		노동	평균 근로시간		○
			정규직 대비 비정규직임금수준(%)		○
		남녀평등	남성대비 여성 임금비율(%)	○	
			여성경제활동 참가율(%)		○
	건강	영양상태	유소년 영양 상태(기준대비%)	○	
		사망률	영아 사망률(%)	○	○
		수명	평균수명	○	○
		식수	농어촌 상수도 보급률	○	
		건강관리	건강보험보장률(%)	○	
			국가보건복지지출		○
			유소년 전염병 예방주사(%)	○	
	교육	교육수준	중등학교 순졸업률(%)	○	
			초등학교 학급당 학생 수		○
			교육비(공교육비, 사교육비) 지출		○
	주택	생활환경	1인당 바닥면적	○	
			인구 1000명당 주택 수		○
			무주택자 비율(%)		
	재해 · 안전	범죄	1000인당 신고된 범죄 수	○	
			자연재해 인명피해 · 경제적 손실	○	
	인구	인구변화	인구 증가율(%)	○	○
			인구 밀도(명/㎢)		
			고령인구비율(%)		○
환경	대기	기후변화	온실가스 배출(Gg)	○	
			1인당 온실가스 배출량	○	○
			GDP당 온실가스 배출량		○
		오존층	오존파괴물질의 소비	○	
		대기질	광역도시권별 대기오염도(ppm)	○	
	토지	농업	농지면적 비율(%)	○	
			친환경인증농산물 생산비율(%)		
			식량자급률(%)	○	○

분 야	영 역	항 목	지 표	비 고	
				UN	OECD
환경	토지		비료(질소, 인) 사용(kg/ha)	○	○
			농약 사용(kg/ha)	○	○
		산림	국토면적 중 산림지역 비율((%)	○	
			도시내 1인당 공원면적	○	
			목재 벌채 정도(임목축적량대비)	○	
		도시화	도시화율(%)	○	
			도시권 인구 집중도(%)		
	해양연안	연안지역	연안 해조류(클로로필A등) 농도	○	
			폐기물 해양 투기량		
			갯벌면적 증감 면적 및 비율		
		어업	수산자원량(만톤)	○	
			어업양식량(만톤)		○
	담수	수량	지하수 및 지표수의 연간 취수량	○	
			1일 1인당 물소비량		○
		수질	(4대강 평균) BOD, COD, SS, pH 농도	○	
			하수도보급률(%)		○
	생물다양성	생태계	자연보호지역비율(%)	○	○
			국가생물종 수	○	○
			멸종위기종 수		○
경제	경제구조	경제이행	1인당 GDP	○	○
			GDP	○	○
			경제 (실질GDP)성장률(%)	○	○
			GDP 대비 투자분(%)	○	
			소비자물가지수		○
		무역	(상품과 서비스) 무역수지	○	
		재정상태	국민 1인당 조세부담률(%)		○
			부채/GDP(%)	○	
		대외원조	GNI대비 총 ODA	○	○
	소비/생산	물질소비	원료이용도(GDP 1000$당)	○	
		에너지사용	1인당 연간 에너지 소비	○	○
			총에너지 공급량(에너지원별)		○
			재생가능에너지자원 소비 비중	○	○
			에너지 원단위(MJ/US$)	○	○
		폐기물관리	산업 및 도시 고형폐기물 발생량	○	○

분 야	영 역	항 목	지 표	비 고	
				UN	OECD
			유해 폐기물 발생량	○	○
			방사선 폐기물 발생량	○	○
			폐기물 재활용 및 재이용	○	○
		교통	교통수단별 수송 분담률	○	○
			도로 및 자전거 도로 총 연장		○
			자동차 사고건수(100만명당, 100만대당)		○
	정보화 등	도시화	초고속 인터넷 가입자 수	○	
			PC보유가구비중		○
		정보인프라	온라인 신청가능 민원종류건수		
		과학기술	GDP대비 R&D에 대한 지출	○	○

자료: 대통령자문 지속가능발전위원회 내부자료, 2006. 10.

이하로 줄이는 것을 뜻한다. 반면에 녹색성장은 에너지와 자원을 절약하고 효율적으로 사용하여 기후변화와 환경훼손을 줄이고, 청정에너지와 녹색기술의 연구개발을 통하여 새로운 성장동력을 확보하며, 새로운 일자리를 창출해 나가는 등 경제와 환경이 조화를 이루는 성장을 의미한다.[22)]

녹색성장위원회의 주요 심의기능은 다음과 같다. 첫째, 저탄소 녹색성장정책의 기본방향에 관한 사항, 둘째, 녹색성장국가전략의 수립 · 변경 · 시행에 관한 사항, 셋째, 기후변화대응 기본계획, 에너지기본계획 및 지속가능발전 기본계획에 관한 사항, 넷째, 저탄소 녹색성장 추진의 목표관리, 점검, 실태조사 및 평가에 관한 사항, 다섯째, 관계 중앙행정기관 및 지방자치단체의 저탄소 녹색성장과 관련된 정책 조정 및 지원에 관한 사항, 여섯째, 저탄소 녹색성장을 위한 재원의 배분방향 및 효율적 사용에 관한 사항, 일곱째, 저탄소 녹색성장과 관련된 국제협상 · 국제협력, 교육 · 홍보, 인력양성 및 기반구축 등에 관한 사항 등이다.[23)]

녹색성장위원회가 수립한 녹색성장 국가전략에 의하면 녹색성장의 비전을 '2020년까지 세계 7대, 2050년까지 세계 5대 녹색강국 진입'에 두고, 이를 달성하기 위한 3대 전략과 10대 정책방향을 제시하였다.[24)] 첫째, 기후변화 적응 및 에너지 자립전략을 위

22)「저탄소 녹색성장기본법」제2조 참조.
23)「저탄소 녹색성장기본법」제15조 참조.
24) 대통령직속 녹색성장위원회, 녹색성장 국가전략 및 5개년 계획(요약본), 2009. 7, p. 19.

한 방향은 효율적 온실가스 감축, 탈석유 · 에너지자립 강화, 기후변화 적응역량 강화 등 세 가지이며, 둘째, 신성장 동력 창출전략을 위한 방향은 녹색기술개발 및 성장동력화, 산업의 녹색화 및 녹색산업 육성, 산업구조의 고도화, 녹색경제기반 조성 등 네 가지이고, 셋째, 삶의 질 개선과 국가위상 강화전략은 녹색국토교통의 조성, 생활의 녹색혁명, 세계적인 녹색성장 모범국가 구현 등 세 가지의 정책방향을 포함하고 있다. 녹색성장의 국가비전을 달성하기 위한 초석으로 녹색성장위원회는 중기계획인 5개년 계획(2009–2013)을 마련하고, 10대 정책방향별 추진계획을 수립하였다. 이 계획에는 향후 5년 간 연도별 투자계획과 시행주체 등 세부사업의 구체화 방안 등이 포함되어 있다.

제 2 절 외국의 지속가능한 발전전략

1. 미 국

(1) 지속가능발전위원회의 설립

미국은 1993년 6월 Bill Clinton 대통령에 의하여 「대통령직속 지속가능발전위원회(President's Council on Sustainable Development: PCSD)」를 설립하고, 이 위원회에서 미국의 지속가능한 발전을 실현할 수 있는 정책적 건의를 개발하도록 위임하였다. 이 위원회는 미국의 새로운 비전을 다음과 같이 제시하였다. "우리의 비전은 지구의 생존이다. 우리는 고귀하고, 평화로우며, 공평한 삶을 보장받아야 한다. 지속가능한 미국은 현세대와 미래세대에게 그들의 삶을 만족시킬 수 있는 공평한 기회와 안전하고 건강한, 그리고 수준 높은 삶의 질을 제공할 수 있도록 꾸준한 경제성장을 이루어야 한다. 우리는 우리의 삶에 영향을 미치는 환경, 자연자원의 기반, 그리고 생태계의 기능과 생존능력을 보호해야 한다." 결국 미국의 지속가능한 발전의 비전은 경제적 번영(economic prosperity), 건강한 환경(a healthy environment), 그리고 정의롭고 공평한 사회(a just and equitable society)를 추구하는 것으로 요약될 수 있다.[25)]

이 위원회는 1996년 3월 대통령에게 「지속가능한 미국: 미래의 번영, 기회, 그리고

25) U.S. Interagency Working Group on Sustainable Development Indicators, *Sustainable Development in the United States: An Experimental Set of Indicators*, Washington, D.C., 1998, pp. 1–5.

건강한 환경을 위한 새로운 합의(Sustainable America: A New Consensus for Prosperity, Opportunity, and a Healthy Environment for the Future)」라는 보고서를 제출하였다. 이 보고서는 미국의 연방정부가 NGO와 여러 민간부문들과의 협력을 바탕으로 지속가능한 발전의 진행 정도를 파악할 수 있는 '국가지표(national indicators)'의 개발을 강력히 권고하였다. 이 권고에 따라 연방정부는 이른바 '지속가능한 발전 지표 그룹'이라고 불리 우는 SDI Group(U.S. Interagency Working Group on Sustainable Development Indicators)을 구성하였다. SDI Group은 지표선정을 위한 지속가능한 발전을 "현세대와 미래세대의 편익을 위하여 경제와 환경과 사회발전을 증진시키는 진화의 과정"이라고 정의한 후 400개의 각종 관련 지표 중에서 40개의 지표를 우선적으로 선정하였다. 이들 지표는 미국의 연방정부와 지속가능발전위원회, UNCSD, 세계은행, 외국의 사례, 비영리기구(Nonprofit Organization), 기업 및 지역사회 등의 광범위한 의견을 토대로 선정되었다. 뿐만 아니라 SDI Group은 일반인들에게 관련 정보를 공개하기 위하여 웹 사이트(http://www.sdi.gov)를 개설하였으며, 지속성에 관한 추가적인 지표의 선정을 위하여 관련 학계와 공동 작업을 진행하였다.[26)]

선정된 지표는 SDI Group의 지속가능한 발전의 정의에 따라 크게 경제, 환경, 사회부문으로 나뉜다. 경제부문에는 1인당 에너지 소비량 및 소비액, 물가상승률, GDP에 대한 R&D 투자비율, 소득분포, 실업률, 자가소유(自家所有) 비율 등 13개 지표가 포함되어 있으며, 환경부문의 지표로는 지표수(地表水)의 수질, 초지(草地)·산림·습지의 면적, 소비된 원자력 연료량, 그린하우스(greenhouse) 가스 방출 규모, 토양 침식 비율, 대도시의 대기오염 등 16개를 포함하고 있다. 사회부문은 인구, 1인 부모와 동거하는 어린이 비율, 미혼모의 비율, 고등학교와 대학 진학률, 40%이상의 빈곤층 인구가 포함된 센서스 지구(census tract) 비율, 범죄율 등 11개 지표가 선정되었다.[27)]

SDI Group은 수집 가능한 자료를 토대로 과거 30년 내지 40년 동안의 각 지표별 변화를 정리하여 경제, 환경 및 사회발전의 추세를 분석하였다. 이 결과 40개의 지표 중 30개의 지표는 지속가능한 발전을 설명하는데 매우 유용한 것이었으며, 이중 17개 지표는 지속가능한 발전의 긍정적인 추세를 나타내고 있다고 분석하였다. 그러나 미국은 아직 지속가능한 발전의 달성이 미흡하다는 잠정적인 결론을 내리고, 보다 많은 분야에 관심을 가져야 한다고 강조하였다. 예를 들면, 지구온난화, 부존자원, 삶의 질, 환경문

---

26) *Ibid.*, pp. 5-7.
27) *Ibid.*, p. 23.

제에 대한 시민의 책무(責務), 식량의 배분과 영양상태, 각종 교통인프라, 통신 및 정보기술, 해양환경, 오염되거나 황폐화된 토지(brownfields), 자연재해, 그리고 지속가능한 발전을 위한 국제협력 등을 제시하고 있다.[28)]

(2) 지속가능한 발전의 실행계획

이후 미국은 SDI Group의 분석 결과와 건의를 토대로 「지속가능한 미국(Sustainable America)」이라는 보고서를 통하여 지속가능한 발전의 목표를 깨끗한 환경, 경제적 번영, 공평한 국가, 자연보전, 책무의 윤리(the ethic of stewardship), 지속가능한 지역사회, 시민참여, 지속가능성에 대한 교육, 인구안정, 지구환경 지도력 등 보다 광범위하게 설정하고, 각 분야별 실행계획을 제시하고 있다.[29)] 예를 들면, 미국의 지속가능한 교통체계 구축을 위한 내용은 자동차 에너지 소비와 관련된 현황 분석에서부터 출발한다. 미국의 교통시스템은 거의 전적으로 석유에 의존하고 있는데 미국에서 소비되고 있는 석유의 64%를 교통 분야가 차지하고 있다. 미국은 석유 생산국임에도 불구하고 OPEC(Organization of Petroleum Exporting Countries) 등 산유국(産油國)으로부터 석유를 계속 수입하고 있다. 따라서 자동차 에너지 소비의 감소는 지속가능한 교통체계 구축의 핵심이다. 미국의 국내 자동차 중 겨우 3%만이 천연가스와 전기 등 대체연료를 사용하고 있다.

미국은 경제적이고 친환경적인 교통시스템을 형성하기 위하여 여러 가지 이행계획과 구상을 제시하고 있다.[30)] 첫 번째 이행계획은 석유수입 의존도를 줄이는 것이다. 미국은 현재 국내에서 소비되고 있는 석유의 44%를 수입하고 있기 때문에 자동차의 석유 소비를 줄이기 위한 여러 정책들이 추진되고 있다. 두 번째 계획은 교통정체를 완화시키는 것이다. 인구밀도가 높은 도시일수록 교통정체가 심하며, 교통정체로 인하여 발생하는 비용은 연간 100억 달러가 넘는 것으로 추정된다. 세 번째 계획은 온실가스의 배출을 감소시키는 것이다. 이러한 문제를 해결하기 위하여 미국은 차량의 에너지 효율 증대와 대체 교통수단 이용의 촉진, 차량 당 승차인원의 증가 또는 대체기술과 대체연료

---

28) *Ibid.*, pp. 96-113.

29) 한국의 '대통령자문 지속가능발전위원회'에서 번역한 이 보고서(2001. 5)는 지속가능한 미국, 지속가능한 소비, 지속가능한 생산, 지속가능한 인구, 지속가능한 자연자원, 지속가능한 농업, 지속가능한 환경관리, 지속가능한 에너지와 교통, 지속가능성을 위한 교육, 지속가능한 공동체, 지속가능한 발전을 위한 국제적 지도력 등 모두 11장으로 구성되어 있다.

30) 대통령자문 지속가능발전위원회(역), 지속가능한 미국: 21세기 미국의 환경 · 경제 · 사회, 2001, pp. 117-123.

사용 등을 포함한 다양한 정책을 추진하고 있다.

미국경제의 지속가능성에 많은 영향을 끼치고 있는 분야가 에너지와 교통 분야이다. 그러나 이 분야에서 지속가능한 발전을 이루기 위한 노력은 매우 강한 저항에 부딪칠 것이다. 왜냐하면 미국사회는 값싼 에너지와 자동차를 기반으로 움직이고 있기 때문이다. 따라서 사회 각 구성원들 사이에 지속가능한 사회로의 지향이 가져 올 이익에 대한 분명한 이해가 형성되어야 한다. 국가적인 약속과 적절한 정책수단을 토대로 미국이 지속가능한 발전을 위하여 어떠한 길을 택해야 하는지를 세계에 보여줄 필요가 있다고 이 보고서는 주장하고 있다.

2. 영국

(1) 지속가능한 발전의 목표

영국은 1992년 리우회의 이후 1994년 1월에 중앙정부의 환경 · 교통 · 지역부(Department of the Environment, Transport and the Regions: DETR)[31]가 중심이 되어 작성된 「지속가능한 개발: 영국의 전략(Sustainable Development: The UK Strategy)」이라는 보고서를 발간하였다. 이 보고서는 지속성의 실천을 위한 토지이용계획과 의사결정의 통합에 대한 계획지침의 내용을 담고 있다. 이를 계기로 지속가능한 개발의 원칙이 계획당국에 의해서 어떻게 활용될 수 있을 것인가에 대한 연구가 계속되고 있다. 영국 정부는 이후 1999년 5월에 두 번째로 「보다 나은 삶의 질: 영국의 지속가능한 발전전략(A Better Quality of Life: A Strategy for Sustainable Development for the UK)」이라는 보고서를 발간하고, 광역도시계획과 기초자치단체의 도시계획 등 각종 개발계획을 환경친화적으로 수정하고 보완하는 준거의 틀로 삼도록 하였다.

또한 Tony Blair 총리는 모든 지방자치단체가 2000년 말 까지 「지방의제 21」을 작성하기를 원한다고 발표함으로써 중앙정부의 지속가능한 발전에 관한 의지를 지방자치단체에 분명하게 천명하였다.[32] 이 보고서는 현세대와 미래세대의 모든 사람을 위한 보다 나은 삶의 질을 도모하는 간단한 아이디어가 지속가능한 발전의 핵심이 되어야 한다

31) DETR은 환경담당장관, 교통담당장관, 지방정부 및 지역담당장관, 주택 · 계획 및 건설담당장관을 두고 있으며, 부총리가 이 부서를 총괄하고 있다.

32) 김귀곤, "국토계획과 환경관리의 통합을 위한 지속가능한 개발전략," 우리나라 국토관리정책의 나아갈 길, 새국토연구협의회 결성기념 공개토론회, 프레스 센터 국제회의장, 2000. 9. 20, p. 199-202.

고 주장하면서 영국과 전 세계가 다음과 같은 네 가지 목적을 충족시키라고 건의하고 있다. 즉, 첫째, 모든 사람의 요구를 인식하는 사회적 발전, 둘째, 환경의 효과적인 보호, 셋째, 자연자원의 신중한 이용, 그리고 넷째, 고도의 안정된 경제성장과 고용의 유지 등이다.

이러한 목적을 달성하기 위하여 영국 정부는 다음과 같은 10 가지 원칙을 고려하도록 권장하고 있다. 첫째, 사람을 정책의 중심에 두도록 함, 둘째, 장기적 관점에서 정책을 마련해야 함, 셋째, 비용과 편익을 고려해야 함, 넷째, 개방적이며 지속적인 경제체계를 구축해야 함, 다섯째, 빈곤과 사회적 소외의식에 대처해야 함, 여섯째, 환경적 한계를 존중해야 함, 일곱째, 사전예방 원칙을 도입해야 함, 여덟째, 과학적 지식을 이용해야 함, 아홉째, 투명성, 정보, 참여, 그리고 정의에로의 접근이 이루어져야 함, 열째, 오염원인자 부담원칙이 채택되어야 한다는 것 등이다.[33)]

(2) 지속가능한 발전지표의 선정

영국도 미국과 마찬가지로 관련 지표를 이용하여 지속가능한 발전의 정도를 측정하는 방법을 개발하였다. 영국은 1996년에 준비한 지속가능발전 지표를 수정하여 1999년 5월의 두 번째 보고서에서 새로운 지표를 발표하였다. 이 지표는 14개의 표제지표(headline indicators)와 150개의 핵심지표(core indicators)로 구성되어 있다. 미국의 40개 지표에 비하면 영국의 지표가 훨씬 다양함을 알 수 있다. 영국의 표제지표는 삶의 질에 관련된 핵심적인 주제를 포함하고 있다. 최근 영국은 모든 지방자치단체가 그들의 의사결정이 지속가능한 발전에 미치는 영향을 평가할 때 지역사회복지지표를 사용하도록 지침을 마련하고 있다. 이외에도 영국의 지속가능한 발전전략은 중앙정부와 함께 기업, 지방정부, 자발적인 단체와 개개인에 의한 행동지침을 제시하고 있다. 예를 들면, '녹색장관위원회', '런던의 전략적 지침', 그리고 '지역사회 전략수립' 등이 여기에 해당 된다.[34)]

녹색장관위원회(Green Ministers Committee)는 중앙부처간의 지속가능한 발전에 대한 인식을 증진시키는데 목적을 두고 행동전략을 수립하였다. 지속가능한 발전은 영국의 모든 분야의 정책에 영향을 미치고 있으나 대부분의 정부 공무원과 일반 국민들은 지속가능한 발전이 무엇을 의미하는지, 혹은 어떻게 그들과 그들이 하고 있는 일에 영

33) 상게서, pp. 202-203.
34) 상게서, pp. 203-205.

향을 미치는지를 충분히 이해하지 못하고 있다. 이와 같은 문제를 해결하기 위하여 각 부처와 그들의 산하기관들이 지속가능한 발전에 대한 인식을 제고하고, 그들이 취할 수 있는 행동에 대한 하나의 체크리스트(checklist)를 마련하였다.

런던은 1994년의 지속가능한 영국의 개발전략을 토대로 런던의 계획당국을 위한 전략적 지침(Strategic Guidance for London Planning Authorities)을 마련하였으며, 이 지침에 따라 각 자치구의 지속가능한 계획이 수립되고 있다. 이 지침의 목적은 국가적, 지역적, 그리고 런던의 광역적 우선순위를 고려하여 단일개발계획(Unitary Development Plans: UDP)을 작성하고, 지방계획기관들이 개발규제책임을 이행할 때 이들을 유도하기 위한 명백한 정책과 전략적 준거의 틀을 설정하는데 있다.

지역사회 전략수립(Preparing Community Strategy)은 지방자치단체들로 하여금 그들 지역에서의 환경적 복지뿐만 아니라 사회·경제적 복지를 도모하고, 지속가능한 발전의 달성에 기여하는 전략을 수립하는 것이다. 영국에서는 지속가능한 발전의 실천을 목표로 하는「지방의제 21」이 2001년부터 '지역사회전략'으로 바뀌었다. 영국은 이 지역사회전략을 법정계획화하기 위하여「지방정부법 2000」을 제정하였으며, 중앙정부의 환경·교통·지역부(DETR)는 지방자치단체를 위한 지역사회전략의 작성 지침을 작성하였다.

3. 일본[35)]

(1) 지속가능한 발전의 목표와 전략

일본은 1992년 리우에서 채택된「의제 21」에 따라 비영리기구, 비정부기구, 지방정부, 중앙정부, 산업계 대표 등이 참여하는「일본지속가능발전위원회(Japan Council for Sustainable Development: JCSD)」를 1996년 6월에 설치하고, 관련법과 제도의 정비를 통하여 지속가능한 발전에 대한 실천적인 지원을 하고 있다. 일본의 지속가능한 발전을 위한 기본목표는 환경정책의 기본 틀을 바탕으로 순환·공생·참여·국제협력에 중점을 두고 있다. 보다 구체적인 지속가능발전 목표는 첫째, 순환형 경제사회의 실현, 둘째, 자연과 인간의 공생, 셋째, 공평한 역할 분담 및 주체의 참여, 넷째, 환경보전 기본

35) 이 부분은 성정희·최정원, "지속가능발전(Sustainable Development)을 위한 일본의 이행전략과 실태," 동서연구, 제18권, 제1호(2006), pp. 111-125를 요약 정리한 것이다.

시책 추진, 다섯째, 지구환경보전 국제협력 등이다. 이러한 목표를 달성하기 위한 지속가능한 발전전략은 크게 6가지로 요약될 수 있다.

첫째, 인식의 전환 및 다양한 수단의 활용이다. 인간의 생산과 소비활동이 환경과 무관하지 않다는 사실을 인식하고, 대량생산과 대량소비에 대한 반성을 토대로 건전한 자원순환체계의 구축과 환경영향을 최대한 줄일 수 있도록 국민들의 자발적인 노력, 관련 정보의 제공 및 환경교육 등 다양한 수단을 동원하고 있다.

둘째, 참여 지향적인 과정의 채택이다. 지속가능한 발전과 관련된 의사결정과정에 공무원뿐만 아니라 다양한 이해관계자의 참여를 위한 통로를 마련하고 있다. 예를 들면, 관련 위원회의 구성체계를 개선하고, 이들의 활동을 공개하는 등 주민들의 의견을 반영하고자 노력하고 있다. 일본은 1997년의 「환경영향평가법」을 통하여 주민참여를 제도적으로 보장하고 있다.

셋째, 실현가능한 수단의 채택이다. 친환경적 기술의 개발과 보급에는 일반적으로 많은 비용이 소요되기 때문에 일본은 이러한 기술의 사용을 장려하기 위하여 시장경제(市場經濟) 체제 안에서 활용 가능한 수단을 개발하고 있다. 또한 이러한 수단은 일본뿐만 아니라 개발도상국에서도 활용될 수 있도록 기본적 틀을 마련하고자 노력하고 있다.

넷째, 지속가능한 발전을 위한 예산의 확보이다. 일본은 지구환경 보전을 위한 예산을 1992년 4,984억 엔에서 2000년에는 6,457억 엔으로 약 30% 증액하였다. 이 예산은 개발도상국에의 지원과 일본 국내의 비정부기구(NGO)와 시민활동을 지원하는데 사용되고 있다.

다섯째, 정책집행의 평가를 위한 실천적 수단의 마련이다. 지난 1994년에 수립된 환경기본계획의 장기목표는 건전한 자원순환, 조화로운 공존, 참여, 그리고 국제적 활동으로 설정하고, 환경보전을 위한 포괄적이고 체계적인 접근을 제시하고 있다. 그러나 정책집행과정과 결과에 대한 평가가 미흡했다는 반성을 토대로 2000년 12월에 환경기본계획을 개정하여 효과적인 정책집행의 검토와 평가를 강화하였다.

여섯째, 환경과 관련된 활동에서 성차별을 금지하는 것이다. 일본은 정책결정과정에 남·여의 동등한 참여를 보장하는 사회적 구조를 마련해야 한다는 인식을 기초로 1999년에 「성평등을 위한 기본법」을 제정하고, 이어 2000년에 성평등을 위한 계획을 수립하였다. 이는 국제환경협력 측면에서 환경관련 정책결정단계에 남성과 여성의 동등한 참여를 보장하자는 의지를 담고 있으며, 이러한 취지에 따라 의사결정과정에 여성의 참여가 증가하기 시작하였다.

(2) 지속가능한 발전의 이행실태

일본은 아시아지역에서 가장 선도적으로 지속가능한 발전전략을 이행해 온 국가로 평가될 수 있다. 이를 추진하기 위한 주요 수단은 정부차원의 관련법 · 제도의 정착, 국제적 노력의 강화, 그리고 민간차원의 노력 등을 들 수 있다. 일본은 1980년대부터 정부차원에서 지구환경문제에 관심을 가지고 정부기관들 간의 협의조정기구인 '지구환경보전을 위한 각료회의'를 1989년에 구성하였다. 또한 1990년에는 국제사회의 기후변화협약에서 주도권을 행사하기 위하여 지구온난화 방지를 위한 실천계획을 발표하였다.[36] 이후에도 일본은 「순환형 사회형성추진 기본법」, 「자동차 리사이클링법」, 「그린구매법」 등을 제정하거나 개정하여 지속가능한 발전을 이행할 수 있는 제도적 장치를 마련해 왔다.

한편 일본의 「지속가능발전위원회」 제1기 위원회는[37] 2002년 요하네스버그 세계정상회의에서 '지속가능한 미래를 위한 65개 실천제안'을 발표하고, 우리나라의 지속가능발전위원회와 공동으로 아시아지역의 지속가능발전위원회 회의를 개최하였다. 이 회의에서는 각국의 지속가능발전위원회(NCSD) 현황, 이해당사자 간의 새로운 거버넌스체계 구축을 위한 NCSD의 역할, 동아시아 국가의 환경현황, 동아시아 NCSD의 협력증진방안 등이 논의되었다. 이어서 2003년부터 활동이 시작된 제2기 위원회는 정부, 산업, 지방자치단체, 학계, 시민단체 등 다양한 행위자들 사이에 지속가능성에 대한 논의의 장을 제공하고 연계하는 역할을 담당하고 있다.

일본은 이와 함께 지속가능한 발전을 위한 전 지구적 국제협력을 강조하고 있다. 모든 국가 및 주체가 대등한 파트너십을 구축하여 지속가능한 발전을 위한 인식 · 전략 · 책임 · 경험 · 정보 등을 공유해야 하며, 기존의 국제합의(Doha, Monterrey 등)를 이행하기 위한 구체적인 행동을 취하는 것이 중요하다고 일본은 강조하고 있다. 따라서 일본은 개발도상국가의 자조 노력을 지원하기 위하여 국제사회와의 파트너십을 확충하면서 구체적인 지원을 시행하고 있다. 예를 들면, 남부 아프리카의 식량위기에 약 3,000만 달러의 식량지원, 클린 개발 메카니즘(Clean Development Mechanism) 추진을 위한 인재육성과 정보공유, 아시아 삼림 파트너십 추진, 환경과학기술협력의 실시 등이 여기에 해당된다.

36) 이 계획에는 도시계획, 산업활동, 교통시스템의 개선 등이 포함되어 있다.
37) 제1기 위원회는 2002년 6월에 6년의 임기를 마쳤다.

일본은 민간차원에서도 지속가능한 발전을 위한 노력이 활발하게 이루어지고 있다. 특히 민간단체가 지속가능성에 대한 교육을 확대하고 있는 것이 특징이다. 지난 2003년 6월에 출범한 '지속가능발전교육을 위한 10년 추진회의(Japan Council on the UN Decade of Education for Sustainable Development: ESD-J)'는 90여개의 시민사회단체와 190여명의 개인이 회원으로 가입하여 시민네트워크 중심의 활동을 지속하고 있다. 이외에도 도쿄(東京)에 소재하고 있는 UN대학은 '유엔 지속가능발전을 위한 교육 10년(2005-2014)' 시책을 장려하기 위한 수단의 하나로 '지속가능발전 전문가 지역센터(Regional Center of Expertise: RCE)'의 설치를 제안하였다. RCE는 지방차원에서 지속가능한 발전에 관한 교육을 공동으로 활성화하기 위한 정부, NGO, 기업 등의 네트워크를 말한다. 현재 일본에는 센다이(仙臺), 오카야마(岡山), 요코하마(橫浜) 등에 RCE가 지정되어 있다.

제 3 절 지구환경보전과 국제환경협약

1. 지구환경보전과 국제적 노력

(1) 유엔인간환경회의

제2차 세계대전 이후 국제사회가 안정되면서 1950년대와 1960년대에 걸쳐 세계는 급속한 경제성장과 산업발전을 이루어 왔다. 그러나 급격한 산업화와 도시화 과정에서 인구의 급속한 증가와 자연자원의 사용량 증가는 환경오염과 자연 생태계의 파괴를 초래하기 시작하였다. 이러한 심각한 문제는 인류의 장래를 위협할 수 있다는 인식이 대두되면서 1972년 6월 5일부터 12일까지 스웨덴의 스톡홀름(Stockholm)에서 '하나뿐인 지구(Only One Earth)'라는 슬로건을 내걸고 세계 최초의 정상급 국제환경회의(United Nations Conference on the Human Environment: UNCHE)가 개최되었다.[38)]

이 회의에서 인간은 환경을 창조하고 변화시킬 수 있는 형성자인 동시에 환경의 피조물임을 인식하고, 인간환경이 인간의 복지와 기본적 인권, 나아가 인류 생존권의 본

38) 환경부, 환경30년사 편찬사업, 2008. 12, pp. 913-914 참조. 이 회의에는 세계 113개국의 정상급 대표와 3개 국제기구, 그리고 257개 NGO 대표가 참석하였다.

질임을 규정하는 7개의 선언문과 26개의 원칙으로 구성된 '인간환경선언(Declaration on the Human Environment)'을 채택하였다. 또한 지구환경보전을 위한 국제적인 노력을 총괄, 조정, 감시할 수 있는 UN기구로서 '유엔환경계획(United Nations Environment Programme: UNEP)'의 설치 권고안을 의결하고, UN 인간환경회의 개최일인 6월 5일을 '환경의 날'로 지정하도록 권고하였다. 이에 따라 1972년 제27차 UN총회에서 매년 6월 5일을 '세계환경의 날'로 지정하였다. 이 국제환경회의는 지구환경보전을 위한 국제적 노력을 결집하는 최초의 시도로서 세계 각국이 환경문제에 대한 인식을 새롭게 하는 중요한 계기가 되었다.

(2) 환경과 개발에 관한 세계위원회

1983년 UN총회의 결의에 따라 2000년대의 지구환경보전전략을 마련하기 위하여 세계적인 석학(碩學) 22명으로 구성된 '환경과 개발에 관한 세계위원회(World Commission on Environment and Development: WCED)'가 구성되었다. 이 위원회는 그동안의 조사와 연구내용을 1987년에 보고서로 발간하였는데 당시 노르웨이 수상이던 Gro Harlem Brundtland의장의 성(姓)을 따서 Brundtland 보고서로 불리고 있다. 이 보고서의 제목이 바로 그 유명한 "우리 공동의 미래(Our Common Future)"이다.[39)]

이 보고서에서 이른바 '지속가능한 발전(Sustainable Development)'의 개념이 처음 소개되었다. 즉, 세계의 빈곤퇴치를 위하여 경제개발은 필수적이나 모든 개발활동은 미래세대의 환경용량을 저해하지 않는 범위 내에서 지속가능한 방법으로 이루어져야 한다는 개념이다. UN은 1988년에 지속가능한 발전의 개념을 세계 각국의 국가발전의 기본이념으로 삼을 것을 결의하였다.

(3) 유엔환경개발회의

지속가능한 발전에 대한 논의가 지속적으로 이루어져 오다가 1989년 UN총회에서 1972년의 스톡홀름 회의개최 20주년이 되는 1992년에 'UN환경개발회의(United Nations Conference on Environment and Development: UNCED)'를 개최하기로 결정하였다. 이 회의는 1992년 6월 3일부터 14일까지 브라질 리우 데 자네이루(Rio de Janeiro)에서 개최되었으며, 환경과 개발의 조화를 추구하기 위한 종합적 규범체계를 마련한 회의로 평가

39) 상계서, p. 914; WCED. *Our Common Future*, 1987 참조.

되고 있다.[40] 지구정상회의(Earth Summit)라고도 불리 우는 이 회의에서 “환경적으로 건전하고 지속가능한 발전(Environmentally Sound and Sustainable Development: ESSD)”의[41] 행동계획으로 「의제21」을 작성하여 국가별, 부문별 대처방안의 마련을 강조하는 이른바 리우(Rio) 선언이 채택되었다.

이와 함께 이 회의에서는 지구의 온난화 방지를 위한 기후변화협약, 생물자원의 보전과 이용에 관한 생물다양성협약, 산림의 관리보호와 지속가능한 이용에 관한 산림원칙 등이 채택되었다. 또한 지구환경보전을 위한 ‘공동의 차별화된 책임(common but differentiated responsibilities)’이 강조되었다. 이는 지구환경보전을 위하여 세계 모든 나라가 참여하는 범세계적인 대응이 필수적이나 선진국과 개발도상국들이 각국의 현실과 능력에 맞게 그 책임이 차별적으로 분배되어야 한다는 원칙을 의미한다.

그럼에도 불구하고 지구환경문제 악화의 책임과 그 치유를 위한 국제적 노력에 대하여 선진국과 개발도상국 간에 뚜렷한 시각의 차이가 나타나고 있다. 선진국은 자국의 높은 수준의 환경기준과 환경규제기준이 개발도상국에도 도입, 적용되어야 한다고 주장하고 있으나 개발도상국은 환경훼손을 무릅쓰고 선진국이 발전해 왔던 것처럼 그들도 발전을 지속해야 한다고 주장하고 있다. 이러한 갈등이 표면화 된 것은 국제환경협약과 불완전한 환경기준 및 환경규제 속에서 생산된 개발도상국의 제품수입을 저지하는 선진국의 환경과 무역의 연계정책에 의한 국제무역과정에서 기인하고 있다. 결국 이 회의에서 선진국은 지구환경문제의 역사적, 누적적 책임을 인정하고, 지구환경보전을 위한 각종 국제적 의무이행에 있어 신흥 개발도상국에게 의무부담의 유예기간을 부여하였다. 우리나라가 교토의정서(Kyoto Protocol) 협상(1995-97년) 당시에 개발도상국 지위를 부여받아 온실가스 의무감축 대상에서 제외된 것처럼 몬트리올 의정서(Montreal Protocol)와 기후변화협약 등 국제협약 의무이행의 유예기간을 부여받은 것이 그 예이다.

(4) 지속가능발전 세계정상회의

1997년 6월 제19차 유엔환경특별총회(일명 Rio+5)의 의결을 거쳐 리우회의 10주년이 되는 2002년 8월에 요하네스버그에서 일명 ‘Rio+10’회의라고 불리 우는 ‘지속가능발전 세계정상회의(World Summit on Sustainable Development: WSSD)’가 개최되었다.[42]

40) 환경부, 전게서, 2008. 12, pp. 915-916 참조, 이 회의에는 세계 178개 참가국 중 118개국의 국가 정상과 6,000여개의 NGO가 참석하였으며, 우리나라에서는 국무총리를 수석대표로 하는 정부대표단이 참석하였다.

41) 이 개념은 ‘미래세대의 필요를 충족할 능력에 손상을 주지 않으면서 현 세대의 필요를 충족시키는 개발’을 의미한다.

「인간, 지구, 그리고 번영(People, Planet, and Prosperity)」이라는 대 주제아래 개최된 이 회의의 목적은 리우회의에서 채택된 「의제21」에 관한 추진실적과 장애요인을 평가하고, 새롭게 대두된 지속가능한 발전의 과제를 규명함과 동시에 향후 지속가능한 발전전략을 수립하는데 있었다. 미국의 시사주간지인 TIME지[43]는 이 회의가 지구를 어떻게 살릴 것인가에 초점을 둔 '녹색세기(Green Century)'의 창조를 위한 새로운 아이디어와 기술의 비전을 논의하는 회의로 규정짓기도 하였다.

이 회의는 다섯 가지 주요 과제 즉, 물, 에너지, 보건, 농업, 생물다양성(Water, Energy, Health, Agriculture, Bio-diversity: WEHAB)에 중점을 두고 이해당사자들 간의 대화를 통하여 범지구적 문제를 논의하였다. 특히 각국은 지속가능한 발전을 위해서는 빈곤퇴치가 가장 중요하다는 데 공감하고, 2015년까지 하루소득이 $1 미만인 절대빈곤인구와 안전한 식수를 이용하지 못하는 인구를 절반으로 감소시킨다는 목표설정에 합의하였다. 또한 인류문명의 존속과 지속가능한 발전을 위하여 환경보전과 경제발전, 그리고 사회발전 등 지속가능한 발전을 이루는 세 축(three pillars)간의 균형있는 발전에 대한 논의가 이루어졌다. 이 회의에서는 세 가지의 공식문서가 채택되었다. '요하네스버그 선언문'이라고 불리 우는 정치적 선언문(Political Declaration), 이행계획(Plan of Implementation), 그리고 파트너십/이니셔티브(Partnership/Initiative)가 그것이다.[44]

본 회의와는 별도로 비공식 회의를 통하여 위에서 설명한 다섯 가지 주제(WEHAB)와 함께 개발도상국에 대한 재정 등의 지원 호소, 과학부문에 대한 선진국의 투자확대, 교육의 중요성에 대한 국제기구의 관심증대, 지속가능한 소비 · 생산패턴의 정착 등을 위한 이행계획이 작성되었다. WSSD 회의에 대한 일반적인 평가는 말뿐인 정상회담이라고 혹평을 받기도 하였으나 기존의 환경문제 중심의 논의에서 환경, 경제, 사회발전의 세 축을 동시에 고려하는 지속가능한 발전전략이 국제질서 및 국내정책 수립의 주요 의제로 떠오르는 계기가 되었다고 볼 수 있다.

42) 환경부, 전게서, 2008. 12, pp. 916–920 참조. 이 회의에는 88개국 정상, 52개국의 국가원수급, 36개국의 총리급이 참가하였고, 전 세계에서 194개국, 86개 국제기구, NGO 대표 등 모두 4만여 명이 모였다.

43) TIME: Special Report, 2002. 9. 2, pp. 1–60.

44) WSSD 회의에 대한 보다 자세한 내용은 김귀곤 외, 전게서, 2003, pp. 32–47; 대통령자문 지속가능발전위원회, WSSD 참가결과 및 향후 대응보고(mimeo.), 2002. 9. 17. 참조.

2. 주요 국제환경협약[45)]

지구온난화에 따른 기후변화와 자연재해의 증가 등 지구환경문제가 국제사회의 새로운 쟁점으로 부각되면서 세계 각국의 경제 · 사회활동과 환경정책 전반에 직간접적으로 영향을 미치는 각종 국제환경협약이 증가하고 있다. 현재 우리나라가 채택한 국제환경협약은 대기, 수질, 해양, 폐기물 및 자연환경, 핵안전분야 등의 221개에 달하고 있으며, 이중 164개의 협약이 발효 중에 있다(표 8-2).

표 8-2 국제환경협약 및 우리나라의 가입현황

구분	계	대기 기후	담수 보호	해양 어업	자연생물 보호	유해물질 · 폐기물	핵안전	기타
채택	221	14	15	86	50	13	13	30
발효	164	10	9	66	40	8	12	19
가입	56	8	–	23	8	3	7	7

자료: 환경부, 2010 환경통계연감, p. 621.

우리나라는 2010년 말 현재 「지구온난화 방지를 위한 기후변화협약」, 「오존층 보호를 위한 비엔나협약」 및 「몬트리올 의정서」, 「생물다양성 협약」, 「사막화 방지 협약」 등 56개의 국제환경협약에 가입하고 있다.[46)] 이들 협약의 이행에 대한 실효성을 확보하기 위한 무역규제 조치가 점차 증가되고 있는 추세이며, 기후변화협약, 멸종위기 야생동식물의 국제교역에 관한 협약, 몬트리올 의정서, 생물다양성 협약 등 협약의 규제대상에 따라 우리의 국내 산업에 미치는 영향도 다양하다.

(1) 몬트리올 의정서

「오존층 파괴물질에 관한 몬트리올 의정서(Montreal Protocol on Substances that Deplete the Ozone Layer)」는 염화불화탄소(Chloride Fluoric Carbons: CFCs), 할론(Halon) 등 96종의 오존층 파괴물질을 규제대상 물질로 정하고, 각 규제물질의 생산량 및 소비량 전폐(全廢) 일정을 규정하고 있다. 선진국의 경우, CFCs는 1996년부터, 할론은 1994

---

45) 이 부분은 2005 환경백서 pp. 94-111, 2006 환경백서 pp. 126-132 및 2008 환경백서 pp. 656-687 내용을 정리한 것이다.

46) 우리나라가 2009년 9월 현재 가입되어 있는 국제환경협약의 명칭과 가입일 및 발효일 등은 2009 환경백서 부록 pp. 757-765 참조.

년부터 생산 및 소비를 금지하고 있으며, 우리나라를 비롯한 개발도상국은 특례조항이 적용되어 각 조항들이 정한 규제일정으로부터 10년간 규제조치의 준수를 유예 받고 있는 상태이다.

우리나라는 몬트리올 의정서의 국내적 이행을 위하여 「오존층 보호를 위한 특정물질의 제조규제 등에 관한 법률」을 제정하여 규제물질의 제조, 수입, 판매 등을 억제하고, 대체물질의 개발을 위한 기금을 조성하고 있다. 현재 기상청에서 한국 상공의 오존전량 및 오존연직분포(鉛直分布)를, 그리고 환경부에서는 지상대기 중 CFCs 농도를 측정하고 있다. 최근 유럽연합(EU)은 오존층 파괴물질 수입자, 수출자 및 사용자에 대한 2003년도 지침을 마련하여 역내 · 외 국가로의 수입 · 수출을 규제하고, 협약 비당사국에 대한 수입 · 수출을 금지토록 하였다. 한편 중국은 할론의 제조 및 사용을 2006년부터 금지키로 하였고, 자동차와 가전업계에 대하여 2002년 1월부터 CFCs 사용을 중지토록 하는 등 각 국가들이 오존층 파괴물질에 대한 규제를 강화하고 있는 추세이다.

(2) 생물다양성 협약

「생물다양성 협약(Convention on Biological Diversity: CBD)」은 생물다양성의 보전과 지속가능한 이용을 목적으로 1992년 리우 유엔환경개발회의(UNCED)에서 처음 채택되었다. 이 협약은 첫째, 각국의 생물자원에 대한 주권적 권리 인정, 둘째, 생물종의 파괴행위에 대한 규제, 셋째, 생물다양성의 보전과 합리적 이용을 위한 국가전략의 수립, 넷째, 생물다양성 보전을 고려한 환경영향평가, 다섯째, 유전자원(遺傳子源)의 제공국과 생명공학 선진국과의 공정한 이익 배분, 여섯째, 유전적으로 변형된 생물체(Living Modified Organisms: LMOs)의 안전관리 등을 규정하고 있다. 당사국들은 2년마다 총회를 개최하여 그동안의 성과를 점검하고, 사업의 우선순위를 선정하며, 협약이행을 위한 세부방안을 논의하였다. 지금까지 일곱 차례의 당사국 총회를 개최하여 외래종 침입으로 인한 생물다양성 손실을 방지하기 위한 지도원칙, 생물다양성 감소 방지, 생물다양성 소실률(消失率) 감소를 위한 보호구역의 지정, 생물다양성과 기후변화 등에 관한 논의가 이루어졌다. 또한 당사국들은 생명공학 기술로 개발된 유전자변형 생물체(LMOs)가 생물다양성의 보존과 지속가능한 이용에 미치는 부정적인 효과를 방지하기 위하여 2000년 1월 콜롬비아(Columbia) 카르타헤나(Cartagena)에서 개최된 특별당사국 총회에서 「바이오안전성 의정서」를 채택하였다.

이 의정서는 LMOs의 잠재적 위해성에 대한 과학적 불확실성에도 불구하고, 사전에 방원칙(precautionary principle)에 입각하여 LMOs의 국가 간 이동시 안전을 확보할 수 있는 절차를 규정한 21세기 최초의 국제환경협약으로 LMOs의 국가 간 이동시 사전통보승인, LMOs의 환경에 미치는 영향 및 위해성 평가와 관리, LMOs의 국가 간 이동에 의하여 초래될 손해에 대한 책임과 피해 보상 등을 주요 내용으로 하고 있다. 한편 2010년 10월 일본 나고야(名古屋)에서 개최된 생물다양성협약 제10차 당사국총회는 「유전자원접근 및 이익공유에 관한 나고야 의정서(Nagoya Protocol)」를 채택하였다. 이 의정서에 따라 생물유전자원을 이용할 국가는 그 자원을 제공하는 국가에 사전 통보하여 승인을 받아야 하며, 그러한 유전자원의 이용으로 발생한 이익은 상호 합의된 계약조건에 따라 공유하여야 한다.

생물다양성 협약은 1993년 12월에 발효되어 2008년 6월 현재 191개국이 가입되어 있으며, 우리나라는 1994년 10월에 가입하였다. 한편 바이오안전성 의정서는 59개국이 비준한 후 2003년 9월에 발효되었으며, 2008년 6월 현재 147개국이 가입하였으나 LMOs 농산물 주요 수출국인 미국과 호주 등은 아직 가입되어 있지 않다. 우리나라는 2001년 3월에 「유전자변형 생물체의 국가간 이동 등에 관한 법률」을 제정하였으며, 2008년 1월에 발효되었다.

(3) 야생 동 · 식물 협약

「멸종위기에 처한 야생 동 · 식물종의 국제거래에 관한 협약(Convention on International Trade in Endangered Species of Wild Fauna and Flora: CITES)」은 불법거래나 멸종위기에 처한 야생 동 · 식물을 보호하고, 야생 동 · 식물 수출입 국가들이 상호 협력하여 국제거래를 규제함으로써 서식지로부터의 무질서한 채취 및 포획을 억제하기 위하여 1973년 미국 워싱턴(Washington)에서 81개국이 참가하여 채택되었으며, 1975년 7월 1일에 발효되어 30여 년의 역사를 가진 오래된 환경협약 중의 하나이다. 이 협약에는 2007년 5월 현재 171개국이 가입하고 있으며, 우리나라는 1993년 7월 9일 120번째로 가입하였다.

이 협약은 멸종위기에 따라 규제대상 동 · 식물을 부속서 I, II, III으로 구분하여 수출입시 관리당국의 수출입 허가를 받도록 규정하고 있다. 원칙적으로 상업목적의 거래가 금지되는 부속서 I에는 코뿔소, 호랑이, 고릴라, 타조, 바다거북, 곰 등이 등재되어 있고, 상업목적의 수출이 가능하나 관리당국의 승인이 필요한 부속서 II에는 천산갑, 오염인상, 산호 등의 동 · 식물이, 그리고 자국의 특정 종(種)을 보호하기 위하여 지정된 부속서 III에는 인도의 북방살모사 등 약 5,000종의 동물과 25,000종의 식물이 등재되어 있다. 태국 방콕(Bangkok)에서 2004년 10월에 개최된 제13차 당사국 총회에서는 유인원 보존, 외래종 관리, 수렵기념품 거래 규제, 다른 협약과 CITES 간의 협력방안 등이 논의되었으며, 2007년 6월 네델란드 헤이그(The Hague)에서 개최된 제14차 총회에서는 2008~2013년까지의 전략적 비전을 채택하여 협약이행 강화, 재원확보, 생물다양성 감소 억제 등 3대 분야 16개 세부 목표를 채택하였다.

(4) 바젤협약

「바젤협약(Basel Convention on the Control of Trans-boundary Movements of Hazardous Wastes and Their Disposal)」은 유해폐기물의 국가 간 이동을 규제하기 위하여 1992년 5월에 발효되었다. 2002년 12월에는 90여개 당사국이 참가한 제6차 총회가 스위스 제네바(Geneva)에서 개최되었다. 이 회의에서는 교육 및 기술이전을 위한 바젤협약 지역센터를 설치키로 하고, 2003~2004년간의 전략계획과 폐플라스틱 · 폐산(廢酸) 등 폐기물의 환경친화적 관리를 위한 기술지침서 등을 채택하였으며, 아울러 협약이행 및 감독준수를 위한 이행위원회를 설치키로 하였다. 2004년 4월에는 160개국의 당사국이 참가한 제3차 개방형 실무그룹회의가 역시 제네바에서 개최되었다. 이 회의에서는 폐기물 중 환경잔류성 유기물질(POPs)의 친환경적 관리를 위한 기술지침서, 바젤협약 부속서 VIII 및 IX와 관련된 폐기물 목록 조정 및 검토, 감염성 물질(H6.2), 독성(H11), 생태독성(H12) 등 폐기물 유해특성, 금속 및 금속화합물의 환경친화적 관리를 위한 재활용/회수에 관한 기술지침서 등의 기술자료가 검토되었다.

우리나라는 1994년 2월 28일에 바젤협약에 가입하였으며, 「폐기물의 국가 간 이동 및 그 처리에 관한 법률」에 의하여 유해 폐기물의 국가 간 이동을 관리하고 있다. 수출 · 입이 통제되는 폐기물의 종류는 나라에 따라 차이가 있으나 우리나라는 PCB 함유 폐기물, 폐유, 하수찌꺼기, 폐밧데리 등 바젤협약과 경제개발협력기구(OECD)에서 정한 99개 품목의 유해폐기물을 통제대상으로 고시하고 있다.

(5) 람사르협약

「물새서식지로서 국제적으로 중요한 습지에 관한 협약(람사르협약)(Convention on Wetlands of International Importance Especially as Waterfowl Habitat)」은 수조류(水鳥類), 어류, 양서류(兩棲類), 파충류 및 식물의 기본적 서식지이자 가장 생산적인 생명부양의 생태계인 습지의 보호를 위하여 1971년 2월 이란의 람사르(Ramsar)에서 채택되었으며, 2008년 말 현재 158개국이 당사국으로 가입하고 있다. 습지는 홍수와 한발(旱魃)을 조절하는 등 기후조정 역할을 담당하며, 가장 비옥한 건초용 목초보다 두 배 이상의 유기물질을 생산하기도 한다. 아열대 해수 소택지(沼澤地) 등 1,267개소 약 1억ha의 습지가 국제적으로 중요한 습지 목록에 등재되어 보호되고 있다.

우리나라는 1997년 3월 28일 람사르협약에 가입하였으며, 자연생태보호지역으로 지정 · 관리 중인 강원도 인제군 소재 '대암산 용늪'을 람사르습지로, 1998년 3월에는 경남 창령의 '우포늪'을, 그리고 2005년에는 전남 신안군 '장도'를 람사르습지로 등록하였다. 특히 1999년 2월에 제정된 「습지보전법」을 토대로 내륙습지와 연안습지에 대한 습지조사 및 습지보전계획이 수립되고 있으며, 해당지역에 대한 습지보호지역의 지정을 추진하는 등 습지의 체계적 관리를 도모하고 있다. 특히 2008년 10월 28일부터 11월 4일까지 경남 창원에서 개최된 제10차 당사국총회는 우리나라가 유치한 최초의 국제환경협약 당사국 총회로서 '건강한 습지, 건강한 인간'을 주제로 습지의 보전과 현명한 이용에 대한 논의가 있었다.

(6) 사막화 방지협약

「사막화 방지협약(United Nations Convention to Combat Desertification in Those Countries Experiencing Serious Drought and/or Desertification, Particularly in Africa)」은 심각한 한발(旱魃) 또는 사막화의 영향을 받는 국가(특히 아프리카지역 국가)에 대한 재정적 · 기술적인 지원과 이를 위한 재정계획의 수립, 그리고 개발도상국의 사막화 대응능력을 향상시키기 위하여 1994년 6월에 이 협약이 채택되었다. 이후 지금까지 세 차례의 당사국 총회가 개최되어 재정지원과 기술이전을 포함한 선진국의 사막화 피해, 개발도상국에 대한 지원방안 및 사막화 방지를 위한 각국의 이행노력을 논의하였다. 지난 2002년 남아프리카의 요하네스버그(Johannesburg)에서 개최된 '지속가능발전 세계정상회의(WSSD)'에서 사막화 방지 사업을 지구환경금융(Global Environment Facility: GEF)의 지원 대상사업으로 포함기로 합의됨에 따라 효율적인 협약이행을 위한 재정체계가 확보되었다고 볼 수 있다. 사막화 현상은 산림황폐화, 토양침식을 포괄하는 개념으로서, 아프리카를 비롯한 남미, 중동 및 러시아, 중국, 인도 등 아시아 국가들까지도 사막화의 영향을 받고 있다. 특히 동북아의 경우, 중국과 몽골의 사막면적이 지속적으로 증가하고 있어 봄철 황사(黃砂)가 심화되는 원인이 되고 있다.

우리나라는 1999년 8월 17일 이 협약에 가입하였으며, 성공적인 산림녹화 실현, 화학비료의 남용과 산업체에서 발생되는 오염물질에 의한 토양오염 방지대책 등 사막화 방지와 관련된 시책을 적극적으로 추진하고 있다. 또한 한 · 중 · 일 3국의 환경장관회의 및 동북아국가와 국제기구가 협력하여 2003년부터 착수한 「동북아 황사대응 ADB · GEF사업」 등을 통하여 사막화의 확산방지에 노력하고 있다.

한편 지구환경금융(GEF)은 기후변화, 생물다양성, 국제 수자원, 오존층 파괴 등 지구상의 환경악화를 초래하는 네 가지 분야의 주요 위협요소에 대하여 개발도상국의 대응사업 촉진과 지원을 목적으로 1991년에 설치된 국제기금이다.[47] 이 기금은 지난 10여 년간 약 40억 달러의 자금을 지원하여 전 세계 160개국에서 1,000여 개의 환경보전사업과 3,000여 개의 소액기금사업을 수행해 왔으며, 이를 통하여 약 120억 달러의 재원이 환경보전사업에 투자되도록 유도하였다. 우리나라는 1994년 5월 지구환경금융에 가입한 이래 약 1,650만 달러를 출연하는 등 지구환경보전을 위한 국제사회의 노력을 적극 지원하고 있으며, 아울러 우리의 환경외교 위상을 강화하고 있다.

(7) 국제화학물질관리

지난 2002년 WSSD회의는 유해화학물질에 대한 안전관리를 목적으로 화학안전에 관한 정부 간 포럼(Intergovernmental Forum on Chemical Safety: IFCS)과 유엔환경계획(UNEP) 등 화학물질관련 국제기구가 협력하여 국제화학물질관리전략(Strategic Approach to International Chemical Management: SAICMS)을 개발하도록 요청하였다. 이에 따라 그동안 UN 등 국제사회 차원에서 추진되었던 화학물질 관련 논의를 종합하여 향후 국가 · 지역 · 국제적으로 추진할 UN 차원의 장기 전략과제를 제시하는 SAICMS를 국제화학물질관리회의에서 2006년 2월에 채택하였다.[48] IFCS는 1994년 스웨덴 스톡홀름에서 114개국의 화학물질관리당국 대표가 참석하여 제1차 화학안전에 관한 회의를 개최하였으며, 2000년 브라질 바히아(Bahia)에서 개최된 제3차 포럼에서는 21세기 뉴밀레니엄을 맞아 화학물질 안전관리체계 구축을 위하여 전 세계가 추진하여야 할 행동계획의 우선순위와 목적을 명시한 「바히아 선언」이 채택되었다.

한편 유럽연합(EU)은 화학물질의 유통과 사용량 증가에 따른 사람의 건강 및 환경의 위해성을 예방하고, 동시에 EU 내 화학산업의 경쟁력 강화를 위하여 기존의 화학물질

---

47) 지구환경금융에 관한 보다 자세한 내용은 www.gefweb.org을 참조.

48) 환경부, 전게서, 2006, p. 717.

관리 법령을 전면적으로 개편하는 화학물질의 등록, 평가, 승인제도(Registration, Evaluation, Authorization of Chemicals: REACH)의 도입을 추진하고 있다. 우리나라 역시 REACH 도입과 국제적 화학물질 규제강화 추세에 따라 국가 차원의 대응체계 구축을 위하여 단기적으로는 REACH가 국내 산업체에게 수출장벽으로 작용하지 않도록 지원 서비스를 제공하고, 중 · 장기적으로는 국내 화학물질관리를 개선하기 위한 대책을 마련하고 있다.[49)]

이처럼 지구환경문제의 해결을 위한 UN, WTO, OECD, ASEM 등 다자간 국제기구와 환경협약 체결 등이 다각적으로 전개되고 있으며, 환경과 무역과의 연계를 위한 논의도 본격화 되고 있다. 예를 들면, 도하개발 의제(Doha Development Agenda: DDA) 및 자유무역협정(FTA)과 환경무역 간의 연계가 본격적으로 다루어지고 있다. 한 국가의 환경규제가 그 나라의 환경보호에는 기여할 수 있으나 동시에 국가 간 무역에 부정적 효과를 미칠 수 있기 때문에 국제 환경무역협상에서 환경규제가 주요 의제로 등장하고 있다. 국제환경규제의 강화는 새로운 무역장벽으로 떠오르고 있으며, 이는 국내기업의 국제경쟁력 약화를 초래할 수도 있고, 동시에 공정무역 규범의 제정을 요구하는 등 환경과 무역의 상호발전을 위한 노력이 더 한층 요구되고 있다. 뿐만 아니라 환경문제의 발생원인과 해결방안을 놓고 선진국과 개발도상국 간의 의견충돌로 인한 대립양상이 심화되고 있으며, 따라서 더 많은 국제환경협약의 교섭과 체결이 가속화될 전망이다.

제 4 절 동북아의 환경문제와 환경협력

우리나라와 중국, 일본 등이 위치한 동북아 지역은 지리적으로 인접하여 동일한 환경영향권을 형성하고 있다. 또한 동북아 지역은 지속적인 경제성장과 삶의 질을 제고하기 위한 노력이 가속화되고 있는 지역으로서 역내 국가 간의 환경보전을 위한 공동보조가 절실히 필요한 지역이기도 하다. 이러한 필요성에 따라 1992년 유엔지속가능발전위원회(UNCSD) 설립 이후 동북아 지역에서는 동북아환경협력회의, 동북아환경협력 고위급회의, 동북아 황사대응 ADB-GEF사업 등 다자간 환경협력이 적극 추진되고 있다. 특히 1999년에 한 · 중 · 일 3국 환경장관회의가 창설되어 동북아 환경협력은 새로운 전기

49) 상게서, pp. 718-724.

를 맞고 있으며, 최근 황사 등 지역 환경문제가 심각하게 대두되면서 지역환경협력체계 구축의 필요성이 더욱 커지고 있다.

1. 한 · 중 · 일 환경장관회의[50)]

한 · 중 · 일 3국 환경장관회의(Tripartite Environment Ministers Meeting among China, Japan and Korea: TEMM)는 중국대륙에서 발생하는 장거리이동 대기오염물질(산성비)과 황사 등 날로 심화되고 있는 월경성(越境性) 환경문제에 대한 협력방안을 도출하고, 동북아 핵심국가인 한 · 중 · 일 3국간의 환경공동체 의식을 제고하기 위하여 1999년부터 매년 연례적으로 3국을 순회하면서 회의를 개최하고 있다. 이 회의는 동북아 지역의 유일한 각료급 회의로서 3국간 환경협력에 대한 최고위급 조정기구의 기능을 수행하고 있다. 서울에서 개최된 1999년 제1차 회의는 동북아에서 지속가능한 개발을 달성하기 위하여 6개의 우선협력분야를 선정하였으며, 북경에서 개최된 2000년 제2차 회의는 동북아 지역의 실질적인 환경협력을 촉진하기 위하여 공동협력 프로그램으로 '장거리이동 대기오염 공동 조사 · 연구', '동북아 환경데이터센터 발족', '산성강하물 모니터링 네트워크 구축사업' 등 모두 9개 사업의 'TEMM 프로젝트'를 추진하기로 합의하였다.

또한 제5차 회의(2003년 베이징)에서는 「동북아 지역 황사대응 고위급 회의」에 북한을 참여시켜 동북아 지역의 실질적인 협력을 이끌어내어 평화와 환경보전의 메시지를 전달하는 성과도 있었다. 이어 일본에서 개최된 제6차 회의(2004년)는 동북아 지역 환경현안 중의 하나인 황사문제에 대한 국가간 · 국제기구간 협력방안을 모색하고자 UNESCAP, UNCCD, ADB 등 국제기구의 참여와 몽골 환경장관과의 논의의 장을 마련한 것이 성과라고 할 수 있다. 제7차 회의(2005년)는 서울에서 개최되었으며, 2005년 3월 서울에서 개최된 제5차 UN 아 · 태 환경과 개발 장관회의에서 발표된 황사대응 ADB-GEF 사업결과에 대한 후속추진 방안이 중점적으로 논의되었다.[51)] 한편 2009년 6월 중국 베이징(北京)에서 개최된 제11차 회의는 지난 TEMM 10년의 성과를 평가하고, 2010~14년까지의 우선협력분야에 대하여 합의하였다.

---

50) 이 부분은 2006 환경백서 pp. 142-148 및 2008 환경백서 pp. 672-677 내용을 정리한 것이다.

51) 한 · 중 · 일 3국 환경장관회의(TEMM)의 주요 프로젝트 내용은 2009 환경백서의 p. 616의 〈표 2-10-9〉를 참조.

2. 동북아 환경협력회의

동북아 환경협력회의(Northeast Asian Conference on Environmental Cooperation: NEAC)는 1992년에 한 · 중 · 일 · 몽골 · 러시아 등 동북아 5개국 환경당국자 간 공식회의체로 출범한 이후에 환경당국자뿐만 아니라 지방자치단체, NGO, 연구기관, 전문가 등 역내 모든 이해관계자가 참여하여 국가별 환경정책 및 역내 환경현안에 대하여 논의하는 환경포럼 형태로 발전하여 왔다. 이 회의를 통하여 우리나라는 일본과 중국 등 주요 인접국가와의 환경협정 체결, 그리고 한 · 중 · 일 3국 환경장관회의 등을 성사시켰다. 제1차 회의가 1992년 일본 니이가타(新潟)에서 개최된 이래 우리나라, 중국, 일본이 매년 번갈아 회의를 개최하였으며, 2000년에는 최초로 몽골에서 회의를 개최하였다. 우리나라는 서울, 부산, 제주, 인천 등에서 이 회의가 개최된 적이 있으며, 제10차 인천(2001년) 회의는 동북아 환경협력에 대한 NGO 분과를 개최하여 이동성 철새 보호와 환경교육의 활성화 등에 대한 폭 넓은 의견교환이 있었으며, 앞으로도 NGO가 지속적으로 이 회의에 참여할 수 있는 계기를 마련하였다.

한편 2002년 중국 하이난(海南島)에서 개최된 제12차 회의에서는 토양 황폐화 및 황사를 주제로 한 심포지엄이 있었으며, 동북아 지역의 황사발생 · 이동, 황사가 미치는 영향 및 황사 피해방지를 위한 지역협력방향 논의를 토대로 동북아 황사모니터링 · 조기경보 네트워크 구축과 국가 간 황사 데이터 공유를 위하여 노력하기로 합의하였다. 우리나라는 이 회의를 통하여 국제 환경협력분야에서의 지방자치단체와 NGO 등의 참여를 지원하고, 새로운 환경현안과 우리의 관심사항을 논의의 의제로 제기하는 등 여러 성과를 거두어 왔다. 2007년 3월 우리나라 울산에서 개최된 제15차 회의에서는 동북아 4개국(한 · 중 · 일 · 몽)이 참석하여 각국의 황사대응 정책을 소개하고, 동북아 황사대응 협력방안에 대하여 논의하였다.

3. 동북아 황사대응 노력

동북아 지역의 황사[52]는 수천 년 전부터 계속되어 온 자연현상이나 최근 10여 년 사

52) 황사(黃砂)는 봄철 중국대륙이 건조해지면서 흙먼지가 강한 상층기류를 타고 3천~5천m 상공으로 올라가 초속 30m정도의 편서풍에 실려 한반도와 일본으로 날아오는 현상을 일컫는다. 중국은 황사를 '모래폭풍(sand storm)' 또는 '흑사(black sand)'라고 부르며, 일본은 '모래먼지(sand dust)', 미국은 '서쪽에서 온 먼지(dust from the west)'라고 부른다. 자세한 내용은 김용학, 국토 · 통일 그리고 동북아, 서울: 도서출판 예원, 2003, pp. 613-

이에 중국의 급격한 공업화로 인하여 그 빈도와 정도가 더욱 심화되고 있다. 우리나라에 영향을 미치는 황사의 발원지는 중국 신장(新疆)의 타클라마칸(Takla Makan)사막과 황하(黃河) 상류지역, 그리고 몽골의 고비(Gobi)사막 등 중국과 몽골의 경계에 걸친 넓은 건조지역으로 이 지역의 연평균 강수량은 300～500㎜정도이다. 이처럼 황사는 광범위한 지역에 걸쳐 실생활에 심각한 피해를 줄 뿐만 아니라 통신장애와 보건상의 문제 등을 일으킨다. 특히 황사는 그 직경이 0.2～20 마이크로미터(㎛) 정도로서 석영(quartz), 카드뮴(Cd), 납(Pb), 알루미늄(Al), 구리(Cu) 등이 포함된 흙먼지이기 때문에 천식과 기관지염 등의 호흡기 질환, 그리고 결막염과 안구 건조증 등의 안(眼)질환을 유발한다.

황사는 월경(越境)성 환경문제이기 때문에 황사의 발원지 국가뿐 아니라 인접 국가도 피해를 지속적으로 받고 있어 국제기구와 피해 국가들이 관심을 갖기 시작하였다. 동북아의 황사문제 해결을 위한 관심이 고조되는 분위기를 반영하여 우리나라는 UNEP와 TEMM 회의에서 국제협력사업 추진의 필요성을 지속적으로 제기하였다. 이를 계기로 2002년 4월 TEMM4 회의에서 한 · 중 · 일 3국이 황사대책에 합의하고, 한 · 중 · 일 · 몽골과 UNCCD, UNESCAP, UNEP, ADB 등 4개 국가와 4개 국제기구가 참여하는 다자간 공동 국제협력사업을 추진하게 되었다.

이 공동사업은 황사발생의 원인이 되는 사막화를 방지하고, 황사피해를 최소화하기 위하여 동북아 지역의 황사대응 마스터플랜(master plan)을 수립하기 위한 사업으로서 ADB와 GEF에서 총 100만 달러의 사업비를 지원받아 2003년부터 2005년 3월까지 추진되었다. 이에 따라 동북아 지역의 황사대응을 위한 마스터플랜을 수립(주관: UNCCD)하고, 황사 모니터링 조기경보 네트워크 구축(주관: UNEP)을 위한 프로그램, 그리고 중국과 몽골의 시범 사업지역 9개소를 선정하여 황사발원지내 황사저감을 위한 투자전략(주관: UNESCAP)을 마련하였다. 이 사업은 동북아 지역의 황사대응을 위한 지역협력체제 구축을 위한 기본 틀의 성격을 가지고 있으며, 환경문제 해결을 위한 모범적인 지역협력사업의 하나로 평가되고 있다.

한편 황사 대응을 위한 동북아 국제협력을 위하여 2007년 1월 필리핀에서 개최된 「제7차 한 · 중 · 일 정상회담」에서 3국은 황사피해 방지를 위한 공동대응의 필요성에 공감하였다. 이어 2007년 12월 일본 토야마(富山)현에서 개최된 TEMM9 회의의 결과를 토대로 2008년 7월 서울에서 한 · 중 · 일 3국의 환경전문가와 정부대표들이 처음으로 만나 공동연구를 위한 사업계획을 수립하고, 이를 시행하는데 필요한 협력방안을 논의

620 참조.

하였다.

동북아 지역의 환경현안 문제는 황사뿐만 아니라 중국 황해 연안지역(華東地域)의 공업단지로부터 배출되는 각종 대기오염물질과 해양오염물질로 인한 산성비와 해양오염, 중국 연변지역의 오폐수 배출로 인한 두만강유역의 오염과 수산자원의 급감, 러시아의 극동개발 및 핵폐기물의 동해안 투기(投棄) 등으로 인한 환경피해가 날로 급증하고 있다. 특히 월경(越境)성 환경문제는 단일 국가의 환경정책만으로는 해결이 어려운 실정이므로 경제적 유인수단 등을 포함한 동북아 환경협력체계의 구축은 매우 중요한 과제이다.

제5절 기후변화의 현황과 대응

1. 기후변화와 국제적 노력

18세기 산업혁명 이후 급격한 산업화와 도시화에 의한 경제성장은 자연자원의 무절제한 사용이라는 부작용을 수반하였다. 이산화탄소(CO_2) 등 온실가스의 지속적인 배출은 지구온난화를 초래하여 엘리뇨(El Nino)와 라니냐(La Nina) 등 이상기후에 의한 홍수, 태풍, 가뭄 등 자연재해를 인류에게 안겨주고 있으며, 각종 환경오염과 생태계의 파괴는 생물종(生物種)의 멸종을 가속화시키고 있다. 뿐만 아니라 무분별한 벌채로 인한 산림의 파괴, 토양의 유실, 사막화의 가속 등 지구환경문제는 국제사회의 새로운 쟁점으로 부각되고 있다. 특히 지속적으로 증가하고 있는 화석연료의 사용은 결과적으로 지구온난화를 초래하여 전 세계적으로 이상기상 현상을 경험하고 있다. 예를 들면, 2006년 동유럽의 폭설과 한파, 호주와 브라질의 가뭄, 필리핀의 폭우, 한국과 일본 및 중국의 홍수 등은 지구환경의 재앙으로 기록되고 있다.[53)]

지난 1988년에 세계기상기구(World Meterological Organization: WMO)와 유엔환경계획(UNEP) 공동으로 설립된 '기후변화에 관한 정부 간 패널(Intergovernmental Panel on Climate Change: IPCC)'의 제4차 평가보고서(2007. 2)에 의하면 지난 100년간 전 지구의

53) 이상기상현상에 대한 보다 자세한 내용은 윤원태, "기후변화 현황과 전망," 그린삼성, 2007년 신년호(통권 제81호), p. 20 참조.

평균온도는 0.74℃ 상승하였으며, 해수면은 1961~2003년 기간 중 매년 평균 1.8㎜씩 상승하였다. 이 추세대로 온실가스가 증가할 경우, 21세기 말의 지구 평균기온은 최대 6.4℃, 해수면은 59㎝상승할 것으로 예측하고 있다. 또한 이 보고서는 지구평균기온이 1.5~2.5℃ 상승할 경우, 전 세계적으로 동·식물의 약 20~30%가 멸종위기의 가능성이 있다고 경고하고 있다. 뿐만 아니라 지구온난화는 홍수 또는 가뭄의 빈발한 초래, 동·식물종의 변화와 식생(植生)환경의 변화로 인한 산림황폐와 사막화의 가속, 그리고 말라리아·황열병(黃熱病) 등으로 인한 전염병 증가를 초래하여 자연생태계에 지대한 영향을 미치게 될 것이라고 지적하고 있다.[54)]

한편 국제과학계가 1850~2002년 기간 중 누적된 각국의 이산화탄소 배출량을 산출한 바에 의하면 선진국이 76%, 개발도상국가가 24%를 차지하고 있어 기후변화의 역사적 책임은 선진국에 있음을 보여주고 있다(표 8-3). 그러나 탈산업화 과정에 돌입한

표 8-3 누적 이산화탄소 배출량(1850-2002)

국 가	% (전 세계 대비)	순위	국 가	% (전 세계 대비)	순위
미 국	29.3	1	호 주	1.1	15
EU	26.5	2	멕시코	1.0	16
러시아	8.1	3	스페인	0.9	20
중 국	7.6	4	브라질	0.8	22
독 일	7.3	5	한 국	0.8	23
영 국	6.3	6	이 란	0.6	24
일 본	4.1	7	인도네시아	0.5	27
프랑스	2.9	8	사우디아라비아	0.5	28
인 도	2.2	9	아르헨티나	0.5	29
우크라이나	2.2	10	터 키	0.4	31
캐나다	2.1	11	파키스탄	0.2	48
폴란드	2.1	12	선진국	76	
이탈리아	1.6	13	개발도상국	24	
남아프리카공화국	1.2	14			

자료: WRI (World Resources Institute).

54) 환경부, 2008 환경백서, pp. 649-650.

선진국과 달리 급속한 산업화 과정을 겪고 있는 중국, 인도, 브라질 등 개발도상국과 우리나라의 온실가스 배출량은 가까운 장래에 선진국을 능가할 것으로 예상되고 있다.

지구온난화에 적극 대응하기 위한 국제적 노력은 1992년 리우회의에서 채택된 '기후변화협약(United Nations Framework Convention on Climate Change: UNFCCC)'을 통하여 가시화되기 시작하였다.[55] 이 협약은 특히 '공동의 차별화된 책임' 원칙에 따라 모든 국가가 지구온난화 방지를 위하여 각국의 능력 및 사회 · 경제적 여건에 따라 적절히 대응하되, 선진국들이 선도할 것을 명시하고 있다. 이에 따라 협약당사국들은 공통적으로 온실가스 감축 국가전략의 수립과 국가보고서 제출 등을 이행하되, 온실가스 감축 의무부담은 '부속서 I(Annex I)'[56] 및 '비부속서 I(Non-Annex I)' 로 구분하여 각기 다른 의무를 부담토록 하고 있다.

특히 1997년 12월 일본 교토(京都)에서 개최된 제3차 기후변화협약 당사국 총회에서 채택된 이른바 '교토의정서(Kyoto Protocol)'라고 알려진 「지구온난화 방지를 위한 기후변화협약」은 선진국의 온실가스(6종류) 배출량을 1990년 대비 평균 5.2% 감축할 것을 명시하고 있다. 또한 자국 내에서의 온실가스 감축조치에 추가하여 부수적인 수단으로서 배출권 거래제(Emission Trading), 청정개발체제(Clean Development Mechanism), 공동이행제도(Joint Implementation) 등 이른바 경제적 수단을 통한 온실가스 감축수단도 인정하고 있다. 그러나 이 협약은 그동안 우여곡절을 겪다가 2007년 12월말 현재 175개국이 비준을 마쳤으나 온실가스 다량 배출국인 미국, 중국, 인도 등이 불참하는 가운데 교토의정서에서 정한 제1차 감축 공약기간(2008~2012)이 만료될 예정이다.[57]

따라서 2012년 이후 기후변화체제(Post-2012)에 대한 논의를 위하여 개최된 제13차 기후변화협약 당사국 총회[58]에서 발리 로드맵(Bali Road-map)이 채택되었다. 발리 로드맵은 2012년 이후의 온실가스 감축을 위하여 범지구적 장기목표 설정(2050년), 산림전용 문제, 국제공항 및 해운의 온실가스 문제, 개발도상국의 청정개발체제 개선 문제, 개발도상국에 대한 재정 및 기술지원 메카니즘 설치 문제 등을 2009년 12월 7일부터 19일까지 덴마크 코펜하겐(Copenhagen)에서 개최되는 제15차 당사국 총회(COP15)에서 최종협상을 타결 짓기로 하였다. 특히 발리 로드맵에 의하면 선진국은 2020년까지 1990년 대

55) 우리나라는 이 협약에 1993년 12월 세계 47번째로 가입하였으며, 2009년 11월 현재 194개국이 가입하였다.

56) 이 부속서에는 선진국 및 동구권 국가 등 EU를 포함한 41개국이 해당된다.

57) 환경부, 전게서, 2008, pp. 650-652.

58) 이 총회는 2007년 12월 3일부터 15일까지 인도네시아 발리에서 개최되었으며, 186개국이 참석하였다.

표 8-4 코펜하겐 협정(Copenhagen Accord)의 주요내용

구 분	등급 기준
장기 비전	· 기온 상승 폭을 산업화 이전에 비해 2℃ 이내로 제한 · 2015년에 상승제한 목표치를 1.5℃로 재조정하는 방안 검토
온실가스 감축	· 2010. 1월까지 선진국은 교토의정서보다 강화된 '중기(2020년)감축 목표' 제시 · 2010. 1월까지 개도국은 국가별 '감축 계획'을 제시 · 온실가스 배출의 피크 시점을 '가능한 한 빨리' 달성
선진국의 자금지원	· 2010~2012년까지 총 300억 달러를 긴급 지원 · 2013~2020년까지는 매년 1,000억 달러를 목표로 함 · 개도국이 자금을 지원받으려면 2년마다 온실가스감축계획을 검증받아야 함
기후변화 적응	· 선진국은 개도국의 기후변화 적응을 위해 적절한 기술 · 자금등을 지원
산림 보호	· 선진국은 산림보호를 위한 개도국의 노력을 지원
향후 계획	· 코펜하겐 합의의 이행 평가를 2015년까지 완료

자료: 유엔기후변화협약(UNFCCC) 사무국.

비 온실가스의 25~40% 감축목표를 확인하였고, 개발도상국에 대해서는 재정 · 기술지원과 함께 지속가능한 발전을 고려한 '측정 · 보고 · 검증 가능한 방식으로' 배출 감축을 이행하도록 합의하였다.[59] 그러나 제15차 당사국 총회에서는 2012년 이후 기후변화체제에 관한 포괄적인 합의에 성공하지 못하고, 당사국들이 유의(take note of)하기로 하는 코펜하겐 협정(Copenhagen Accord)을 채택하였다(표 8-4).

한편 2010년 11월 29일부터 12월 10일까지 멕시코 칸쿤(Cancun)에서 개최된 제16차 당사국총회에서도 코펜하겐 협정의 내용에서 특별히 진전된 성과를 나타내지 못하였다. 최대현안인 2012년 이후 기후변화체제에 대해서도 아무런 합의를 이루지 못한채 제17차 당사국 총회로 미루어졌다. 2011년 12월 남아프리카공화국 더반(Durban)에서 개최된 제17차 당사국 총회에서는 교토의정서 시한을 최소 5년 더 연장하되 2020년 이후부터는 온실가스를 배출하는 모든 국가가 참여하는 새로운 의정서를 출범시키기로 하였다. 또 연간 1천억 달러 규모의 녹색기후기금을 설치하기 위한 보고서도 채택되었다. 그러나 러시아, 일본, 캐나다는 미국, 중국, 인도 등이 온실가스 의무감축국에서 빠진 것을 이유로 2013년 이후 온실가스 감축의무를 지지 않겠다고 선언함으로서 2012년 말 카타르에서 열리는 제18차 당사국 총회에서 시작될 새로운 체제구축 논의가 난항을

59) 김선희, 전게서, 2008, pp. 6-7.

겪을 것으로 보인다.

2. 우리나라의 기후변화 현상과 대응

지구온난화 현상에 의한 기후변화는 우리나라도 예외는 아니다. 지난 100년 동안 연평균 기온이 약 1.5℃ 상승하였으며, 한반도 주변 해수면 온도 역시 1968년 이후 1℃ 가량 높아졌다. 이로 인한 기상재해를 살펴보면 2006년 2월 서해안 지역의 대설, 같은 해 여름 장마기간 중 총강수량 758.0㎜로 평년의 346.2㎜보다 2배 이상 많은 강수량을

표 8-5 우리나라 기후변화 전망

구분		기후변화 현상	향후 전망
기상		• 1912년~1920년 대비 1991~2000년 약 1.5℃상승 • 1920년 대비 1990년대의 겨울은 한달 정도 단축됨 • 열대야 증가 • 집중호우 발생빈도 증가	• 2020년 1.2℃, 2050년 2.5℃, 2080년 4.4℃상승 • 2090년 서울의 겨울 일수가 1920년 대비 63일 줄고, 여름은 45일 증가 예상 • 가뭄과 홍수 가속화
생태계	해수면	• 동해 해수면 최근 30년간 연평균 3.2㎜상승 • 부산 1973년 이후 7.85㎝상승 • 동해 해수온도 110년간 1.9℃상승	• 2100년 한반도 해수면 40~59㎝상승 • 40㎝상승 시 서울시 면적의 4배 침수
	농작물	• 벼, 사과, 한라봉, 감귤, 포도, 녹차 등 농작물 재배한계선 북상 • 열대작물 증가	• 2080년 기온이 5℃상승 시 벼수확량 1990년 대비 14.9%감소 전망
	동식물	• 한류성어종 난류성으로 교체 • 해파리 등 아열대 생물 출현 • 남방계, 아열대 곤충 출현	• 어획량 지속 감소 • 아열대 어종, 동식물 증가 • 말라리아 병충해 증가
생활	주거 · 건축	• 기후친화형 주거문화 확산 • 첨단방재 구조물 확대	• 부동산투자기준의 변화
	음식	• 신토불이 농작물 쇠퇴	• 특산품지도, 식탁의 변화
	건강	• 말라리아 및 신종 질병 증가 • 연중 식중독 환자 증가	• 헬스 비즈니스 호황 • 건강관리 프로그램 보급
	패션 · 스포츠	• 겨울패션 퇴조 및 스포츠 불황	• 전천후 스포츠 확산

자료: 김선희, "Post-2012체제에 대비한 신국토관리전략과 과제," 국토, 국토연구원, 2008. 4, p. 15에서 재인용.

보여 역대 장마기간 중 가장 많은 비가 내렸고, 10월 속초지역에서는 63.7㎧의 역대 최대 순간풍속으로 인한 기록적인 이상기상(異常氣象) 현상이 나타나 많은 인명과 재산피해가 발생하였다.[60] 앞으로도 지구온난화로 인한 기후의 변동 폭은 점차 커질 것으로 우려되고 있다. 특히 강도 높은 이상기후 현상에 의한 기상재해는 더욱 늘어나고, 농산물과 어획량의 감소, 아열대 병충해의 증가 등 한반도를 포함한 전 지구환경에 커다란 변화를 초래하게 될 것이다(표 8-5).

지난 2005년 우리나라의 인구 1인당 이산화탄소 배출량은 9.3톤으로 일본 및 독일과는 비슷한 수준이나 미국은 우리나라의 약 두 배를 배출하고 있으며, 중국은 1인당 배출규모는 적으나 1990년 대비 전체 배출량은 128.9%를 나타내고 있다(표 8-6). 비록 우리나라는 메탄(methane)가스의 발생량이 1990년 이후 연평균 4.2%씩 감소하고는 있으나 현재의 산업구조 추세가 그대로 이어지고, 획기적인 온실가스 감축노력이 시행되지 않을 경우, 온실가스 배출량 증가는 계속 유지될 것으로 전망된다. 만일 2020년 이산화탄소 배출량 전망치의 10%를 감축할 경우, 우리나라 국내총생산(GDP)의 0.29%인 3조4천억 원의 GDP 감소가 예상된다. 반면에 2010년도 기준으로 이산화탄소를 10% 감축시킬 경우에는 대기오염물질의 감소, 질병 및 사망률 감소, 농작물 피해 감소 등으로 인하여 약 52억불의 환경편익이 발생할 것으로 추정되고 있다.[61]

지금까지 우리나라는 개발도상국의 지속가능한 발전을 보장할 수 있는 각국의 사회 · 경제적 여건을 고려한 신축적이고 새로운 온실가스 감축방식에 대한 논의가 필요하다는 입장을 견지하고 있다. 그러나 OECD 회원국이면서 에너지 과소비국으로 분류되어 있는 우리로서는 온실가스 감축노력에 동참하라는 국제적 압력을 피할 수 없을 것이다. 현재 정부가 추진하고 있는 '저탄소 녹색성장' 즉, 기후변화와 에너지의 위기를 기회로 삼아 경제성장도 달성하고, 동시에 국토환경도 보전하겠다는 전략은 우리의 국가경쟁력 강화 차원뿐만 아니라 지구환경보전을 위한 국제협력 차원에서도 차질없이 시행되어야 할 최우선적 정책과제이다.

이를 위하여 우리나라는 2008년 6월에 「기후변화대응 종합계획」을 수립하고 '저탄소 사회'로의 전환을 추진하고 있다. 특히 기후변화 정책의 집행과 실천은 지방단위에서 구체화된다는 점을 감안하여 지방자치단체 단위의 온실가스 배출량 조사 및 감축목표 수립을 유도하고, 기후변화 시범도시를 선정하여 지역별 테마사업을 추진해 나갈 계획

60) 윤원태, 전게서, 2007, p. 19.

61) 환경부, 전게서, 2008, pp. 653–654.

표 8-6 주요 국가의 이산화탄소 배출량(2005)

구분	단위	한국	미국	독일	일본	중국	OECD
이산화탄소 배출량	백만톤	448.9	5,817.0	813.5	1,214.2	5,059.9	12,909.7
1990년 대비 변화율	%	97.6	19.9	−15.9	14.8	128.9	16.4
CO_2/GDP	kg/달러	0.70	0.53	0.41	0.26	2.68	0.45
CO_2/인	톤/인	9.3	19.61	9.86	9.5	3.88	11.02

주: GDP는 2000년 기준.
자료: 김선희, 전게서, 2008. 4. p. 9에서 재인용.

이다. 이와 함께 정부는 향후의 국제협상에 대비하여 적정온실가스 감축 의무부담 참여방식과 협상대응 논리를 개발하고, 영국, 캐나다, 프랑스 등과의 협력강화, 기후변화 및 청정개발에 관한 아·태지역 파트너십 참여, 메탄가스 저감을 위한 파트너십 가입, 수소(水素)경제 파트너십 가입 등 국제협력을 강화하고 있다.[62] 한편 정부가 앞으로 2020년까지 온실가스를 2005년 대비 배출전망치(Business As Usual: BAU)에 비하여 30%, 절대량으로 4%를 감축시키겠다는 정책은 바로 국제사회가 우리에게 요구하고 있는 온실가스 감축 의무이행 차원에서 제시된 것이다. 왜냐하면 우리나라는 선제적 감축목표의 제시로 일단 온실가스 감축의무를 지는 선진국 그룹에 가입해야한다는 부담에서는 벗어나고 있으나 향후 지속적으로 국제사회의 압력이 가중될 것으로 전망되기 때문이다.

62) 상게서, pp. 654-655.

참고문헌

김귀곤, "국토계획과 환경관리의 통합을 위한 지속가능한 개발전략," pp. 189-232, 우리나라 국토관리정책의 나아갈 길, 새국토연구협의회 결성기념 공개토론회, 서울프레스센터 국제회의장, 2000. 9. 20.

김귀곤 외, 지속가능발전의 전략과 실행, 서울: 아카데미서적, 2003.

김선희, "Post-2012체제에 대비한 신국토관리전략과 과제," 국토, 국토연구원, 2008. 4.

김용웅 외, 지역발전론, 서울: 한울아카데미, 2003.

김용학, 국토 · 통일 그리고 동북아, 서울: 도서출판 예원, 2003.

대통령자문 지속가능발전위원회(역), 지속가능한 미국: 21세기 미국의 환경 · 경제 · 사회, 2001. 5.

대통령자문 지속가능발전위원회, WSSD 참가결과 및 향후 대응 보고, (mimeo), 2002. 9. 17.

대통령직속 녹색성장위원회, 녹색성장 국가전략 및 5개년 계획(요약본), 2009. 7.

대한민국 정부, 유엔환경개발회의「의제 21」국가실천계획, 1996.

박헌주, "지속가능한 국토이용을 위한 정책방향," pp. 1-40, 우리 국토, 젊고 건강하게, 새국토연구협의회 창립 1주년 종합대토론회, 세종문화회관 컨퍼런스홀, 2001. 11. 27.

성정희 · 최정원, "지속가능발전(Sustainable Development)을 위한 일본의 이행전략과 실태," 동서연구, 제18권, 제1호(2006), pp. 103-125.

윤원태, "기후변화 현황과 전망," 그린삼성, 신년호(통권 제81호), 2007.

재정경제부 외, 유엔 지속가능개발위원회 제8차 회의 국가보고서, 1999. 11.

정부 · 민간 합동작업단, 함께하는 희망한국: VISION 2030, 2006. 8.

정연근, "국가 지속가능발전지표 개발의 국제적 동향과 시사점," pp. 37-99, 국가 지속가능발전지표 구축을 위한 공개토론회, 대통령자문 지속가능발전위원회, 한국 환경정책 · 평가연구원 대강당, 2006. 9. 25.

환경부(역), Programme for the Further Implementation of Agenda 21, 1997. 8.

환경부, 2008 환경백서.

환경부, 2009 환경백서.

환경부, 환경30년사 편찬사업, 2008. 12.

환경부, 2010 환경통계연감.

Meadows, Donella H. et al. *The Limits to Growth* (2nd ed.), New York: Universe Book, 1977.

TIME: Special Report, 2002. 9. 2.

U.S. Interagency Working Group on Sustainable Development Indicators, *Sustainable Development in the United States: An Experimental Set of Indicators*, Washington, DC, 1998.

WCED, *Our Common Future*, Oxford: Oxford University Press, 1987.

제 9 장

국토와 미래

제 1 절 국토의 미래전망

1. 미래국토에 영향을 미치는 요소

국토를 둘러싼 국내외 경제 · 사회적 여건의 급변은 미래 국토에 여러 가지 영향을 미치게 된다. 수많은 요소가 인간생활을 변화시키고, 이러한 변화는 또한 미래 국토에 다양한 크기를 갖고 작용하며, 이는 다시 국내외 경제 · 사회적 여건을 변화시키고, 이 또한 미래의 삶의 양식과 국토에 영향을 미친다. 이렇듯 미래 국토의 모습과 인간생활 양식, 그리고 국내외 환경은 선후가 불분명한 채로 상호 인과관계를 맺으면서 부단히 서로 변화하고 진화하게 된다. 이처럼 경제 · 사회구조변화의 여러 요소가 국토에 큰 영향을 미치게 될 것이다. 이러한 요소는 세계경제의 구조적 변화, 전 지구적 변화로서의 지구 온난화, 인구 구조와 삶의 양식 변화, 첨단과학기술의 변화 등을 포함하고 있다.

첫째, 세계경제의 구조적 변화가 국토에 영향을 미치게 된다. 거대 지역경제권 중심의 신개방경쟁체제 가속화로 경제가 글로벌화 되고 있다. 전방위적 자유무역협정(Free Trade Agreement: FTA)의 확산과 경제 블록화 등 세계 경제환경의 변화로 글로벌 교역 및 투자가 이루어지는 대외개방적 열린 국토구조의 필요성이 증대하고 있다. 우리나라가 포함된 동북아경제권은 유럽연합(EU), 북미자유협정(North America Free Trade Agreement: NAFTA)과 더불어 세계 3대 경제권의 하나로 성장하면서[1] 중추적인 지위를 확보하기 위한 국가 간 경쟁이 심화되고 있다. 이러한 추세에 따라 중국과 일본은 모두 거대 도시권 중심의 광역적 지역경제권으로 국토공간구조를 개편하고 있다. 우리나라도 녹색성장과 광역경제권 전략 등의 추진을 통하여 중국 및 일본과 경쟁하면서 동북아 경제권에서 우위적 지위를 확보함으로써 비즈니스(business)의 요충지로 자리 잡아야 할 것이다. 특히 우리나라의 주요 도시권은 글로벌 경쟁력을 가진 메가시티(mega-city)지역으로 발전되어 국가경쟁력을 제고하는 견인차 역할이 기대되고 있다.[2]

둘째, 지구 온난화가 국토에 영향을 미치고 있다. 전 세계적으로 화석연료의 사용과 온실가스의 배출 증가에 따른 지구 온난화는 인류 모두의 관심과 우려를 고조시키고 있다. 교토(京都)의정서(1997), 발리로드맵(Bali Road-map)(2007), 코펜하겐(Copenhagen)의

1) 강홍렬 외, 메가트렌드 코리아, 2006, p. 330.
2) 동아일보사, 미래의 경쟁력 메가시티, 2009, pp. 34-37.

Post-2012(2009) 등 글로벌 차원의 대응논의가 확산됨에 따라 온실가스의 감축을 위한 범국가적 대책이 시급하게 요구되고 있으며, 이미 EU, 미국, 일본 등 해외 주요 국가들은 탄소 의존형 경제패러다임에서 탈피하여 녹색분야의 선점을 위한 치열한 경쟁을 전개하고 있다. 더구나 석탄과 석유 등 주요 화석연료의 매장량이 한계에 도달함으로써 주요 에너지자원국의 공급이 제한되고 있으며, 자원에 대한 국유화 시도가 가속화될 전망이다. 이에 따라 해외 주요 선진국들은 에너지 위기에 우선적으로 대응하기 위하여 친환경에너지 개발과 사용의 확대를 위한 정책적 지원을 강화하고 있다. 우리나라는 에너지, 식량, 기초소재 자원 등의 대외의존도가 앞으로도 심화될 것이기 때문에 국제환경 협약에 탄력적으로 대응하면서 기후변화와 자원위기를 새로운 경제성장의 핵심으로 인식하는 저탄소 녹색성장형 국토관리와 개발이 매우 중요시 될 것이다.

셋째, 인구구조 변화가 국토에 영향을 미친다. 우리나라 총 인구는 2018년의 4,934만 명을 기점으로 감소하여 2020년경에는 연령대별 인구구조가 역사다리꼴로 전환될 것이다.[3] 2008년 현재 4,861만 명인 우리나라 인구는 2018년 이후 점차 감소하여 2030년에는 4,863만 명, 그리고 2050년에는 4,234만 명이 될 것으로 예측되고 있다.[4] 한편 우리나라의 고령화 속도[5]는 18년으로 OECD국가 중 1위이며,[6] 이 속도는 유례없이 빠르게 진행되고 있어 2020년의 고령화율은 15.6%에 이를 것으로 전망된다.[7] 또한 도시근로자의 외국인 유입과 농촌지역의 다문화 가정이 급격히 늘어나면서 다민족 사회의 도래에 따른 문화의 다양성 수용에 대한 요구도 증대할 것이다. 향후 인구감소, 고령화 및 다문화 시대를 맞이함에 따라 도시와 농어촌의 생활양식이 크게 바뀌고, 이에 따라 관련 국토정책의 변화도 수반될 것이다.

넷째, 첨단과학기술의 변화가 국토에 영향을 미치게 된다. 미래의 에너지 절약형 교통체계와 정보통신기술이 연계 발전하는 이른바 '유비쿼터스-그린(Ubiquitous-Green)' 통합형 시대가 본격적으로 전개될 것이다. 고속철도와 스마트 하이웨이(smart highway) 등 저탄소 고속교통망의 구축으로 전국이 2시간대의 녹색생활권시대에 진입하고, 과학기술의 발전에 따른 새로운 교통수단과 상품의 출현으로 통근권과 경제 · 여가활동의 공간적 범위가 대폭 확대되는 등 국민의 생활패턴이 크게 변화될 것이다. 이러한 생활

3) 통계청, 장래인구추계 결과, 2006.
4) 통계청, 향후 10년간 사회변화 요인분석 및 시사점, 2009.
5) 고령화 속도: 65세 이상 인구가 전체인구의 14%에 도달하는데 걸리는 시간임.
6) 선진국의 고령화 속도는 프랑스 115년, 스웨덴 85년, 일본 24년임.
7) 통계청, 장래인구추계 결과, 2006.

패턴의 변화는 국토환경에 대한 국민의식의 전환과 소득증대 등의 소비행태 변화와 결합하여 국토공간이용 패턴을 근본적으로 바꿀 것이다.

2. 국토의 전면적 개방화

오늘날 전 세계는 각국이 그물망과 같이 서로 복잡하게 얽힌 국제관계를 맺고 있으며, 이러한 그물망에서 한 결점(node)의 변화는 다른 결점에 일정 수준의 영향을 미치게 된다. 그물망의 모든 결점이 저마다 변동성을 가지고 있기 때문에 그물망에 포함되어 있는 모든 국가는 지속적으로 상호간에 영향을 주고받게 된다.

최근 세계 각국의 관심을 끌고 있는 자유무역협정(FTA)은 21세기 무한경쟁시대와 글로벌 경제시대의 도래를 대변해 주고 있다. FTA는 특정 국가 간에 관세장벽 완화 등 자유로운 교역을 위한 무역특혜를 서로 부여하는 협정이다. 세계 각국은 FTA의 확대를 추진하고 있으며, 이에 따라 지구촌에는 새로운 글로벌 개방의 물결이 확산될 것으로 전망된다. 우리나라도 미국과 유럽연합을 포함한 세계 주요 국가와 FTA체결을 확대함으로써 새로운 세계적 개방화의 물결을 선도하고 또한 확산시키게 될 것이다. 이러한 글로벌 개방화를 향한 여건변화는 국토구조에도 다양한 영향을 미치게 될 것이다.

우리나라는 세계주요 국가들과 광범위하게 전개될 FTA 시대에 대응하여 국경을 초월한 글로벌 국토정책을 추진함으로써 국제무역 · 금융거점, 국제비즈니스 · 물류거점, 국제관광 · 휴양거점, 남북한의 다양하고 실질적인 교류협력거점의 구축 등 국토공간의 세계적 개방화를 선도해나가게 될 것이다. 특히 연안지역과 내륙지역의 주요 거점지역이 자유로운 국제무역활동의 적지(適地)로 부상하여 외국기업이 활동하기 좋은 국제경제자유지역으로 자리 잡게 될 것이다. 현재 전국의 주요 거점에 지정된 경제자유구역이 다른 지역으로까지 점차 확대되고, 새만금 등 국토의 글로벌 거점지역이 다국적 기업활동의 요충지로 부각될 것이다. 또한 전국의 산업단지 등에 외국기업유치를 위한 노력이 강화되고, 중국과 베트남 등 주요 외국에 한국의 경제기지를 활발히 조성하여 새로운 자유경제시대를 개척함으로써 외국과의 교류네트워크의 중심지 역할을 수행할 것으로 예상된다. 그러나 우리나라와 주요 경쟁국가 간에 외국기업유치 경쟁은 치열하게 전개될 것이다.

나아가 한국종단철도(TKR)의 구축과 시베리아 횡단철도(TSR) 및 중국 횡단철도(TCR)의 연결, 새만금 개발 등은 우리의 국토공간이 신(新)유라시아(Eurasia) 시대의 대륙

(유라시아)과 해양(태평양)을 이어주는 동북아시아의 중추적 요충지로 부상하는데 기여할 것이다. 이러한 국토공간의 기능 변화 및 물리적 개방화는 일본, 중국, 러시아 및 태평양 등과 연접한 지정학적 요충지이자 국토 3면이 바다로 둘러싸인 한반도가 동북아의 전략적 중추국가로 부상하는 기회를 열어 주게 될 것이다. 이에 따라 국토의 신(新)글로벌 개방거점을 준비하고 선도하기 위한 다양한 전략과 정책이 추진될 것으로 예상된다,

3. 국토의 다층적 광역화

글로벌 경제시대의 도래와 국토 개방화의 진전으로 광역 차원의 지역경쟁력 강화가 더욱 중요해지고 있다. 오늘날 국가 및 지역경쟁력의 제고를 위하여 광역적 발전정책을 추진하고 있는 것이 세계적 추세이다.[8] 우리나라도 예외는 아니다. 광역경제권 발전전략은 전 국토의 모든 지역이 성장잠재력을 극대화할 수 있도록 행정구역을 초월하여 규모의 경제를 활용하고, 지역 간에 상생적 · 협력적 발전을 도모하여 세계적 안목으로 글로벌 경쟁력을 육성하기 위한 전략이다. 광역경제권 전략은 3차원의 다층적 광역화 전략을 요구하고 있다. 이는 기초생활권–광역경제권–초광역개발권으로 구성되는 새로운 국토전략으로서 현재 정부가 추진하고 있는 광역발전정책은 이러한 다층적 국토전략을 대변하고 있다.

(1) 기초생활권형 지역발전[9]

기초생활권은 전국 어느 시 · 군에서 살든지 주민의 기본적 삶의 질을 보장하고, 광역경제권 중심의 지역발전 과정에서 소외될 우려가 있는 시 · 군의 개발과 체계적 지원을 위하여 광역시의 군과 도의 시 · 군을 단위로 163개 지역이 설정되었다.

기초생활권이 추구하는 미래상은 모든 주민이 안정된 일자리를 확보하여 소득을 창출하고, 일상생활에 필요한 기본적인 수요를 충족시켜 지속가능한 지역사회를 조성하는 것이다. 이러한 미래상을 달성하기 위해서는 지역 특성을 살린 발전계획의 수립, 부존자원을 활용한 특화산업 육성과 소득 창출, 인접 시 · 군과 공동 · 연계사업의 활성화 등이 추진되어야 할 것이다. 나아가 하드웨어(hardware)적 개발사업보다는 교육, 의료,

8) 한국은행, 주요국의 광역경제권 구축 사례와 시사점, 2008 참조.

9) 지역발전위원회, 2008 이명박 정부 지역발전정책 연차보고서, 2008; 2009년 제2차 지역발전위원회 회의자료, 2009. 9. 16 참조.

복지, 문화 등 삶의 질 향상에 직접적인 영향을 주는 소프트웨어(software)적 지역개발사업이 중요시 되어야 할 것이다.

동시에 농산어촌의 거점과 주요 거점도시 간의 연계기능을 강화하고, 대도시와 중소도시, 그리고 소도읍 및 배후 농산어촌을 고도로 연계하는 도농 연합의 시너지 창출형 개발도 필요하다. 결국 도시와 농산어촌이 삶의 질에서 동등한 기회를 갖고 도시와 농산어촌이 제각기 특성화되어 매력을 발산함으로써 도시와 농산어촌이 상생 발전하는 미래상을 창출하는 것이 기초생활권의 정책과제이다.

(2) 광역경제권형 지역발전[10)]

광역경제권은 지역 간의 연계와 협력을 통한 지역 경쟁력의 제고를 효율적으로 추진하기 위하여 인구규모, 경제 · 산업영향권, 역사 · 문화적인 동질성, 지방행정 및 지역정서 등을 바탕으로 설정되었다. 현재 광역경제권은 16개 시 · 도를 인구 500만 내외의

그림 9-1 5+2 광역경제권 및 주요전략

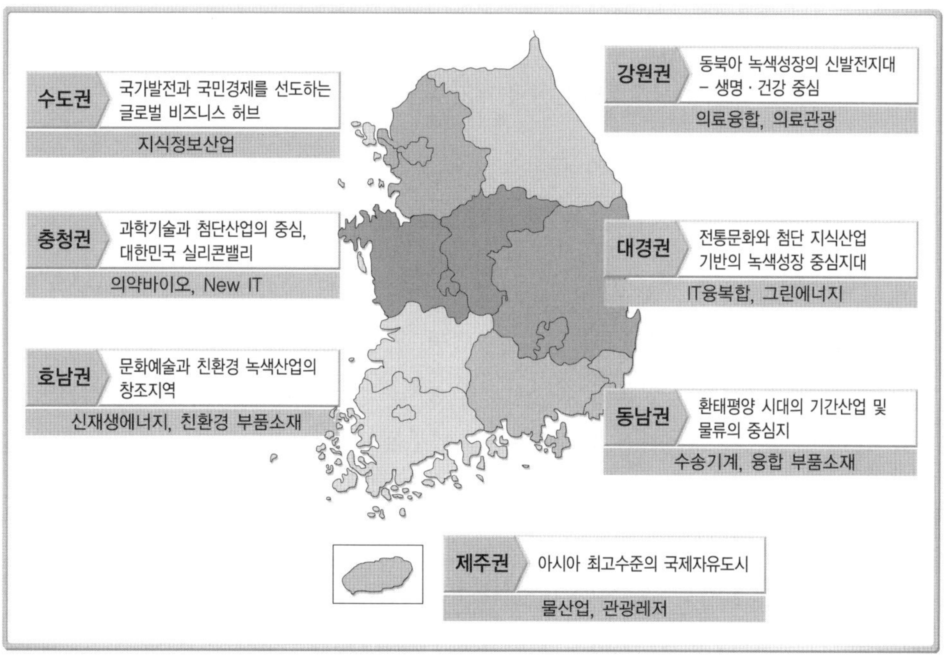

자료: 국가균형발전위원회, 제3차 국가균형발전위원회 회의자료, 2008.

10) 지역발전위원회, 2008 이명박 정부 지역발전정책 연차보고서, 2008; 지식경제부, 지역발전 5개년 계획(안)('09~'13), 2009. 9. 16 보도자료 참조.

5대 광역경제권과 인구 100만 전후의 비교적 독립적 경제권인 2개 특별광역경제권의 7개 권역으로 구분되어 있다(그림 9-1). 광역경제권에서는 권역 내 광역지자체 간의 협력과 공조를 토대로 공동사업을 발굴하고 추진함으로써 광역적 연계발전을 도모해나가는 것이 중요하다. 이를 통하여 추구하는 광역경제권의 미래상은 행정구역을 초월한 권역 내에서 규모의 경제를 확보하고, 글로벌 안목의 경쟁력을 높이며, 나아가 지역별 특성화를 통한 지역 간 고도의 기능분담과 네트워크를 구축하여 광역경제권의 경쟁우위를 구축함으로써 주민의 삶의 질을 효과적으로 높여나가는 것이다.

광역경제권이 제대로 정착되어 국토전체와 광역경제권별로 글로벌 경쟁력을 제고하기 위해서는 많은 정책적 노력이 요구된다. 예를 들면, 광역경제권별 선도프로젝트의 추진이 여기에 해당된다. 선도프로젝트는 광역경제권의 발전기반을 우선적으로 구축함으로써 광역경제권의 자립적 발전을 선도하는 프로젝트이다.

이외에도 주력 선도산업 육성, 인재 양성, 성장거점 육성 및 광역기반시설 확충 등이 선도 사업으로서 광역경제권별 특성에 맞춰 종합적으로 추진될 것으로 보인다. 광역경제권별로 선도사업을 추진함에 있어서는 지역 간, 지자체간 협력시스템이 무엇보다 중요하다. 기존 행정구역을 초월한 상생 · 협력에 기반한 지역발전전략을 수립하여 광역화 · 특성화된 내실 있는 지역발전의 전개가 요구된다.

(3) 초광역형 국토발전[11)]

광역경제권의 경계를 넘어 발전하는 경제권이 초광역개발권이다. 이는 글로벌 차원에서 세계를 향한 지역 간에, 특히 광역경제권간에 걸치는 대외개방형의 거대한 글로벌 발전축이다. 동해안 초광역권, 서해안 초광역권, 남해안 선벨트(Sunbelt)로 불리고 있는 남해안 초광역권, 그리고 남북한 접경지역을 동서로 연결하는 접경지역 초광역권이 전개될 것이며, 나아가 내륙지역의 초광역권도 대두될 것으로 전망된다(그림 9-2). 광역개발권은 권역의 특성에 따라 신산업, 문화관광, 인프라 등이 융합된 국토의 신성장축으로서의 역할이 기대된다.

초광역개발권 중에서 동 · 서 · 남해안벨트가 특히 주목을 끌고 있다. 왜냐하면 이들은 국토 3면이 바다인 국토의 장점을 지정학적으로, 그리고 지경학적으로 가장 효과적으로 활용될 수 있기 때문이다. 또한 이들은 글로벌 경쟁에서 핵심요소로 부상하게 될

11) 박양호, "동서남해안 초광역개발권을 통한 경쟁력 확보," 도시문제, 2009. 7; 지역발전위원회, 2009년 제3차 지역발전위원회 회의자료, 2009. 12. 2 참조.

그림 9-2 초광역개발권 구상

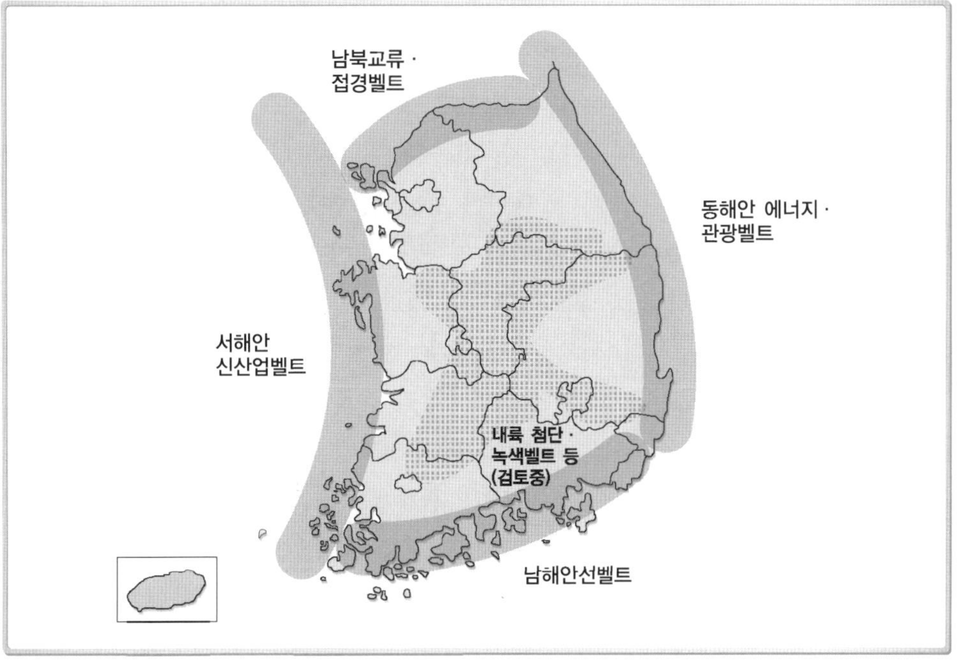

자료: 〈그림 9-1〉과 동일.

메갈로폴리스(megalopolis)[12]로 발전할 수 있는 권역이고, 동시에 아시아의 전략적 거점을 조성할 수 있는 지역이기 때문이다.

남해안 초광역권은 부산에서 남해, 여수, 광양을 거쳐 목포에 이르는 권역이다. 태평양과 유라시아로 향하는 기종점(起終點)지대로서 한반도의 선벨트이자 전략적 관문지대가 될 수 있다. 동시에 환동해벨트 및 환황해벨트와 교접되는 전략지대로서의 발전이 전망된다.

동해안 초광역권은 부산으로부터 울산, 포항, 동해, 속초로 이어진다. 한반도 전체로는 원산, 청진, 나진, 선봉지역으로 이어지는 거대한 발전축이다. 일본과 근거리에 있으면서 러시아의 시베리아와 중국의 동북 3성(省)지역과도 쉽게 연계될 수 있는 지경학적 장점을 보유한 전략지대이다.

서해안 초광역권은 목포로부터 새만금, 군산, 당진, 인천을 포함한다. 한반도 전체

12) 메갈로폴리스는 띠 모양으로 연결되어 있는 대도시 집중지역을 의미한다. 이 용어는 1961년 프랑스의 지리학자 고트망(Gottmann)에 의하여 처음 사용되었다. 고트망은 미국 보스턴, 뉴욕, 필라델피아, 볼티모어, 워싱턴 등 연담도시형의 거대도시 연속지대를 메갈로폴리스로 명명하였다(권용우 외, 도시의 이해, 박영사, 2002, p. 239).

로는 개성, 해주, 남포, 신의주 등이 포함되는 거대 발전축이다. 서해안은 중국을 마주보고 있으며, 동남아 지역으로 이어지는 전략적 중심지대로서의 역할이 기대된다.

동 · 서 · 남해안 초광역권 발전을 위해서는 신성장 녹색산업인 IT(정보통신산업), BT(바이오산업), ET(환경 및 에너지기술산업), CT(문화산업) 등과 관련된 전략적 산업입지의 배치가 중요하며, 초광역권을 연결하는 육 · 해 · 공 인프라를 녹색기술과 접목하여 전략적으로 구축하는 것이 필요하다. 나아가 초광역권별로 FTA시대에 부응한 글로벌 경제자유거점이 전략적으로 개발되어야 할 것이다. 또한 다양한 생태자원을 보유하고 있는 접경지역은 비무장지대(Demilitarized Zone: DMZ)를 중심으로 신국제평화의 거점이자 남북교류 협력축으로서의 글로벌 발전이 가능한 지역이다.

초광역개발권이 제대로 조성되면 동북아 · 유라시아 연계교통망의 확충 및 주요 도시 간 교류협력이 강화될 것이다. 'ㅁ'자형 고속화 철도망 등 국토의 초광역적 인프라도 구축될 것이며, 세계 일류수준의 산업벨트 및 관광벨트도 조성될 것이다. 나아가 초광역권별로 국토공유자원(강, 산, 바다 등)과 역사 · 문화유산을 살리는 친환경적이며 문화적인 지역발전이 이루어질 수 있다. 특히 한반도의 통일에 대비한 남북한 간의 실질적이고 전략적 교류를 통한 새로운 한반도 발전기반이 조성될 수 있을 것이다.

초광역권별 개발전략을 살펴보면 남해안 초광역권은 선(Sun)벨트로서 동북아 해양관광 및 물류 · 산업 등 경제허브로, 동해안 초광역권은 블루(Blue)벨트로서 에너지와 해양관광 등 녹색성장의 전진기지로, 서해안 초광역권은 골드(Gold)벨트로서 동북아의 국제비즈니스 거점과 신산업벨트로서의 성장이 기대된다. 그리고 남북교류접경 초광역권은 세계 유일의 평화 · 생태벨트로 발전될 것으로 전망된다. 나아가 내륙지역의 지방자치단체들이 공유하는 초광역적 산업기반, 자연자원, 역사 · 문화 등을 토대로 첨단산업벨트형, 하천유역형, 산악자연형(백두대간 등), 역사문화권형, 낙후지역 성장촉진형 등의 내륙벨트가 구현될 것으로 전망된다.[13]

4. 도시권 시대의 도래

(1) 신(新)중세시대와 도시권

자유무역협정 등 국경을 초월한 경제통합과 경제의 글로벌화로 인하여 개별 국가의

13) 지역발전위원회, 2009년 제3차 지역발전위원회 회의자료, 2009. 12. 2.

그림 9-3 신중세시대의 국토전략

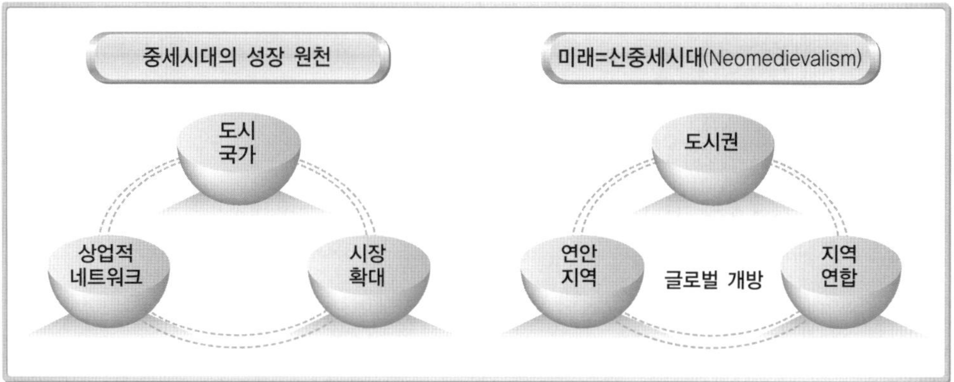

자료: 박양호, "아시아의 해양발전축과 미래," 2009 경기 국제보트쇼 컨퍼런스, 기조연설자료, 2009. 6.

경제체제가 약화되는 대신에 경제 블록(bloc)의 중요성이 더욱 증가하고 있다. 산업화 시대에는 개별 도시 및 거점이 경제발전의 중심이었으나 초고속 교통망의 발달과 생활 및 경제활동의 광역화에 따라 주요 도시와 인근지역을 연계한 경쟁거점으로서 도시권이 핵심지역으로 등장하고 있다. 미국의 전문잡지인 포린 폴리시(Foreign Policy) 2009년 5 · 6월호에서는 경제위기 이후의 세계를 이끌어갈 차세대 원동력(The Next Big Thing)으로서 도시권(city-regions)의 역할을 강조하고 있다. 마치 중세시대에 도시국가가 생산과 상업 및 교역의 중심이었듯이 앞으로는 사람, 자본, 정보 등이 고도로 집중된 도시권이 커다란 영향력을 발휘하는 '신(新)중세(新中世) 시대(Neomedievalism)'가 전개될 것이라고 전망하고 있다(그림 9-3). 현재에도 전 세계적으로 40 여개의 도시권이 전 세계 경제규모의 67%, 신기술의 90%를 차지하고 있다.[14] 따라서 세계경제는 핵심 도시권에 의하여 좌우될 것이며, 도시권의 성쇠가 국가의 성쇠를 결정하게 될 것이다.

(2) 주요 국가의 도시권 발전동향

도시 및 지역의 경쟁력이 국가의 경쟁력을 좌우하는 시대를 맞아 미국, 영국, 프랑스, 독일, 일본 등 주요 선진국들은 글로벌 경쟁력을 제고하기 위하여 행정구역 또는 경제권을 일정규모 이상의 인구규모 및 산업기반을 구비한 광역권 단위로의 개편을 추진하고 있다.[15]

---

14) Parag Khanna, "The Next Big Thing: Neomedievalism," *Foreign Policy*, 2009. 5/6.
15) 김동주 · 민범식, "국토선진화의 새로운 성장엔진, 도시권발전전략," 국토선진화를 위한 도시권 발전전략

미국의 오바마(Obama) 행정부는 대도시권 정책(MetroNation Policy)을 국가발전정책의 일환으로 추진하고 있다. 미국 363개 도시권 중에서 100대 도시권은 국토면적의 12%에 불과하나, 총인구는 64%, GDP는 75%, R&D 인력은 83%를 차지하고 있다.[16] 미국은 대도시권정책을 적극적으로 추진하기 위하여 백악관에 도시담당부서(Urban Affairs Office)를 설치하고, 주택 및 도시개발부(Department of Housing & Urban Development)의 교통과 주거지개발, 상무부(Department of Commerce)의 산업발전정책 등을 도시권 또는 광역단위로 시행하고 있다. 이를 통하여 미국은 2050년의 메가지역(Mega Region) 부상에 대비하고 있다. "미국2050국가위원회(The National Committee for America 2050)"는 인구증가, 기후변화, 대외무역의 증가 등 미래트렌드에 따라 미국 내 11개 메가지역의 출현을 전망하고, 메가지역 내의 경제, 환경, 인프라, 토지이용, 문화 등을 공유하며, 이를 지원하기 위한 과제와 전략을 도출하는 등 정부의 역할을 강조하고 있다(그림 9-4).

그림 9-4 미국의 11개 Mega Regions

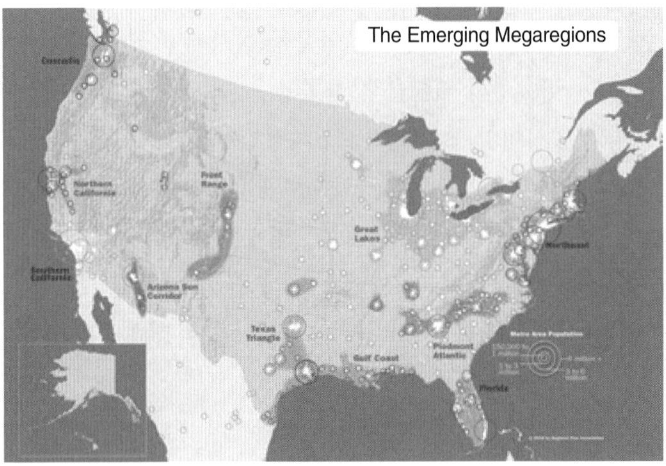

자료: www.america2050.org

세미나 발표자료, 국토연구원, 2009. 8; 김동주 · 최인혜, "해외 도시권 발전전략과 시사점," 국토정책 Brief, 국토연구원, 2009. 9. 14 참조.

16) The Brookings Institution, *MetroPolicy: Shaping a New Federal Partnership for a Metropolitan Nation*, 2008. 3.

영국도 국가경제발전의 '동력(motor)'으로서 도시권(city-region)의 역할을 강조하고 있다. 영국은 글로벌화, 지식기반경제화, 장거리 통근 · 통행의 증가 등으로 인한 도시 경제활동 범위의 지속적인 확대를 반영할 수 있는 동시에, 런던권 집중억제 수단의 일환으로서 지방 도시권 육성에 역점을 두고 있다. 이에 따라 영국은 맨체스터(Manchester), 리즈(Leeds), 리버풀(Liverpool) 등 주요 지방도시를 중심으로 8개의 도시권을 형성하였다.

독일은 유럽통합과 독일통일, 경제구조 변화 등에 대응한 경쟁력 제고 차원에서 대도시권을 육성하고 있다. 독일의 개별도시체계로는 런던권과 파리권 등 세계적인 대도시권과의 경쟁에 한계가 있고, 또한 지역발전을 공간영역으로 구분하는 '모자이크(mosaic)'형에서 상호 연계에 의한 '네트워크(network)'형으로의 전환이 필요했기 때문이다. 대도시권은 라인-루르(Rhein-Ruhr)지역과 함부르크(Hamburg) 등 모두 11개가 운영되고 있다. 이들은 유럽의 거점 대도시권(European Metropolitan Region)을 지향하기 위하여 R&D, 생산, 문화 · 예술, 스포츠 분야 등에서 혁신기능을 강조하고 있으며, 기업본사와 금융기관 등 의사결정 및 조정기능을 갖춘 대도시권 서비스의 거점역할을 강화하고, 동시에 국제교통 및 정보의 관문기능을 제고하고 있다.

프랑스는 최근 유럽연합의 중심국가로의 기반구축을 위하여 전국토를 6개의 광역경제권으로 개편 중이다. 나아가 경제, 환경, 교통, 인프라 등의 측면에서 도시와 주변지역 간의 협력과 공동행정을 강화하기 위하여 도시권공동체(CommunatéUrbaine)를 설치하였다. 현재 16개의 도시권공동체가 구성되어 있으며, 이들의 총 인구는 747만 명으로 전국인구의 12%를 차지하고 있다. 도시권공동체와 별도로 사르코지(Sarkozy) 정부는 '프랑스 파리에서 글로벌 파리권'을 목표로 설정하고, 파리의 미래 발전비전과 전략을 마련하기 위한 "그랑 파리(Grand Paris)" 프로젝트를 추진하고 있다. 이 프로젝트는 파리 외곽의 지하철 건설, 첨단연구산업단지의 조성, 금융기능의 강화, 항만기능의 확충, 주택공급의 확대, 하천과 녹지를 이용한 지역 간 연계축의 구축 등을 목표로 2012년에 착공하여 향후 10년간 약 350억 유로(60조 원 규모)의 사업비가 투입될 예정이다.

선진국의 도시권은 국내를 초월하여 세계적 수준 또는 지역경제권(EU 등)에서의 경쟁력을 갖춘 국가발전을 공통적으로 지향하고 있다. 세계 여러 나라의 도시권 발전전략은 경제 활성화, 삶의 질 향상, 인프라 확충 등을 목표로 설정하여 도시권별로 차별화되고 있음을 알 수 있다.

(3) 우리나라의 도시권 발전 전망

향후 우리나라의 도시권은 국토전체는 물론이고 개별 도시와 지역의 세계적 경쟁력을 키우는 원동력이자 사람, 자본, 정보 등의 고도 집적지로서 국가발전을 선도하는 핵심지역이 될 것이다. 국제통상에서도 국가 간 교류인 국제(國際)보다도 도시권 간의 통상이 증가하는 도제(都際) 시스템이 부각될 것이다. 공항과 항만 등을 통한 글로벌 시장과의 직접적인 교류가 활성화되고, KTX 등 초고속 교통수단에 의하여 전국의 1일 생활권이 현실화되면서 글로벌 인프라와 양호한 정주여건을 갖춘 다수의 핵심도시권을 중심으로 국토의 새로운 정주 네트워크가 형성될 것이다.

이와 같이 향후 도시권 중심의 경제구조 형성이 가속화될 것으로 예상됨에 따라 광역경제권 내 거점도시와 주변지역을 포함한 도시권 중심으로 국제기능과 함께 일자리, 주거, 교육, 의료, 문화기능 등의 산업 및 도시기능을 고급화하고 집중시켜 고도의 기능

그림 9-5 입체적, 복합적으로 이용되는 도시공간의 미래모습

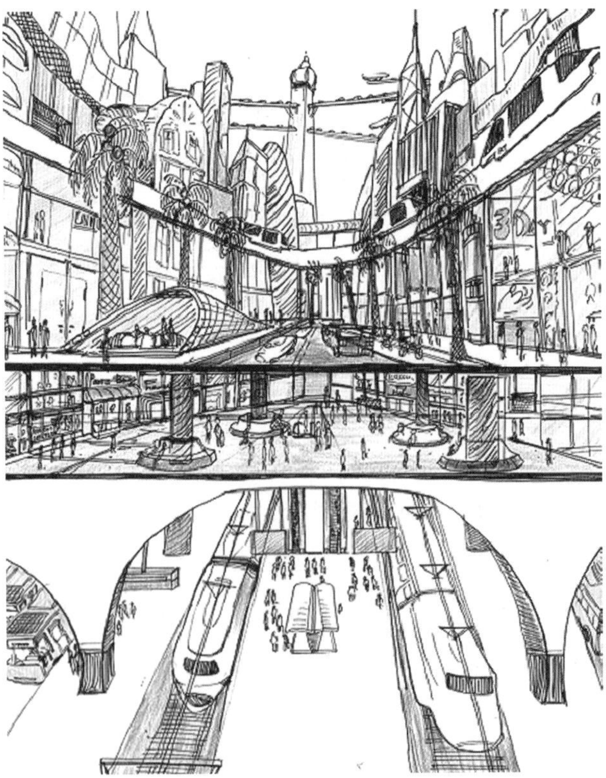

자료: 이용우 외, 국토 대예측 연구(Ⅰ), 2009, p. 109.

적 연계가 이루어진다면, 광역경제권내의 핵심도시권은 국토공간상에서 새로운 중심지역으로 부상할 가능성이 매우 크다.

미래 도시권내에서는 기후변화와 자원부족에 따른 에너지절약형 도시개발의 수요증대, 좁은 국토를 효율적으로 이용할 수 있게 하는 과학기술의 발달, 가치관의 변화에 따른 복합적 공간이용의 수요 증대 등으로 인하여 지하 및 공중공간 개발, 다기능 복합공간 및 건물 등 도시공간의 입체적, 복합적 이용이 증가할 것으로 예상된다. 첨단 건축기술의 등장으로 공간의 수직적 활용이 가속화되며, 다양한 기능이 집중된 복합공간 수요에 대응하는 초고층 건축물 및 지하공간 활용이 증가하고 있다. 이에 따라 미래 도시권에서는 도로 등 주요 도시시설과 다른 시설 간의 입체적 · 복합적 활용이 보편화되고, 초고층 건물과 연결도로 및 철도, 지하도로 및 철도와 물류시설 등이 증가하여 〈그림 9-5〉에서 보는 바와 같이 입체적으로, 그리고 복합적으로 공간을 널리 활용하게 될 것이다.[17]

(4) 슈퍼 경기만 도시권지역의 발전 전망[18]

앞으로 급격히 전개될 '자유무역협정 신(新)개방시대'에 적극적으로 대응할 수 있도록 우리도 국토의 전략지역을 국제적인 요충지로 육성해 나가야 할 것이다. 국토요충지 중의 하나가 바로 서해안의 경기만(京畿灣) 지역이다. 경기만 도시권 지역을 대상으로 세계적 차원의 전략적 구상을 담은 "슈퍼(super) 경기만 프로젝트"를 추진하여 이곳을 세계화를 선도하는 '슈퍼 경기만 지역'으로 변화시켜나갈 수 있을 것이다.

슈퍼 경기만 도시권지역은 서울과 인천(인천국제공항, 송도, 강화 등 포함)을 중심으로 남쪽으로는 시흥, 성남, 수원, 용인, 평택과 충남의 당진을 포함하며, 북쪽으로는 김포, 고양, 파주, 그리고 북한의 개성과 해주를 아우르고 있다. 나아가 북한의 주요 경제권과 항만지역, 그리고 충남의 일부 산업지대를 포함하는 광역지대이다. 슈퍼 경기만 도시권지역을 중심으로 반경 1,200㎞내에 7억 명의 인구와 6조 달러가 넘는 부가가치가 매년 창출되는 거대한 국제시장이 존재하며, 이 지역으로 부터 비행시간 3시간 이내에 인구 1백만 명 이상의 거점도시가 50개 정도 위치하고 있기 때문에 전국 각지의 주요 거점지역과 함께 우리나라의 세계화를 촉진할 수 있는 교두보가 될 수 있다.

---

17) 이용우 외, 국토 대예측 연구(Ⅰ), 국토연구원, 2009, pp. 107-108.

18) 박양호, "신국토책략, 슈퍼경기만 프로젝트," 대한민국의 미래: 글로벌 경기(신동아 창간 77주년 기념 별책부록), 2008 참조.

슈퍼 경기만 도시권지역은 유라시아대륙과 태평양을 진출입할 수 있는 천혜의 전략적 십자로(crossroad)기능을 갖추고 있으며, 한반도가 지니고 있는 환태평양과 유라시아를 연결하는 교두보(land bridge)로서의 결합기능을 보유하는 지역이다(그림 9-6). 또한 슈퍼 경기만 지역은 그 전략적 입지를 고려해볼 때 전국의 발전을 부추기고, 〈그림 9-7〉에서 보는 바와 같이 대륙경제권-환황해권-환동해권-태평양경제권으로 진출입하는 다목적의 전략적 위상을 지니게 될 것이다. 슈퍼 경기만 도시권지역은 세계로 진출입하고 교류하는 전략지역으로서 세계화의 부가가치를 몰아오는 관문국가로서의 대한민국의 위상을 굳건히 구축할 수 있다. 나아가 한반도의 통합발전, 그리고 동북아의 공동번영을 유도할 수 있는 요충지로서의 발전이 기대된다.

슈퍼 경기만 도시권지역을 세계적 전략요충지로 발전시키기 위해서는 슈퍼 경기만 지역을 중심으로 반경 1,200㎞ 내외의 동북아지역의 전략적 센터로 조성하여 세계로 부터 사람과 물자 및 정보가 집산 · 교류 · 순환하는 지역으로 발전시킬 수 있을 것이다. 동시에 슈퍼 경기만 지역으로 해외기업과 투자를 적극적으로 유치하여 국제적 물류, 신산업, 업무, 문화 · 관광교류 등의 요충지로 발전시켜나갈 수 있다. 특히 슈퍼 경기만 지

그림 9-6 슈퍼경기만 도시권지역의 동북아 십자로 기능

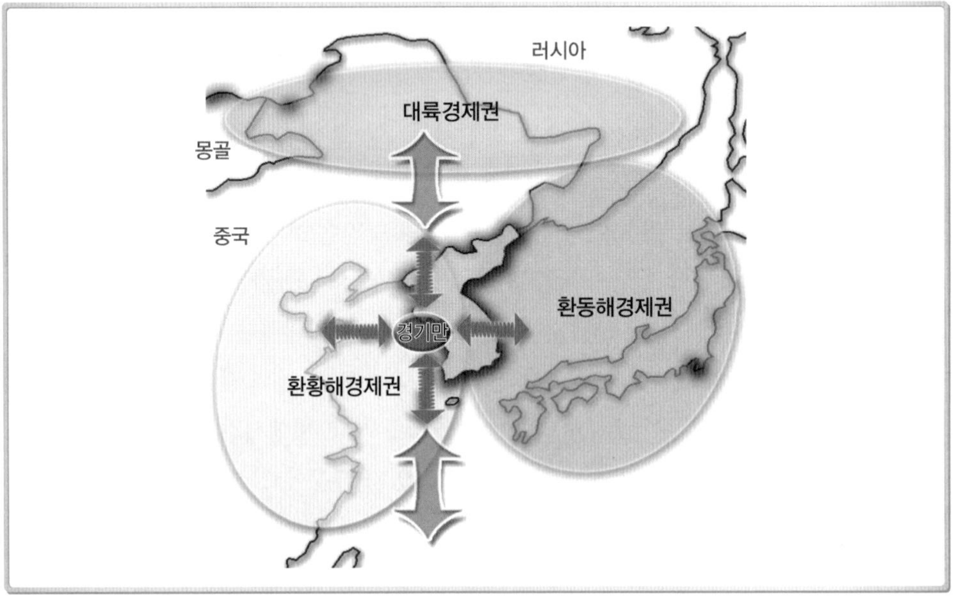

자료: 박양호, "신국토책략, 슈퍼 경기만 프로젝트," 대한민국의 미래: 글로벌 경기(신동아 창간 77주년 별책부록), 2008.

그림 9-7 한반도에서 슈퍼경기만 도시권 지역의 위상

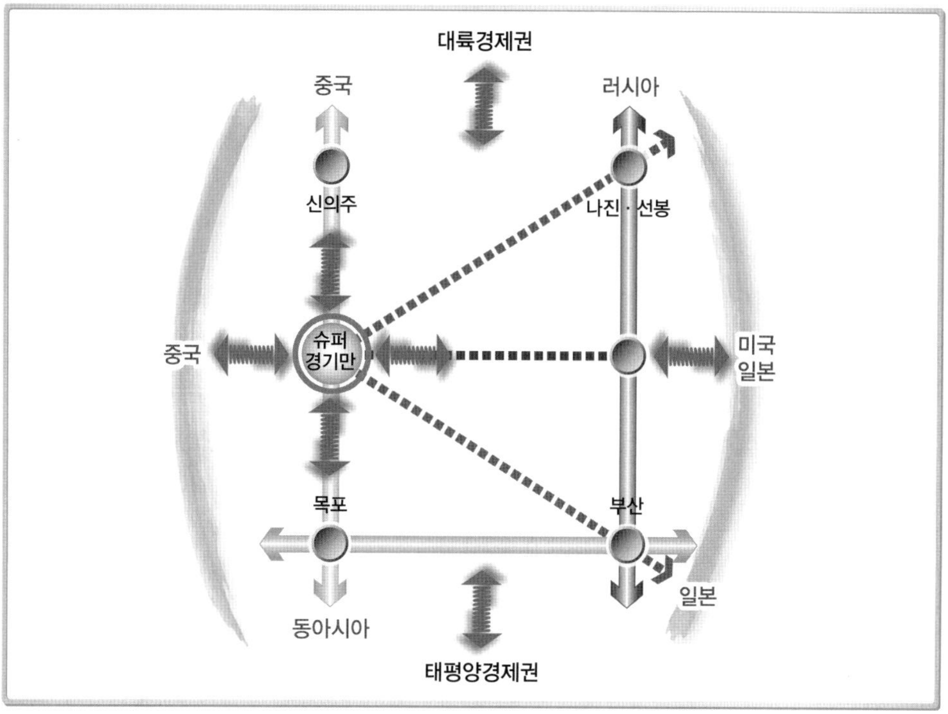

자료: 〈그림 9-6〉과 동일.

역의 대륙과 해양으로의 동시진출의 이점을 최대한 활용할 수 있도록 신교통 수단을 포함한 통합교통망, 첨단정보통신, 국제물류, 국제전시 및 국제회의 등 각종 첨단통합인프라를 전략적으로 구축하는 일이 중요하다. 한반도 상에서 슈퍼 경기만 도시권지역은 국제경제권의 접점지역이자 독자적인 배후지로 성장하여 한반도의 세계적 관문지대로 부각될 수 있을 것이다.

제2절 국토미래와 녹색성장

1. 녹색성장과 미래국토관리

지구가 직면한 온난화와 자원 및 에너지위기는 국가성장 패러다임을 환경과 경제의 시너지를 극대화하는 녹색성장으로 변화시키고 있다. 세계 각국은 자원 및 에너지 확보와 자원이용 및 환경오염 최소화를 국가경쟁력의 원천으로 인식하고 있으며, 선진국들은 녹색산업과 녹색기술을 새로운 국가발전동력으로 인식하고, 이 분야에 집중적인 투자를 하고 있다. 녹색성장(green growth)이란 환경과 경제의 선순환구조 정착을 통하여 경제성장을 도모하는 새로운 국가발전 패러다임이다.

우리나라도 녹색성장을 국가비전으로 설정하여 추진하고 있다. 녹색성장은 녹색기술과 청정에너지를 이용하여 온실가스와 환경오염을 줄이고, 신성장동력과 일자리를 창출하여 부(富)의 격차를 줄여나가는 지속가능한 성장을 도모하는 새로운 경제성장 패러다임을 의미한다.[19] 녹색성장은 〈표 9-1〉에서 보는 바와 같이 고도의 융합기술 정책이자 새로운 일자리 창출정책이면서 국토와 도시와 건축과 교통 분야까지 개조하는 실로 다양한 사회·경제적 변화를 주도하게 될 것이다.[20]

표 9-1 녹색성장의 10대 특성

① 녹색성장은 온실가스를 줄이는 저탄소 정책이다.
② 녹색성장은 녹색기술을 새로운 성장동력으로 삼는다
③ 녹색성장은 고도의 융합기술 정책이다.
④ 녹색성장은 새로운 일자리 창출 전략이다.
⑤ 녹색성장은 기업의 경쟁력 강화정책이다.
⑥ 녹색성장은 국토와 도시, 건축 및 교통까지 개조한다.
⑦ 녹색성장은 소비에서 의식주까지 바꾸는 생활혁명이다.
⑧ 녹색성장은 교육·문화정책이다.
⑨ 녹색성장은 환경친화적인 세제정책이다.
⑩ 녹색성장은 국가브랜드를 높이는 외교정책이다.

자료: 김상협, "녹색성장의 개념 및 추진방향," 녹색성장위원회, 녹색성장 출범 워크숍 자료집, 2008.

19) 녹색성장위원회 홈페이지(http://www.greengrowth.go.kr).

녹색성장을 달성하기 위해서는 국토관리가 매우 중요하다. 녹색성장은 국토라는 터전 위에서 추진되어야 하며, 녹색성장의 다양한 사업이 구현되는 곳이 국토이고, 또한 국토의 공간구조가 변화되어야 녹색성장이 가능하기 때문이다. 녹색성장은 저탄소 정책, 신재생에너지 등 녹색기술 개발, 신성장동력 육성을 통하여 공간구조, 교통체계, 토지이용 등 국토관리에 직 · 간접적으로 영향을 미치며, 국토관리 역시 녹색성장 비전에 부응해야 할 것이다. 따라서 향후 산업구조, 토지이용패턴, 생활공간, 국토공간구조 등이 녹색성장형으로 재편되고, 생태계의 건강성 확보를 통하여 국토의 녹색성장이 추진되어야 할 것이다.[21]

국토의 녹색성장을 추진하기 위해서는 국토정책의 수립체계와 집행과정이 녹색성장 시대에 맞게 개편되어야 하며, 녹색국토를 위한 정책의 성과를 모니터링할 수 있는 추진체계가 우선적으로 구축되어야 한다. 온실가스 흡수원을 확충하기 위하여 도시 내 숲 등 평지림을 조성하고, 기개발지의 활용 및 도시재생 등 토지절약이 필요하다. 국토자원의 효율적 이용 측면에서 공간구조를 기존의 단핵집중형에서 분산적 집중형으로 개편하여 자원절약과 환경친화적 도시권으로 조성하는 전략이 필요하다. 또한 에너지와 물질 사용의 절약, 재생, 재활용을 추진하고, 녹색성장형 생태도시를 건설하며, 대중교통 위주의 저탄소 녹색교통체계가 구축되어야 할 것이다. 이외에도 생태산업단지의 건설과 에너지 효율적이며 친환경적 그린 건축 등의 공급도 국토의 녹색성장에 기여할 것이다.

녹색성장형 국토전략은 지속적인 경제성장을 도모하면서 동시에 에너지 및 자원 사용량을 최소화하고, 동일한 에너지와 자원을 사용하더라도 이산화탄소 배출의 저감 등 환경부하를 최소화는 발전을 유도할 것이며, 우리의 생활패턴도 녹색생활로 바뀌게 될 것이다. 이는 세계은행에서 기후변화시대의 발전을 위하여 2010년에 제시한 행동전략 메시지인 '지금 행동하기'(Act Now), '함께 행동하기'(Act Together), '다르게 행동하기'(Act Differently)를 국토의 녹색성장 패러다임에도 적용해야 한다는 의미이다.[22]

---

20) 미래기획위원회, 저탄소 녹색성장 추진 전략(안), 2008.

21) 최영국, "녹색성장을 위한 국토관리 전략과 과제," 미래기획위원회, 녹색성장: 국가성장전략의 모색 심포지엄 발표자료, 2008.

22) The World Bank, *Development and Climate Change*, World Development Report, 2010.

2. 저탄소 녹색도시의 조성

국토관리를 통하여 녹색성장을 추구하고 있는 사례는 많은 해외 도시에서도 찾아볼 수 있다. 미국 내에서도 일찍부터 기후변화 문제에 발 빠르게 대처해 온 캘리포니아의 로스안젤리스(Los Angeles)시는 'Green LA' 계획을 발표하였다.[23] 이 계획은 에너지관리, 수자원, 교통, 토지이용, 폐기물, 항만과 공항, 오픈 스페이스와 녹화사업, 녹색경제, 기후변화 적응 등 국토관리 전반에 걸친 일종의 집행계획이다. 로스안젤리스시는 이 계획을 통하여 달성하고자 하는 여러 목표 중 하나로 녹색경제의 활성화에 의한 새로운 일자리 창출을 제시함으로써 녹색성장의 중요성을 강조하였다.

스웨덴의 함마르비 허스타드(Harmmarby Sjöstad)시는 친수 · 자원순환형의 생태친화적이고 에너지 절약형의 수변(水邊) 녹색도시를 건설한 사례이다.[24] 함마르비 시는 스톡홀름(Stockholm)시 외곽의 공업지역으로 제1차 세계대전 이후 발틱(Baltic)해와 연결된 지정학적 이유 때문에 급속한 산업화가 진행되었으나 제조업의 쇠퇴와 설비의 노후화로 산업기능을 상실하면서 도시기능이 쇠퇴하였다. 1992년 스웨덴의 경제 호황에 따라

그림 9-8 스웨덴 함마르비의 마스터플랜

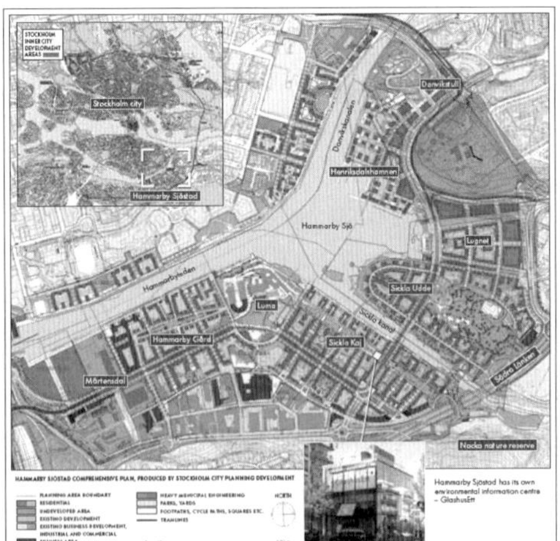

자료: 왕광익 · 유선철, "세계적 수변녹색도시: 스웨덴 함마르비 사례와 시사점," 국토정책 Brief, 국토연구원, 제237호, 2009.

---

23) 이왕건, "미국 로스앤젤레스의 기후변화 대책과 시사점," 국토정책 Brief, 국토연구원, 제242호. 2009.

24) 왕광익 · 유선철, "세계적 수변녹색도시: 스웨덴 함마르비 사례와 시사점," 국토정책 Brief, 국토연구원. 제237호. 2009.

그림 9-9 스웨덴 함마르비의 모델 개념도

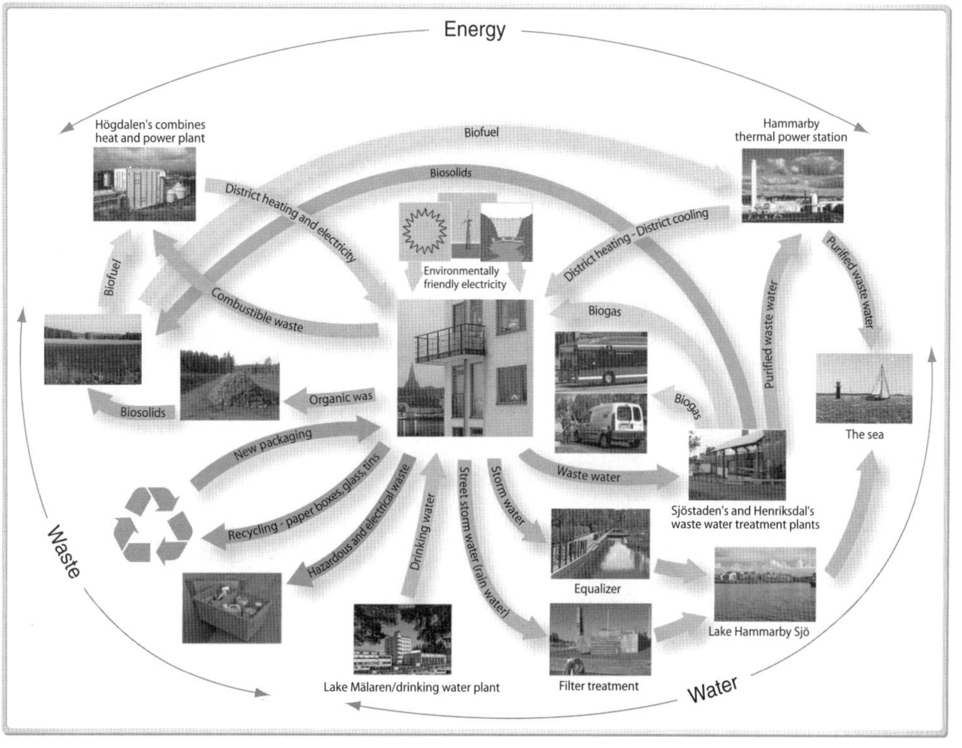

자료: 〈그림 9-8〉과 동일.

스톡홀름의 주택수요 충족을 위하여 함마르비 호수 주변 지역이 친수 · 자원순환형 생태친화적인 계획도시로 건설되었다. 함마르비는 수변공간과 녹지축을 이용하여 아름다운 경관을 확보하고, 자체 하수처리시설과 폐기물 소각시설을 확보하여 물질과 에너지의 순환을 도모하였다. 또한 수변공간 주변에 녹지를 조성하고, 빗물을 활용한 친수공간을 확보하는 한편, 경전철과 수상교통수단 및 자전거도로의 확충, 승용차 주차 공간의 축소를 통하여 녹색교통수단 중심의 도시가 조성되었다. 결과적으로 함마르비는 30~40%의 에너지 절감을 달성하는 세계적인 녹색도시의 모델이 되고 있다(그림 9-8과 9-9).

우리나라는 인구의 90%가 도시에 거주하고, 도시민의 생활과 관련된 온실가스 배출량이 대부분을 차지하고 있기 때문에 자원고갈과 기후변화 등에 선제적으로 대응하기 위해서는 도시지역을 자원순환형의 에너지 효율적 체계로 전환하는 것이 시급한 실정이다. 이러한 국토의 녹색성장 유도를 위한 하나의 방안으로 저탄소 녹색도시가 중요시되고 있다.

저탄소 녹색도시는 산업, 건축물, 수송 분야 등의 온실가스 배출을 줄이고 흡수하여 도시민의 삶의 질을 제고하는 기본 공간 단위다. 이러한 녹색도시의 실현을 위해서는 에너지 절약을 위한 압축도시(Compact City), 복합토지이용, 대중교통 중심의 교통체계, Passive 주택[25] 등 건물과 일상생활에서의 에너지 절약 및 신재생에너지 활용, 탄소흡수원 역할과 함께 시민의 삶의 질을 높여주는 풍부한 녹지공간 확보, 물·자원의 선순환구조 구축, 환경오염과 탄소배출 저감 등이 중요한 요소이다(그림 9-10). 따라서 저탄소 녹색도시를 조성하여 도시의 모든 구조를 저탄소형 시스템으로 개편함으로써 환경보전과 기후변화에 대응하면서 동시에 일자리 및 신성장동력 창출 등 경제성장을 도모하는 '환경과 경제가 상생'하는 녹색도시시대를 전개시켜나가야 할 것이다.[26]

이러한 녹색도시를 조성하기 위해서는 에너지절약형 도시계획 수립, 자원순환형 도시기반 구축, 생태형 도시공간 창출 등이 추진되어야 할 것이다.[27] 또한 녹색도시 조성 시범사업을 추진하여 녹색교통, 신재생에너지, 녹색건물, 물자원 선순환, 녹지생태 등을 핵심개념으로 하는 한국형 함마르비 모델이 구현되어야 한다.[28] 이러한 시범사업은 저탄소 녹색국토 구현에 선도적 역할을 담당할 수 있다.

그림 9-10 녹색도시의 개념

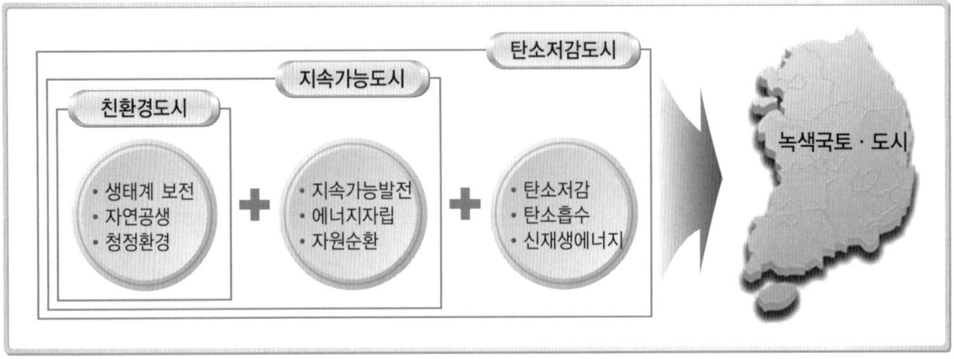

자료: 국토해양부, 녹색도시 · 건축물 활성화 방안, 2009.

25) ㎡당 연간 냉난방 에너지가 8ℓ 이내인 주택(우리나라 평균 20ℓ).
26) 환경부 · 강원도, 저탄소 녹색도시 모델개발 및 기본구상 연구, 2009, p. 10.
27) 국토해양부, 녹색도시 · 건축물 활성화 방안, 2009.
28) 환경부 · 강원도, 전게서, 2009, p. 11.

3. 국토재생과 녹색국토[29)]

국토의 녹색성장은 국토의 재생을 통해서도 가능하다. 국토의 재생이란 노후화되어 제 기능을 발휘하지 못하거나 방치되어 있는 생활환경, 산업공간 및 인프라의 재정비를 의미한다. 국토재생프로젝트를 통하여 국토를 선진적 삶의 공간으로 재편할 수 있으며, 이를 통하여 녹색성장형 국토로 발전시켜나갈 수 있다.

국토재생은 여러 가지 측면에서 그 필요성이 강조되고 있다. 특히 산업화시대에 건설된 많은 산업단지가 노후화되어 제 기능을 발휘하지 못함에 따라 산업생산성이 떨어지고 있다. 또한 인구의 고령화와 1인 가구 및 무자녀 가구의 증가로 인하여 문화 · 경제 · 복지시설의 접근성이 양호한 기성시가지의 활용도가 증가될 전망이다. 따라서 신도시 위주의 개발로 인한 구도심(舊都心)의 쇠퇴현상을 극복하기 위해서도 기성시가지의 활성화가 적극 추진되어야 할 것이다. 나아가 에너지 절약적인 국토구조로 탈바꿈하기 위해서는 에너지 과소비형인 기존의 도시와 산업단지 등을 에너지 저소비형 구조로 변화시켜 나가는 것이 향후의 과제이다.

국토의 재생프로젝트를 효과적으로 추진하기 위해서는 몇 가지 방안이 고려되어야 할 것이다. 첫째, 국토 전반에 걸쳐 노후시설 및 노후지구의 재정비를 우선순위에 따라 선별적, 단계적으로 추진할 필요가 있다. 둘째, 새로운 일자리 창출과 지역산업경제의 회생을 촉진할 수 있어야 한다. 셋째, 에너지 절약적인 녹색성장기법을 국토재생사업에 접목시킴으로써 녹색성장형 국토관리가 확산되어야 할 것이다. 넷째, 중앙정부, 지자체, 지역주민 등 이해당사자가 동참하는 국민통합형 사업으로 추진하여 재생사업의 효율성을 제고할 수 있다.

국토의 재생은 다양한 시범사업을 통하여 확산시켜나갈 수 있다. 예를 들면, 대도시와 중소도시의 노후하고 낙후된 불량주거지역의 우선정비가 이루어질 수 있다. 또한 전반적으로 낙후되고 무계획적인 농산어촌 취락지역의 리모델링도 가능하다. 그리고 노후 교통시설 개선사업을 통하여 에너지 절약을 도모하고, 신규 교통투자수요를 절감하며, 기존시설의 효율성을 높일 수 있다. 나아가 산업단지 재생사업을 추진하여 노후 산업단지를 선진형 생산 · 연구 · 주거 · 문화기능 등이 복합된 첨단산업클러스터(cluster)

29) 박양호, "일자리 창출을 위한 전략적 국토발전 방안," 경제 · 인문사회연구회, 제2차 국정과제 세미나 – 일자리창출과 녹색성장 전략 추진을 위한 대토론회, 2009; 박양호, "국토재생을 통한 품격 높은 생활 공간 창출, 경제 · 인문 사회 연구회, 제3차 국정과제 공동 세미나 발표자료, 2010를 발췌, 재정리한 것임.

로 리모델링할 수 있다. 특히 녹색생활환경 조성을 위하여 노후화된 교육 · 의료 · 상업 시설 등의 선진화 사업을 추진하면서 태양광 등 신재생에너지 시설을 접목하고, 그린웨이 등 녹색조경, 교통구조의 개선을 통하여 녹색생활형 주민생활의 증진을 도모할 수 있을 것이다.

제3절 글로벌 국토의 미래와 과제

1. 국토의 초고속 네트워크화

과학기술의 발전에 따라 새로운 첨단 지능형 교통수단이 등장하고 있다. 미래에는 초고속 자기부상열차[30)]가 전국 주요도시를 운행하고, 극초음속 여객기가 한반도를 세계 주요지역과 반나절에 연결시킬 것이다. 「유엔미래포럼」의 예측에 의하면, 2030년을 전후하여 자기부상열차가 산업국가 교통 혼잡지역의 30%에 도입되어 지역 간 접근성을 획기적으로 개선하며, 지구촌 모든 곳을 2시간대로 연결시켜주는 극초음속 비행기가 운항될 것이라고 한다.[31)] 해상에서도 위그선[32)] 등 새로운 해양수송수단이 보편화되고, 초대형 항공기가 등장하며, 자가용 비행기가 증가할 것이다. 자동차는 IT 기반의 센서와 무선 커뮤니케이션 시스템이 장착되어 컴퓨터를 통하여 스마트(smart)도로[33)]를 자동 운행할 것이므로[34)] 도로교통도 더욱 안전하고 빠르게 변화될 것이다.

초고속 교통망은 초고속 정보망과 함께 국토공간을 초고속 네트워크로 연결하여 좁은 국토를 보다 넓게 이용할 수 있으며, 장기적으로는 국토공간구조에도 커다란 변화가 나타날 것이다. 즉, 초고속 교통망 및 정보망의 구축과 활용으로 정보 접근성의 공간

---

30) 자기부상열차(MAGLEV)는 자기적인(magnetic) 힘을 이용하여 공중에 떠서(levitation) 운행하는 열차를 의미한다(네이버 백과사전 [http://100.naver.com]).

31) 박영숙 외, 미리 가본 2018년: 유엔미래보고서, 교보문고, 2009, pp. 128-130.

32) 위그선(WIGS, Wing In Ground Effect Ship)은 WISES(Wing In Surface Effect Ship)라고도 하며, 물 위를 빠른 속도로 치고 나가는 초고속 선박 기술과 수면에서 떠오른 상태로 움직이는 항공기술이 접목되어 탄생된 최첨단 선박을 말한다(http://100.naver.com).

33) 스마트(smart)도로란 안전하고 쾌적한 도로기술과 첨단IT기술 및 자동차기술을 결합하여 운전자의 이동성, 편리성, 안전성 등을 획기적으로 향상시킨 고기능, 고규격의 지능형 차세대 도로를 의미한다(http://100.naver.com).

34) 2025년을 전후로 고속도로 교통의 30%가 자동화 고속도로로 바뀔 것으로 예측되고 있다(박영숙 외, 전게서, 2009, p. 130).

적 · 시간적 제약이 해소되는 이른바 유비쿼터스(Ubiquitous) 시대가 가까운 미래에 도래할 것이다. 이는 지역 간의 연계를 강화시키고, 동시에 상호작용을 확대시켜 국토 전체의 지역교류와 발전을 촉진하게 될 것이다.

특히 고속철도(KTX)의 운행은 국토공간을 크게 변화시킬 것이다. 서울–부산간 고속철도가 2010년 11월에 완전 개통된데 이어, 호남고속철도는 2015년에 완공될 예정이다(그림 9-11). 경부고속철도가 완전 개통되면서 서울에서 부산까지 2시간 10분이 소요된다. 이는 경부선 철도가 처음 개통된 1905년의 17시간에 비하여 8배나 빨라진다. 고속

그림 9-11 **고속철도 노선 및 정차역**

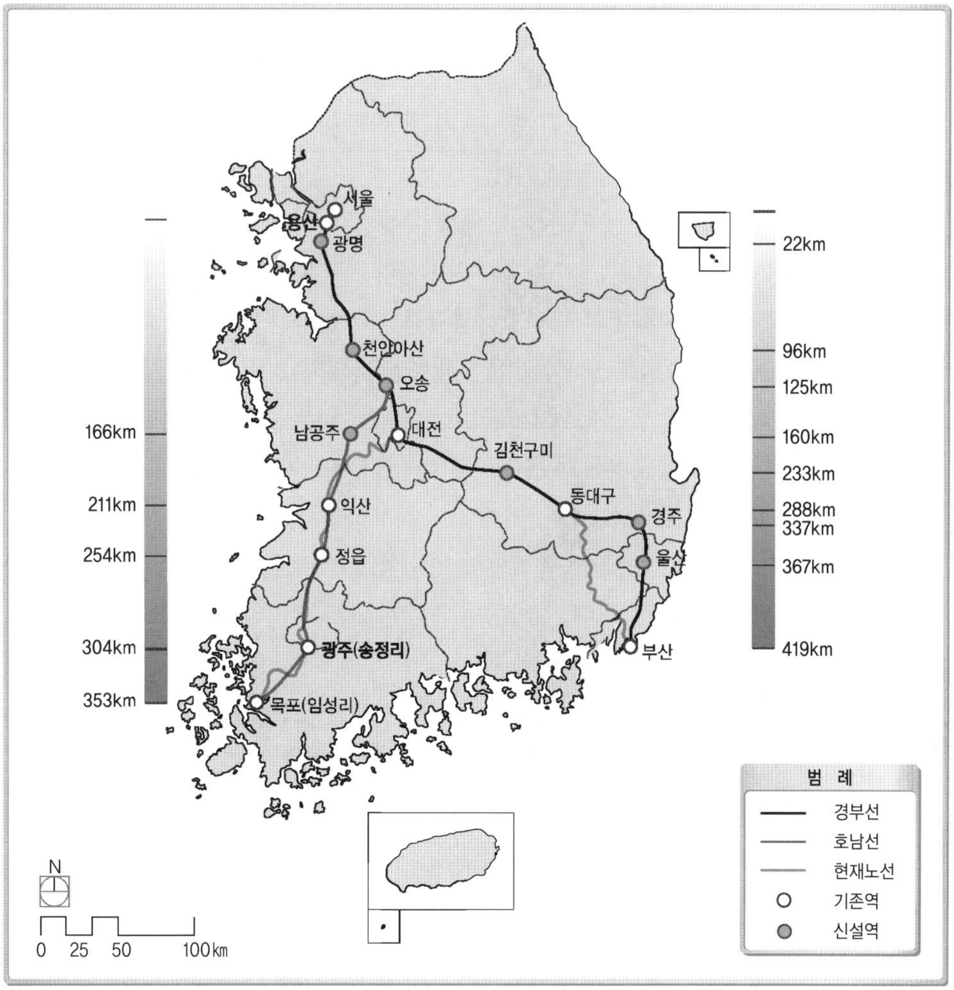

자료: 이용우 외, 고속철도와 국토공간구조의 변화(Ⅱ), 국토연구원, 2006, p. 7. 수정.

철도와 국토를 종횡으로 연결하는 7×9 교통망 등 고속교통망이 구축되면 전국의 "하루교류가능권"[35)]화가 보편화되어 통근권과 경제 · 여가활동의 공간적 범위가 대폭 확대될 것이다. 대전광역시의 경우, 고속철도가 개통되기 이전인 2004년에도 이미 남해안 및 동해안 일부 시 · 군을 제외한 전국 인구의 88.7%와 하루교류가 가능했으나 고속철도가 완전 개통된 후인 2020년을 전후하여 150개 시 · 군, 전국 인구의 98.2%와 하루교류가 가능해질 것이다.[36)]

고속철도가 국토공간에 미치는 영향은 역세권에서 먼저 나타날 것이다.[37)] 접근성이 개선된 고속철도 역세권의 기능이 확충되고, 토지이용이 고도화됨에 따라 정차도시(停車都市)가 전체적으로 활성화되어 인구가 늘어나고, 경제활동이 증가한다. 이러한 변화는 특히 대전, 대구, 부산 등 비수도권 대도시의 정차도시와 천안 · 아산, 김천 · 구미 등의 신설 역(驛) 정차도시에서 두드러진다. 특히 정차도시와 주변지역 간의 연계를 토대로 정차도시권 내부의 기능적, 수평적 협력관계가 구축되어 고속철도 정차도시 중심의 네트워크형 지역도시체계가 형성될 것이다.

네트워크형 지역도시체계는 기존의 대도시 중심의 수직적이고 계층적인 체계에서 탈피한 도시 간의 상호보완적인 연계체계를 의미한다.[38)] KTX 역세권을 개발하고, 이들을 연계하면 전국이 1~2시간대의 광역도시생활권으로 변화될 수 있다. 다수의 네트워크형 지역도시체계가 고속철도 노선을 따라 상호 연결되면 초광역 지역발전축이 형성되고, 국토 축을 따라 이렇게 형성된 다핵(多核) 연계형 국토공간구조는 광역경제권 거점도시 중심의 도시권 조성을 통해서 가속화될 수 있다.[39)] (그림 9-12).

또한 국토의 초고속 네트워크화는 초고속 자기부상열차 및 튜브트레인(Tube Train)으로 더욱 강화될 전망이다. 기존 항공기와 맞먹는 시속 700㎞의 초고속 튜브트레인 시스템 기술개발이 추진되고 있으며[40)], 2010년대 후반에는 우리나라에 시속 550㎞급 초

35) 개인의 하루 활동시간을 12~14시간으로 간주하고, 이 중 목적지 방문이나 상대방과의 만남 등 실제 활동에 소요되는 시간을 6~8시간이라고 하면 교통수단을 이용한 이동시간은 총 6시간(편도 3시간)까지 할애할 수 있다(조남건 외, 고속철도 개통에 따른 국토공간구조의 변화전망 및 대응방안 연구, 국토연구원, 2003, p. 63). 하루교류가능권은 어느 한 지역에서 3시간 이내에 도달 가능한 지역(세 시간 존(zone))을 의미한다.

36) 이용우 외, 고속철도와 국토공간구조의 변화(Ⅱ), 국토연구원, 2006, p. 115.

37) 상게서, pp. 162-163.

38) 권용우 · 유환종, "한국의 도시체계변화와 도시관리 방향," 지리학연구, 국토지리학회, 제39권 1호, 2005, p. 157.

39) 이용우 외, 전게서, 2006, pp. 162-165

40) 초고속 튜브트레인은 초고속 자기부상열차가 지름 5m 정도의 튜브 속 레일을 달리는 기술이다. 튜브 안쪽은 진공에 가까워 열차 앞쪽에 공기 저항을 최소화함으로써 속도를 크게 향상시킬 수 있다. 항공기에 버금가는 속도인 시속 700~800km를 목표로 연구를 추진 중에 있다(철도기술연구원. "시속 700km 초고속 튜브트레인으로

고속 자기부상열차가 등장할 것으로 전망되고 있다.[41] 향후 예견되는 초고속 철도기술은 전국이 하나의 도시권으로 형성되어 1시간 이내에 동서 및 남북으로 접근이 가능한 '1x1' 초고속 네트워크가 구축될 것이다. 이러한 국토의 초고속 네트워크화를 토대로 우리 국토가 세계로 뻗어나갈 수 있는 초석이 마련되어야 할 것이다.

그림 9-12 고속철도 정차도시 중심의 다핵연계형 국토공간구조

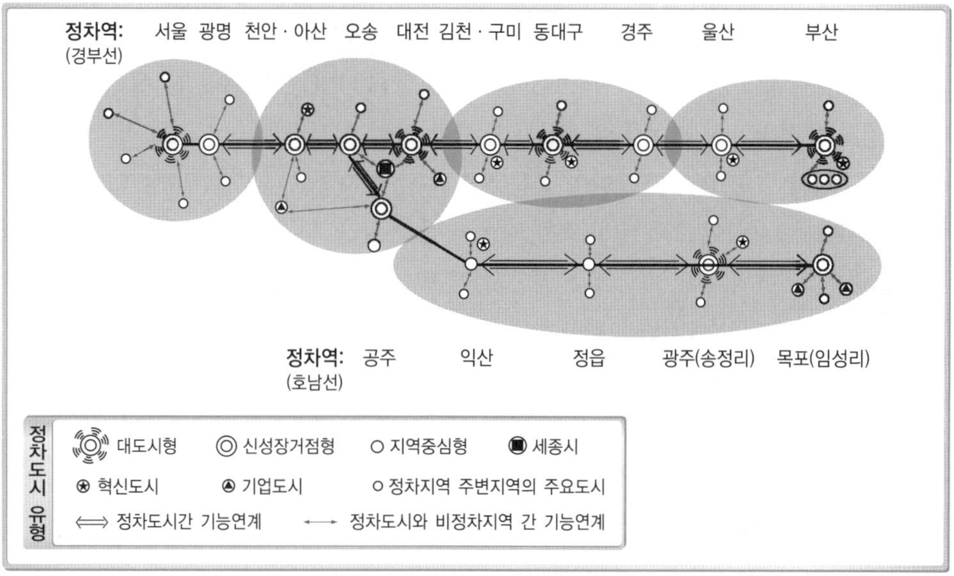

자료: 이용우 외, 고속철도와 국토공간구조의 변화(Ⅱ), 국토연구원, 2006, p. 164.

2. 글로벌 연성국토의 개척[42]

도시나 농촌이나 국가든 간에 미래에 지속적인 발전을 추구하기 위해서는 기존의 행정구역과 국경이라는 경계의 틀을 과감히 극복하고, 상호 협력하여 막강한 경쟁력을 키워나가야 한다. 미래 지역발전의 구조를 네덜란드의 저명한 지역학자인 팔루디(Faludi) 교수는 '연성공간(Soft Space)'이란 개념으로 설명하고 있다. 연성공간의 개념을 국토개발에 적용하면 '연성국토(軟性國土)'가 된다. 연성국토를 제대로 창조하고 효과적으로 활용한다면, 우리나라는 국토의 크기와 위치는 제한되어 있어도 세계를 무대로 국

실현되는 동북아 일일생활권," 2009. 11. 10. 보도자료).

41) 전자신문, "한국형 '자기부상열차' 부상한다," 2007. 2. 7.

42) 박양호, "'연성국토'시대를 개척하자," 매일신문시론, 2009. 7. 21; 박양호, "FTA시대의 글로벌 연성국토 개척," 국토, 국토연구원, 2007. 8 참조.

토를 확장해 나갈 수 있다.

연성국토의 개척을 위해서는 행정구역을 뛰어넘는 대도시권 발전전략이 필요하다. 국토의 주요 대도시를 중심으로 인근 도시와 농촌을 묶어서 하나의 대도시권으로 상호 협력하여 개발해나갈 필요가 있다. 예를 들면, 서울, 부산, 대구, 광주, 그리고 대전 대도시권 등이 여기에 해당된다. 이들 대도시권에 대기업을 유치하고, 녹색성장산업을 중점 육성하며, 실질적인 공교육, 선진 의료기반, 개방적 국제비즈니스 환경과 첨단의 교통물류여건을 개선해나가야 한다. 이들 대도시권을 고속철도로 연결하고, 고속철도 역세권을 개발하면, 장차 전국을 하나의 도시권으로 통합해 나가는 기반이 마련될 수 있다.

그리고 연성국토의 개척을 위해서는 남북한 간의 경계와 벽을 과감히 뛰어넘는 연성 한반도 전략이 필요하다. 북한의 핵문제를 우선 극복하고, 남북한의 상생을 향한 한반도 뉴딜(New Deal)이 요구된다. 북한의 실질적 개발을 향한 실용적인 신(新)북방정책이 필요하다. 북한의 주요 지역에 산업단지, 주택, 전력, 교통망 등 인프라 개발을 위한 국제적 공조를 유인하는 전략도 중요하다.

그러나 연성국토의 개척을 통하여 국토공간의 세계화를 촉진하자면 무엇보다도 국경을 초월하여 세계 각국과의 다양한 고도의 네트워크를 구축하는 연성글로벌 국토전략이 필요하다. 이는 세계 각국과 다양한 교역네트워크를 구축하여 우리의 국익(國益)으로 '유턴(U-turn)'시키는 전략이다. 글로벌 연성국토를 구축하여 국부(國富)를 증강시키

그림 9-13 FTA시대 글로벌 연성국토: 나비모양의 개념도

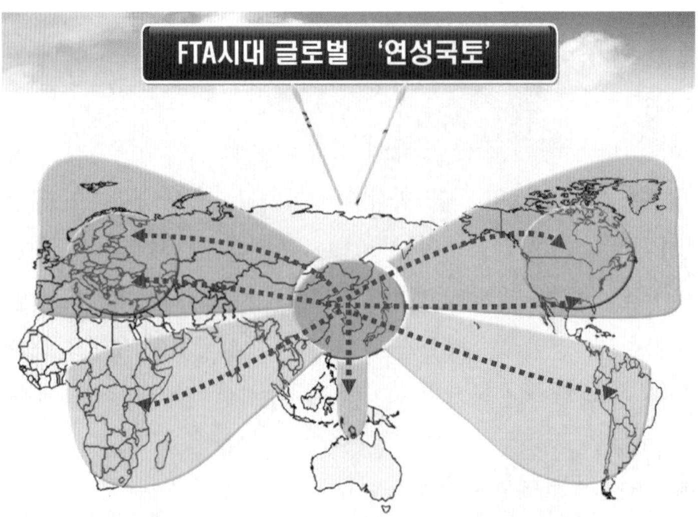

자료: 박양호, "FTA시대의 글로벌 연성국토 개척," 국토, 국토연구원, 2007. 8, p. 5.

고, 한반도 전체로 외국투자를 유치할 수 있으며, 국토전체의 신성장 동력과 경쟁력을 새롭게 창조해나갈 수 있다. 글로벌 연성국토의 모습은 〈그림 9-13〉에서 보는 바와 같이 일종의 나비모양을 띄게 될 것이다.

글로벌 연성국토의 개척을 통하여 해외 시장을 자유롭게 개척하고, 이로 인하여 창출되는 부가가치를 우리나라로 유턴시켜나가야 한다. 해외의 자원개발을 적극 추진하여 실익을 추구하고, 해외건설산업, 자동차산업, IT산업, 농수산업, 문화산업 등을 포함하여 우리나라가 강점을 보유하고 있는 산업부문의 상품과 서비스를 해외시장에 판매하여 그 수익을 우리의 경제발전으로 연결시킬 수 있다. 또한 외국기업을 적극 유치하고, 의료와 문화관광 등 우리나라에서 양질의 상품과 서비스를 제공받을 수 있는 새로운 여건이 조성되어야 하며, 전국이 세계로 향할 수 있는 글로벌 인프라도 구축되어야 할 것이다.

이와 함께 전 세계의 거점지역에 한국의 원자력 발전, 녹색도시, 물관리 기술, 교통기술 등을 수출하고, 세계 곳곳에 자원개발을 추진해나가면 세계발전에 기여하는 동시에 글로벌 연성국토 개척의 효과를 높일 수 있다. 연성국토는 따라서 물리적이고 고정된 국토의 한계를 초월하여 '비욘드 코리아(Beyond Korea)'패턴이 국토상에서 전개되면서 세계발전을 선도하고, 국부창출로도 연결시킬 수 있을 것이다.

3. 한반도의 공동번영과 국토과제[43)]

우리나라는 남북한 간이 분단되어 있어 한반도가 지니는 국토의 장점을 제대로 활용하지 못하고 있다. 북한을 통한 유라시아로의 진출에 제약이 가해져 있고, 특히 남북한이 보유한 국토의 장점을 상호 활용하지 못하고 있다. 만일 통일이 되면, 또는 완전한 통일은 아니더라도 남북한 간에 자유로운 교류가 이루어지면, 한반도 전체의 공동번영은 빠르게 가시화될 수 있을 것이다. 궁극적인 통일을 염두에 두고 우선 한반도의 공동번영의 계기를 마련하자면, 실용적이고 실천가능한 단계적 접근이 추진되어야 한다. 남북한 간의 교류 협력의 경험을 차곡차곡 쌓아 실질적인 성과를 거두고, 이를 통하여 남북한 주민이 상호 혜택을 누리면서 이질성을 점차 극복해나가는 것이 무엇보다 중요하다.

남북협력의 여러 영역 가운데 국토분야의 남북협력은 가장 핵심적인 영역 가운데 하나라고 할 수 있다. 그동안 남북 간의 교류와 협력은 개성공단과 금강산 관광지 등 일

43) 박양호, "국토분야의 남북협력과제," 통문협 논단, 통일문제연구협의회, 2008 참조.

부 전략적 국토공간을 대상으로 전개되어 왔으나 그 폭과 깊이는 앞으로 더욱 확대 심화될 것으로 예상되고 있다. 한반도가 반도성(半島性)을 회복하고, 21세기 상생과 공영의 시대를 열어가기 위해서는 국토분야의 남북협력이 중요한 의미를 가진다. 그러므로 한반도 공동번영의 기반을 조성하기 위한 다양한 노력이 요구된다.

우선 한반도의 공동번영을 위한 장기목표 설정이 필요하다. 단계적인 남북경제의 통합을 통하여 한반도에 하나의 경제권을 형성하는 것이 중요하다. 한반도의 공동번영은 남북이 공동으로 한반도의 경쟁력을 강화하여 경제성장의 동력을 확보함과 동시에 중국, 러시아, 일본, 미국 등 주요 주변국들과의 협력을 토대로 공동의 이익을 창출해 감으로써 가능해 질 것이다. 그 이후 국토부문에서의 핵심정책을 실천하는 것이다. 예를 들면, 산업입지 부문에서 남북경제의 단계적 통합을 위해서는 경제특구의 개발이 순차적으로 전개되는 것이 바람직하다. 현재 개발이 이루어진 개성공단과 금강산관광지구외에 해주, 남포, 신의주, 나선, 원산 등 주요 거점에 경제특구 개발을 추진하고, 또한 남북경제통합차원에서 남북 간 교통 등 인프라의 연계망 개발기반을 마련하는 것이 필요하다. 주변국가의 협력을 통해서 대륙철도와 고속도로 개발, 그리고 에너지네트워크의 구축을 도모할 수 있다. 그리고 남북 간 접경지역의 공유하천과 산림 관리, 친환경적인 국제관광지대 개발, 동서해안 해양자원의 국제공동개발 및 관리 등이 추진될 필요가 있다. 또한 남북한 군사력이 대치하고 있는 접경지역에 환경관련 교류협력을 추진하고, 특히 남북 간 연계관광과 동북아 국제연계관광 등이 남북경제통합과 한반도의 경쟁력 강화측면에서 추진되어야 할 것이다.

나아가 남북한 간의 교류전략은 국토공간적 차원에서 단계적으로 통합하고, 부문별로 연계시키는 것이 중요하다. 이러한 측면에서 연안지역을 중심으로 산업벨트 구축(서해안의 제조업벨트, 동해안의 환경에너지산업벨트 등), 하천유역과 백두대간을 중심으로 한 환경자원벨트 구축(수자원, 농업개발, 산림자원관리 등), 경의선 및 동해선축을 중심으로 한 인프라벨트 구축(철도, 고속도로, 발전소, 통신망 등) 등을 종합적으로 추진하는 것이 필요하다.

한편 남북한이 통합된 단일 경제권을 형성하고, 성장동력을 중심으로 경쟁력을 강화하기 위해서는 최대한 국제협력의 잠재력을 활용하여 남북한 교류투자를 이끌어내는 것도 중요하다. 가령 사업성이 있는 산업단지개발 등 일부 사업은 민간자본을 통한 개발을 유도하고, 장기간에 걸친 대규모 인프라 개발사업은 국제사회의 공적 자금을 동원하는 지혜도 요구된다.

참고문헌

강홍렬 외, 메가트렌드 코리아, 서울: 한길사, 2006.

건설교통부, 고속철도 주변지역의 효과적 개발방안 연구, 2006.

국가균형발전위원회, 제1차 지역발전정책 추진전략 보고대회 자료집, 2008.

국가균형발전위원회, 제3차 국가균형발전위위회 회의자료, 2008

국무총리실 기후변화대책단, 기후변화대응 종합기본계획, 2008. 9. 19.

국토해양부, 녹색도시 · 건축물 활성화 방안, 2009.

권용우 외, 도시의 이해, 서울: 박영사, 2002.

권용우 · 유환종, "한국의 도시체계변화와 도시관리 방향," 지리학 연구, 국토지 리학회, 제39권 1호, 2005, pp. 149-160.

기상청, 기상청 기후변화대책 추진계획, 2009.

김동주 · 민범식, "국토선진화의 새로운 성장엔진, 도시권발전전략," 국토선진화를 위한 도시권 발전전략 세미나 발표자료, 국토연구원, 2009. 8.

김동주 · 최인혜, "해외 도시권 발전전략과 시사점," 국토정책 Brief, 국토연구원, 2009. 9. 14.

김상협, "녹색성장의 개념 및 추진방향," 녹색성장포럼 출범 워크샵 발표자료, 2008.

동아일보사, 미래의 경쟁력 메가시티, 2009.

미래기획위원회, 저탄소 녹색성장 추진 전략(안), 2008.

미래기획위원회, 녹색성장의 길, 2009.

박양호, "FTA시대의 글로벌 연성국토 개척," 국토, 국토연구원, 2007.8, pp. 4~5.

박양호, "국토분야의 남북협력과제," 통문협 논단, 통일문제연구협의회, 2008.

박양호, "신국토책략, 슈퍼경기만 프로젝트," 대한민국의 미래: 글로벌 경기(신동 아 창간 77주년 기념 별책부록), 2008.

박양호, "일자리 창출을 위한 전략적 국토발전 방안," 제 2차 국정과제 세미나 – 일자리창출과 녹색성장 전략 추진을 위한 대토론회, 경제 · 인문사회연구회, 2009.

박양호, "3해(海)3다(多)의 국격," 서울경제 칼럼(로타리), 2009. 4. 1.

박양호, "아시아의 해양발전축과 미래," 2009 경기국제보트쇼 컨퍼런스 기조연 설 자료, 2009. 6. 4.

박양호, "연성국토시대를 개척하자," 매일신문(시론), 2009. 7. 21.

박양호, "동서남해안 초광역개발권을 통한 경쟁력 확보," 도시문제, 2009. 7.

박양호, "국토재생을 통한 품격높은 생활공간창출," 경제 · 인문사회연구회, 제3회 국정과제공동 세미나, 2010.

박영숙 외, 미리 가본 2018년: 유엔미래보고서, 교보문고, 2009, pp. 128-130.

배순석 외, 주택수급 여건변화에 대응한 주택공급체계 개편방안: 주택보급률 110%초과, 고령화 및 저출산에 대한 대응, 국토연구원, 2007.

브루킹스 연구소, 해밀턴 프로젝트, KDI경제정보센터(번역), 2006.

왕광익 · 유선철, "세계적 수변녹색도시: 스웨덴 함마르비 사례와 시사점," 국토 정책 Brief, 국토연구원, 제237호, 2009.

이왕건, "미국 로스앤젤레스의 기후변화 대책과 시사점," 국토정책 Brief, 국토연 구원, 제242호, 2009.

이용우, "환경친화적 국토관리전략의 적극 추진," 국토정책 Brief, 국토연구원, 제43호, 2003.

이용우 외, 고속철도와 국토공간구조의 변화(Ⅱ), 국토연구원, 2006.

이용우 외, 국토 대예측 연구(Ⅰ), 국토연구원, 2009.

이원섭, "미국 오바마 정부의 국토정책 어젠다," 국토정책 Brief, 국토연구 원, 제214호, 2009.

조남건 외, 고속철도 개통에 따른 국토공간구조의 변화전망 및 대응방안 연구, 국토연구원, 2003.

지역발전위원회, 초광역개발권 기본구상(지역발전위원회 제3차 회의) 보도자료, 2009. 12. 2.

최영국, "녹색성장을 위한 국토관리 전략과 과제," 녹색성장: 국가성장전략의 모 색 심포지엄 발표자료, 미래기획위원회, 2008.

최영국 외, 기후변화에 대응한 지속가능한 국토관리 전략(Ⅰ), 국토연구원, 2008.

통계청, 장래인구추계 결과, 2006.

통계청, 향후 10년간 사회변화 요인분석 및 시사점, 2009.

한국은행, 주요국의 광역경제권 구축 사례와 시사점, 2008.

환경부 · 강원도, 저탄소 녹색도시 모델개발 및 기본구상 연구, 2009.

Brabeck-Letmathe, Peter, "The Next Big Thing: H_2O," *Foreign Policy*, May/June 2009.

Khanna, Parag, "The Next Big Thing: Neomedievalism," *Foreign Policy*, May/June 2009.

The Brookings Institution, *MetroPolicy: Shaping a New Federal Partnership for a Metropolitan Nation*, 2008.

The World Bank, *Development and Climate Change*, World Development Report, 2010.

찾아보기

ㄱ

ㅅ

ㅇ

ㅈ

저자약력

■ **곽결호** (한양대학교 석좌교수)
한양대학교 공학박사
미국 Columbia University 공학 및 응용과학 박사 과정 수학
전 UNESCO-IHE Governing Board Member
전 건설부(현 국토해양부 과장 · 국장)
전 환경부 차관, 장관
전 한국수자원공사 사장
전 대한토목학회 회장
전 주 유엔 대한민국대표부 참사관 (환경)
››› 이메일: khkwak@kwater.or.kr

■ **이정식** (전 안양대학교 도시정보공학과 교수)
미국 University of Hawaii 지리학 박사
전 (사)경실련 도시개혁센터 이사장
전 국토연구원 원장
전 한국지역학회 회장
전 국립대학법인 울산과학기술대학교 이사
전 대통령자문 국가균형발전위원회 위원
››› 저서
세계화와 지역발전, 한울아카데미, 2001 (공저)
국가균형발전정책의 이론과 실천, 국가균형발전위원회, 2007 (공저)
지역발전과 광역경제권 전략, 지역발전위원회, 2009 (공저)
››› 이메일: leejs4509@gmail.com

■ **양병이** (서울대학교 환경대학원 명예교수)
미국 University of Michigan 조경학 박사
현 한국내셔널트러스트 이사장
현 (재)서울그린트러스트 이사장
전 한국조경학회 회장, 현 고문
전 한국생태환경건축학회 회장
전 서울대 환경대학원 원장
››› 저서
The Authentic Garden, Clusius Foundation, 1991 (공저)
인간과 자연이 함께 하는 생태마을 길잡이, 녹색연합, 2000 (공저)
녹색도시만들기, 서울대학교 출판문화원, 2011
키워드로 만나는 조경, 도서출판 조경, 2011 (공저)
››› 이메일: yangb@snu.ac.kr

■ **박양호** (국토연구원 원장)
미국 University of California at Berkeley 도시 및 지역계획학 박사
현 국토해양부 중앙도시교통정책심의위원회 위원
현 대통령직속 지역발전위원회 위원
전 한국지역학회 회장
››› 저서
국토 21세기, 나남출판, 1997 (공저)
장보고 그랜드 디자인, 집문당, 1999 (공저)
글로벌시대의 녹색성장과 미래국토전략, 국토연구원, 2009 (공저)
››› 이메일: yhpark@krihs.re.kr

■ **최영국** (국토연구원 선임연구위원)
노르웨이 Agricultural University of Norway 조경학 박사
전 미국 Portland State University, Visiting Faculty
전 국토연구원 녹색국토 · 도시연구본부장
전 국토해양부 중앙도시계획위원
전 환경부 중앙환경보전자문위원
››› 저서
지속가능한 관광, 일신사, 2002 (공저)
백두대간의 자연과 인간, 산악문화, 2002 (공저)
녹색성장의 길, 미래기획위원회, 2009 (공저)
››› 이메일: ykchoi@krihs.re.kr

■ **변병설** (인하대학교 행정학과 교수)
미국 University of Pennsylvania 도시계획학 박사
현 대한국토도시계획학회 생태도시위원회 위원장
현 한국환경정책학회 부회장
현 국토지리학회 부회장
현 UN지속가능발전교육 인천센터장
전 한국환경정책평가연구원 연구위원
››› 저서
환경정책론, 박영사, 2011 (공저)
알기쉬운 도시이야기, 한울, 2006 (공저)
››› 이메일: byun@inha.ac.kr

지속가능한 국토와 환경

2011년 2월 20일 초판 인쇄
2012년 2월 5일 초판 2쇄발행

저 자 곽결호 · 이정식 · 양병이
박양호 · 최영국 · 변병설

발행인 배 효 선

발행처 도서출판 法 文 社

주 소 413-756 경기도 파주시 문발동 526-3
등 록 1957. 12. 12 / 제2-76호 (윤)
TEL 031) 955-6500~6 FAX 031) 955-6525
e-mail (영업): bms@bobmunsa.co.kr
(편집): edit66@bobmunsa.co.kr
홈페이지 http://www.bobmunsa.co.kr

조 판 법 문 사 전 산 실

정가 23,000원 ISBN 978-89-18-25070-0